岩土工程施工技术与装备新进展 2020

——第三届全国岩土工程施工技术与装备创新论坛论文集

NEW PROGRESS IN CONSTRUCTION TECHNOLOGY AND EQUIPMENT OF GEOTECHNICAL ENGINEERING

王卫东　向　艳　主编

中国建筑工业出版社

图书在版编目（CIP）数据

岩土工程施工技术与装备新进展＝NEW PROGRESS IN
CONSTRUCTION TECHNOLOGY AND EQUIPMENT OF
GEOTECHNICAL ENGINEERING. 2020：第三届全国岩土工
程施工技术与装备创新论坛论文集/王卫东，向艳主编
. —北京：中国建筑工业出版社，2021.12
　ISBN 978-7-112-26967-9

　Ⅰ．①岩…　Ⅱ．①王…②向…　Ⅲ．①岩土工程-学
术会议-文集　Ⅳ．①TU4-53

　中国版本图书馆 CIP 数据核字（2021）第 269116 号

　　责任编辑：杨　允
　　责任校对：张惠雯

岩土工程施工技术与装备新进展2020
——第三届全国岩土工程施工技术与装备创新论坛论文集
NEW PROGRESS IN CONSTRUCTION TECHNOLOGY AND EQUIPMENT OF
GEOTECHNICAL ENGINEERING
王卫东　向　艳　主编

＊

中国建筑工业出版社出版、发行（北京海淀三里河路 9 号）
各地新华书店、建筑书店经销
霸州市顺浩图文科技发展有限公司制版
北京建筑工业印刷厂印刷

＊

开本：787 毫米×1092 毫米　1/16　印张：22½　字数：548 千字
2022 年 1 月第一版　　2022 年 1 月第一次印刷
定价：**89.00** 元
ISBN 978-7-112-26967-9
（38639）

第三届全国岩土工程施工技术与装备创新论坛

2020 年 11 月 20 日～21 日　武汉

主办单位

中国土木工程学会土力学及岩土工程分会

湖北省土木建筑学会

武汉岩土工程学会

承办单位

中建三局集团有限公司工程总承包公司

中南建筑设计院股份有限公司

建华建材（中国）有限公司

正宇科创（武汉）岩土工程有限公司

武汉科地美科技有限公司

联合承办单位

山河智能装备股份有限公司

中铁大桥局集团有限公司

长江水利委员会长江勘测规划设计研究院

中国一冶集团有限公司

湖北省建筑科学研究设计院股份有限公司

上海工程机械厂有限公司

协办单位（排名不分先后）

中建三局城市投资运营有限公司

武汉华中岩土工程有限责任公司

湖北建科国际工程有限公司

武汉鑫地岩土工程技术有限公司

武汉建工科研设计有限公司

武大巨成结构股份有限公司

东通岩土科技股份有限公司

浙江鼎业基础工程有限公司

上海智平基础工程有限公司

上海强劲地基工程股份有限公司

武汉安振岩土工程有限公司

武汉地质勘察基础工程有限公司

前　言　Preface

　　随着国家重大工程建设的推进、城市建设绿色低碳和精细化管理要求的提升，对深大地下工程施工装备和智能化施工装备、城市更新改造的小型施工装备以及高效节能环境低影响施工技术的需求日益迫切。中国土木工程学会土力学及岩土工程分会于 2016 年和 2018 年分别在上海和郑州主办了第一、二届全国岩土工程施工技术与装备创新论坛，旨在推动我国岩土工程施工技术与装备的创新与发展，促进施工技术的产业化、标准化、产品化和规范化，对新技术和装备在全国范围的推广起到了积极的推动作用。

　　2020 年 11 月 20～21 日，"第三届全国岩土工程施工技术与装备创新论坛"于武汉召开，并在北京、上海、天津、南京、宁波、郑州、深圳、兰州 8 个城市设立了线上分会场，此次活动邀请了众多国内岩土领域的专家学者围绕超深超大地下工程施工新装备与新技术、岩土工程智能化施工新装备、城市更新改造地下工程小型化施工新装备与新技术、岩土工程施工新技术与新工艺、岩土工程设计新方法、岩土工程信息化监测方法及设备以及疑难、复杂、大型岩土工程案例等主题进行了报告交流。本次会议也组织了征文活动，经全国各地岩土工作者的积极投稿、论文编辑委员会专家评审，共收录了 35 篇论文，以本论文集的形式予以出版。论文集主题包括岩土工程施工新技术、新型智能化施工装备、设计新方法以及监测检测新技术等方面，内容涉及强夯创新技术、深隧工程建造关键技术、智能多轴搅拌装备、轴力伺服组合钢支撑技术、既有建筑加固改造技术、基坑工程斜直交替支护技术、预制桩植桩技术等，反映了国内各地岩土工程专家学者以及一线工程人员在施工技术与装备等方面取得的系列新进展，期望论文集的出版能为相关新技术与装备在国内的推广起到促进作用。

　　本次征文活动得到全国专家学者以及一线工程人员的大力支持，得到会议主办、承办与协办单位的积极协助，得到中国建筑工业出版社的通力合作，在此谨向论文作者和相关单位与个人表示谢意！

论文编辑委员会
2021 年 12 月

目　录　Contents

一、施工装备与施工技术

二、设计计算方法

三、其他

一、施工装备与施工技术

中国强夯 40 年之技术创新

董炳寅[1]，水伟厚[1]，胡瑞庚[2]

（1. 大地巨人（北京）工程科技有限公司，北京 100176；

2. 中国海洋大学环境科学与工程学院，山东 青岛 266100）

摘 要：强夯法是一种经济高效、节能环保的地基处理方法。强夯法加固地基可提高地基强度，降低压缩性，消除湿陷性，提高抗液化能力。我国自 1975 年开始介绍并引进强夯技术，1978 年左右开始真正工程实践，距今已经 40 年。这 40 年中我国工程界先后将强夯技术应用于山区高填方、围海造地等原场地形成和湿陷性黄土、淤积土、砂土、粉质黏土等原地基处理，取得了良好的加固效果，具有明显的社会效益和经济效益。同时，工程建设中的山区高填方地基、开山块石回填地基、炸山填海、吹砂填海等工程也越来越多，需要加固处理的填土厚度也越来越大，为经济高效处理这些具有复杂地质条件的场地，强夯加固技术向高能级和多元化发展。本文从强夯加固理论、高能级强夯技术、复合强夯加固技术三方面梳理了我国强夯工程实践和研究现状，在此基础上提出了对强夯技术的发展展望。

关键词：强夯理论；高能级强夯；强夯复合技术；有效加固深度；高填方；分层强夯

Technological Innovation of Dynamic Compaction in China for 40 Years

Dong Bingyin[1], Shui Weihou[1], Hu Ruigeng[2]

（1. Beijing Dadi Geotechnical Engineering Co., Ltd., Beijing 100176, China;

2. College of Environmental Science and Engineering, Ocean University of China, Qingdao Shandong 266100, China）

Abstract: Dynamic compaction is an economic, efficient, energy-saving and environmental method of ground improvement. Dynamic compaction can improve subgrade bearing capacity, reduce compressibility, eliminate collapsibility and improve liquefaction resistance. This technology was introduced in 1975 and used for engineering in 1978 in China. It was applied for high fill, reclamation in mountainous area, collapsible loess, silted soil, sandy soil and silty clay, and the subgrade satisfied the engineering design requirements after dynamic compaction. Furthermore, there are more and more projects in mountainous areas, such as high fill foundation, rock fill foundation, blasting reclamation and sand blowing reclamation with economic rapid development. In the case of complex site, dynamic compaction develops for high energy dynamic compaction and composite dynamic compaction technology. In this paper, the theory of dynamic compaction, high energy dynamic compaction and composite dynamic compaction technology were surmised. Besides, put forward the development prospect of dynamic compaction technology.

Keywords: Theory of dynamic compaction; High energy dynamic compaction; Composite dynamic compaction technology; Effective depth of improvement; High embankment; Layered dynamic compaction

0 引言

强夯法由法国工程师 L. Menard 于 1970 年创立,最初用于法国南部 Cannes 附近 Napoule 海滨由废石土围海形成的场地[1,2]。我国自 1975 年开始介绍并引进强夯技术,1978 年开始用于填土地基[3],之后在天津新港开展强夯加固软土地基试验,夯后地基承载力明显提高[4]。由于我国可液化砂土区、湿陷性黄土区和软黏土区分布广泛,近年来又广泛开展了削山造地、削峰填谷、围海造地等工作,为强夯技术在我国的发展提供了良好的客观条件[5]。同时,工程建设中的山区高填方地基、开山块石回填地基、炸山填海、吹砂填海等工程也越来越多,需要加固处理的填土厚度也越来越大,为高效处理这些具有复杂地质条件的场地,在传统强夯工艺的基础上,强夯技术开始走向高能级和多元化。所谓多元化即对复杂场地进行地基加固时,单一处理方法很难达到设计要求或由于经济等条件受限,针对不同的地基土,综合其他加固机理和强夯机理各自的优势共同加固地基的一种复合处理形式。各种方法均有其适用范围和优缺点,强夯法通过与多种地基处理方法联合进行复杂场地的处理,具有明显的经济效益和可靠的技术质量效果。而且,强夯技术的广泛应用有利于节约能源和环境保护,是一种绿色地基处理技术,其进一步应用必然使强夯这一经济高效的地基处理技术为我国工程建设事业做出更大的贡献。基于此,本文从强夯理论、高能级强夯技术、复合强夯加固技术三方面梳理了我国强夯工程实践和研究现状,在此基础上对强夯技术的发展进行了展望。

1 强夯理论的发展

1.1 强夯加固的动力固结理论

采用强夯法加固多孔隙、粗颗粒的非饱和无黏性土时,夯锤产生的冲击荷载使土体中的孔隙比减小,土体密实度增大,从而提高土体的强度[6]。强夯造成饱和无黏性土强度提高的过程可分为夯击能量转化、土体液化、排水固结密实和次固结压密四个阶段[7],饱和无黏性土中往往含有一定量的微气泡,当土体受到冲击荷载后,气体受到压缩作用,导致孔隙水压力增大,土体部分结合水变成自由水,土体发生液化,土骨架同时产生明显的弹塑性变形甚至土结构破坏。单次夯击完成后,气体膨胀,孔隙水压力沿夯坑周围裂隙及毛细管排出,土体发生固结沉降,有效应力逐渐增加,地基土强度逐渐提高。随着夯击次数的增加,土中气体和孔隙水继续大量逸出,土体塑性变形增加,形成较稳固的骨架结构[8,9]。

左名麒[10]、冯永焰等[11]、孔令伟等[12]、郭伟林等[13] 通过波动理论对强夯加固机理进行了分析,夯锤与土体接触的瞬间产生巨大的冲击力及强烈的振动,振动在土体内向四周传播形成波,根据波的作用、性质和特点的不同,可分为体波和面波两种。体波又分纵波和横波,纵波是由振源向外传递的压缩波,质点的振动方向与波的前进方向一致,纵波使土体产生压缩,加密土体。横波使土体产生畸变,出现裂缝,有利于孔隙水、气的逸出。面波只限于地基表面传播,包括瑞利波和乐甫波,一些学者从波动法的角度认为面波对地基土起不到加密作用,反而使地基表面松动,为无用波或有害波,而孔令伟等[12]、牛志荣等[14]分别利用成层土中瑞利波特征方程对强夯后瑞利波的影响深度进行计算，结果表明瑞利波为强夯法的有效加固波形，其影响深度约为1个波长，对夯坑土体起到加密作用，并推导得到了土体体积压缩 θ 随深度变化的表达式（式（1）和式（2））。

$$\theta = \frac{D}{2}\left(\alpha^2 + \left(\frac{\omega}{c_R}\right)^2\right)e^{-\alpha z}\cos\omega\left(t - \frac{x}{c_R}\right) \tag{1}$$

$$\alpha^2 = \left(\frac{\omega}{c_P}\right)^2\left[\left(\frac{c_P}{c_R}\right)^2 - 1\right] \tag{2}$$

式中，D 为夯锤直径；ω 为强夯加荷的圆频率；c_R 为瑞利波波速；c_P 为纵波波速。

1.2 强夯加固机理的微观解释

土体宏观现象的反映，都是它微观变化的结果[15]。通过对强夯前、后土体的微观结构进行研究，可以从微观角度解释强夯加固机理。对强夯前、后土体进行扫描电镜测试发现，夯后土中矿物颗粒趋于定向排列，土中孔隙明显变小，夯坑底土体板状长石边缘破碎，大粒径碎屑颗粒发生细化[16]。贾敏才等[17]采用图像跟踪拍摄和数字处理技术，对夯击作用下砂性土密实的微观机制进行试验研究，发现在夯击荷载作用下砂颗粒排列有序性不断增强，经历从无序性排列到定向排列、颗粒之间孔隙减小和接触数不断增加的过程，而砂颗粒的定向排列和接触颗粒数的增加表现为土体孔隙比减小，密实度增加，压缩性降低，地基承载力提高。甘德福等[15]对夯前与夯后土的微观结构进行对比分析，发现夯后土颗粒挤碎变小，颗粒互相挤密并呈一定方向性排列，土体结构强度提高。

1.3 强夯加固软土地基的探讨

软土地基具有高压缩性、低强度和弱透水性等特点，夯锤冲击产生的应力波动对地基土体产生压缩和剪切运动，土颗粒发生错动并形成一定数量的微裂缝，随夯击能和夯击次数不断增加，孔隙水压力不断升高，孔隙水压力沿微裂缝向地面排出，但对软土地基，特别是淤泥质土，土体渗透性弱，孔隙水压力难以在短暂的夯击过程中充分消散，造成孔隙水停留在软土中，抵抗夯击能，阻止土粒靠拢，再次夯击时会出现"橡皮土"现象。因此，强夯加固软土地基的关键在于解决好孔隙水压力的消散问题。孔隙水压力消散的难易程度与土体中的孔压梯度和排水通道有关，强夯能量增加，造成土体中形成较高的孔隙水压力梯度和数量众多的微裂缝，这对孔隙水压力的消散是有益的，但过大的夯击能会使土体结构严重破坏，破坏微裂缝排水通道，造成孔隙水压力难以消散，同样会出现"橡皮土"现象，因此，选择合理的夯击能是影响强夯加固软土地基效果的首要因素。此外，控制前后两遍夯击的间隔时间，使夯击造成的孔隙水压力充分消散，也可以避免"橡皮土"的出现。

郑颖人等[18]针对软黏土地基的特点，提出"由小到大，逐级加能，少击多遍，逐级加固"的强夯工艺。徐惠亮[19]在上海软土地基上进行强夯试验，夯击能 100t·m，夯后静力触探测试结果表明强夯有效加固深度约为7m，证明了强夯加固软土地基的可行性。夯前在软土地基中设置排水通道，有利于孔隙水压力的顺利排出，从而达到强夯加固软土地基的效果。邹仁华等[20]在软土中设立水平和竖向排水体系，夯后土体的强度有较大幅度的提高。曾庆军等[21]、鲁秀云[22]、王月香等[23]、张凤文等[24]分别在软土地基上采用砂井和塑料排水板充当竖向排水体，强夯取得较好的加固效果。夯前采用堆载预压[25]、井点降水[26,27]、电渗井点预压[28]、真空降水[29-33]、真空电渗法[34] 等方法疏干饱和软土地基中的孔隙水，使其完成初步固结，再进行强夯，能高效处理软土地基。因此，在夯前和夯击过程中解决好软土地基中孔隙水压力的消散问题，对强夯加固软土地基具有一定的可行性。

1.4 强夯置换理论

强夯置换法是采用在夯坑内回填块石、碎石等粗颗粒材料，用夯锤连续夯击形成强夯置换墩。一般用于淤泥、淤泥质黏土等软弱土层和黏性饱和粉土、粉砂地基。该处理工艺如果置换墩密实度不够或没有着底，将会增加建筑物的不均匀沉降[35]。因此，采用强夯置换法前，必须通过现场试验确定其适用性和处理效果。与强夯法相比，强夯置换用于软土，能形成大直径、高密实度的碎石墩，对减小工后变形有利，目前工程使用越来越广泛，国内最高的强夯置换能级已经达到18000kN·m。

强夯和强夯置换的区别主要在于：（1）有无填料；（2）填料与原地基土有无变化；（3）静接地压力大小；（4）是否形成墩体（比夯间土明显密实）。强夯置换要求有填料而且填料好，夯锤静接地压力≥80kPa，形成密实的置换墩体，上述四个条件同时满足才能成为强夯置换。

如填土地基强夯施工过程中因夯坑太深时（影响施工效率和加固效果），或提锤困难时（夯坑坍塌或有软土夹层吸锤），可以或应该填料，这是强夯，即强夯也可以填料，不是填料一次就是强夯置换了。对于采用柱锤强夯来说，满足接地静压力是容易的，因为柱锤直径大多为1.1～1.8m，对于平锤，只有在锤重超过一定重量时可以满足锤底接地静压力的要求，且同时满足其他三个条件后的平锤施工才是强夯置换。

例如内蒙古某煤制天然气项目，场地主要为沙漠细砂地基，场地分别采用8000kN·m和3000kN·m能级平锤施工，其中8000kN·m能级施工过程中，夯坑回填碎石。两个能级采用的均是直径为2.5m的平锤，3000kN·m能级（夯锤20t）每遍施工后进行原场地砂土推平再施工，而8000kN·m（夯锤40t）能级施工过程中回填了大量碎石料（图1）。本案例3000kN·m能级施工虽有填料但不满足其他三个条件，仅算是强夯。

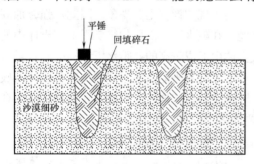

图1 内蒙古某项目强夯置换示意图

8000kN·m能级同时满足了强夯置换的四个条件，应该属于强夯置换。现场检测表明，夯点周边砂土地基相对密度大幅增加，夯点处形成了密实的碎石墩体。建（构）筑物基础荷载作用点、变形敏感点、结构转折部位等可以布置在夯点上，提高建（构）筑物的抗变形能力。

强夯和强夯置换之间没有一条不可逾越的鸿沟，而是一个大工艺条件下针对不同地质条件不同设计要求的两个产品，强夯置换更加侧重于形成置换墩的一个工艺。在很多实际工程中不能简单地理解为强夯置换就是强夯用于加固饱和软黏土地基的方法。工程中避免用一个"大扁锤"（静接地压力<80kPa）来施工强夯置换，这是很难形成"给力"的强夯置换墩的，而应通过适当缩小锤底面积增加静压力来加强强夯置换的效果。

近年随着强夯置换能级的不断增加和工程实践的不断拓展，发现当强夯置换的能级超过 8000～10000kN·m 时，夯锤直径在 2.2～2.5m 的夯锤施工效果优于更小直径的夯锤。究其原因，能级 8000～18000kN·m 以后，因为强夯机提升高度的限制，锤重达到了 40～80t，即便是 2.2～2.5m 直径的夯锤静接地压力也达到了 100～210kPa，已经很高，再加上提升高度的冲击应力，冲击的夯坑深度大部分已经超过 5m。如果采用了更"细"的夯锤，如 1.2～1.5m，夯锤静接地压力也达到了 230～700kPa，冲击应力是更大了，但是每次有点像"针"一样在"扎"地基，不能产生有效的"深层击密"和"侧向挤密"，而"深层击密"和"侧向挤密"才是强夯置换的实质目的。通过多个工程实例分析总结，强夯置换能级对应夯锤直径如表 1 所示。

强夯置换能级对应夯锤直径   表 1

能级(kN·m)	锤重(t)	锤直径(m)
4000 及以下	20～30	1.5
5000～8000(含)	30～40	1.5～2.2
8000～10000(含)	40～50	2.2～2.5
10000 以上	>50	2.5

2 高能级强夯技术的发展

2.1 高能级强夯加固机理

高能级强夯在现有强夯地基处理技术的基础上，通过提高单击夯击能，依据动力学原理和应力扩散原理，以高（10000～18000kN·m）、中（4000～8000kN·m）、低（1000～3000kN·m）不同能级分遍组合和夯点间距的合理布置，分别对建筑地基深层、浅层和表层予以加固处理，从而提高地基的强度、降低压缩性、改善抗液化能力、消除湿陷性、提高土的均匀程度、减少差异沉降等[36,37]。

以 18000kN·m 能级强夯为例，加固原理见图 2。

由图 2 可以看出，第 1、2 遍点为主夯点，强夯能级为 18000kN·m，第 3 遍强夯为插点夯，强夯能级为 8000kN·m，主夯点有效加固深度大，夯点间距也较大，有利于强夯能量往地层深部传递[38,39]。辅夯点强夯能级较主夯点小，主要加固主夯点间的土层，确保土层沿深度方向形成一定范围的加固体，在夯坑整平过程中，对主夯点较深的夯坑，进行原点加固夯，确保整平后主夯点浅部的加固效果，最后对场地进行满夯，夯印彼此搭接，以保证加固后的土层在水平方向的均匀性。

2.2 高能级强夯技术的应用

现行《建筑地基处理技术规范》JGJ 79—2012[40] 中的最高能级为 12000kN·m，《湿陷性黄土地区建筑规范》GB 50025—2018[41] 中为 8000kN·m，《钢制储罐地基处理技术规范》GB/T 50756—2012[42] 中的最高能级为 18000kN·m，《复合地基技术规范》GB/T 50783—2012[43] 中强夯置换的最高能级为 18000kN·m。而实际工程中，碎石土回填地基上的最高能级已经达到 25000kN·m；湿陷性黄土基上的最高能级已经达到

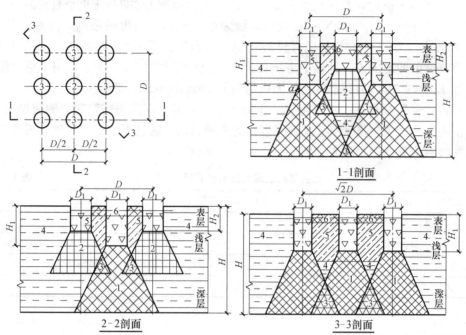

D—主夯点间距；D_1—夯坑直径；H—处理深度；H_1—主夯点夯坑深度；H_2—辅助夯点夯坑深度
1—主夯点加固区；2—辅助夯点加固区；3—加固重叠区；4—原状土区；5—第一遍满夯加固区；6—第二遍满夯加固区

图2　高能级强夯加固原理示意图

20000kN·m。由于我国"地少人多"的矛盾日渐突出，在解决用地矛盾时已采用大规模的"填谷造地""围海造地"等方法。围海、填谷造地堆积起来的深厚填土场地非常疏松，而且还常夹杂有淤泥杂质，需要加固处理的深度很大。场地一次性回填形成，填土厚度超过10m以上，为使其地基强度、变形及均匀性等满足建设的要求而选用了高能级强夯法进行处理。这种地基的处理以降低地基土的压缩性、达到减少工后沉降为主要目的，采用其他方法很难处理、效果差、成本高、工期长，如堆载预压法需要数年，而采用高能级强夯法可以一次性处理到位，工期可缩短至3～5个月，地基处理效果显著。

如甘肃省某大型石油化工场地，占地面积约80万m^2，湿陷性黄土的湿陷程度由上向下由Ⅱ级自重湿陷性黄土一直渐变为非湿陷性黄土，湿陷性黄土的最大底界埋深在16m左右。设计要求消除全部湿陷性，可用于该场地的地基处理方法主要有垫层法、高能级强夯法、挤密法和预浸水法。对油罐地基，16000kN·m高能级强夯法一次处理与挤密法相比，费用约为挤密法的1/4，工期约为其1/2。与分层强夯法比较，费用节省1/4，工期缩短40%。由此证明了高能级强夯法处理山区高填方工程和抛石填海工程的经济性和高效性。

然而，强夯处理效果与能级并不是简单的正相关性[44]。当强夯能级为1000～20000kN·m时，地基表层的承载力基本都满足要求，不同能级的差别主要表现在深层加固效果，也就是有效加固深度上，反映出来的就是抵抗变形效果是否满足设计要求。因此，应按所要处理地基的有效加固深度来确定强夯能级，有效加固深度与单击夯击能间的关系见图3。

由图3可知，当夯击能较小（<5000kN·m）时，随着夯击能增大，有效加固深度

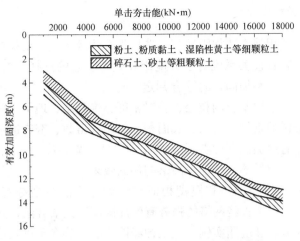

图 3　不同强夯能级与有效加固深度关系曲线

呈线性增大；当夯击能较大（＞5000kN·m）时，随着夯击能增大，有效加固深度增加速度变慢，即随着夯击能的不断增大，加固效果增加不再显著，强夯的效益下降。如20000kN·m 比 10000kN·m 能级增加了 100％，有效加固深度仅增加了约 50％，成本却增加了 1 倍，虽然能级越高，有效加固深度越大，但是仅靠能级增加得到的有效加固深度的增幅衰减明显，故从经济性角度对强夯的能级有一定的限制，才能达到最大效益，不可能无限制地提高强夯能级。对有效加固深度要求更大的工程，不必一味地增加能级，可考虑分层处理或结合其他方法经技术经济工期综合比较后选择采用。

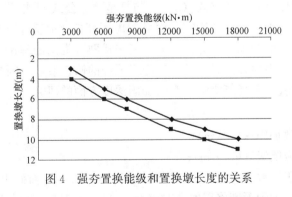

图 4　强夯置换能级和置换墩长度的关系

　　强夯置换也是如此，通过多个工程实例统计分析，如图 4 所示，当能级低于6000kN·m 时，置换墩长度随能级呈线性增大，但随着夯击能的继续增大，置换墩长度呈缓慢增加趋势。多项工程实例研究表明，实际强夯置换能级达到 15000kN·m 以上时，置换墩长度很难超过 10m。

　　图 3、图 4 中的数据，是根据多个项目的实测得到并分别写入了《钢制储罐地基处理技术规范》GB/T 50756—2012[42] 和《复合地基技术规范》GB/T 50783—2012[43]。需要说明的是，这个关系一定是在满足了一系列条件下的经验数值。这个条件主要是能级要够（不能偷能级），击数要够（不能偷锤）条件下的经验。如果实际施工的能级不够、击数不够，这个关系就会大打折扣。

2.3 高能级强夯有效加固深度

有效加固深度是使用强夯法加固地基时选择强夯能级的最重要指标，也是判断强夯加固效果的重要依据，它直接关系到对强夯能级和施工工艺的选择[45-47]。研究表明：有效加固深度要根据不同土类和加固目的综合判定[37]。影响有效加固深度的因素分为内因和外因两类，其中内因包括地基土的粒径、相对密度、饱和度、地下水位等；外因主要指强夯施工工艺，包括夯锤的重量、形状、底面积、落距、击数、夯击遍数和间歇时间等[48]。残积土回填地基强夯有效加固深度随强夯能级增加呈衰减趋势[49]。相同的夯击能、相同的底面半径条件下，重锤低落优于轻锤高落的加固效果[50,51]。

一些学者采用人工神经网络和模糊相似理论计算高能级强夯有效加固深度。汤磊等[52]提出了一种基于人工神经网络的强夯有效加固深度预估方法，并以湿陷性黄土地区为例介绍了它的建模方法和应用实例。人工神经网络的优势在于可表达一种高度非线性的映射关系，将其用于强夯有效加固深度的预估可考虑较多的影响因素，计算结果较准确，同时避免了一般理论难以摆脱的简化、假设、经验系数和复杂的计算[53]。陈志新等[54]提出基于模糊相似优先的强夯有效加固深度预测方法，预测结果与现场实测结果相近，该方法排除了人为因素对分析、评定结果的干扰，具有较强的识别评判能力和简便、定量严密的特点。周向国等[55]指出强夯有效加固深度的计算应综合考虑强夯能级、夯击次数与遍数、锤底面积、夯点布局、土质类型等因素。胡瑞庚等[48]针对在碎石土、湿陷性黄土、砂土三种不同土质回填地基上进行的高能级强夯试验，采用平板载荷、动力触探、瑞利波试验等方法研究强夯前后浅层地基承载力和深层密实度的变化，提出考虑土类别的高能级强夯有效加固深度计算公式（式（3）），与规范[40]公式相比，该公式不仅考虑了强夯能级修正系数对有效加固深度的影响，而且考虑了高能级强夯下不同回填土质的影响。已有关于高能级强夯有效加固深度方面的研究尚未成熟，提出的理论方法往往缺少现场试验验证，而且规范[40]中的公式又缺乏对高能级强夯的修正参数，因此有必要进一步根据理论方法开展现场试验研究高能级强夯有效加固深度方面的研究。

$$h = k\sqrt{E_p} + \Delta h \tag{3}$$

式中：h——有效加固深度（m）；

E_p——强夯能级（kN·m）；

k——修正系数，对碎石土、湿陷性黄土 $k=0.12$，对砂土 $k=0.13$；

Δh——有效加固深度修正值，对碎石土 $\Delta h = -1.5$，对砂土 $\Delta h = 0$，对湿陷性黄土 $\Delta h = -2.4$。

3. 复合强夯加固技术的发展

3.1 砂桩-强夯法

对饱和粉土、黏土地基，强夯作用下土体孔隙水压力升高，土体渗透性弱，孔隙水压力难以在短时间消散，孔隙水压力一方面吸收能量，使土体不能得到加固，另一方面侧向作用扰动土体，使原有承载力降低。为使强夯法适用于此类场地，需解决强夯过程中孔隙水压力排水通道问题，夯前在场地按一定的纵横间距设置砂桩或袋装砂井，形成人工排水通道，然后再夯击桩间土使其排水固结，并与砂桩形成复合地基。张凤文等[24] 采用砂桩-强夯法加固饱和粉质黏土地基，夯后复合地基承载力提高 1 倍以上。鲁秀云[22] 采用砂桩-强夯法加固新近沉积的黏土地基，发现设置砂桩可减少强夯间歇时间。

3.2 碎石桩-强夯法

夯前在饱和软土地基中打入碎石桩，形成竖向排水通道，夯击引起的超孔隙水压力将沿着颗粒间隙和排水通道由高压区向低压区扩散，软土地基产生排水固结。同时，在强夯作用下，碎石桩对周围土层产生挤密作用，并形成直径大、密实度高的碎石柱桩体，碎石桩与周围土体形成复合地基，提高了承载能力及地基的整体稳定性。此外，复合地基中碎石桩比其周围土的压缩模量大，在上部荷载作用下，碎石桩顶发生应力集中现象，上部荷载由碎石桩传递至持力层[56]。陈廷华等[57] 采用先打碎石挤密桩再进行强夯的方案加固大厚度自重湿陷性黄土场地，达到了消除深层湿陷性、减小沉降量和提高承载力的目的。王月香等[23] 采用碎石桩与强夯联合工艺处理软土地基，夯后地基密实度、抗液化能力、承载能力大幅提高，而且强夯后的硬壳层相当于承台置于碎石桩上，增加了地基强度。

3.3 堆载预压-强夯法

对于海相淤泥质土场地，淤泥质土具有孔隙比大、含水量高、压缩量大、强度低等特点，夯前先在场地打设塑料排水板和铺设砂垫层，建立一个竖向和水平向排水体系，然后进行分级堆载预压，使淤泥质土地基排水固结，当土体强度达到设计要求后再进行强夯，加速淤泥质土地基排水固结，提高地基承载力[23]。王铁宏等[5] 采用堆载预压结合高能级分层强夯技术加固超软海相软土地基，解决了深厚软基固结沉降问题。

3.4 真空井点降水-强夯法

真空井点降水-强夯法是一种快速加固软土地基的新技术，是在动力固结理论与真空降水技术相结合的基础上提出来的。该方法采用特制的真空降水系统等主动排水方式来加速夯击前后及夯击过程中超静孔隙水压力的消散和孔隙水的排出，通过严格控制每遍的夯击能，以不完全破坏土体结构强度为前提，根据土体强度恢复和提高情况，逐步提高能量来渐进提高土体的加固效果和深度。通过数遍不同强度的真空排水，并结合适当能量的强夯击密，达到降低土层的含水量，提高密实度、承载力，减少地基沉降的目的[30,31,58]。

由于真空井点降水-强夯法运用"压差"主动排水，并在强夯击密过程中进行持续真空排水，既起到了降水预压的作用，又加速了因夯击产生的超静孔隙水压力的消散，一般 1～2d 孔隙水压力可消散约 90%，施工周期缩短约 25%[32]。真空井点降水-强夯法利用了强夯和井点降水的优点，对处理沿海大面积软土、吹填土是一种行之有效的方法[29,57,59]，对地下水位较高的砂土场地，也可以采用真空井点降水-强夯法，夯击能不宜小于 2000～2500kN·m[29,58,59]。然而，真空井点降水-强夯法施工具有一定的相互干扰性，如果施工方案或者施工程序不能合理协调，不但影响施工效果，而且影响工期。基于此，米晓晨等[26] 采用机械振动-水力洗孔联合成孔法进行轻型井点管的施工，工艺简单，施工效率高。蔡仙发等采用水气分离集成管井和低位负压组合排水结构进行降水消压，有利于夯击

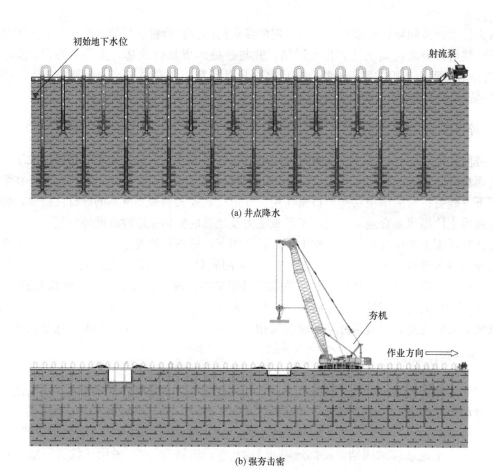

(a) 井点降水

(b) 强夯击密

图5 真空井点降水-强夯工艺示意图

能量的深层传递和提高深层淤泥质软弱土的夯实效果，提高了施工效率[27]。

3.5 排水板+管井降水-强夯法

很多吹填陆域会形成三个分区：砂土区、软土区和千层饼区。对于表层砂土（5～8m）深层黏土区域，与砂层和黏土层互层叠加在一起的区域，其黏土层要压实挤密，就需要把深层的地下水排解出来，同时表层砂土由于疏松也需要压实挤密，此类地质条件的区域可以选择排水板+管井降水+强夯的施工工艺（示意图见图6）。因为形成的千层饼区由砂层及黏土层相互多层反复叠加构成，地质情况复杂，在使用排水板+管井降水+强夯法处理地基时，不同地质条件处理深度不一样，需根据场地地质条件进行设计计算与施工，使加固效果与经济性合理化。

3.6 真空预压-强夯法

吹填土常处于欠固结状态，含水量高，夯前在场地设置长度较短的塑料排水板，对浅层土体进行排水加固，使表层土体具有一定的强度，便于大规模机械插板施工，之后插入长度较大的塑料排水板进行深层真空预压。在真空预压、排水固结后，有些场地的标高还需要填土，填土之后对场地进行强夯，夯击造成吹填土形成水平方向微裂缝，夯击引起的

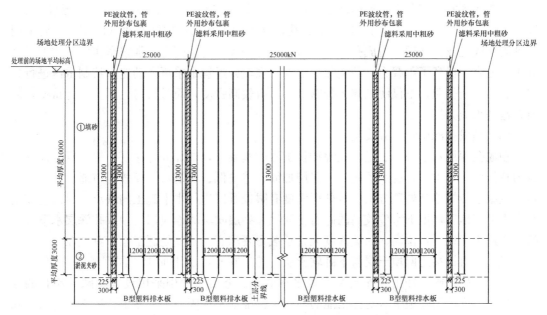

图 6 排水板＋管井降水＋强夯工艺示意图

超孔隙水压力沿水平微裂缝和竖向排水板向地面排出，使土体强度增长。何铁伟等[60]采用真空预压-强夯法处理深厚吹填土地基，取得良好的加固效果。刘永林[33]通过加密排水板间距、在真空密封膜下铺设土工布等措施提高真空预压效果，缩短了软土地基固结时间，提高了施工效率。

3.7 孔内强夯法

孔内强夯方法是先成孔至预定深度，然后自下而上分层填料强夯或边填料边强夯，形成承载力的密实桩体和强力挤密的桩间土。目前，这类方法主要适用于西北地区的孔内深层强夯法（DDC）和孔内深层超强夯法（SDDC），以及高地下水位的预成孔深层水下夯实法，较深厚软土地基的预成孔置换强夯法。

（1）孔内深层强夯法（DDC）

冯志焱等[64]采用孔内深层强夯法处理湿陷性黄土地基，处理后消除了地基湿陷性，形成的复合地基承载力提高了 2 倍。邱存家等[65]采用孔内深层强夯法处理软土地基，处理后桩间土含水量减小、干密度增大、孔隙比减小、压缩系数减小、瑞利波速增大，证明了孔内深层强夯法适用于处理软土地基。谢春庆等[66]采用孔内深层强夯法处理红层地区软基，并与碎石桩处理效果进行对比，发现 DDC 桩对于桩间土的挤密作用较碎石桩明显，其竖向承载力优于碎石桩。马军平等[67]、徐栓群等[68]、杨思明等[69]采用孔内深层强夯灰土桩处理黄土地基，节约了施工时间，取得良好的经济效益。陈杰等[70]采用孔内深层强夯渣土桩处理填土地基，处理后地基承载力提高 2～8 倍，降低工程造价 25％以上。

（2）孔内深层超强夯法（SDDC）

孔内深层超强夯法是用旋挖钻机取土成孔或液压履带式打桩机提升橄榄形锤自由放下冲击成孔，然后向孔内回填一定量桩体材料，再用自由下落的橄榄形锤对填充的桩体材料反复夯实达到密实度要求，连续回填桩体材料并分层夯实直至地面标高，桩体形成。SD-DC 法采用高动能的特制重力夯锤冲击成孔，这不同于孔内深层强夯法（DDC）主要采用长螺旋钻成孔或杆状锤冲击成孔，这样可使成孔过程中对桩间土有强挤密作用，增加了桩间土的强度，提高了承载力，并消除湿陷性。在填夯过程中采用高动能的特制重锤进行高压强、强挤密作业，不仅使桩体十分密实，具有较高强度，而且又对桩间土进行挤密，使复合地基承载力提高[71]。

（3）预成孔深层水下夯实法

预成孔深层水下夯实法是在柱锤冲扩桩法的基础上，增加处理深度，提高复合地基承载力特征值。该工法具有水下施工、深层加固、造价低、工期短、高效、节能、环保等优点，克服了传统地基处理方法有效处理深度有限或难以进行水下施工的缺点，目前已成功在东南沿海地区，地下水位较高的碎石土回填和砂层吹填场地应用。预成孔深层水下夯实法主要适用于地下水位高、回填深度大且承载力要求高的地基处理工程。首先在地基土中预先成孔，直接穿透回填土层与下卧软土层，然后在孔内由下而上逐层回填并逐层夯击，对地基土产生挤密、冲击与振动夯实等多重效果。夯实过程中采用设置特殊导流孔的夯锤，最大限度地消除地下水对夯击能的损耗，保证地基加固效果。该工艺采用具有自主知识产权的 CGE400 型强夯机，具有不脱钩、自动测量、远程遥控等特点。

（4）预成孔置换强夯法

预成孔置换强夯法是在地基土中预先成孔将石料直接送至持力层，有效解决了强夯置换所存在的墩体着底情况不良的问题，处理后的地基工后沉降大大降低，可满足大部分建（构）筑物的使用要求。预成孔置换强夯法的地基处理施工工艺研究可以弥补传统强夯置换地基处理方法的不足，为软弱土地基的处理提供了新的思路，促进了地基处理施工工艺的发展，具有重要的工程意义。

该工法首先在地基土中预先成孔，直接穿透软弱上层至下卧硬层顶面或进入下卧硬层；然后在孔内回填块石、碎石、粗砂等材料形成松散墩体，松散墩体与下卧硬层良好接触；最后分遍进行强夯施工，加固墩体与墩间土，形成复合地基，实现了置换墩体与下卧硬层良好接触。

4　高填方分层强夯关键技术

工程建设中的山区沟谷高填方造地工程越来越多，深厚填土工程也随之越来越多，需要加固处理的填土厚度和深度相应也越来越大。山区高填方工程，如某些开山填谷工程，最大填土厚度超过 35m，辽宁、重庆、山西、陕西、河南和湖南等地 20 余个重大项目的最大填土厚度超过了 40m，近几年一些新区建设中的开山造地填土厚度已经超过 100m。这些项目一般工期紧、任务重，不容许几十厘米的分层碾压。为了使其地基强度、变形及均匀性等满足工程建设的要求而最终选用了分层强夯进行处理。在高填方工程实践过程中分层回填分层强夯也形成了多项关键技术，因此 5～10m 的分层强夯的优势相当明显，本文以延安某项目为例，介绍分层中高能级强夯在超高超深填方中的应用。

延安某综合利用项目位于陕西省富县县城以南 12km 处的富城镇洛阳村，项目建设用地坐落在河流两岸，场地附近区域地层主要由第四系全新统松散堆积物（主要为河道两侧的黄土状土和砂类及碎石类土）、披盖于丘陵与黄土残塬上的第四系中更新统和晚更新统黄土（Q^{2+3}）、第三系红黏土（N）和基岩组成，场地处于构造运动相对稳定的地块，建设场地附近地区没有大型活动断裂通过，区内地震水平较低，抗震设防烈度为6度。场地西区设计标高在951.5～955.0m之间，自然场地标高最低为883.4m（冲沟出口处），原始地貌为典型的V形沟谷地形，综合考虑安全性、经济适用性、设备调度能力和工期，采取分层回填＋分层强夯的方案进行处理。

图7　拟建场地平面图

4.1　原场地地基处理

根据原状湿陷性黄土层的分布区域及分布厚度，采用不同能级和工艺的强夯法处理黄土地基的湿陷性，满足原状土地基承载力和变形、湿陷性等要求，强夯处理能级为4000～12000kN·m。原填方区滑坡体分布区域，均进行了进一步地基处理，一般区域采用高能级强夯法，高含水量分布区采用强夯置换法处理。

4.2　高填方填筑体处理

场地设计标高在951.5～955.0m之间，自然场地标高最低为883.4m（冲沟出口处），原始地貌为典型的V形沟谷地形，综合考虑安全性、经济适用性、设备调度能力和工期，采取分层回填＋分层强夯的方案进行处理。

回填区域土方回填和强夯分8层进行，见表2。

回填区域强夯分层施工参数表　　　　　　　　　　　　　　　　　表2

回填层数	回填厚度(m)	强夯能级(kN·m)
第一层	冲沟回填碎石渗层	8000
第二层	12	12000
第三层	12	12000
第四层	12	12000
第五层	8	8000

回填层数	回填厚度(m)	强夯能级(kN·m)
第六层	8	8000
第七层	4.5~6.5	4000
第八层	4.5~6.5	4000

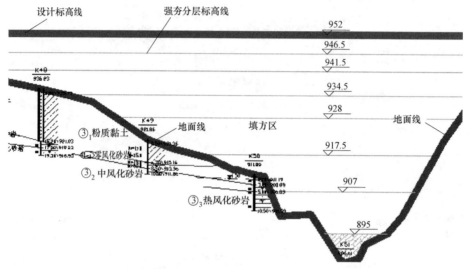

图 8　地基处理分层回填示意图

4.3　挖填交接面、施工搭接面处理

（1）挖填交接面处理

填方区与挖方区交接面是高填方区经常出现问题的薄弱环节，为了保证填方区与挖方区能均匀过渡，在填挖方交接处，应布置过渡台阶。

在挖填交界处基岩面以下，按 $H=1m$ 高，宽度 L 随实际坡比而变化，沿着山体表面开挖台阶，对于直壁地形，在实际施工过程中可以适当调整高宽比，但台阶宽度不宜小于 1m。并回填 2m 厚砂碎石，形成土岩过渡层，同时与底部排水盲沟连接，排出基岩裂隙水。

（2）施工段间的搭接施工

场地由于填筑区域范围大、工段多、工作面分散又集中，各工作面起始填筑标高不一，存在工作面搭接问题。工作面搭接处理不好，势必带来人为的软弱面或薄弱面，给高填方稳定性带来不利影响。为此，要求各工作面间要注意协调、两个相邻工作面高差要求一般不超过 4m，避免出现"错台"现象。

各标段间、各分区间均存在搭接面。各工作面间填筑时，先填筑的工作面按 1:2 放坡施工。后填筑的工作面，在填筑本层工作面时，对预留的边坡开挖台阶，台阶高 2m，宽 4m，分层补齐。对工作面搭接部位，按相同间距加设两排夯点进行补强。

（3）沟口高填方边坡后方填方地基处理技术要求

冲沟沟口高填方边坡回填及强夯处理方案与其余地方相同，根据挡墙设计单位要求强夯边界线，位于场区边界线向厂区内 24～34m 处。

冲沟沟口加筋土挡墙后方高填方边坡距离强夯边界线 30m 范围内为强夯能级降低区。其中原 12000kN·m 的分层填土厚度为 12m，在此区域分层厚度为 3m，分四层回填施工，采用 2000kN·m 降低能级处理。土方回填时进行部分超填，土方回填边界线上边界距离厂区边界 31m，1∶1 放坡至 895m 标高碎石渗沟表层。强夯施工边界线上边界距离厂区边界 34m，1∶1 放坡至 895m 标高碎石渗沟表层。强夯与挡墙交替搭接施工，确保高边坡和挡墙的稳定。

4.4 地下排渗系统设置

冲沟底部采用盲沟形式进行处理，盲沟施工前，首先进行基底清理工作，清除表层软弱覆盖层至基岩面，沿冲沟底部铺设 2m 厚的卵砾石，粒径要求是 5～40cm，中等风化岩石。盲沟保持自然地形排水坡度，纵坡坡度不小于 2‰。盲沟顶部铺设≥300g/m² 的渗水土工布。

冲沟沟口处由于洛河水位的影响，其 50 年一遇洪水水位为 891.54m，100 年一遇洪水水位为 893.04m，为保证冲沟回填土不受水位的影响，895m 标高以下均采用级配良好的砂碎石回填。

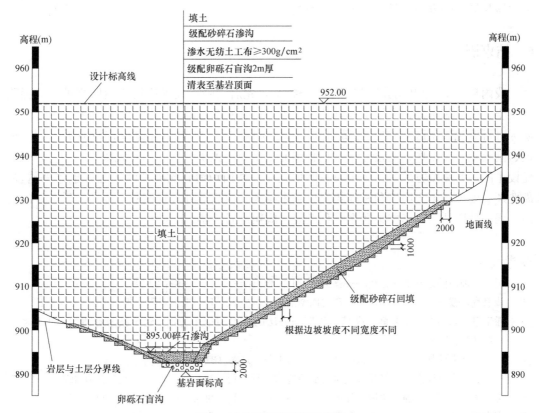

图 9　冲沟横剖面处理示意图

目前项目场地形成已全部完成，通过 2015 年 9 月 15 日至 2017 年 6 月 28 日期间沉降监测，挖方区最大沉降为 −36.5mm；填方区最大沉降为 −155.2mm，最小沉降为 −3.0mm，沉降基本趋于稳定。

5　强夯技术的发展展望

强夯法将土作为一种能满足技术要求的工程材料，在现场对土层本身做文章，以土治土，充分利用和发挥土层本身的作用，符合岩土工程"要充分利用岩土体本身作用"的总原则，且对于土层没有化学性质上的损害，是一种绿色的地基处理方法。目前，国内大型基础设施（机场、码头、高等级公路等）建设的发展和沿海城市填海造陆工程以及位于黄土区域内的西部大开发，都给强夯工程的大量实施创造了条件。

同时，工程建设中的山区高填方地基、开山块石回填地基、炸山填海、吹砂填海等围海造地工程也越来越多，形成的场地也更加复杂，仅采用传统的强夯加固技术往往难以满足地基处理的要求，强夯加固技术向高能级和多元化发展：（1）高能级强夯技术在吹填土、高填方地基的成功应用将为复杂环境条件下的地基处理工程设计、施工和检测提供实质性指导，从而提高工程设计水平，减少工程事故，减少经济损失，提高施工效率，保障工程质量，实现强夯地基处理工程的可持续发展，具有广阔的应用前景；（2）将强夯与其他地基处理方法的联合应用（如碎石桩-强夯法、真空井点降水-强夯法等）是地基处理技术发展与创新的方向，是处理软土、冲填土地基的有效方法，具有很大的发展空间。

6　结束语

我国自 1975 年开始介绍与引进强夯技术，先后将强夯技术应用于山区高填方、湿陷性黄土、软土等场地，取得了良好的加固效果，具有明显的经济效益。由于我国地震高烈度区（可液化砂土区）、湿陷性黄土区和软黏土区分布广泛，近年来又广泛开展了削山造地、削峰填谷等工作，为强夯技术在我国的发展应用提供了良好的客观条件。同时，工程建设中的山区高填方地基、开山块石回填地基、炸山填海、吹砂填海等工程也越来越多，需要加固处理的填土厚度和深度相应也越来越大，为高效处理这些具有复杂地质条件的场地，强夯加固技术向高能级和多元化发展，应用前景广阔。

参考文献

[1]　国外一种新的地基加固方法——强夯法 [J]. 建筑结构，1978（6）：22-28.
[2]　钱家欢，钱学德，赵维炳，等. 动力固结的理论与实践 [J]. 岩土工程学报，1986（6）：1-17.
[3]　潘千里，朱树森，左名麒. 高填土地区强夯法的试验与应用 [J]. 建筑技术通讯（施工技术），1979（6）：14-20.
[4]　钱征. 强夯法加固地基试验报导 [J]. 水运工程，1980（3）：47.
[5]　王铁宏、水伟厚. 高能级强夯技术发展研究与工程应用 [M]. 北京：中国建筑工业出版社，2017.
[6]　邹仁华，奚家米. 强夯法地基加固机理分析与应用 [J]. 西安矿业学院学报，1999（S1）：3-5.
[7]　高宏兴. 强夯法加固软土地基的研究和实践 [J]. 水运工程，1981（9）：37-39.
[8]　钱学德. 饱和砂土在动力固结试验中的性状——对强夯机理的探讨 [J]. 港口工程，1981（2）：9-14.
[9]　郑颖人，李学志，冯遗兴，等. 软黏土地基的强夯机理及其工艺研究 [J]. 岩石力学与工程学报，1998（5）：3-5.

[10] 左名麒. 振动波与强夯法机理 [J]. 岩土工程学报，1986 (3)：55-62.

[11] 冯永炬，王彬，魏东. 强夯法加固地基的机理探讨 [J]. 勘察科学技术，1988 (2)：27-30.

[12] 孙令伟，袁建新. R 波在强劳加固软弱地基中的作用探讨 [J]. 工程勘察，1996 (5)：1-5.

[13] 郭伟林，安明. 强夯法加固饱和黏性土的动力学原理及应用 [J]. 施工技术，2016，45 (S1)：38-42.

[14] 牛志荣，路国运. 土体受冲击时 Rayleigh 波作用机制探讨 [J]. 岩土力学，2009，30 (6)：1583-1589.

[15] 甘德福，袁雅康. 上海石油化工总厂强夯加固软土地基对土的微观结构影响的分析研究 [J]. 上海地质，1983 (4)：1-7.

[16] 赵常洲，王晖，杨为民. 夯实地基土的微结构特性及其对工程性质的影响 [J]. 岩土工程技术，2005 (2)：75-79.

[17] 贾敏才，王磊，周健. 砂性土宏细观强夯加固机制的试验研究 [J]. 岩石力学与工程学报，2009，28 (S1)：3282-3290.

[18] 郑颖人，李学志，冯遗兴，等. 软黏土地基的强夯机理及其工艺研究 [J]. 岩石力学与工程学报，1998 (5)：3-5.

[19] 徐惠亮. 软土地基的强夯处理 [J]. 上海地质，1982 (4)：38-43.

[20] 邹仁华. 强夯法加固饱和软土地基的试验研究 [J]. 西安矿业学院学报，1999 (2)：3-5.

[21] 曾庆军，龚晓南，李茂英. 强夯时饱和软土地基表层的排水通道 [J]. 工程勘察，2000 (3)：1-3.

[22] 鲁秀云. 强夯加砂桩复合法加固软基的试验研究 [J]. 建筑机械化，1989 (3)：2-6.

[23] 王月香，陈茂林. 碎石桩法与强夯法联合工艺处理软土地基应用研究 [J]. 岩土工程技术，2001 (2)：101-106.

[24] 张凤文，王庭林. 强夯砂土桩复合地基承载力的试验研究 [J]. 岩土力学，2000 (1)：81-83.

[25] 曹永琅，王剑平，林瑞肇，等. 堆载预压联合强夯加固软土地基的试验研究 [J]. 长春科技大学学报，1998 (3)：3-5.

[26] 米晓晨. 轻型井点降水联合强夯法加固吹填土地基 [J]. 中国港湾建设，2017，37 (9)：54-57.

[27] 蔡仙发，唐彤芝，蔡新，等. 新型降排水强夯加固冲填沉积土地基研究 [J]. 福州大学学报（自然科学版），2019，47 (1)：100-106.

[28] 赵建国，朱文凯. 电渗——强夯综合法加固软弱地基的实践 [J]. 地质与勘探，1994 (2)：76-80.

[29] 崔梓萍. 真空降水结合低能量强夯在吹填土路基加固中的应用 [J]. 建筑施工，2005 (4)：31-32.

[30] 周健，张健，姚浩. 真空降水联合强夯法在软弱路基处理中的应用研究 [J]. 岩土力学，2005 (S1)：198-200.

[31] 史旦达，周健，贾敏才，等. 真空井点降水技术在强夯地基加固中的应用研究 [J]. 施工技术，2007 (9)：52-54.

[32] 彭中浩，陈永辉，陈庚，等. 真空降水联合强夯法加固粉土路基的研究 [J]. 河北工程大学学报（自然科学版），2015，32 (2)：47-51.

[33] 刘永林. 真空预压联合强夯法处理软土地基的效果分析 [J]. 施工技术，2016，45 (S1)：102-106.

[34] 王柳江，刘斯宏，樊科伟，等. 真空电渗联合振动碾压加固超软黏土试验研究 [J]. 水运工程，2017 (5)：150-156.

[35] 水伟厚. 对强夯置换概念的探讨和置换墩长度的实测研究 [J]. 岩土力学，2011，32 (S2)：

502-506.

[36] 冯世进，水伟厚，梁永辉. 高能级强夯加固粗颗粒碎石回填地基现场试验 [J]. 同济大学学报（自然科学版），2012，40（5）：679-684.

[37] 王铁宏，水伟厚，王亚凌. 对高能级强夯技术发展的全面与辩证思考 [J]. 建筑结构，2009，39（11）：86-89.

[38] 水伟厚，王铁宏，朱建锋. 高能级强夯作用下地面变形试验研究 [J]. 港工技术，2006（2）：50-52.

[39] 水伟厚. 冲击应力与10000kN·m高能级强夯系列试验研究 [D]. 上海：同济大学，2004.

[40] 中华人民共和国住房和城乡建设部. 建筑地基处理技术规范：JGJ 79—2012 [S]. 北京：中国建筑工业出版社，2013.

[41] 中华人民共和国住房和城乡建设部. 湿陷性黄土地区建筑标准：GB 50025—2018 [S]. 北京：中国建筑工业出版社，2019.

[42] 中华人民共和国住房和城乡建设部. 钢制储罐地基处理技术规范：GB/T 50756—2012 [S]. 北京：中国计划出版社，2012.

[43] 中华人民共和国住房和城乡建设部. 复合地基技术规范：GB/T 50783—2012 [S]. 北京：中国计划出版社，2012.

[44] 水伟厚，胡瑞庚. 按变形控制进行强夯加固地基设计思想的探讨 [J]. 低温建筑技术，2018，40（2）：117-121.

[45] 任新红. 绵阳机场强夯影响深度及有效加固深度研究 [J]. 路基工程，2008（5）：50-51.

[46] 王铁宏，水伟厚，王亚凌，等. 强夯法有效加固深度的确定方法与判定标准 [J]. 工程建设标准化，2005（3）：27-38.

[47] 邵忠心，刘献刚，乐平. 强夯地基处理有效加固深度的界定与作用 [J]. 建筑施工，2008（11）：952-953.

[48] 胡瑞庚，时伟，水伟厚，等. 深厚回填土地基高能级强夯有效加固深度计算方法及影响因素研究 [J]. 工程勘察，2018，46（3）：35-40.

[49] 栾帅，王凤来，水伟厚. 残积土回填地基高能级强夯有效加固深度试验研究 [J]. 建筑结构学报，2014，35（10）：151-158.

[50] 荣韶婧，韩云山，段伟，等. 强夯法同能级轻锤高落与重锤低落的效果对比 [J]. 施工技术，2014，43（S2）：110-112.

[51] 冯世进，胡斌，张旭，等. 强夯参数对夯击效果影响的室内模型试验 [J]. 同济大学学报（自然科学版），2012，40（8）：1147-1153.

[52] 汤磊，陈正汉. 用BP网络预估强夯有效加固深度 [J]. 四川建筑科学研究，1998（4）：3-5.

[53] 朱建凯，陆新. 基于人工神经网络的强夯有效加固深度预估 [J]. 地下空间，2003（01）：56-58.

[54] 陈志新，温克兵，叶万军，等. 基于模糊相似优先比的强夯有效加固深度范例推理研究 [J]. 公路交通科技，2005（S2）：77-81.

[55] 周向国，胡庆国，王桂尧. 影响强夯法有效加固深度的因素与计算方法 [J]. 路基工程，2007（4）：103-105.

[56] 张凤文，王庭林. 强夯碎石桩法的工程实践 [J]. 建筑结构，1999（5）：3-5.

[57] 陈廷华，刘惠茹，张国仁. 碎石挤密桩与强夯综合处理较大厚度自重湿陷性黄土地基 [Z]. 中国河北秦皇岛：19924.

[58] 裴哲，李炜东. 低能量强夯联合真空降水在沿海新填软土地基处理中的应用 [J]. 工业建筑，2008（S1）：650-655.

[59] 王学刚，刘莉. 高真空强排水联合低能量强夯动力固结法在吹填土地基加固中的应用 [J]. 中国

水运（理论版），2007（10）：111-112.

[60] 何铁伟. 真空预压联合强夯加固深厚吹填土地基 [J]. 勘察科学技术，2015（4）：34-38.

[61] 刘凤松，刘耘东. 真空-电渗降水-低能量强夯联合软弱地基加固技术在软土地基加固中的应用 [J]. 中国港湾建设，2008（5）：43-47.

[62] 我国首创孔内深层强夯桩 [J]. 特种结构，1996（2）：43.

[63] 司炳文，唐业清. 孔内深层强夯技术的机理与工程实践 [J]. 施工技术，1999（5）：3-5.

[64] 冯志焱，林在贯，郑翔. 孔内深层强夯法处理湿陷性黄土地基的一个实例 [J]. 岩土力学，2005（11）：143-145.

[65] 邱存家，胡勇生，王双，等. 孔内深层强夯桩处理软弱地基试验 [J]. 公路交通科技（应用技术版），2018，14（12）：70-73.

[66] 谢春庆，潘凯，张李东，等. 孔内深层强夯桩法在红层地区软基处理中的应用研究 [J]. 路基工程，2019（4）：33-40.

[67] 马军平. 孔内深层强夯法处理大厚度湿陷性黄土在某变电站工程中的应用研究 [J]. 岩土工程技术，2017，31（6）：278-282.

[68] 徐栓群. 孔内深层强夯法处理强湿陷性地基应用分析 [J]. 土工基础，2013，27（3）：7-9.

[69] 杨思明. 孔内深层强夯用于大厚度湿陷性黄土地基中的特点和作法 [J]. 建筑技术，2000（3）：191-192.

[70] 陈杰，邱鸿. 孔内深层强夯（DDC）渣土桩在住宅小区工程中的应用 [Z]. 2002：6.

[71] 金继伟，卢淑萍，王春江. 孔内深层超强夯法（SDDC）作用机理及其在公路工程中的应用 [J]. 公路，2000（9）：27-31.

武汉大东湖污水深隧工程建造关键技术

戴小松，余南山，刘开扬，谷海华

（中建三局基础设施建设投资有限公司，湖北 武汉 430070）

摘　要：本文以全国首条开建的污水深隧——武汉大东湖污水传输隧道工程为依托，针对该工程小断面超深竖井、小直径长距离盾构及小断面全圆二衬施工面临的技术空白，在国内无类似工程经验可借鉴的情况下，结合项目特点及技术难点，对小断面超深竖井、小直径长距离盾构及小断面全圆二衬施工技术进行研究、创新，形成了一系列工装、设备，高质高效完成了项目建设，并经进一步总结，形成了本文所述的深隧工程建设关键技术。

关键词：深隧；小断面超深竖井；小直径长距离盾构；二衬成套施工技术；创新

Key Construction Technology of Wuhan Dadong Lake Wastewater Deep Tunnel Project

Dai Xiaosong，Yu Nanshan，Liu Kaiyang，Gu Haihua

（CCTEB Infrastructure Construction Investment Co.，Ltd.，Wuhan Hubei 430073，China）

Abstract：Based on Wuhan Dadonghu sewage transmission tunnel，the first sewage deep tunnel in China，this paper studies the construction technology of small section ultra deep shaft，small diameter long-distance shield and small section full circle secondary lining construction，combined with the characteristics and difficulties of the project Innovation，formed a series of tooling，equipment，high-quality and efficient completion of the project construction，and after further summary，formed the key technology of deep tunnel construction.

Keywords：Deep tunnel Small；Section super deep shaft；Small diameter long distance shield；Complete set construction technology of secondary lining；Innovate

0　引言

随着城市化进程的进一步发展，城市内涝、溢流污染等现象在全国各大城市日趋严重，地区发展和环境保护之间的矛盾成了亟待解决的问题[1]。与此同时，随着国家"绿水青山就是金山银山""幸福中国"及"长江大保护"等战略口号的提出，生态文明建设

基金项目：中建三局集团有限公司科研项目（CSCEC3B-2019-04）。

作者简介：戴小松（1974—　），男，本科，教授级高级工程师，手机：13349957656，Email：332163848@qq.com。

越来越受到各级政府的重视。

城市深隧排水系统是一种能够有效缓解城市内涝问题、解决雨洪和溢流污染的重要措施，在地下 30～60m 的范围内建设，也不需要与市政管网及地铁抢占浅层地下空间[2]。

在深隧技术研究方面，国外已有相对系统的研究案例及成果，例如 *Combined Sewer Overflows-Guidance for Long-Term Control Plan*、*Cliff Schexnayder P E.* 关于新加坡深隧的研究、Munsey F, Roddy M, Jankowski J. 关于 O & Mmilwaukee 深隧的十年经验教训进行了总结。在国内，门绚等针对国内外深隧排水系统建设状况进行了分析，提出了建设深隧解决我国城市内涝的建议；王广华等根据地下深层隧道在排水工程中的应用情况，总结了几种典型工程案例，介绍了深层排水隧道的组成和适用条件，按照深隧功能目标和运行方式对排水隧道进行了技术分类，并探讨了深层隧道排水技术的应用发展趋势；王刚等针对城市超深排（蓄）水隧道应用及关键技术进行了综述，以国内外几个典型深隧工程为研究对象，分析了这些工程建设的背景、功能以及结构特征，并讨论了其面临的一些技术问题，如深基坑技术、隧道选型、结构形式、施工技术等[3,4]。

1　工程概况

武汉大东湖核心区污水传输系统工程位于湖北省武汉市武昌区、洪山区、东湖风景区和青山区，建设内容包括污水深隧系统和地表完善系统两大部分，其中污水深隧系统包含主隧工程及支隧工程两部分；地表完善系统包含沙湖污水提升泵站、二郎庙预处理站、落步咀预处理站、武东预处理站及配套管网。作为全国首条开建的污水深隧，开创了国内污水深隧传输的先河。同时作为武汉"四厂合一，深隧传输"方案的重要部分，意在解决城市内涝、溢流污染、污水处理厂中心化问题，释放现状污水处理厂土地资源存量，实现四厂合一，统筹解决污水、雨水、污泥问题。

大东湖深隧主隧全长 17.5km，包含 9 个竖井和 9 个盾构区间。

本文以武汉大东湖污水深隧工程为依托，通过科技创新，研发了一系列工装、设备，创新了施工技术，实现了小断面超深竖井、小直径长距离盾构及二衬高度机械化、标准化施工。

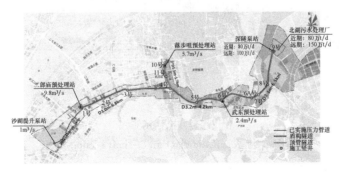

图 1　工程总平面图

Fig. 1　General plan of the project

2 设计方案

（1）竖井设计概况

主隧 9 个竖井均采用明挖法施工，其中最大竖井尺寸 48m×11m，最小竖井尺寸 15m×11m，开挖深度 32.8～51.5m，围护结构采用地下连续墙或灌注桩＋内支撑，止水帷幕采用 CSM 搅拌墙或高压旋喷桩。

竖井设计概况一览表 表1
Overview of shaft design Table 1

井号	工艺结构类型	截面形状及尺寸 形状	截面形状及尺寸 内净空（m）	基坑深度（m）	围护结构形式	桩长/墙深（m）	施工阶段类型	地质水文情况
1号	入流竖井	矩形	14×14	32.8	1200mm 厚地下连续墙＋7 道支撑	38.5	接收井	长江一级阶地
2号	工作竖井	圆形	φ12.0	34.8	φ1600@1800 钻孔桩＋8 道支撑	42.5	过站井	长江一级阶地
3号	通风检修井	矩形	49×11	34.9	1200mm 厚地下连续墙＋8 道支撑	40.5/44	双向始发井	长江三级阶地
4号	汇流竖井	圆形	φ20.4	47.8	φ1200@1400 钻孔桩＋9 道支撑	52.8	单向始发井＋接收井	长江三级阶地
5号	工作竖井	矩形	15.4×11	51.5	φ1500@1700 钻孔桩＋12 道支撑	59.5	接收井	长江三级阶地
6号	通风检修井	矩形	49×11	43.4	1200mm 厚地下连续墙＋9 道支撑	51.5	双向始发井	长江三级阶地
6A号	工作竖井	矩形	15×11	43.5	φ1500@1700 的钻孔桩＋8 道支撑	47	接收井	长江三级阶地（岩溶）
7号	通风检修井	矩形	15×11	44.4	φ1200@1400 钻孔桩＋8 道支撑	48.5	过站井	长江三级阶地（岩溶）
8号	工作竖井	矩形	49×11	44.8	φ1500@1700 钻孔桩＋10 道支撑	50	双向始发井	长江一级阶地

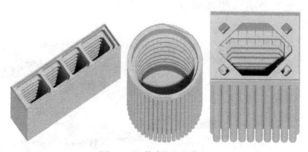

图 2 竖井断面示意图

Fig. 2 Schematic diagram of shaft section

（2）区间设计概况

主隧 9 个区间隧道均采用盾构法施工，隧道埋深 30～50m，纵向坡度为 0.65‰，最长区间 3.6km，最小转弯半径 250m。

隧道断面设计为25cm厚预制管片+20cm厚C40P12现浇钢筋混凝土二衬的叠合式衬砌，成型内径3.0～3.4m。

竖井设计概况一览表　　　　　　　　　　　　　　　　　　　　　表2

Overview of shaft design　　　　　　　　　　　　　　　　　Table 2

序号	区间名称	区间长度(m)	管片外径/内径(mm)	二衬成型内径(m)
1	1～2号	3607	3900/3400	3000
2	2～3号			
3	3～4号	3163		
4	4～5号	2339	4100/3600	3200
5	5～6号	1807		
6	6～6A号	2370	4300/3800	3400
7	6A～7号	471		
8	7～8号	1618		
9	8～9号	1936		

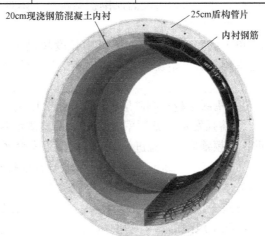

图3　隧道断面示意图

Fig. 3　Schematic diagram of tunnel section

（3）地质水文条件

1号、2号、8号竖井及1～2号、8～9号区间位于长江Ⅰ级阶地，地下水丰富且与长

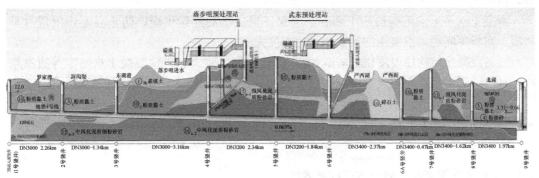

图4　地质剖面图

Fig. 4　Geological profile

江水系连通，补给、径流条件好，承压水头压力大，其他竖井及区间位于长江Ⅲ级阶地，地下水对工程影响较小；沿线主要穿越地层为粉细砂、砾卵石、强—中风化含钙泥质细粉砂岩、中风化泥质粉砂岩、粗砂岩、中风化灰岩（平均单轴抗压强度86.7MPa，最大强度达125.3MPa，溶岩发育，见洞率53%）中风化含钙泥质粉砂岩（平均34MPa）等。

3 技术难点分析

（1）小断面超深竖井施工

断面小（最小15m×11m），开挖深（最深51.5m），内支撑密集（最多达12道支撑），入岩深（最深达35m），岩石强度高（最大达125MPa）。狭小空间内土方开挖难度大，垂直取土效率低，爆破施工安全影响大。

竖井跨度广，地质条件复杂（面临长江一级阶地富水地层、强发育岩溶区等）；周边环境复杂（紧邻沙湖港、东湖港、武鄂高速桥墩、居民区等）；富水砂层中悬挂降水难度大，基坑安全风险高；所有竖井均入岩，硬岩层围护结构施工困难。

（2）超深埋小直径长距离盾构施工

隧道埋深30~56m，单个区间长达3.6km，其中长度超过2km的区间有4个，长距离盾构施工管片、渣土运输效率低。始发竖井空间狭小，分体始发工序复杂，短定向边定测长区间测量误差大。

区间地质条件复杂多变，沿线穿越粉细砂层、砾卵石层、中风化泥质粉砂岩和中风化灰岩（最大强度达125MPa，岩溶强发育，见洞率81.8%）等。富水砂层掘进容易造成喷涌；硬岩层掘进刀盘磨损严重，需频繁换刀，掘进效率低；溶洞强发育区，盾构存在栽头风险。

区间水文条件复杂，面临长达1.3km富水砂层、砾卵石层掘进，2次高承压水头富水砂层盾构接收，承压水头达35m，掘进及接收安全风险大。

区间隧道下穿地铁、高铁、普通铁路、市政高架、湖泊、河渠等建（构）筑物众多，影响范围广，保护难度大，施工风险高。

（3）小直径高内水压污水传输隧道二衬施工

主隧埋深达56m，最长区间3.6km，二衬为20cm厚C40P12现浇钢筋混凝土，其耐久性、防水、防腐质量要求高。

二衬混凝土应具备缓初凝、早终凝、自密实、和易性好、微膨胀、抗渗性能好等特点，混凝土配制难度大。

混凝土水平运输距离长达1.8km，为保证混凝土的连续供应，防止混凝土出现过早初凝、离析等问题，混凝土的运输和泵送难度大。

二衬混凝土结构层厚度仅20cm，面临结构开裂风险大、拱顶混凝土难密实等质量难点，且隧道断面小、距离长，难以实现大量人员、机械的投入，二衬工期压力巨大。

4 小断面超深竖井施工技术

4.1 小断面超深竖井高效土方开挖技术

竖井断面小，开挖过程中随着深度的加大，土方垂直运输效率不断降低，进入岩层后，在小断面超深竖井内爆破施工难度和风险更是大幅提高，易对基坑支护结构本身和周边环境造成不利影响。

土方开挖分 10m 以内、40m 以内、40m 以上三个阶段分别采用长臂挖机、液压抓斗、龙门吊或汽车吊进行组合式土方开挖。硬岩层深井爆破以深孔松动爆破为主、浅孔爆破为辅，分层、分仓爆破，适当超爆；对于无法实施爆破的竖井，在地面利用钻机引孔提前破碎岩层。针对密集环框梁施工，采用定型化、标准化单侧支模施工平台，整体吊装，实现高效施工。

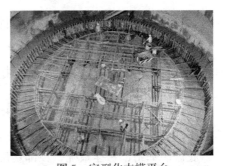

图 5　定型化支模平台
Fig. 5　Fixed formwork support platform

通过该技术的应用有效提高了每层土方开挖效率以及土方垂直运输效率，单层开挖时间控制在 1～2.5d/层，节省土方开挖时间 20% 以上，岩层中每层开挖时间控制在 2.5d 以内；爆破振速控制在 10～13mm/s，满足限值 25mm/s 的要求；基坑开挖过程顶部水平位移在 4～10mm，小于理论计算值，地表沉降在 8～14mm，未超过规范允许值。

4.2　富水砂层悬挂超深支护桩基坑综合止水技术

8 号竖井位于长江 I 级阶地，地下水丰富且与长江水系连通，补给、径流条件好，承压水头压力大，含水层渗透系数高，基底突涌风险高。

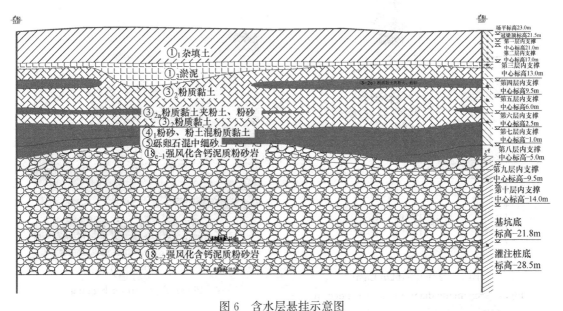

图 6　含水层悬挂示意图
Fig. 6　Aquifer suspension diagram

针对 8 号竖井复杂的水文地质条件，为确保止水效果，采用了一套 CSM 搅拌墙＋高压旋喷桩＋基坑外降水＋基坑内设置侧墙＋局部注浆加固的综合止水方法[5]。

围护桩外侧设置 CSM 搅拌墙，形成一圈闭合式止水帷幕，桩间薄弱位置采用高压旋喷桩进行加强；基坑外设降水井降低土岩结合面承压水水头，基坑内浇筑侧墙，防止承压水击穿桩间土体，在渗漏水位置设置引流管进行有组织的疏导。

通过该技术的应用，成功解决了 8 号竖井基坑突涌的问题，避免了基坑开挖过程基坑止水的失效，保证了基坑开挖过程的顺利。

4.3 顶部加节向下延伸式施工升降机研究及应用

竖井开挖普遍在 40m 左右，最大开挖深度达 51.5m，属于超深基坑，开挖过程中，常规施工升降机无法安装，为方便开挖过程中人员通行，首次研发顶部加节向下延伸式施工升降机并成功应用。

悬挂式施工升降机基础安装于基坑顶部，通过顶部基站向下加节，除常规吊笼、电力信号系统、安全装置外，主要由受拉型加强导轨架、导轨驱动系统、安全拉杆、滑动附墙、底盘、基站、悬挂系统、顶部基础钢平台、特殊设计安全装置等部分组成[6]。

与常规施工升降机的区别在于，原导轨承压体系改为受拉体系，受力结构采用 2 道传力路径的冗余设计。基础安装在导轨顶部位置，在原有导轨架的基础上新增导轨驱动系统，实现导轨竖向移动。

加节过程中先拆除上悬挂装置，利用下悬挂装置受力，在导轨架顶部安装标准节，松开基站下悬挂装置，用基站驱动装置将导轨向下运行就位。

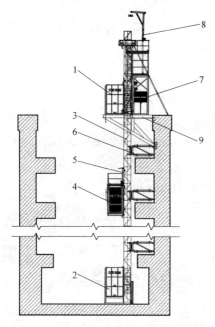

图 7　悬挂升降机示意图
Fig. 7　Schematic diagram of suspended lift
1—地面护栏；2—地下护栏；3—导轨架；4—吊笼；
5—小车架；6—滑动附墙；7—悬挂基站；
8—吊臂；9—支撑平台

图 8　悬挂升降机实物图
Fig. 8　Physical picture of hanging lift

悬挂电梯的应用有效降低了人员的劳动强度，方便了开挖阶段作业人员携带少量工器具上下，测量人员携带仪器上下测量，方便了人员的生产生活，大大改善施工人员的作业条件，有效提升施工人员生产效率和工作幸福感。

5 小直径长距离盾构施工技术

5.1 盾构穿越长距离水下岩溶区施工技术

盾构穿越前对水下岩溶区采用"钢板桩围堰填筑＋堰顶处理"的处理方法，即沿隧道轴线岩溶处理范围打设钢板桩围堰，回填堰心土，作为岩溶勘察、加固处理作业平台。

钢围堰处理平台设计需满足岩溶专项勘察及岩溶处理施工宽度需要，且满足施工防汛要求。处理范围为隧道结构轮廓线外 3m，结构外径为 4.3m，考虑施工机械作业空间的需要，岩溶处理便道沿隧道中心线两侧各距离 7.5m 修筑，总宽 15m。

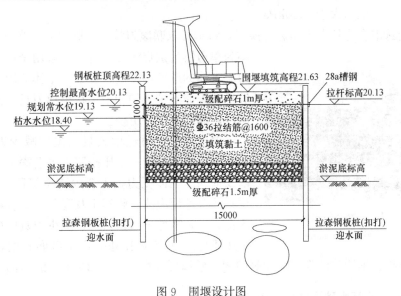

图 9　围堰设计图

Fig. 9　The design of cofferdam

为阻断湖体水系与盾构掌子面之间的通道，要求钢板桩插入不透水层且捻缝到位，同时在堰芯填筑黏土，进一步隔绝湖体水系与掌子面连通通道。

利用地质钻机结合电磁波 CT、孔内彩色电视进行岩溶勘探，对隧道结构轮廓线左右各 3m，隧道结构底板以下 6m，隧道结构顶板以上 6m 范围内的溶洞进行注浆填充，注浆过程中利用探边孔兼做检测孔、注浆孔，实现一孔三用。

图 10　围堰实物图

Fig. 10　Physical picture of cofferdam

岩溶段掘进时，考虑灰岩强度大，施工过程中刀具、刀盘易磨损、脱落，在该区间盾构机增加刀盘状态监测系统，实时监测盾构施工中滚刀的转速、磨损量、刀盘温度等参数，定期开仓检查刀具螺栓紧固情况，逐环分析盾构姿态，保障了盾构顺利通过高风险区域。

盾构穿越长距离水下岩溶区掘进技术的应用，有效保障了 6～6A 号区间岩溶处理质量，岩溶加固 28d 取芯检测无侧限抗压强度均大于 0.15MPa；该区间盾构机安全顺利地通过了严西湖 550m 湖底岩溶强发育区，未发生盾构机栽头现象；穿越过程成功常压开仓 200 多次，更换刀具 150 多把，未发生掌子面透水现象。

5.2　盾构长距离穿富水砾卵石层掘进技术

2～1 号区间接收端存在 1.3km 砾卵石层，该地层石英含量高达 90%，极其容易磨损刀具，且该地段位于长江 I 级阶地，承压水头高，施工风险极大。

盾构制造阶段进行针对性设计，主驱动外密封采用 1 道迷宫、2 道 4 指形密封、1 道单唇口密封，内密封采用 2 道唇形密封；盾尾密封系统采用 4 道环形钢丝尾刷、1 道止浆板的设计，承压能力大于 1000kPa。

穿越前选取合适地点主动进行换刀，将中心双联滚刀替换成撕裂刀，普通单刃滚刀调整为单刃镶齿敷焊滚刀，合金齿采用全埋入式，增加刀圈本体的厚度，提高了合金与基体的固齿强度，能够抵抗砾卵石带来的冲击。在更换刀具的同时，将前两道尾刷同步进行更换。

图 11　砾卵石渣土
Fig. 11　Gravel residue

掘进过程中通过增大贯入度，减少刀盘转动圈数，降低刀具磨损；土压按照土体埋深考虑静水压力以及适当的土体压力，土仓内渣土保留 1/3～1/2 仓位；综合运用泡沫、膨润土及高分子聚合物进行渣土改良，有效降低了刀盘扭矩，减少刀具的磨损，实现土压盾构连续穿越 1.3km 富水砾卵石层，且未出现刀盘严重磨损、不均匀沉降、喷涌等问题，盾构日掘进 10～16 环（1.2m/环）。

5.3　高承压水头富水砂层盾构接收技术

高承压水头土压平衡盾构水下接收技术，通过在接收井内设置砂浆接收基座及洞门砂浆挡墙，完全填充洞门，为盾构出洞提供充足反力，且将洞门注浆封堵范围延伸到洞门砂浆挡墙端部；盾尾脱出洞门砂浆挡墙后，同步进行洞内多点位二次注浆及地面预留孔注浆

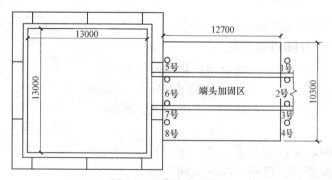

图 12　注浆孔布置图
Fig. 12　Grouting hole layout

迅速封堵洞门；盾构接收完成抽排水完毕后洞门砂浆结构分层凿除，配合分块钢板对洞门管片背部随破随封，规避洞门二次渗漏风险，有效保障了接收施工的安全。

预留注浆孔布置在隧道轴线方向加固体尾部及洞门范围内，一端 4 个，注浆孔钻至管片上方 1.5m，孔内安放 $\phi48$ 袖阀注浆管。

洞门范围砂浆挡墙厚度不小于 2 环管片环宽，高度至洞门上层环框梁底，宽度与接收井宽度一致。

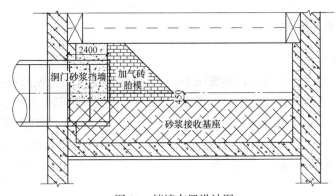

图 13　挡墙布置设计图

Fig. 13　Diagram of retaining wall

挡墙范围掘进时，遵循"低推力、低刀盘转速、减小扰动"的原则进行控制，避免推倒砂浆挡墙，出挡墙后关闭螺机封闭掘进。

通过应用高承压水头富水砂层盾构水下接收技术，安全顺利地完成了长江Ⅰ级阶地盾构接收。浆接收基座为盾构出洞提供了充足的反力，洞内管片得以充分顶紧，洞内管片拼装质量良好，接收过程未发生管片接缝渗漏现象；竖井水位动态监测及端头地表沉降控制均良好，最大地面沉降 2.69mm；洞门砂浆挡墙接收完毕后无明显变形和破坏。

图 14　洞门封堵效果图

Fig. 14　Effect drawing of hole door sealing

6　二衬成套施工技术

针对该二衬施工的特点，提出了大流水、长节拍，成套机械化施工的施工模式，首次应用了仰拱先行，拱墙跳仓跟进方案。

6.1　总体施工方案

（1）盾构洞通之前，钢筋采用 BIM 集约数控加工成半成品，盾构隧道贯通后，从隧道一端向另一端进行隧道清理，同时将二衬钢筋运入隧道利用轮式悬臂吊进行摆放，然后根据钢筋摆放情况分别从两端往中间平行流水施工二衬。

（2）二衬施工纵向分仓、分段，竖向分层，仰拱与拱墙分开施工，避免浇筑过程中承受过大浮力及侧压力，简化模板体系。

（3）先行施工的仰拱可为后续大范围施工组织提供底部通行条件，拱墙台车设计为满足通行要求的门架结构，解决物料运输、通行问题，为工人作业提供较大的操作空间。

（4）拱墙跟进仰拱施工，同步浇筑混凝土，减少混凝土浇筑次数，增加单次浇筑方量，降低组织难度。

（5）洞内供配电采用全低压供电，长度大于 2km 的区间，混凝土浇筑时洞内增设自动升压稳压装置保障供电。

6.2 仰拱及拱墙支模技术

（1）仰拱模板体系

仰拱模板采用环向整体钢模，环宽 1.2m，通过法兰连接，无纵向拼缝，刚度、强度较大，仅需在模板两侧设置抗浮支撑支撑在管片手孔即可。模板转运通过前后两台小门吊及一台电动平板车实施，小门吊负责模板吊装安拆、电动平板车用于模板运输，小门吊及电动平板车均通过模板上集成纵向轨道行进；同时在两侧设置斜向支撑，模板安装时顶在管片上支撑模板及设备自重，避免压到钢筋骨架，混凝土浇筑完成时可拔出，与模板表面平齐，避免形成孔洞。

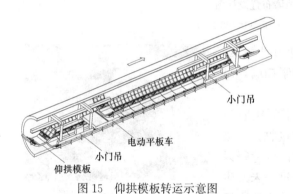

图 15 仰拱模板转运示意图

Fig. 15 Schematic diagram of invert formwork transfer

图 16 模板安装

Fig. 16 Formwork installing

（2）拱墙模板体系

拱墙模板采用可通行门式台车，考虑隧道曲线半径，单套模板台车由 3 节组成，每节

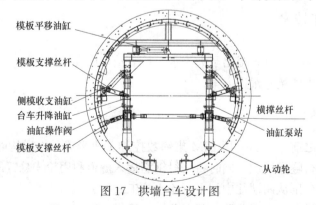

图 17 拱墙台车设计图

Fig. 17 Design drawing of arch wall trolley

长 4.8m，节与节之间采用铰接连接，以适应曲线段施工，模板采用企口搭接连接，单节台车两端分别设计为搭接小模板和承插小模板，保证曲线段施工时节与节之间模板搭接紧密。单套台车端部设计为可拆卸搭接小模板适应跳仓法施工，施工奇数仓时可拆除安装端模，施工偶数仓时可安装搭接小模板与已施工完成的奇数仓搭接。

6.3 混凝土浇筑技术

本工程混凝土要求采用高性能自密实早强补偿收缩混凝土，经试配和地面盘管试验，混凝土泵送距离保持在 600m 以内混凝土出泵性能方可满足仰拱混凝土浇筑要求，无法采用超远距离水平泵送，混凝土需运入洞内泵送。

混凝土洞内浇筑设备采用轨行式拖泵及轨行式小罐车。轨行式拖泵通过轨道行进拱墙台车末端进行浇筑，动力采用电能；轨行式小罐车行进过程中，可通过轮的转动带动罐体进行转动，保证混凝土性能。

图 18　混凝土浇筑示意图

Fig. 18　Schematic diagram of concrete pouring

为提高混凝土浇筑效率，在竖井内安装轨道平移摆渡车或道岔实现两台小罐车快速切换，提高混凝土浇筑效率。

通过二衬成套施工技术，仅用时 3 个月就完成了最长 3.6km 的 3～1 号区间二衬施工，全线 17.5km 二衬施工用时 5 个月，单作业面最高月衬砌 690m，较常规施工工效提升了 330% 以上。

7　结语

武汉大东湖污水深隧工程作为全国首条开建的污水深隧工程，在面临许多技术空白的情况下，通过技术创新的手段，研发了一系列工装、设备，高质高效地完成了项目建设，目前项目已转入运营阶段，不断凸显其优势，逐步解决城市内涝、溢流污染问题，释放现状污水处理厂土地资源存量。

项目的成功建设，既开创了国内深隧先河，也验证了过程中的技术创新及应用是成功的、合理的，可供后续深隧工程的规划、设计及施工借鉴。

参考文献

[1]　杜立刚. 武汉市大东湖核心区污水深隧传输系统工程设计 [J]. 中国给水排水，2020，36（2）：74-78.

[2] 黄明利. 我国城市防洪排涝地下深隧规划设计与施工方法 [J]. 隧道建设，2017，37（8）：946-951.

[3] 王刚. 城市超深排（蓄）水隧道应用及关键技术综述 [J]. 特种结构，2016，33：74-79.

[4] 王广华. 基于ITM模型的东濠涌深层排水隧道涌浪分析 [J]. 中国给水排水，2016，24：7-13.

[5] 余南山. 桩基支护超深基坑在长江Ⅰ级阶地的止水技术研究 [J]. 市政技术，2019（6）：235-238.

[6] 戴小松. 悬挂式施工升降机在超深竖井中的应用 [J]. 施工技术，2019，16（48）：98-101.

ZKD85-3G 高速智能多轴钻机的研发及应用

王涛，顾军

（上海金泰工程机械有限公司，上海 201805）

摘　要：本文主要介绍上海金泰 ZKD85-3G 高速智能多轴钻机的特点及应用，阐述该设备的技术特点及施工应用效果。ZKD85-3G 多轴钻机通过高速搅拌、快速钻进和智能高速喷浆，从而达到保证施工质量、提升施工效率、节能降耗的作用。ZKD85-3G 多轴钻机利用了传感器技术、控制器显示器技术和无线通信技术，实时监控施工中的各项参数。并与制浆后台建立无线通信，制浆后台可根据钻进速度智能调节喷浆量，实现快钻多喷、慢钻少喷，从而保证了每米喷浆量的均匀性。

关键词：ZKD85-3G；高速；智能；多轴钻机

R & D and Application of ZKD85-3G High Speed Intelligence Multi-shafts Drilling Rig

Wang Tao，Gu Jun

（Shanghai Jintai Construction Machinery Co.，Ltd.，Shanghai 201805，China）

Abstract：This thesis mainly introduces the Characteristics and Application of ZKD85-3G High speed Intelligence Multi-shafts drilling rig in Shanghai jintai，Explaining the technical characteristics and construction application effect of the equipment. ZKD85-3G Multi-shafts drilling rig can ensure the construction quality，improve the construction efficiency and save energy through high-speed mixing，rapid drilling and intelligent high-speed shotcreting. And sensor technology，controller display technology and wireless communication technology are used in ZKD85-3G Multi-shafts drilling rig，It can be used to monitor the construction parameters in real time. And establish wireless communication with pulping backstage，The pulping backstage can be adjusted intelligently grouting amount according to the drilling speed，So as to realize fast drilling and more spraying，slow drilling and less spraying，Finally，the uniformity of spraying amount per meter is ensured.

Keywords：ZKD85-3G；High speed；Intelligence；Multi-shafts drilling rig

0　开发背景

多轴钻孔机是为 SMW（Soil Mixing Wall）工法而开发的专用机械。SMW 工法于

作者简介：王涛，工程师，研究五所所长。E-mail：316789611@qq.com。

1976 年在日本问世[1]，用于水泥土搅拌墙施工，可以根据不同需要，插入 H 型钢，作深开挖基础维护或止水之用。随着对该工法认识的深入和施工工艺的成熟，型钢水泥土搅拌墙也逐渐应用于地基加固、地下坝加固、垃圾填埋场的护墙等领域[2,3]，总之目前仍应用十分广泛。

SMW 工法钻机在国内最早由上海金泰股份有限公司开发生产，并不断优化，定型后形成标准。多年来国内众多设备企业和施工单位一直按照这个标准生产设备和施工，一般动力头转速 16r/min，钻进速度 0.5~1m/min，提升速度 1~1.5m/min[4,5]，根据地层不同参数略有差异。随着桩工机械设备的技术发展和工程施工进度的要求、场地的限制、人工的不断攀升，传统的设备和工艺明显显得落后和低效率。并且目前工程机械产品逐步向智能化、信息化发展[6]，人们对工程机械的智能化需求也日渐强烈[7]。因此应运而生的 ZKD85-3G 钻机（图 1）通过高速搅拌、快速钻进提升、智能高速喷浆等新技术和新工艺，使得成桩质量和施工效率都得到大幅提升，必将有良好的应用前景。

图 1　ZKD85-3G 钻机施工图

1　ZKD85-3G 高速智能多轴钻机设备介绍

1.1　ZKD85-3G 主要技术参数

主要技术参数			表1
钻机型号	ZKD85-3G	钻杆基本长度(m)	3、6、8
钻孔直径(mm)	φ850	钻杆平均扭矩(kN·m)	53.6
钻孔头数	3	钻杆最大扭矩(kN·m)	160.8
钻杆中心距(mm)	600×600	主机动力(kW)	132kW×2
钻杆转速(r/min)	0~50	配用浆、气管内径(mm)	50
钻杆直径(mm)	φ273	控制方式	变频控制

1.2　ZKD85-3G 钻机主机结构图

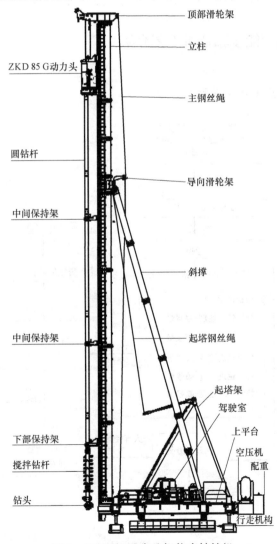

图2　ZKD85-3G 高速智能多轴钻机

1.3 ZKD85-3G钻机技术特点

（1）大屏幕显示钻进/提升速度、钻进深度、悬吊重量、泥浆流量、动力头转速、电机温度、电机电流电压、液压系统压力，实现可视化操作。

（2）采用数字化管理，实现前后台对泥浆流量的动态监管，智能喷浆，保证搅拌桩的水泥掺入量。

（3）动力头采用132kW电机，功率提升46.7%，节能50%。

（4）施工时动力头可以在0~50r/min范围无级调速，采用国际流行的高速段搅拌技术，保证搅拌充分、均匀。

（5）根据地层选择合适钻速，高速搅拌配合快速提、放，综合效率在相同工况下比普通三轴提升50%以上。

（6）钻杆采用特殊结构和工艺，保证钻杆在高速运转下安全、耐用、可靠。

（7）水泥浆通道采用大通径，保证快速进给、提升时的喷浆量。

2 ZKD85-3G高速智能多轴钻机工艺介绍

2.1 高速智能多轴机质量控制流程

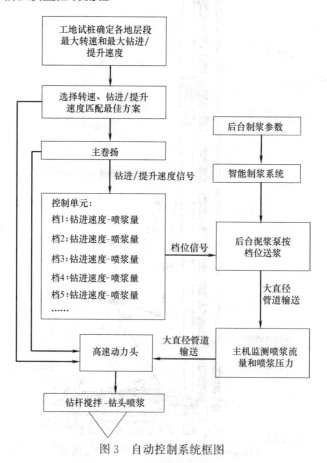

图3 自动控制系统框图

2.2 搅拌效果控制

（1）设备正式施工前进行手动控制试桩，确定该工地地质条件下各地层段最大转速、最大钻进速度、最大提升速度。

（2）在满足每米搅拌次数的前提下，制定最大转速与最大钻进速度、最大提升速度最佳匹配方案。

搅拌次数计算   表 2

钻杆	钻进转速 （r/min）	钻进速度 （m/min）	提升转速 （r/min）	提升速度 （m/min）	每米搅拌次数
搅拌钻杆	30	1.5	45	2.5	570
搅拌钻杆	30	2	45	2.5	495

根据上海市工程建设规范《型钢水泥土搅拌墙技术规程》DGJ 08-116—2005[8]，每米水泥土搅拌总次数应大于 360 次。ZKD85-3G 动力头最大转速 50r/min，ZKD85-3G 多轴钻机可以满足规范要求的搅拌次数。

2.3 喷浆量控制

（1）理论浆量需求计算

每米要求喷浆量   表 3

水灰比	水泥掺量	大幅每米喷浆量(L)(1.495m²)	小幅每米喷浆量(L)(0.567m²)
0.8	20%	609.96	231.36
1	20%	717.60	272.20
1.2	20%	825.24	313.02
1.5	20%	986.70	374.26

（2）ZKD85-3G 钻机喷浆控制

ZKD85-3G 钻机配置 BW450 型变频泥浆泵，泥浆泵参数见表 4，最大喷浆量 450L/min。钻机泥浆通道全程通径 50mm，满足 450L/min 的泥浆流量。

BW450 泥浆泵参数   表 4

手柄位置	快 FAST		慢 SLOW	
	I	II	I	II
泵速（min⁻¹）	223	168	112	85
流量（L/min）	450	340	240	172

当采用两侧喷浆中间喷气的施工方式时，在规定水灰比和水泥掺量的情况下，请参见表 3 和表 5 的技术参数进行施工。表 3 和表 5 仅做参考，可在满足每米喷浆量的前提下，自行设置钻进/提升速度和泥浆泵档位。

二通道喷浆每米可实现喷浆量 表5

两根钻杆通浆一根钻杆通气		
钻进速度（m/min）	提升速度（m/min）	往复一次可实现最大每米喷浆量（L）
1.5	2.5	960
1.5	2.3	991
1.5	2.0	1050
1.8	1.8	1000
2.0	2.0	900

　　主机与制浆后台进行无线通信（图4），系统对每组注浆泵设置了10档喷浆与钻进、提升速度的匹配档位，施工现场可根据设计及试桩情况设定参数。

图4　主机与后台无线通信

　　可根据工地的施工要求，在确定水灰比和水泥掺量的情况下，计算出每米的水泥浆掺入量（表3），确定钻进和提升对水泥掺入量的分配后，即可计算出在不同钻进、提升速度时水泥浆的喷浆量。并在图5泥浆泵档位设置界面内设置不同钻进、提升速度时，泥浆

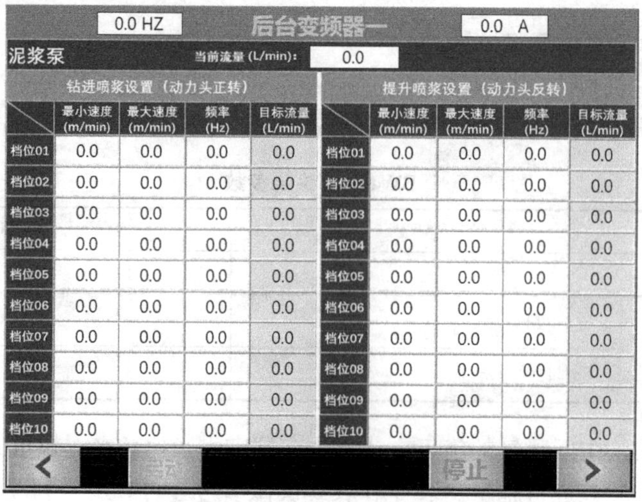

图5　泥浆泵档位设置界面

泵电机的运行频率（即泥浆泵的喷浆流量）。在施工过程中通过无线控制，后台泥浆泵会根据当前的钻进、提升速度自动选择喷浆档位，实现快进快喷，慢进慢喷，进而保证每米水泥浆的均匀掺入，保证每米的水泥掺量。

2.4　过程监控

ZKD85-3G 工法可同时控制 3 台泥浆泵，在主界面上（图 6）动态显示后台每个泥浆泵的瞬时流量、每个泥浆泵的泥浆压力、钻进所用浆量、提升所用浆量、总浆量、当前的喷浆档位、每个泥浆泵电机当前的频率和每个泥浆泵电机当前的电流，实现对喷浆过程和后台运行的实时监控和记录。

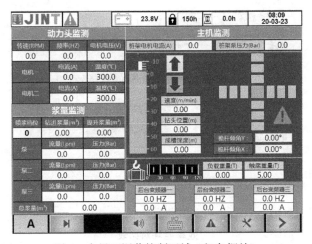

图 6　主界面泥浆控制区域（红色框处）

3　应用情况

3.1　案例 1

工程：杭州宁围街道宁新村城中村改造安置房项目，该地块工程总量约 3 万 m^2。

地质：该地块地层主要由砂质粉土层、粉质黏土夹粉砂层、含砂粉质黏土层构成，符合海绵城市建设特性。

图 7　取芯照片

效率：槽宽 850mm，墙深 18～23m。钻进转速 40r/min，钻进速度 1.5～2.2m/min；提升转速 50r/min，提升速度 2.1～2.5m/min。每天平均可完成 31 幅槽，施工效率较同场设备提升 100%。

3.2 案例 2

工程：苏州太湖国际信息中心三期。

地质：主要以表层杂填土、黏土、粉质黏土为主。

效率：槽宽 850mm，钻深 15m。钻进转速 30r/min，提升转速 50r/min，大幅成槽时间 30min，小幅成槽时间 25min。

图 8　取芯照片

3.3 效率能耗对比

效率能耗对比表　　　　　　　　　　　　　　　　　　　　　表 6

设备名称	设备状态	施工地点	钻深 （m）	施工时间 （h）	完成施工量 （幅）	用电量 （kW·h）
ZKD85G	新机	杭州萧山	17	6.5	20	900
ZKD85A	新机	杭州萧山	17	6	10	900

从上述对比表分析，ZKD85G 钻机的施工效率约是 ZKD85A 钻机的 2 倍。在完成相同施工量的前提下，ZKD85G 钻机的能耗约是 BZ70＋ZKD85A 钻机的 1/2。

3.4 应用小结

以上仅介绍 2 个案例，ZKD85-3G 多轴钻机目前已在江浙地区多个工地进行实际应用，在回填土、淤泥、黏土、砂层、砂砾地层中均可实现高速搅拌、快速钻进和智能高速喷浆，根据取芯情况显示，芯样连续、完整、坚硬、搅拌均匀、呈现柱状，平均无侧限抗压强度达到 0.8～1MPa，满足设计要求。

4 结语

ZKD85-3G 多轴钻机在实际应用中达到了设计要求，能够实现高速搅拌、快速钻进和智能高速喷浆，从而保证施工质量、提升施工效率、节能降耗，在工程应用中得到业内人士的认可。但由于 ZKD85-3G 多轴钻机的高速搅拌、快速钻进参数超出现行的型钢水泥土搅拌墙技术规程，在实际应用和推广中受到一定限制，目前通过实际施工效率与质量说服甲方和设计院，逐步推广应用。因此后续工作中，将通过更多的实际应用推动新的技术规程的制定。

参考文献

[1] 李东，庞海，邹立春. SMW 工法在天津软土深基坑施工中的应用 [J]. 水文地质工程地质，2010，37（4）：139-141.
[2] 梁潇文，张福龙. 上海华东医院扩建病房大楼型钢水泥搅拌墙施工技术研究 [J]. 四川水泥，2017（9）：237.
[3] 王雷. 地铁工程中 SMW 工法桩施工技术及质量控制 [J]. 交通建设，2018（3）：255-256.
[4] 何清华，朱建新，郭传新，等. 工程机械手册-桩工机械 [M]. 北京：清华大学出版社，2018.
[5] 中华人民共和国住房和城乡建设部. 型钢水泥土搅拌墙技术规程：JGJ/T 199—2010 [S]. 北京：中国建筑工业出版社，2010.
[6] 曹立峰，张洪民，柴君飞，等. 无线传感器技术在工程机械上的应用 [J]. 建设机械技术与管理，2013（5）：134-135.
[7] 洪林，李旭，王胜利，等. 基于多传感器融合的工程机械智能施工系统研究 [J]. 现代制造工程，2019（5）：132-138.
[8] 上海市建设和交通委员会. 型钢水泥土搅拌墙技术规程：DGJ 08-116—2005 [S]. 2005.

黄泛区水下施工 CFG 桩质量缺陷
形成机制与防治技术

李根红[1]，张浩[2]，马一凡[2]，周同和[2,3]

（1. 河南省体育局，河南 郑州 450000；2. 郑州大学，河南 郑州 450001；

3. 黄淮学院，河南 驻马店 463000）

摘　要： 在地下水较高的粉土、粉质黏土交互土层中采用长螺旋钻孔压灌法施工时，常出现缩颈、桩头下沉、断桩等质量缺陷问题。基于土力学基本理论和施工力学方法，对黄泛区高水位条件下 CFG 桩病害机理进行分析，揭示桩周粉土、粉砂土剪切液化处形成扩径或桩底空孔等原因会引起流态混凝土下沉，对上部混凝土产生的拖曳作用可导致桩顶下沉、桩身缩颈；超固结土、灵敏度高的黏土受施工扰动抗剪强度降低，在长螺旋钻杆移出桩孔后孔内流态混凝土产生的侧压力小于相应位置处侧壁主动土压力，加剧了桩顶下沉和桩身缩颈现象，严重时可形成断桩。针对上述问题，提出针对性的设计、施工措施，可供研究与工程参考。

关键词： 黄泛区；CFG 桩；缩颈；断桩；控制措施

Analysis on Construction Mechanics of CFG Pile with Long Spiral Pressure Grouting Method in Yellow River Flood Area

Li Genhong[1]，Zhang Hao[2]，Ma Yifan[2]，Zhou Tonghe[2,3]

（1. Henan Provincial Sports Bureau，Zhengzhou，Henan 450000，China；

2. Zhengzhou University，Zhengzhou，Henan 450001，China；

3. Huanghuai University，Zhumadian，Henan 463000，China）

Abstract： When the long spiral drilling and pressure grouting construction method is used in silty soil and silty clay soil layer with high underground water，quality problems such as necking，pile head sinking and pile breaking often occur，which cause engineering hidden danger. Based on the basic of soil mechanics theory and construction mechanics，the mechanism of CFG quality problems in long spiral construction under the condition of high groundwater level in Yellow River flood area is analyzed. The results show that the long spiral pressure grouting method will produce shear liquefaction of silty soil and silty sand around the pile，and the long hole at the bottom of the pile will cause the concrete to sink，which will cause the downward drag effect on the necking and broken pile；the soil with high sensitivity will be produced after the long

作者简介：李根红（1968— ），女，从事建设工程技术与管理工作。

通讯作者：周同和（1964— ），男，从事岩土工程理论与设计研究。郑州市丰产路与东三街交叉口，电话：13603864004，E-mail：Zth1964@126.com。

auger drill pipe is moved out of the pile hole, the lateral pressure of the concrete at the corresponding position is less than the earth pressure at the corresponding position, which aggravates the process of pile breaking or necking. In view of the above problems, specific design and construction measures are proposed, which can be used for research and engineering construction reference.

Keywords: Yellow flood area; CFG pile; Necking; Broken pile; Control measures

0 引言

在地下水位较高的饱和粉土和粉细砂层中进行 CFG 桩施工时常遇到桩顶标高低于设计标高、桩浅部发生严重缩颈、桩身夹泥、断桩等质量问题。采用长螺旋钻孔管内泵送混凝土工艺施工 CFG 桩时，在驱动钻具向下钻进过程中，螺旋叶片对孔周土具有剪切、挤压和振动作用，方波等[1] 认为螺旋钻机钻进过程中的剪切、振动作用使饱和粉土和砂土层中能量积累，发生孔隙水压力上升和土层液化。打桩提钻过程中，由于提钻瞬间的抽吸作用[2]，导致孔内出现短暂的真空状态，孔底某一时刻为真空时，相当于 10m 高的水头差，当钻杆提升较快时，这种抽吸作用将导致钻孔周围一定范围内的孔隙水携带泥砂向孔底流动，形成孔底虚土。黄泛区高水位土层中存在的微承压水也是饱和砂土和粉土中桩身发生质量问题的原因。孙瑞民等[3] 分析认为郑州市区具有这种岩土特征的地层多分布在郑州东北部，地表下一定深度范围内的粉土易失水、易被扰动，具有轻微液化可能。场地范围内地下水位高，分成上层潜水和下层微承压水，这种土受扰动易产生液化、产生流变、造成邻近地基土向孔内流动，使得地面下沉或表层地基土变形过大，是造成 CFG 桩产生质量问题的原因之一。桩浅部产生严重缩颈、桩身夹泥、断桩等质量问题的可能原因还有泵送混凝土时提钻速度过快，混凝土充盈系数较小等。

以上研究聚焦于长螺旋钻机施工过程中土体剪切液化、孔隙水压力上升、土体流动等，但对桩身缩颈产生的另两个不容忽视的问题缺乏研究和探讨，即软黏土的超固结性和桩周土体受扰动后抗剪强度降低。在某一工况条件下，超固结土或扰动后桩周的土压力大于未凝固流态混凝土侧压力时，可能产生对混凝土的挤压效应，加剧了上述问题的产生。

朱铁梅、佘逊克[4,5] 研究了混凝土现浇结构施工过程中的侧向压力，其研究表明未凝固的混凝土具有流动性，产生像流体一样的压力传递，随着混凝土浇筑高度的增加，下部流动性质的混凝土对模板或周围的土体有很大的侧向压力。随着混凝土逐渐凝固，侧向压力逐渐变小。影响混凝土侧向压力的因素有水泥的种类和用量、骨料特性、水灰比、化学掺合料、浇筑速度、浇筑方式、混凝土温度、模板尺寸等。粗骨料含量越高，初始侧向压力越低，浇筑后随时间下降的速度越快；水含量提高，水泥颗粒周围水层厚度增厚，颗粒间的距离增加使黏聚力下降，颗粒的絮凝作用降低。进一步研究可知：当水灰比增大，侧向压力的下降速度变快；高效减水剂的类型对初始侧向压力的影响是有限的，这是因为初始侧向压力主要受黏摩擦角的影响，侧向压力随时间下降的速度主要受黏聚力的影响；浇筑速度对混凝土侧向压力的影响至关重要，浇筑速度越快，侧向压力就越大，相反，浇筑速度降低，混凝土侧向压力降低。

根据国家标准《混凝土结构工程施工规范》GB 50660—2011[6]，混凝土侧向压力：

$$F = \gamma_c h \tag{1}$$

式中，γ_c 为混凝土重度，可取 24kN/m^3；h 为混凝土浇筑高度。

国内外对混凝土侧压力进行了大量的测试研究，发现混凝土侧压力分布从浇筑面向下至最大侧压力处，基本遵循三角形分布，达到最大值后，侧压力为矩形分布。以桩为例时，假定如图 1 所示。

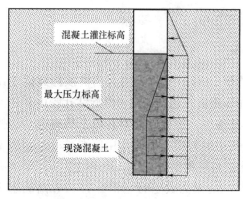

图 1 孔内混凝土与土侧向压力分布示意

有理论分析与试验表明，混凝土侧压力主要影响因素如下：

（1）在一定浇筑速度下，混凝土的凝结时间随温度的降低而延长，从而增加其有效压力。

（2）机械振捣的混凝土侧压力比手工捣实增大约 56%。

（3）侧压力随坍落度增大而增大，当坍落度从 70mm 增大到 120mm 时，其最大侧压力约增加 13%。

（4）掺加剂对混凝土的凝结速度和稠度有调整作用，从而影响到混凝土的侧压力，缓凝、稠度小的混凝土一般可以增加侧向压力。

（5）随混凝土重度、超灌高度的增加而增大。

黏性土层发生某种程度超固结的原因主要是由于地上水或地下水静水位发生变化，超固结黏土土压力要大于正常固结黏土，但计算理论和试验方法仍处于进一步研究阶段。纠永志，黄茂松[7] 通过应力路径三轴试验对不同超固结比下饱和软黏土的 K_0 系数及超固结软土的抗剪强度进行了研究，结果表明常用的 K_0 系数计算公式过高地估算较大超固结比（OCR）时的 K_0 值，提出 K_0 超固结软黏土不排水抗剪强度公式，考虑土体 K_0 系数随 OCR 发生变化。杨仲元[8] 通过试验证实静止土压力系数随超固结比（OCR）的增大而增大的规律。当超固结比（OCR）超过 2.5 时，静止土压力系数与超固结比为非线性关系，可用指数函数来近似表示。《河南省基坑工程技术规范》DBJ 41/139—2014[9] 提出超固结土静止土压力系数可采 $K_0 = \sqrt{OCR}(1 - \sin\varphi_s')$ 进行计算。王国富等[10] 依托济南地铁工程勘察，采用原位土体水平压力测定仪（KSB）对济南西北部黄河厚冲积层进行现场测试，将测试结果与原位旁压试验、室内侧压力仪 K_0 试验结果，以及考虑黏性土内摩擦角、塑性指数的 K_0 计算公式进行对比，分析表明：KSB 测试结果以指数形式插值推定原位静止土压力系数更优；20m 深度范围内黄河冲积层黏性土可近似为正常固结饱和状态，K_0 介于 0.4～0.7 之间并随埋深减小。

1 缩颈与断桩产生的力学机理分析

1.1 施工力学作用

长螺旋钻进过程中产生的振动、剪切会引发孔隙水压力上升、新近沉积粉土和砂土液化。桩周液化土重新固结的过程，将引起桩身混凝土体积变化，如图2所示。

该体积变化量不能由充盈系数得到补偿时将可能引起上部桩身混凝土的下沉及桩孔内的混凝土被拉断或"拉细"（图2），形成浅部断桩或缩颈。此外，因施工操作不规范，压灌混凝土的泵送与提钻不协调等原因，可在孔底形成空隙引起桩身混凝土下沉，加剧了这一进程。当土层分布为粉土、砂土、粉质黏土交互层状态时，粉土、砂土中形成扩径（图3），粉质黏土中形成缩颈，上部桩身呈"糖葫芦"状。

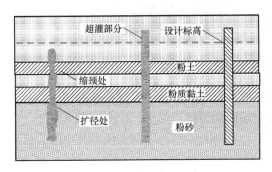

图2　成桩质量效果示意

图3　流态混凝土桩位形成扩径

1.2　土力学作用

长螺旋压灌法采用长螺旋钻机成孔，钻至孔底后利用混凝土泵车通过管道和钻杆空腔将混凝土压灌至孔底后，边提升拔出钻杆边压灌混凝土形成CFG桩。这一过程中，因钻具回转振动、剪切、压灌等作用，对黄泛区新近沉积的粉土、粉质黏土、粉细砂土的扰动会产生超孔隙水压力，降低其抗剪强度，并可能引起粉土、砂土液化。液化处产生扩径，引起扩径上部桩身流态混凝土产生下拉荷载；未液化处的黏性土土体抗剪强度降低，此时上覆土层厚度未发生改变，桩孔壁侧向土压力必然增加；对于桩周存在超固

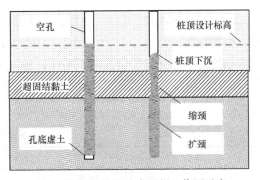

图4　桩侧土挤压流态混凝土作用示意

结黏性土时，因主动土压力较大，当钻杆移除后，将对流态混凝土产生挤压作用，如图4所示。

当符合下列条件时可能产生缩颈：

$$(\sum \gamma_i h_i + q_0) K_a \geqslant \gamma_c h \qquad (2)$$

式中，γ_c 为混凝土重度；h_i 为缩颈处至桩顶混凝土浇筑面距离，超灌桩长一般按设计桩长的10%；γ_i 为土重度；h 为缩颈处至施工地面距离；K_a 为主动土压力。

不难理解，当施工面距桩底设计标高距离越大时，式（2）中左式大于右式的可能性越大。

图 5　桩侧土挤压流态混凝土作用现场照片

上部桩身某段桩周为超固结土或软土时，该段未凝固的混凝土对桩孔壁的侧压力可能小于桩侧主动土压力。缩颈、断桩最可能发生在超固结的粉质黏土、软土层中（图 5）。

综上所述，当某处混凝土补充量小于需求量，且同时受到一定的土压力挤压时，最有可能形成缩颈或断桩。

2　工程实例分析

2.1　工程概况

某工程地下 1 层，地上 18 层，剪力墙结构，采用 CFG 桩复合地基，基础为筏板基础，桩顶标高－4.2m，桩径 400mm，桩长 16.5m 进入⑦层。

场地地貌单元属于黄淮冲积平原，地面平坦，地下水为第四系潜水，位于自然地面以下 5.5～6.5m。工程地质条件，各层土抗剪强度与标贯击数等参数如表 1、表 2、图 6 所示。

土层条件及参数　　　　　　　　　　　　　　　　表 1

土层	土性	状态	层厚(m)	c_{uu}(kPa)	φ_u(°)	N(修正值)	f_{ak}(kPa)	E_s(MPa)
①	粉土	稍密	1.0	10	21	6.4	130	8.6
②	粉质黏土	软塑	1.6	18	9	2.6	80	3.8
③	粉质黏土	软塑—可塑	2.0	24	12	4.5	140	5.7
④	粉质黏土	软塑	3.2	23	11	3.8	100	4.4
⑤	粉砂	饱和中密—密实	7.6	12	27	29	240	25
⑥	粉质黏土	可塑	2.8	27	12	13	180	7.1
⑦	粉土	中密—密实	9.2	12	27	19	200	12.6

第⑤层砂土颗粒分析结果　　　　　　　　　　　　表 2

粒径	2.0～0.5	0.5～0.25	0.25～0.075	0.075～0.005	定名
平均值(%)	2.0	13.8	63.1	21.1	粉砂

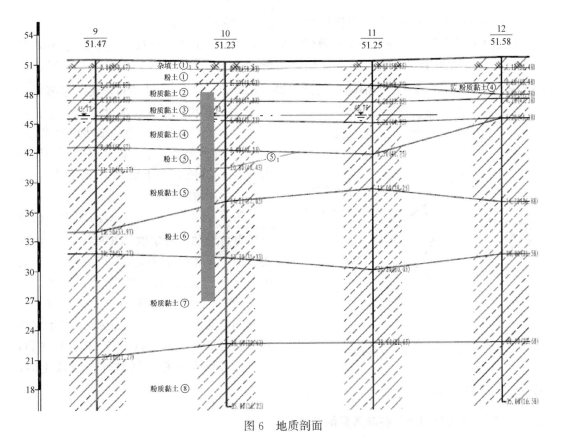

图 6　地质剖面

采用长螺旋泵送混凝土施工工艺,施工完成后进行承载力与质量检验,检测结果显示单桩竖向承载力特征值不满足设计要求,低应变检测抽查数量 242 根,其中Ⅳ类桩 211 根。开挖检查发现 CFG 缩颈桩数较多,发生在基底,如图 7 所示。

图 7　现场开挖至基底

2.2　孔壁土压力对桩身质量影响的计算分析

孔壁土压力与混凝土侧向应力计算分析,超固结黏性土侧向土压力为:

$$p_0 = k_0 (\sum \gamma h + q_0) \tag{3}$$

式中，$k_0 = \sqrt{OCR}(1-\sin\varphi'_s)$，黄泛区超固结黏性土的超固结比，一般地 $\sqrt{OCR} = 1\sim2$。

桩侧土压力与混凝土侧向压力计算结果如图 8 所示。实例工程基础埋置深度 4m，基底位于③层粉质黏土，土层力学指标如表 1 所示，土层重度取 $\gamma = 20\text{kN/m}^3$，假定取 $\sqrt{OCR} = 1$。CFG 桩施工时，混凝土设计超灌（超出设计桩顶标高）1m，实际超灌量为 2m。可以看出，基底位置处桩孔侧壁土的侧向压力（不考虑桩周土体扰动）为 $P_{s0} = 63\text{kPa}$，而此处混凝土对桩孔壁的侧向压力为 $P_{c0} = 48\text{kPa}$，小于桩侧土压力 P_{s0}，具备了产生缩颈的条件。

随深度增加，混凝土侧向压力、孔壁土压力将增加，假定取 $\sqrt{OCR} = 1.5$，根据式（1）、式（2）计算埋深 10m 处土的侧向压力（不考虑桩周土体扰动）为 $P_{s0} = 163.5\text{kPa}$，此处的混凝土侧向压力为 $P_{c0} = 192\text{kPa}$，大于桩周土侧压力 P_{s0}，产生缩颈的可能性将会降低。以上计算表明，CFG 桩上部浅层存在超固结黏性土或软土时，具有产生缩颈的条件。

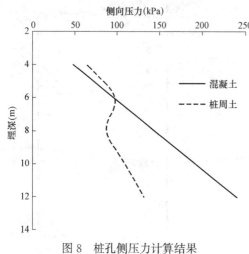

图 8　桩孔侧压力计算结果

2.3　桩侧土体液化对上部桩身质量的影响分析

由表 1 可知，本工程⑤层为平均厚度 7.6m 的粉砂。由图 6 可知，地下水位位于设计桩顶以下 1.5～2.0m。前已述及，在水位以下的新近冲积形成的粉砂、粉土施工 CFG 桩时，桩侧⑤层土体易受螺旋钻杆挤压、剪切、振动作用发生液化，⑤层液化后产生扩径造成混凝土充盈系数大于正常值的情况；当混凝土泵送流量与钻杆提升速度不匹配、混凝土泵送量不足时，液化处扩径会导致上部桩身混凝土的下沉，上部超灌混凝土不能及时补充将产生浅部断桩，补充量不足将产生缩颈。此外，从图 6 中可以看出，可能因土层厚度、均匀性和超灌情况、泵送前拔管高度不同等原因，同一标高处不同部位情况不尽相同。因此，设计施工时，需要根据不同土层分布情况制订相应的措施。

3　设计与施工对策

通过以上分析可知，在黄泛区粉土、粉质黏土交互土层高水位条件下，长螺旋钻孔压灌混凝土工艺施工 CFG 桩时，应采取措施防止桩顶严重下沉、缩颈、断桩等质量问题。根据以上分析，提出采用以下对策：

（1）设计措施

1）控制设计桩长，使孔底水头差控制在一定范围以内，在无降水措施前提下，地下水位至桩底的水头差不宜大于 10m。

2）通过超固结土位置的土压力平衡验算超灌混凝土高度，确定设计要求的超灌桩长。

此外，桩长过大不仅施工质量难以保证，也不利于桩端阻力和桩侧阻力的发挥。

3）采用多桩型复合地基，如图 9 所示。采用 CFG 桩与素混凝土灌注桩间隔布置，增加 CFG 间距，最大限度降低其施工作用影响。

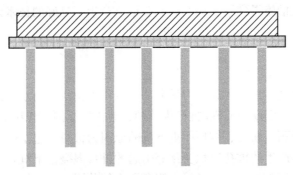

图 9　CFG 桩与其他增强体桩组成多桩型复合地基

（2）施工措施

主要从减小施工扰动、控制混凝土下沉、防止负压三个方面采取相应措施：

1）降低地下水位，一方面减少孔底水头压力，另一方面提高软土固结度，降低上部桩间软土摇振反应灵敏度。

2）降低施工作业面标高以减少空孔长度，增加混凝土坍落度，添加缓凝剂、减少稠度，以减少流态混凝土侧向压力与桩侧主动土压力的压力差。

3）增加相邻桩的施工时间间隔，采取隔桩、隔排、区域跳打的施工方案。该方法有利于桩间土体强度恢复。

4）及时清理钻进弃土，降低作用在浅部孔壁上的土压力。

5）控制底部拔管抽真空度和孔底沉渣厚度。混凝土打开阀门前的提钻高度严格控制在 300mm 以内。当这一目标控制有困难时（如施工中易发生混凝土堵管现象），可通过降低地下水、改变钻头开门等方法降低阀门开启阻力，一方面防止下部形成空孔，另一方面防止桩孔周边水土流向孔内。

6）改进钻头，如图 10 所示，提高钻进速度，减少钻进对饱和砂土、粉土剪切扰动和

图 10　钻头改底开门为双侧开门

51

能量积累时间，减弱土体液化态势。

7）采用水泥-膨润土钻孔护壁液，增加孔壁稳定性。

8）控制好钻杆提升速度，使提升速度计算得到的混凝土量适当小于泵送压灌量。

以上设计与施工措施得到了工程实践的验证，产生了良好的技术效果。

4 结论

本文运用土力学基本理论和施工力学方法，分析了黄泛区高水位条件下粉土、粉质黏土互层长螺旋钻孔压灌混凝土 CFG 桩产生缩颈、断桩的原因、作用机理，得到如下结论：

（1）引起桩身缩颈、断桩、桩顶严重下沉的原因为桩身周边土体的剪切液化、液化土体固结、桩底空桩等产生的桩孔容积变化等引起的桩身混凝土下沉，相应缩颈或断桩位置处超固结土或软土土压力大于该处混凝土侧向压力等共同作用的结果。

（2）产生上述现象的条件一般为场地地下水位较高、孔底水头差较大，桩长范围内多为新近沉积的粉土、粉砂、粉质黏土，灵敏度较高，土体抗剪强度较低。

（3）缩颈程度或断桩位置与土层分布条件有关，断桩位置多位于桩身上部。

（4）提出的控制设计桩长、施工前降低地下水水位、增加相邻桩施工时间间隙、适当增加超灌混凝土高度、提高钻进速度降低长螺旋回转剪切振动作用时长、控制混凝土压灌时的提钻速度等设计与施工措施，可降低长螺旋钻孔压灌混凝土桩缩颈、断桩及桩顶严重下沉发生的概率。

参考文献

[1] 方波，王光华，辛峰，等. CFG 桩施工中的环境岩土工程问题及对策 [J]. 河南科学，2003，21（5）：587-589.

[2] 孙瑞民，杨凤灵，邓小涛. CFG 桩施工过程中孔隙水压力试验研究 [J]. 岩土工程学报，2009，31（11）：1792-1798.

[3] 孙瑞民，杨凤灵. 郑州地区饱和粉土的工程地质特性研究 [J]. 河南科学，2009，27（3）：346-350.

[4] 朱铁梅，叶燕华，魏威，等. 自密实混凝土模板侧向压力初探 [J]. 混凝土，2011，7：7-10.

[5] 佘逊克，龚剑，赵勇. 国内外规范中的新浇混凝土对模板侧压力公式对比研究 [J]. 建筑施工，2014，36（12）：4.

[6] 中华人民共和国住房和城乡建设部. 混凝土结构工程施工规范：GB 50660—2011 [S]. 北京：中国建筑工业出版社，2011.

[7] 纠永志，黄茂松. 超固结软黏土的静止土压力系数与不排水抗剪强度 [J]. 岩土力学，2017，38（4）：951-964.

[8] 杨仲元. 超固结比对静止土压力系数的影响 [J]. 工业建筑，2006（12）：50-51＋59.

[9] 河南省住房和城乡建设厅. 河南省基坑工程技术规范：DBJ 41/139—2014 [S]. 北京：中国建筑工业出版社，2014.

[10] 王国富，曹正龙，路林海，等. 黄河冲积层静止土压力系数原位测定与分析 [J]. 岩土力学，2018（10）：1-7.

MC 劲性复合桩施工实例及智能化发展

沙焕焕[1]，邓亚光[2]

（1. 江苏劲基晟华建设工程有限公司，江苏 南通 226400；

2. 江苏劲桩基础工程有限公司，江苏 南通 226001）

摘 要：在 MC 劲性复合桩的三个施工实例及试验研究的基础上，针对 MC 劲性复合桩的荷载传递规律、群桩挤土效应、不同施工方法的效果、水泥土有缺陷对桩的影响等问题进行分析。通过高层建筑下短劲性复合桩的实例，验证了桩侧土的性质、桩土结合状态以及桩侧土压力这三个因素都影响桩侧摩阻力的发挥，从而影响桩身轴力衰减速度和桩身轴力分布，从而决定桩基础沉降量。通过某根水泥土有缺陷桩的试验对比验证了劲性搅拌桩在芯桩长度范围内搅拌桩局部的质量缺陷并不影响其单桩承载力。通过这三个工程实例总结出了规律：土层含水量较高地区，复合桩的水泥土桩采用干法施工时单桩承载力较湿法施工高。最后介绍了劲性复合桩的智能化发展，包括相关设备、材料及智能化施工。

关键词：劲性复合桩；桩施工实例；桩身轴力；沉降量；桩缺陷；水泥土桩；智能化施工

Construction Examples and Smart Development of MC Strength Composite Piles

Sha Huanhuan[1]，Deng Yaguang[2]

（1. Nantong branch of China design design Group Co. Ltd. ，Nantong Jiangsu 226001，China；

2. Jiangsu strength composite piles foundation engineering Co. ，Ltd. ，Nantong Jiangsu 226001，China）

Abstract：On the basis of three construction examples and experimental research of MC strength composite piles，this paper analyzes the load transfer law of MC strength composite piles，the grouting effect of group piles，the effect of different construction ways，and the effect of defects on jet-mixing cement piles. Through the example of short strength composite piles under high-rise buildings，it is verified that the nature of the side soil，the combination state of the side soil and the pressure of the side soil affect the play of the side friction resistance of the pile，thus affecting the shaft force attenuation speed of the pile body and the distribution of shaft force of the pile body. So as to determine the pile foundation settlement. Through the test of a defective jet-mixing cement pile ，it is verified that the partial quality defect of the jet-mixing cement pile does not affect the bearing capacity of the single pile. Through these three engineering examples，the law is summed up：in the district with high water content soil layer ，the single pile bearing capacity of the composite pile which adopts dry method construction is higher than that adopts wet method construction. Finally，the paper introduces the smart development of strength composite piles，in-

---

作者简介：沙焕焕（1995— ），男，助理工程师，主要从事劲性复合桩科研。E-mail：532494485@qq.com。

cluding related equipment, materials and smart construction.

Keywords: Strength composite piles; Examples of pile construction; Pile shaft force; Settlement; Defects of pile; Jet-mixing cement piles; Smart construction

0 引言

邓亚光发明的（SMC）劲性复合桩作为一种具有系列国家专利（复合桩的施工方法：ZL 01 1 08106.6）和国家级工法的新式桩型，集柔性散粒体桩（S）、半刚性水泥土类桩（M）和刚性高强度混凝土类桩（C）优势于一体，已在全国数千项工程中得到了应用。劲性复合桩的设计已得到了明确规范，并纳入江苏省标准《劲性复合桩技术规程》DGJ32/TJ 151—2013 与行业标准《劲性复合桩技术规程》JGJ/T 327—2014[1]。

中国建筑科学研究自筹基金课题《高层建筑沉降量控制研究及计算方法》（刘金波等著）中提出"桩距、桩长、桩间土性质和基桩数量对沉降的影响都可通过桩身轴力的分布来衡量，桩身轴力分布是控制桩基础沉降的关键因素，也是目前可以相对准确测量的参数。桩基础沉降的组成部分无论是桩长范围内的压缩还是桩端以下土的压缩都和桩身轴力分布有关；桩身轴力衰减速度越快，桩身范围内压缩越小，另一方面桩身轴力衰减速度越快，桩端部传给地基土的附加应力越小，桩端以下土的变形越小。因此，桩身轴力的衰减速度和分布是决定桩基础沉降的关键因素。影响桩身轴力衰减速度和桩身轴力分布的主要因素是桩侧摩阻力的发挥，而桩侧摩阻力的发挥和桩侧土的性质、桩土结合状态以及桩侧土压力有关，这三个因素都受桩基础沉降量的影响。在一定荷载作用下，桩基础产生一定沉降，沉降对桩间土的压缩使土的性质提高、桩土结合状态改善和桩侧土压力增大，最终使桩侧摩阻力提高。这也是群桩和单桩受力状态的不同之处"。

天津大学郑刚教授在《桩基手册》（张雁，刘金波主编，北京：中国建筑工业出版社，2009）中提出"劲性搅拌桩在芯桩长度范围内搅拌桩局部的质量缺陷并不影响其单桩承载力"。

本文通过近年来在一些高层建筑下的 MC 劲性复合桩工程实例与试验研究得出的结论，验证了以上两个观点的正确性。同时介绍了劲性复合桩的发展，包括相关设备、材料及智能化施工。

1 MC劲性复合桩桩体结构及作用机理

劲性复合桩由成熟工法组合或复打而成，融合各桩优点的同时有效避免了单一桩型的固有缺陷。其单桩承载力、复合地基承载力、压缩模量和变形计算、验收检测等均有国家规范规程、桩基理论参照，避免了一般新技术、新工艺推广应用中的不利因素障碍，确保建造部门无风险。同时邓亚光及其团队多年来投入大量人力和物力，研发出劲性复合桩专用固化剂、大功率大直径搅拌桩机和质量监控平台，全方面保证了该技术的施工可行性和质量可靠性。

劲性复合桩能依据土质情况、上部结构类型、加固目的等灵活变换组合方式，针对性

内芯C桩：PHC管桩　　外芯M桩：水泥土桩

图 1　MC 复合桩实物图

Fig. 1　Physical entity graph of MC strength composite piles

调整桩径、桩长、掺灰量、强度、颗粒级配、搅拌和复打次数，充分发挥复合桩周软土摩阻力和桩底阻力并匹配材料强度而提供充足的单桩承载力，满足不同的设计要求，是一种适用于沿海软基处理以及针对各种黏性土、液化砂土和粉土采取相匹配的施工工艺的经济有效的新桩型。

劲性复合桩综合作用十分显著，集置换、竖向增强、排水排气、固结、胶结、压密、充填、振密、挤密等于一体。有效提高软基强度及稳定性，降低地基压缩沉降量，并保证地基均匀性，从而满足不同设计要求（复合桩长一般仅需达浅层相对较硬持力层）。桩身造价低廉、强度较高、质量可靠。能大幅提高地基承载力、加快软土固结，减少地基沉降（沉降量仅为天然地基的 20%、单一桩型的 50% 左右），缩短工后稳定期，同时解决了由软弱土层共生的复杂地基不均匀性问题，减少建筑物不均匀沉降的发生。具有可观的经济技术优势和广阔的工程应用前景。

MC 劲性复合桩（M 以水泥搅拌桩为例，C 以 PHC 管桩为例）作用机理：

（1）压密挤扩作用：劲芯的打入能压密挤扩水泥土体和桩周土体，增加水泥土体密度，使桩周土体的界面粗糙紧密。

（2）改善荷载传递途径及深度：上部荷载作用下的应力会由劲芯快速传递到其侧壁和桩端的水泥土体，再由水泥土体迅速传递给桩周及桩端土体，芯桩承受的荷载会急剧减少。实测 12m 长的管桩芯桩桩底应力仅为桩顶应力的 12% 左右，因此对持力层强度要求不高。

（3）形成桩土共同作用的复合地基。

2 MC劲性复合桩工程实例及试验研究

2.1 江苏省南通市如东中天润园小区[2]

（1）工程概况

中天润园项目位于南通市如东县掘港镇，劲性复合桩基于 2012 年施工。试验桩所在 11、12 号楼为 26+1F 住宅楼，工后 3 年累计沉降 2cm 多。

拟建场地地貌类型属长江下游冲积平原区滨海平原。场地成陆时间较晚，主要覆盖第四纪松散沉积物，以粉土、粉砂、粉质黏土为主。本工程软土层厚度大、压缩性高、承载力低，不能满足上部结构荷载的需要，原设计方案采用 φ500mm PHC 管桩，桩底进入较理想的⑪₁层粉砂层，单桩承载力极限值 4000kN；自地表起所需桩长约 38 m，工程造价较高。经对比分析发现采用管桩＋水泥土形式的 MC 劲性复合桩，充分利用场地地表下 18m 左右，承载力 180kPa，厚度较大的中等压缩性⑥₃层粉砂层。每栋楼还均匀布置了 120 根 8m 长的 700mm 纯水泥土桩以协调桩间土共同承载。在复合桩成桩 90d 后进行单桩载荷试验，其承载力比单一管桩高一倍以上；水泥土现场取样无侧限抗压强度达到 8MPa 以上。桩基总造价仅为原方案的一半左右。

土层物理力学参数表 表 1
Physical and mechanical parameters of soil layer Table 1

层号	土层名称	层厚 (m)	孔隙比	黏聚力 (kPa)	内摩擦角 φ(°)	f_{ak} (kPa)
①	素填土混杂填土	1.0	1.045	16.6	10.4	50
②	粉质黏土夹粉土	1.0	0.976	19.0	12.4	80
③₁	淤泥质粉质黏土夹粉土	1.2	1.199	13.8	6.3	60
③₂	粉土夹粉质黏土	1.1	0.930	13.4	20.1	100
④	粉砂夹粉土	3.2	0.802	5.1	27.6	135
⑤₁	粉砂	2.3	0.753	3.9	30.0	160
⑤₂	粉砂夹粉土	1.0	0.804	5.0	27.5	130
⑤₃	粉砂	1.7	0.772	3.8	30.5	170
⑥₁	粉砂夹粉土	2.5	0.806	4.7	27.4	135
⑥₂	粉砂夹粉土	2.2	0.758	4.5	28.9	150
⑥₃	粉砂	2.9	0.714	3.1	32.4	180
⑥ₐ	粉砂夹粉土	1.9	0.809	5.0	27.4	125
⑦	粉砂	2.9	0.634	1.9	35.0	230
⑧₁	粉质黏土夹粉土	2.5	0.973	30.1	15.7	120
⑧₂	粉质黏土	2.9	0.844	42.4	14.0	160
⑨	粉砂粉质黏土互层	2.3	0.796	4.0	29.6	135
⑩	粉砂夹粉土	2.9	0.712	3.1	31.9	185
⑪₁	粉砂	5.1	0.683	2.4	32.8	220
⑪₂	粉砂夹粉土	1.5	0.745	4.7	28.9	160
⑪₃	粉砂	6.0	0.709	3.1	32.4	200
⑫	粉细砂	16.0	0.612	1.4	37.3	250

注：表中 f_{ak} 为地基承载力特征值。

现场试验桩 1 号和 2 号共两根，采用 ZYC900S 型静力压桩机在水泥土初凝前将 PHC500AB-(125)-11m 单节管桩压入长 14m，直径 ϕ800mm 的水泥粉喷桩中至地面下约 16.6m，形成 MC 劲性复合桩（送桩深度 5.6m），其桩身结构见图 2。粉喷桩采用 42.5（R）级复合硅酸盐水泥，掺入量为 18%，管桩下端另加 5% 复搅。粉喷机械为国内最大功率的武汉产天宝深搅机械，送灰压力达 0.7MPa，单桩送灰总质量达 1800kg。

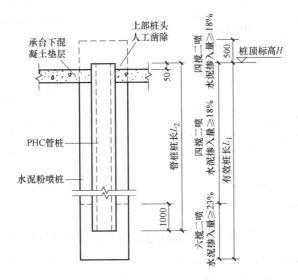

图 2 MC 劲性复合桩结构图

Fig. 2 Structure of composite pile composed of jet-mixing cement and PHC pile with core concrete（MC）

（2）现场载荷试验

现场静载荷试验采用慢速维持荷载法。试验采用 YDC6500 型千斤顶，JCQ-503A 型静力荷载测试仪，CYB-10S 型油压传感器。加载反力装置采用 8000kN 静载荷试验反力架，混凝土方块做配重，总配重不少于最大试验荷载的 1.2 倍，位移量测采用 FP-50 型位移传感器。试验严格按照《建筑基桩检测技术规范》JGJ 106—2003 进行。单桩静载试验采用 ϕ500mm 的载荷板，荷载通过载荷板均匀施加在管桩上。现场静载荷试验如图 3 所示。

图 3 现场载荷试验

Fig. 3 Field loading test

每级荷载 420kN，单桩连续加载 840～4200kN，共 9 级荷载。2 根试验桩的测试结果见图 4、图 5。

如图 4 所示，随着桩顶荷载的增加，复合桩的沉降量逐渐增大，直至最大荷载。荷载和沉降始终近似同步增长，整个 Q-s 曲线呈缓变型。试验桩累积沉降量均较小，1 号试验桩累积沉降量为 13.13mm，最大回弹量 6.45mm，回弹率 49.1%；2 号试验桩累积沉降量为 15.43mm，最大回弹量 6.75mm，回弹率 43.7%，承载力均满足设计要求。

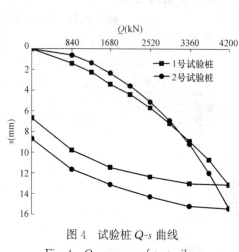

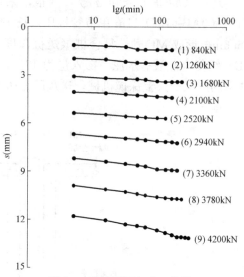

图 4　试验桩 Q-s 曲线
Fig. 4　Q-s curves of test piles

图 5　各级荷载下 s-$\lg t$ 曲线
Fig. 5　Curves of s-$\lg t$ under various loading steps

对于大多数管桩静载荷试验，随着加载量的增加，每一级沉降稳定时间加长，最终一级沉降瞬间发生陡变而中止试验。如图 5 所示，1 号试验桩各级加载稳定时间分别为 150min，120min，210min，150min，120min，180min，180min，210min 及 270min，每一级沉降稳定时间不完全一致，除施工质量有问题及压屈影响外，MC 劲性复合桩载荷试验极少出现沉降瞬间陡变，Q-s 曲线呈缓变型。其原因在于：加载过程中水泥土受竖向压缩侧向伸长使桩周土体又受到水平向的挤压，两者结合更紧密，承载力相应提高。以管桩为中心向外扩展的水泥土桩、被挤压咬合的挤密加强带组成的共同体（由内向外）的弹性模量和应力依次减小，而横截面增大，使得共同体压缩变形协调，不仅沉降量小承载力高，而且 Q-s 曲线呈缓变型。

（3）FBG 桩身应力测试

光纤布拉格光栅（FBG）利用光纤的光敏性在纤芯内形成空间相位光栅，其实质是在纤芯内形成一个窄带的滤波器或反射镜，使光在其中的传播行为得以改变和控制。FBG 传感器分布在纤芯的一小段范围内，其折射率沿光纤轴线发生周期性变化。通过测量由外界扰动引起的 FBG 中心波长漂移量，换算成应变值可计算得到相关参数。该技术不仅能对桩身内力进行测试，还可通过应变分布特征和多组测线间的应变对桩身质量进行检测判断，有着许多传统应变应力计无法比拟的优势。

试验现场光纤布点按如下顺序进行：1) 在管桩桩身表面沿着设计线路开槽，将光纤放入槽内设计位置点固定。2) 用高强胶剂 502 胶水及 302 胶水将光纤光栅传感器进行粘贴，在光纤的两头采用套管保护后再用缓冲材料包裹固定。3) 光纤点布设好后槽段采用环氧树脂和固化剂按一定比例混合进行封口和防水处理。4) 静置 24h 以上待环氧树脂凝固成型后方可将管桩压入。

在光纤布点过程中还需注意施工保护：布设传导光纤时，光纤与光纤间的熔接处需要进行外套保护。传导光纤具有怕折怕弯的弱点，在现场布设光纤时尽量使光纤贴紧被测物体，可以每隔一段距离用胶带将光纤固定在被测物体上。在走线时不要发生过大弯折，在多路光纤汇合处，线多容易缠绕，也容易导致光信号的损耗，所以需要及时整理走线，避免互相缠绕打结。

为测得桩身应力分布，与载荷试验同步进行FBG桩身应力测试。沿桩顶向下布置 6 个剖面，每个剖面对称布置两个 FBG 传感器，共 12 个测点。具体加载装置及测点布置见图 6。

1）桩身轴力、桩端阻力

竖向荷载作用下桩产生轴向压缩变形，其变形量可由沿桩身铺设在桩表面的传感光纤进行测试。管桩桩身 z 深度的轴力 $Q(z)$ 为

$$Q(z)=\varepsilon_a(z)(E_cA_c+E_sA_s) \qquad (1)$$

式中，$\varepsilon_a(z)$ 为桩身 z 深度的应变值；E_c 为桩身混凝土弹性模量；A_c 为桩身混凝土截面面积；E_s 为桩身钢筋弹性模量；A_s 为桩身钢筋截面面积。当 z 为桩长 h 时，$Q(h)$ 就等于桩端阻力 q_n。实测管桩桩身轴力见图 7，各级荷载下桩端阻力承载比例见图 8。

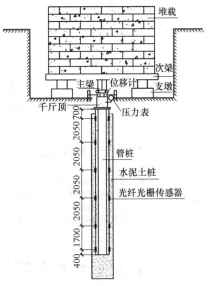

图 6　加载装置及测点布置（mm）
Fig. 6　Loading devices and testing points（mm）

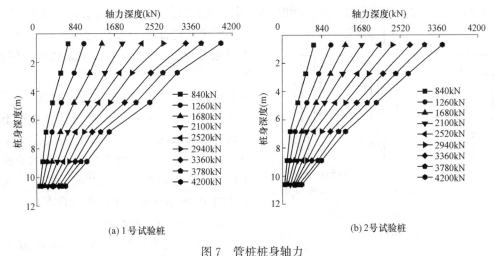

(a) 1 号试验桩　　　　(b) 2 号试验桩

图 7　管桩桩身轴力
Fig. 7　Axial forces of pipe piles

如图 7 所示，管桩桩身轴力随荷载的增加而增加，轴力沿桩身急剧减小，随桩顶荷载增加轴力沿深度衰减速率逐渐变小且趋于稳定，即桩端阻力所承担的荷载比例逐渐增大且逐渐趋于一个稳定值。各级荷载下管桩桩端承担的荷载为总荷载的 8.2%～14.8%。如图 7 所示，最大荷载下桩端阻力占桩顶荷载的 10%～15%，复合桩表现出摩擦桩的工作特性。随着桩顶荷载的增加，桩端阻力传递荷载比例逐渐增大。原因在于：随着桩顶荷载的增加，桩顶位移、桩身位移及桩端位移均逐渐增大，而 MC 劲性复合桩桩侧阻力充分发挥所需位移远小于桩端阻力充分发挥所需位移，即桩侧阻力要先于桩端阻力充分发挥。

2) 桩侧摩阻力

由桩身荷载传递关系，可得：

$$q_s(z)=\frac{1}{U}\frac{dQ(z)}{dz}=\frac{E_cA_c+E_sA_s}{U}\frac{\Delta\varepsilon}{\Delta z} \tag{2}$$

式中，U 为管桩周长；$q_s(z)$ 为桩侧摩阻力；$\Delta\varepsilon$ 为两截面轴向应变变化量；Δz 为桩身两截面间距。实测 1 号试验桩管桩各截面侧摩阻力如图 9 所示。

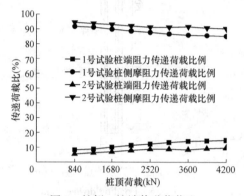

图 8　桩侧、桩端传递荷载比

Fig. 8　Load transfer ratio between side and tip of pipe piles

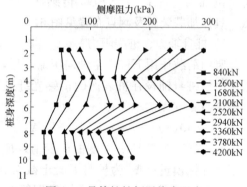

图 9　1 号管桩桩侧平均摩阻力

Fig. 9　Mean friction resistances of 1 pipe pile

桩侧摩阻力受桩侧有效法向应力和管桩、水泥土相对位移 2 个因素制约，而在一定深度范围内其随深度的变化趋势恰好相反，故侧摩阻力的最大值发生在二者最优组合位置。如图 9 所示，随着荷载增加，侧摩阻力逐渐增大且桩身侧摩阻力最大值位置逐渐下移。靠近管桩桩身上部水泥土的侧阻力要先于管桩桩身下部水泥土发挥，在管桩底部侧摩阻力也得以充分发挥，复合桩呈现刚性单桩工作特性。管桩和有管桩段水泥土桩微单元受力如图 10 所示（不考虑微单元自重）。

图 10 中，f_i 为水泥土侧摩阻力；f'_i 为桩周土侧摩阻力；N_i，N_{i+1} 分别为 i 和 $i+1$ 截面管桩轴力；N'_i，N'_{i+1} 分别为 i 和 $i+1$ 截面水泥土轴力。由桩体微单元受力平衡条件，可得管桩及水泥土桩微单元受力平衡方程：

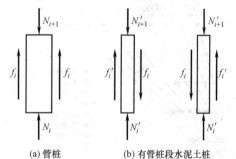

(a) 管桩　　　(b) 有管桩段水泥土桩

图 10　管桩和水泥土桩微单元受力分析

Fig. 10　Force element analysis of PHC and cement-soil

$$\pi d_1 L_i f_i = N_{i+1}-N_i \tag{3}$$

$$\pi d_2 L_i f_i + N_i = N_{i+1}+\pi d_1 L_i f_i \tag{4}$$

式中，d_1 为管桩外径；d_2 为水泥土桩外径；L_i 为第 i 截面和第 $i+1$ 截面之间的桩长。

假设承载力极限状态下桩周土达到极限侧摩阻力 f'_{iu}，管桩水泥土复合桩设计尺寸采用：

$$d_2=nd_1 \tag{5}$$

将式（5）代入式（4）中可得：

$$\pi d_1 L_i (n f'_{iu} - f_i) = N'_{i+1} - N'_i \qquad (6)$$

接近极限荷载下有管桩段水泥土桩身应力近似相同，乘以截面积后其桩身轴力近似相同，即：

$$N'_i = N'_{i+1} \qquad (7)$$

将式（5）及式（7）代入式（6），可得：

$$f_i = \frac{d_2}{d_1} f'_{iu} \qquad (8)$$

考虑管桩水泥土有效复合条件及工程安全储备可得：

$$\frac{d_2}{d_1} f'_{iu} \leqslant f_{iu} < \tau_u \qquad (9)$$

式中，f_{iu} 为水泥土极限摩阻力；τ_u 为管桩水泥土接触面极限粘结应力。式（9）即为管桩水泥土复合桩水泥土极限摩阻力、桩周土极限摩阻力及管桩、水泥土接触界面粘结应力所应满足的条件。

实测 MC 劲性复合桩水泥土和桩周土、单一管桩、钻孔灌注桩侧摩阻力如表 2 所示。MC 劲性复合桩水泥土侧摩阻力为单一管桩桩周土的 3.9~7.7 倍，按等效均一土层计算是其 5.2 倍；为钻孔灌注桩的 4.3~8.2 倍，按等效均一土层计算是其 5.6 倍。即水泥土桩所能提供的侧摩阻力是原地基土的 5 倍以上。管桩水泥土复合桩充分利用大直径水泥土桩提供侧摩阻力的能力。水泥土在搅拌过程中有一定的喷浆压力，使桩侧土被挤密，管桩压入过程中水泥土除自身被挤压外又对桩周土产生挤密，接触面凸凹交替彼此咬合促使桩周土侧摩阻力远大于单一管桩的桩周土侧摩阻力。实测管桩水泥土复合桩桩周土侧阻力值为单一管桩桩周土的 2.4~4.8 倍，按等效均一土层计算是其 3.2 倍；为钻孔灌注桩的 2.7~5.1 倍。

试桩侧摩阻力   表 2

Lateral friction resistance of test pile   Table 2

对应土层	A(kPa)	B(kPa)	C(kPa)	D(kPa)	$\dfrac{A}{C}$	$\dfrac{A}{D}$	$\dfrac{B}{C}$	$\dfrac{B}{D}$
④~⑤$_1$	259.3	162.0	33.7	31.7	7.7	8.2	4.8	5.1
⑤~①	213.4	133.4	46.0	44.0	4.6	4.9	2.9	3.0
⑤$_2$~⑤$_3$	238.3	148.9	43.3	38.2	5.5	6.2	3.4	3.9
⑤$_3$~⑥$_1$	155.4	97.2	40.3	36.4	3.9	4.3	2.4	2.7
⑥$_1$~⑥$_2$	165.3	103.3	36.8	34.1	4.5	4.8	2.8	3.0
等效均一土层	207.8	129.9	40.1	37.0	5.2	5.6	3.2	3.5

注：表中 A、B 分别为 2 根试验桩最大荷载下水泥土和桩周土侧摩阻力平均值；C、D 分别为原勘察报告中管桩和钻孔灌注桩按土层厚度加权平均的桩周土极限摩阻力。

3）桩身压缩变形

管桩单独受荷时桩顶沉降 s 由桩身压缩量 s_s 和桩端土沉降量 s_b 两部分构成。设桩长为 L，第 i 截面和第 $i+1$ 截面的轴力分别为 $Q(i)$ 和 $Q(i+1)$，两截面到桩顶的距离分别为 l_i 和 l_{i+1}，则桩身第 i 截面和第 $i+1$ 截面之间的压缩量 s_{si} 为：

$$s_{si} = \int_{l_i}^{l_{i+1}} \frac{Q(i)}{E_c A_c + E_s A_s} \mathrm{d}h \qquad (10)$$

把式（1）代入式（10），得：

$$s_{si} = \int_{l_i}^{l_{i+1}} \frac{Q(i)}{E_c A_c + E_s A_s} \mathrm{d}h = \int_{l_i}^{l_{i+1}} \varepsilon_m \mathrm{d}h \qquad (11)$$

式中，ε_m 为测点处的应变值。

桩身总压缩量为：

$$s_s = \sum_{i=1}^{n} s_{si} = \sum_{i=1}^{n} \int_{l_i}^{l_{i+1}} \varepsilon_m \mathrm{d}h \qquad (12)$$

对于桩端沉降量 s_b 通过桩顶沉降 s 减去桩身总压缩量 s_s 得到，即：

$$s_b = s - s_s \qquad (13)$$

计算得到各级荷载下 2 个试验桩的管桩桩身各断面压缩量如图 11 所示；相应的，1号试验桩的桩端阻力与桩端沉降关系如图 12 所示。

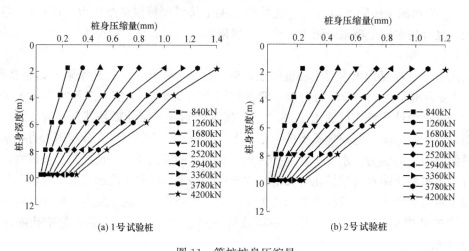

(a) 1号试验桩　　　　　　　(b) 2号试验桩

图 11　管桩桩身压缩量

Fig. 11　Compressive deformation of pipe piles

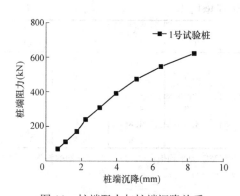

图 12　桩端阻力与桩端沉降关系

Fig. 12　Relationship between pile tip resistance and pile displacement

管桩桩顶受荷后，桩身压缩而向下产生位移。由于桩侧摩阻力的发挥，桩身轴力沿深度减小，因此桩身压缩量也随深度递减。桩端位移加大了桩身各截面的位移，并促使侧摩阻力进一步发挥。当桩端产生位移时，桩端阻力才开始发挥，桩端阻力与桩端位移近似呈双曲线分布表示，即：

$$q_n = s/(a + b \cdot s) \qquad (14)$$

式中，q_n 为桩端阻力；a，b 为拟合系数。

（4）研究结论

以管桩水泥土复合桩（MC 桩）为例开展试验，经实测数据系统分析后得以下荷载传递规律：

1）MC 桩在各级荷载作用下的沉降稳定时间不完全一致，Q-s 曲线呈缓变型。

2）MC 桩工作特性与刚性单桩相似。桩端阻力只占桩顶荷载的 $10\% \sim 15\%$，复合桩表现出摩擦桩的工作特性。

3）管桩和水泥土桩侧摩阻力分布规律类似，其比值约为水泥土桩和管桩外径的比值。水泥土桩所能提供的侧摩阻力是原桩周土的 5 倍以上，MC 桩桩周土极限侧摩阻力是原桩周土的 3 倍以上。

4）管桩是竖向荷载的主要承担者，各级荷载下管桩承载比例为 93.43%～94.34%，水泥土承担荷载比例为 5.66%～6.57%，且荷载越大，应力向管桩集中现象越显著，管桩承担的荷载比例越高。

2.2 江苏省南通市星湖城市广场项目

（1）工程概况

星湖城市广场位于南通市开发区星湖大道北侧、通盛大道东侧。该工程占地面积 113230m²，建筑面积 303312m²，框架结构，地上 4 层，地下 1～2 层。该工程拟采用天然地基或桩基，无地下室部分基础埋深约为 2.00m，一层地下室埋深 5.80m，二层地下室埋深 10.60m，一层地下室区域为 Ⅰ 号场地，二层地下室区域为 Ⅱ 号场地，如图 13 所示。

图 13 场地布桩示意图

Fig. 13 Schematic graph of pile layout in site

对比单一管桩，MC 劲性复合桩兼有承载力高及成本低的优势，本工程桩基础采用 MC 劲性复合桩作抗拔桩。Ⅰ 号场地采用直径为 800mm 水泥粉喷桩内插 PHA-500-B-125-11m 型管桩，两桩标高：桩顶为 −6.05m，桩底为 −17.05m，有效桩长 11m，设计单桩竖向抗拔承载力特征值 650kN；Ⅱ 号场地试桩采用直径为 800mm 水泥粉喷桩内插 PHA-500-B-125-13m，两桩标高：桩顶为 −10.45m，桩底为 −23.45m，有效桩长 13m，设计单桩竖向抗拔承载力特征值 800kN。场地及布桩如图 13 所示，A 线区域内为 Ⅱ 号场地，

B线左边场地水泥土桩均为湿喷法成桩，右边场地均为粉喷法成桩，粉喷法与湿喷法均采用 42.5 级复合硅酸盐水泥，水泥掺入量均为 15％，湿喷法中水灰比为 0.5。

拟建场地地貌类型属于长江下游冲积平原区滨海平原，土层以粉土、粉砂、粉质黏土为主。场地内地基土物理力学参数见表 3，地层剖面图如图 14 所示。

土层物理力学参数表　　　　　　　　　　　　　　　　　表 3
Physical and mechanical parameters of soil layer　　　　　　Table 3

层号	土层名称	层厚(m)	孔隙比	黏聚力 c(kPa)	内摩擦角 φ(°)	f_{ak}(kPa)
①	素填土	2.2				
②	粉质黏土夹粉土	1.7	0.985	24.3	9.3	120
③	粉砂夹粉土	3.3	0.828	6.1	31.0	160
④	粉土夹粉砂	3.7	0.865	8.4	27.7	140
⑤	粉砂	13.6	0.812	6.0	32.0	180
⑥	粉质黏土	9.0	1.042	21.5	7.2	110
⑦	粉质黏土夹粉土	未揭穿	0.980	24.6	9.2	120

注：表中 f_{ak} 为地基承载力特征值。

（2）试验研究

水泥土搅拌桩和静压管桩在施工过程中，会不可避免地切割和挤压桩侧土体，桩侧土体的极限侧摩阻力将发生变化，通过对桩侧土体的径向总应力和孔隙水压力进行测试，并结合施工前后静力触探试验结果，进一步探讨 MC 劲性复合基桩承载力提高的机理。

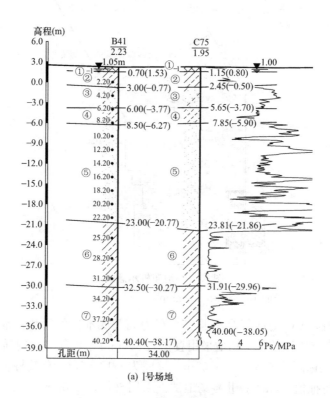

(a) I号场地

图 14　地质剖面图（一）

Fig. 14　Geological section（一）

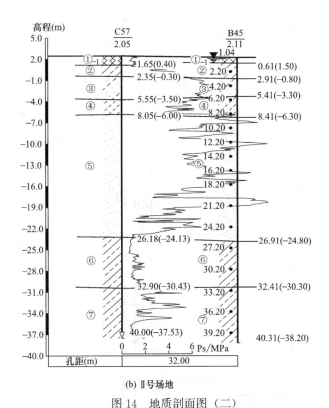

图 14　地质剖面图（二）

Fig. 14　Geological section（二）

为了便于加荷，Ⅰ号场地内试桩管桩内部穿入 10 根钢绞线，Ⅱ号场地内试桩管桩内部穿入 14 根钢绞线，钢绞线下部与管桩间用锚具和锚板锁住，上部对应穿入位于桩顶的锚板中，使其相对固定仅在轴向方向可活动，待复合基桩试桩施打完成，水泥土形成强度后，对钢绞线施加一定上拔力将钢绞线拉直。复合基桩试桩大样及现场照片见图 15。

在Ⅰ号和Ⅱ号场地各选取两根试桩在竖向抗拔载荷试验的同时进行光纤光栅应力测试。Ⅰ号场地内两根试桩编号分别为试桩Ⅰ-1 号，试桩Ⅰ-2 号；Ⅱ号场地内两根试桩编号分别为试桩Ⅱ-1 号，试桩Ⅱ-2 号。

结合现场单桩抗拔静力载荷试验与桩身光纤布拉格光栅应力测试结果，探究复合基桩受上拔荷载时桩身应力应变荷载传递规律，得到管桩桩身轴力、桩侧摩阻力、桩端阻力分布特征，探讨复合基桩承载力提高的机理。

静力触探试验：

1）在Ⅰ号场地内，管桩所在土层锥尖阻力提高了 1.84～1.89 倍，侧壁阻力提高了 1.97～2.02 倍，桩顶上部土层锥尖阻力提高了 1.13～1.71 倍，侧壁阻力提高 1.05～1.45 倍。

2）Ⅱ号场地内，管桩所在土层锥尖阻力提高了 1.59～1.99 倍，侧壁阻力提高了 1.78～2.45 倍，桩顶上部土层锥尖阻力提高了 1.23～2.05 倍，侧壁阻力提高 1.28～2.33 倍。

3）Ⅱ号场地中在距离桩 5m 范围内，随着径向距离的增大，土体侧摩阻力增大倍数呈线性递减趋势。

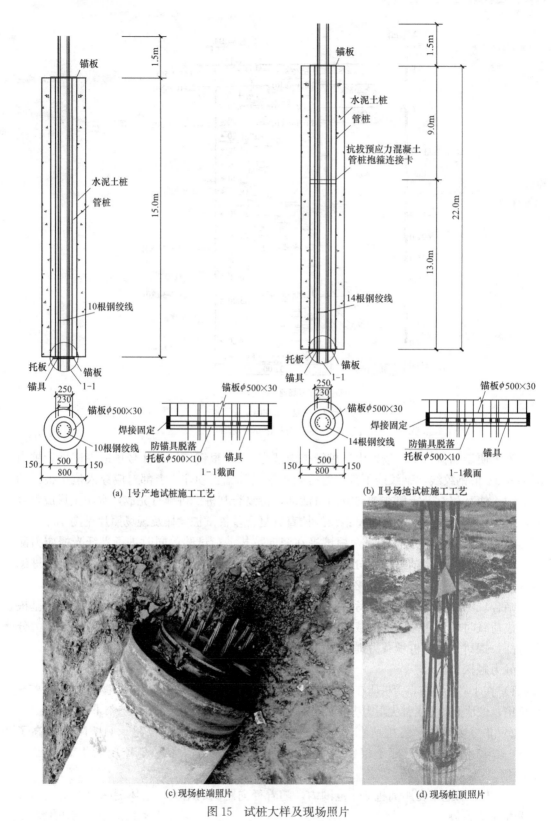

（a）I号产地试桩施工工艺

（b）II号场地试桩施工工艺

（c）现场桩端照片

（d）现场桩顶照片

图 15　试桩大样及现场照片

Fig. 15　Test pile sample and site photos

单桩抗拔荷载传递规律试验：

1）MC 劲性复合基桩荷载与上拔量呈近似线性关系，$Q\text{-}s$ 曲线变化较缓，尚未出现陡升趋势，试桩抗拔性能仍未完全发挥。

2）随着桩端上托荷载增加，桩身轴力逐渐变大。轴力在桩端最大，沿桩身向上逐渐减小，桩身下部往上截面轴力减小速度较快，而上部截面轴力减小缓慢，管桩主要依靠桩身下部和中部承担上托荷载。

3）按等效均一土层计算，MC 劲性复合基桩侧摩阻力相较于单一管桩与土体之间侧摩阻力增长了 1.6～1.9 倍，MC 劲性复合基桩结合了管桩承载力高与水泥土桩侧摩阻力大的双重优点。

4）桩身载荷较小时，变形主要以桩身弹性变形为主。随着荷载逐渐增大，桩与土体之间出现微小相对位移趋势。

（3）研究结论

MC 劲性复合桩群桩挤土效应：

1）复合桩群桩施工完成 3h 后承台间超孔压消散率达 85％以上。

2）同一深度处，超孔压随径向距离增大而减小；同一孔压计组，超孔压随深度增大而增大。

3）深搅桩施打后所产生的超孔压要大于管桩插入后所产生的超孔压。水泥土桩施打 3h 后桩周应力场基本稳定，可控制管桩在深搅桩施打结束后 3～8h 内压入。

4）MC 劲性复合群桩施工阶段易产生较明显的挤土效应，其影响范围约为 12 倍管桩外径。对桩数较多、间距较小的承台建议采取跳打方式减小挤土效应的不利影响。

5）在同一深度处，有效应力随着与桩径向距离增大而减小；同一土压力盒组，径向有效应力随着深度的增大而变大；随着时间的推移，有效应力趋于一个稳定值。

6）场地施工完成后，在Ⅰ号场地内，有效应力提高 1.20～1.80 倍，Ⅱ号场地内，有效应力提高 1.53～2.03 倍。

7）水泥土桩湿喷法成桩区域有效应力提高倍数较干喷法成桩区域小，约为干喷法成桩区域有效应力提高倍数的 78％。

2.3 江苏省南通市如东老县政府 2 号地块

（1）工程概况

拟建如东县老县政府 2 号地块项目位于江苏省如东县城人民路西侧、江海中路北侧、掘苴河南侧。包括 1 幢 31 层住宅、2 幢 29 层住宅、2 幢 17 层住宅、2 幢 9 层住宅、2 幢 7 层住宅、6 幢 2 层住宅、1 栋 1 层配电房和 1 栋 2 层商业和大底盘地下室（地下 1 层）。总建筑面积 135825.5m² 左右，总占地面积 40489.1m²。

根据勘察成果，拟建场区各土层分述如下：

①层素填土厚度 1.00～4.90m，层顶标高为 2.77～5.43m。

①₁ 层淤泥质填土厚度 0.50～2.30m，层顶标高为 −0.41～1.18m。

②层粉质黏土厚度 0.80～3.50m，层顶标高为 0.36～3.53m，层顶埋深 1.00～3.90m。

③₁ 层粉土厚度 0.60～3.60m，层顶标高为 −1.35～1.33m，层顶埋深 2.90～4.70m。

③₂ 层粉砂厚度 2.50～6.50m，层顶标高为 −2.67～0.43m，层顶埋深 3.50～6.50m。

③₃层粉土厚度 0.60～3.10m，层顶标高为－6.31～－2.47m，层顶埋深 7.50～10.50m。

④层粉砂厚度 4.00～7.50m，层顶标高为－8.22～－4.17m，层顶埋深 9.40～11.50m。

⑤₁层粉砂夹粉土厚度 2.00～7.00m，层顶标高为－14.06～－9.17m，层顶埋深 13.90～17.70m。

⑤₂层粉砂厚度 0.70～6.10m，层顶标高为－19.65～－12.76m，层顶埋深 17.40～23.00m。

⑥粉砂厚度 2.40～8.00m，层顶标高为－22.26～－16.37m，层顶埋深 21.00～25.70m。

⑦层粉质黏土厚度 0.50～6.60m，层顶标高为－26.63～－22.78m，层顶埋深 26.50～30.00m。

⑧层粉砂厚度 0.60～13.00m，层顶标高为－31.29～－27.36m，层顶埋深 31.30～34.50m。

⑨层粉质黏土夹粉土厚度 0.70～16.90m，层顶标高为－42.46～－35.63m，层顶埋深 39.00～45.80m。

⑩层粉砂厚度 1.10～19.10m，层顶标高为－55.31～－45.95m，层顶埋深 49.40～59.90m。

（2）桩基概况

该项目共 9 栋楼，最高建筑 29 层，7 栋采用 MC 劲性复合桩基，2 栋采用钻孔灌注桩基。

本工程劲性复合桩共进行了 9 根试桩，检测结果均满足设计要求。

如东老县政府 2 号地块 13～15 号楼桩基静载检测结果

桩位	桩型	桩径(mm)	桩长(m)	极限承载力(kN)	沉降量(mm)
14 号	颈性复合桩	600(130)	35	7100	9.10
14 号	颈性复合桩	600(130)	35	7100	14.44
14 号	颈性复合桩	600(130)	35	7100	11.20
14 号	颈性复合桩	600(130)	18.7	7100	12.29
14 号	颈性复合桩	600(130)	24.7	7100	12.38
14 号	颈性复合桩	600(130)	22	7100	13.17
13 号	钻孔灌注桩	700	55	6200	18.46
13 号	钻孔灌注桩	700	55	6200	17.66
13 号	钻孔灌注桩	700	55	6200	26.98
15 号	钻孔灌注桩	700	55	6200	10.94
15 号	钻孔灌注桩	700	55	6200	13.74
15 号	钻孔灌注桩	700	55	6200	18.43

注：1. 劲性复合桩外围 1000mm 水泥土桩有效长度 21m，湿法施工；
   2. 钻孔灌注桩采用后注浆工艺；
   3. 本工程劲性复合桩造价与钻孔灌注桩相比，造价节约一半，工效提高 1 倍，无泥浆污染，检测承载力和沉降量更优。

图 16 桩基对比图

Fig. 16 Contrast section of different piles

试桩参数：①有效长度 25m 的 ϕ1000mm 水泥土桩内插 PHC600（130)-C80-24 管桩，单桩极限抗压承载力超过 8000kN；②有效长度 20m 的 ϕ900mm 水泥土桩内插 PHC500 (125)-C80-16 管桩，单桩极限抗压承载力超过 6000kN；③有效长度 16m 的 ϕ800mm 水泥土桩内插 PHC400（95)-C80-14 管桩，单桩极限抗压承载力超过 4300kN。

工程桩施工设备：（干法）150kW 高喷旋搅桩机/（湿法）220kW 高喷湿搅桩机＋90kW 浆泵、55kW 空压机、1060t 静压桩机，如图 17、图 18 所示。

图 17　静压桩机与干法搅拌桩机

Fig. 17　Hydraulic static pile pressing machine and dry method mixing pile machine

图 18　湿法搅拌桩机

Fig. 18　Wet method mixing pile machine

工艺：先施工水泥土桩，干法为四搅两喷喷入 15％的 P·O32.5 水泥粉＋气，两次提升搅拌叶片可螺旋反压挤扩水泥土；湿法为四搅两喷喷入 15％的 P·O42.5 水泥浆＋气。再用静压桩机在水泥土桩中心压入管桩。

成桩效果如图 19 所示，水泥土被挤扩，直径增大，现场实测 900mm 干法水泥土桩挤扩后直径达 1100mm 左右；水泥土被挤密，强度提高，水泥土桩身取样（干湿法各 3 组，如图 20 所示）实测无侧限抗压强度干法 11～24MPa/湿法 23～27MPa，远高于设计要求的实验室 28d 无侧限抗压强度 1.6MPa。离散性较大的原因初步分析为：①取样数量少；②取样直径偏小；③取样部位不一，理论上越靠近管桩的水泥土受挤压越多，强度越高；越靠近桩顶的水泥土反应越充分，强度越高。

其中某根桩为"上部 8m C 桩，中间 6m MC 桩，下部 11m M 桩"的非设计劲性复合桩（图 21）。现已对该桩进行静载荷检测，共加载 4500kN，累计沉降量仅 6.7mm，满足设计要求。该结果可说明：①本工程劲性复合桩设计安全系数高，即承载力富余较多；②劲性复合桩桩身应力扩散较快，应力主要集中在 MC 复合段上部很短的范围内，因此仅需很短的 MC 复合段即可承受很大的承载力；③该桩也可看成上部 8m 水泥土桩缺失的劲性复合桩，但承载力依然很高，证明了"劲性搅拌桩在芯桩长度范围内搅拌桩局部的质量缺陷并不影响其单桩承载力"。

图 19　成桩效果图

Fig. 19　Picture of completed piles

图 20　水泥土取样

Fig. 20　Sampling of jet-mixing cement

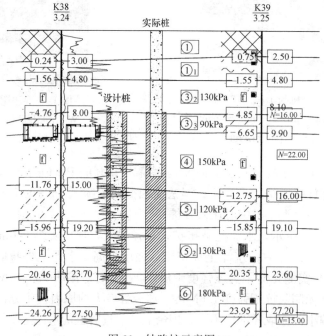

图 21　缺陷桩示意图

Fig. 21　Schematic graph of the deficient pile

3　劲性复合桩配套设备材料研发

3.1　大功率水泥土搅拌桩机[3]

为实现劲性复合桩的快速推广应用，我们已授权多个厂家生产大直径、大扭矩、大功率水泥土搅拌桩机。主机功率分双 55kW、双 75kW、双 90kW、双 110kW 等多种，远高于传统设备的 35kW。可同时喷水、喷浆、喷粉或其他固化剂，喷粉压力大于 0.8MPa，喷浆压力大于 1.2MPa。搅拌轴每分钟转速高达 36 转。这些设备动力头分上置、中置与下置三种，动力头上置时 25m 的搅拌轴可全轴布置 156 根叶片，切削土体更均匀，一次性搅拌成型，水泥土体强度更高，在泰兴某工地 20m 长 80cm 直径的纯水泥土搅拌桩单桩极限承载力达 2800kN。动力头下置时在螺旋叶片和动力装置之间的搅拌轴上可分布 4 层 12 片左右的搅拌叶片，一次性搅拌成桩，25m 左右的桩长施工时间可控制在 35min 左右，桩身强度要求较高时可反复提升喷搅。

3.2 专用芯桩

（1）因劲性桩承载力较大，需配备一系列特定芯桩：高强度薄壁钢管管桩、填芯管桩、钢绞线抗拔管桩。在 MC 劲性复合桩（M 桩为 φ850 粉喷桩；C 桩为 TSC-Ⅱ-500-100-8-27m 高强薄壁管桩）静载试验中，单桩极限承载力为 12000kN，如图 22 所示。在工程中实测长度 22m（外芯直径 800mm 干湿双管水泥土搅拌桩体，内芯为 PHA500 钢绞线抗拔管桩）的复合桩极限抗拔力已达到 3600kN，15m 的复合桩极限抗拔力达 2600kN，性价比及施工速度远远高于国内同类产品。

检 测 情 况 说 明
（静载试验）

江苏闽金业有限公司：

受贵公司委托，我公司对大丰港世贸大楼试桩进行了单桩竖向抗压静载试验，共检测3根试桩。检测桩位和数量由设计单位确定，检测依据《建筑基桩检测技术规范》JGJ 106—2014进行，检测成果汇总见下表：

试验编号	设计参数			施工桩长	试验参数			
	桩型	桩长	单桩竖向抗压承载力特征值		试验终止荷载	累计沉降量 (mm)	累计回弹量 (mm)	单桩竖向抗压极限承载力
试1号	MC劲性复合桩；M桩为φ850粉喷桩；C桩为TSC-Ⅱ-500-100-8-27m高强薄壁钢管桩	M桩为20.0m；C桩为27.0m	9000kN（根据设计单位要求，本次试验逐级加载至试桩破坏）	M桩顶标高为-5.5m长20.0m；C桩顶标高为-1.5m长27.0m	13000kN	49.05	6.08	12000kN
试2号	钻孔灌注桩φ800mm	65m	9000kN（根据设计单位要求，本次试验逐级加载至试桩破坏）	桩顶标高-1.5m，桩长65.0m	11000kN	50.11	6.12	10000kN
试3号	钻孔灌注桩φ800mm	65m	9000kN（根据设计单位要求，本次试验逐级加载至试桩破坏）	桩顶标高-1.5m，桩长65.0m	10000kN	48.74	5.64	9000kN
结论	—							

大丰市建设工程质量检测中心有限公司

图 22　检测报告

Fig. 22　Test report

（2）为配合智能劲性复合施工系统使用，施工中即时检测传输应力应变等参数，可配备预埋管道的智能管桩，管道内埋设检测器件。管道采用高强度钢管时可作为配筋使用；对钢材有腐蚀的环境中可采用高强度合成材料制作通道替代筋材。

3.3 固化剂[4]及人造泥岩

为最大程度拓宽该新式桩型应用范围，针对不同土质（黏性土、液化砂土和粉土等）研发出相应固化剂，由主剂、辅剂组成，其中主剂由水泥、砂、石灰、粉煤灰、矿渣、石膏、纳米硅基氧化物等成分组成；辅剂由三乙醇胺、木质素磺酸钙、氯化钠、氯化镁、氯化钙、氯化铁、明矾或水玻璃、聚丙烯酰胺、硫酸钙、硫酸钠、氢氧化钠等成分组成。本发明使用效果好，可作为粉喷桩施工时用的粉剂（干喷用）或浆剂成分（湿喷用），可在水泥搅拌桩、注浆、旋喷桩、浅层垫层加固、路基加固、夯实等施工中使用。

将上述搅拌设备和固化剂结合可形成一种原位土改性制造人造泥岩的方法，包括下列步骤：

（1）对原位土进行调整处理（对含水量较高的软土采用管井抽水、电渗、真空预压、碾压强夯等动力固结方法、塑料排水板、振动沉管挤密砂石桩、低强度水泥土桩、施工中高压喷气排水中的一种或几种的结合；对含水量较低的地基，采用施工中喷浆喷水处理），改良土体的物理力学性质，使土体含水量达到 30%左右，孔隙比达到 0.8 左右，密实度≥0.92，塑性指数≤17。

（2）改良后的土体加入掺入量 13%～25%的水泥和固化剂，采用大功率（主电机功率≥90kW）大扭矩（扭矩≥15t·m）大直径（搅拌头直径 800～1500mm）多通道（搅拌轴数≥2 或单轴输料管数≥2）搅拌机在 0.7～1.2MPa 气压下进行喷粉喷砂搅拌、5～35MPa 压力下喷浆喷水搅拌，使水泥砂土复合体中的粒径≥0.075mm 的骨料含量≥15%，水灰比≤0.6；搅拌头上按一定的倾斜角度布置刀形叶片（数量≥4 片）和螺旋叶片（数量≥2 片），每旋转一圈提升高度≤15mm，使土体每点的搅拌次数≥20 次，利用链条和螺旋搅拌叶片共同旋转加压，使水泥砂土复合体密实度≥0.94，塑性指数≤10，含水量≤25%。

（3）通过夯实、挤密、静压、锤击等方法中的一种或几种的结合再次强力挤扩水泥砂土复合体，形成单轴抗压强度≥10MPa 的人造泥岩。

3.4 劲性复合桩智能施工系统[5]（国家发明专利）

为符合新时代桩基施工越来越高的要求，严格把控劲性复合桩施工质量，我们已研发生产出智能化信息化劲性复合桩机及施工数据管理平台并申请了专利，如图 23～图 26 所示。

图 23　智能系统示意图

Fig. 23　Schematic graph of the smart system

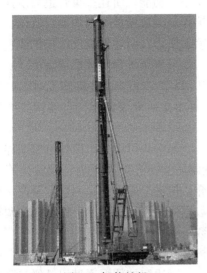

图 24　智能桩机

Fig. 24　Smart machines for pile construction

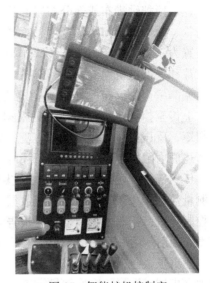

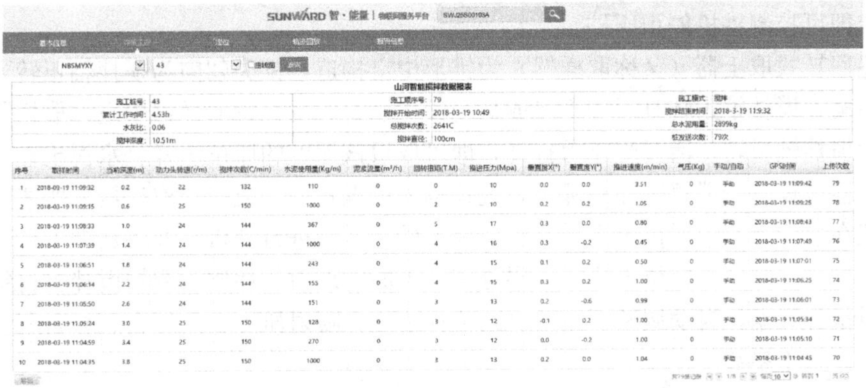

图 25　智能桩机控制室

Fig. 25　Control room of the smart machine

SUNWARD 智·能量 | 物联网服务平台　SWJ25S00103A

NBSMYXY　43

山河智能搅拌数据报表

施工桩号：	43	施工顺序号：	79	施工模式：	搅拌
累计工作时间：	4.53h	搅拌开始时间：	2018-03-19 10:49	搅拌结束时间：	2018-3-19 11:9:32
水灰比：	0.06	总搅拌次数：	2641C	总水泥用量：	2899kg
搅拌深度：	10.51m	搅拌直径：	100cm	桩发送次数：	79次

序号	取样时间	当前深度(m)	动力头转速(r/m)	搅拌次数(C/min)	水泥使用量(Kg/m)	泥浆流量(m³/h)	回转扭矩(T.M)	推进压力(Mpa)	垂直度X(°)	垂直度Y(°)	推进速度(m/min)	气压(Kg)	手动/自动	GPS时间	上传次数
1	2018-03-19 11:09:32	0.2	22	132	110	0	0	10	0.0	0.0	3.51	0	手动	2018-03-19 11:09:42	79
2	2018-03-19 11:09:15	0.6	25	150	1000	0	2	10	0.2	0.2	1.05	0	手动	2018-03-19 11:09:25	78
3	2018-03-19 11:08:33	1.0	24	144	367	0	5	17	0.3	0.0	0.80	0	手动	2018-03-19 11:08:43	77
4	2018-03-19 11:07:39	1.4	24	144	1000	0	4	16	0.3	-0.2	0.45	0	手动	2018-03-19 11:07:49	76
5	2018-03-19 11:06:51	1.8	24	144	243	0	4	15	0.1	0.2	0.50	0	手动	2018-03-19 11:07:01	75
6	2018-03-19 11:06:14	2.2	24	144	155	0	4	15	0.3	0.2	1.00	0	手动	2018-03-19 11:06:25	74
7	2018-03-19 11:05:50	2.6	24	144	151	0	3	13	0.2	-0.6	0.99	0	手动	2018-03-19 11:06:01	73
8	2018-03-19 11:05:24	3.0	25	150	128	0	3	12	-0.1	0.2	1.00	0	手动	2018-03-19 11:05:34	72
9	2018-03-19 11:04:59	3.4	25	150	270	0	3	12	0.0	-0.2	1.00	0	手动	2018-03-19 11:05:10	71
10	2018-03-19 11:04:35	3.8	25	150	1000	0	3	13	0.2	0.0	1.04	0	手动	2018-03-19 11:04:45	70

图 26　施工参数管理平台

Fig. 26　Management platform of the construction parameters

专利说明：一种劲性复合桩智能施工系统，其特征是包括劲性复合桩机和控制劲性复合桩机工作的智能控制系统。

所述劲性复合桩机包括干湿搅拌桩机、向搅拌桩机供料的供料机及沉桩机，在搅拌桩机的搅拌轴上设置静力触探头和回转式取土器，另在桩机上设有卫星定位仪。

所述智能控制系统包括控制主机，控制主机与搅拌电流测量记录仪、供料智能调节仪、静力触探测量记录仪、土样分析调节仪、沉桩数据测量记录仪、卫星定位系统、云平台管理系统连接。该系统可利用控制主机中已有的程序，即时处理劲性复合桩施工过程中各仪器上传的数据，并反馈至劲性复合桩机，即时调整施工参数至合适值（如搅拌速度、喷射压力、反压力、材料配合比、材料掺入量等），使劲性复合桩施工质量达到最优。该系统可通过将数据传至云平台管理系统，实现施工过程公开、可控。

所述的干湿搅拌桩机是在传统搅拌桩机的基础上增加多重管道、变压力旋喷、螺旋反压挤扩、全搅拌轴满布或部分布置叶片、大直径大功率等功能。所述多重管道为搅拌轴内置喷粉管、喷浆管、喷水管，通过喷料变化在干法搅拌和湿法搅拌之间切换。所述变压力旋喷装置为一种供料压力调节装置，旋喷过程调整喷射压力。所述螺旋反压挤扩装置为在搅拌叶片和上部桩机间建立传动链条，将上部桩机自重反压至桩身实现螺旋挤扩。所述的搅拌电流测量记录仪与搅拌桩机的电机连接，可即时测量记录搅拌桩机施工时的电机电流，并上传至控制主机。控制主机根据电机电流计算出土质软硬情况，自动调整搅拌速度、扭矩、反压力、喷射压力等施工参数。

所述静力触探测量记录仪与所述静力触探头连接，触探头可设置于搅拌桩机搅拌头或搅拌轴任意部位。触探头内部装有锥尖阻力、侧壁摩阻力、孔隙水压力、倾斜计等传感器。测量数据可无线（通过声波或数据采集卡等媒介）传递至静力触探测量记录仪，再上传至控制主机。控制主机结合地质报告与实际测量数据可计算得出实际土性，自动调整搅拌速度、喷射压力、反压力、材料掺入量等施工参数。

所述沉桩机包括静压桩机、锤击桩机、振动桩机等。沉桩机可与搅拌桩机合并，也可作为独立机械。沉桩机在搅拌桩施工完成后打入芯桩。所述沉桩数据测量记录仪与沉桩机相连接，可即时测量记录沉桩机施工过程中的常规参数（如静压桩机的终压力、锤击桩机和振动桩机的最后贯入度等），并上传至控制主机。控制主机可计算出预估承载力，达到设计要求即可控制桩机停止压桩。

所述回转式取土器（又称取样器）为锥形中空构造，锥尖朝向为搅拌轴正转方向，锥底设置活瓣。搅拌轴正转时活瓣不受或只受较小压力，可保持取样器中空。取样器到达指定深度后搅拌轴反转，活瓣受压力打开，即可取得该深度的原位土样、水泥土样、砂土样等。取样器可设置于搅拌轴任意部位，搅拌轴上可设置一个或多个取样器。所述的土样分析调节仪在取样器取出原位土样、水泥土样、砂土样后进行分析，并将数据上传至控制主机。控制主机计算得出原位土质、土层分布、土的物理力学性质、取样搅拌桩材料掺入量及搅拌质量等数据，自动调整下一根桩的搅拌速度、喷射压力、反压力、材料配合比、材料掺入量等施工参数。

所述的供料机包括混合料罐，混合料罐入料口设有连接至浆体供料罐、粉体供料罐、化学固化剂供料罐、供水罐的管道，混合料罐出料口设有连接至搅拌桩机的管道，在所述管道上设置由智能调节仪控制的阀门和供料压力调节装置。所述供料智能调节仪包括风量计、流量计、压力传感器、压力调节器及阀门控制器等。可根据设计要求的各种参数（如材料用量、配合比、含水量及喷射压力等）精确供料，并可根据实际施工过程中的土质情况以及每根桩的即时搅拌深度智能调整供料参数。供料智能调节仪可使劲性复合桩外围搅拌桩材料强度达到最大，含水量最优，并通过搅拌桩机螺旋反压等功能达到最大干密度。桩身施工质量可通过取样器取样分析得到验证。

所述的卫星定位仪设置于搅拌桩机或沉桩机施工轴线上，配合卫星定位系统使用。所述卫星定位系统可定位每套劲性复合桩机的地理位置，显示所有的劲性复合桩机的分布图。卫星定位系统还可根据桩位图智能确定桩位，将桩位偏差控制在2cm以内。

所述云平台管理系统为一种软件或网站，作为劲性复合桩智能施工系统的信息管理平台。该系统支持现场的施工参数、质量、安全、进度、变更、物料、成本管理，用户登录该云平台管理系统后可全过程控制劲性复合桩现场施工情况，即时分配和接收任务，是业主、施工、监理等工程参与各方的实时协作平台，可有效降本增效、提升劲性复合桩施工质量。

本发明可通过分析电机电流、静力触探结果、取样结果及时掌握实际土质情况和成桩质量情况，并通过控制主机及时调整供料机和桩机的施工参数，有效提高施工质量，稳定可靠。

本发明可通过卫星定位系统管理所有劲性复合桩机，并减小桩位偏差。

本发明可以对施工数据（包括喷灰、喷浆量、搅拌速度、搅拌均匀性、反压力、提升速度等）及时记录、统计。并通过云平台管理系统的数据展示，保证各工程参与方全程把控劲性复合桩的施工，有效提高施工质量。

4 结论

本文在 MC 劲性复合桩的三个施工实例及试验研究的基础上，针对 MC 劲性复合桩的荷载传递规律、群桩挤土效应、不同施工方法的效果、水泥土有缺陷对桩的影响等问题进行分析，主要得出以下结论：

（1）MC 劲性复合桩外围 M 桩在搅拌过程中有一定的喷浆喷气压力，使桩侧土被挤密，水泥在压力作用下进入搅拌直径外的土体中，与桩周土形成凸凹咬合的接触面，内芯 C 桩压入过程中水泥土除自身被挤压外又对桩周土产生挤密，实现了桩土一体化，桩周土侧摩阻力远大于单一 C 桩的桩周土的数值。复合桩桩身轴力沿桩身急剧减小，表现出摩擦桩的工作特性，桩侧阻力要先于桩端阻力充分发挥，因此较短的桩长就能实现高承载力与低沉降量。如中天润园项目仅用 14m 的短芯劲性复合桩就实现了 26 层楼工后 3 年累计沉降 2cm 多。

（2）MC 劲性复合桩群桩挤土效应可使桩周土有效应力提高 1.2～2 倍。

（3）MC 劲性复合桩桩身应力扩散较快，应力主要集中在 MC 复合段上部很短的范围内，因此仅需很短的 MC 复合段即可承受很大的承载力；内芯 C 桩直接承担 90% 以上的竖向力，如同糖葫芦中的棍子，可串联起整根复合桩的受力。某根上部缺失 8m 水泥土桩的 MC 劲性复合桩，承载力依然满足要求。

（4）土层含水量较高地区，复合桩的水泥土桩采用干法施工时单桩承载力较湿法施工高。

（5）复合桩的施工质量主要由水泥土桩质量控制，需通过智能化施工减少人为因素的干扰。

参考文献

[1] 中华人民共和国住房和城乡建设部. 劲性复合桩技术规程：JGJ/T 327—2014 [S]. 北京. 中国建筑工业出版社，2014.

[2] 李俊才，张永刚，邓亚光，等. 管桩水泥土复合桩荷载传递规律研究 [J]. 岩石力学与工程学报，2014，33（S1）：3068-3076.

[3] 邓亚光. 高压旋喷、干湿搅拌桩及专用施工设备：ZL2015 2 0456202.7 [P]. 2015-10-28.

[4] 邓亚光. 软土固化剂：ZL 2008 1 0019417.7 [P]. 2010-06-16.

[5] 邓亚光. 复合桩施工控制系统：ZL 2015 2 0467658.3 [P]. 2015-06-30.

杭州某地铁换乘节点深基坑工程中轴力伺服型钢组合支撑的应用研究

朱海娣[1]，黄星迪[1]，胡琦[1,2]，徐晓兵[1,2]，姚鸿梁[3]，陆少琦[1]

（1. 东通岩土科技股份有限公司，浙江 杭州 310019；2. 浙江工业大学岩土工程研究所，
浙江 杭州 310023；3. 上海同禾工程科技股份有限公司，上海 200092）

摘 要：依托于杭州某地铁异形深基坑工程，介绍了型钢组合支撑配合轴力伺服系统进行地铁基坑变形主动控制的技术，通过对深基坑开挖过程中各不同工况的支撑轴力监测数据和深层土体位移数据进行研究分析，论述了其在基坑开挖过程中对基坑变形的控制效果显著，有效地解决了软土超深地铁基坑施工过程中的高标准变形控制要求。

关键词：预应力型钢组合支撑；异形基坑；轴力伺服系统；地铁深基坑；自动补偿

Application of Prestressed Assemble Steel Struts System with Axial Force Servo System in a Deep Metro Excavation in Hangzhou

Zhu Haidi[1], Huang Xingdi[1], Hu Qi[1,2], Xu Xiaobing[1,2], Yao Hongliang[3], Lu Shaoqi[1]

(1. Dongtong Geotechnical Technology Limited Co., Ltd., Hangzhou Zhejiang 310019, China;
2. Institute of Geotechnical Engineering, Zhejiang University of Technology, Hangzhou Zhejiang 310023, China;
3. Toehold Engineering Technology Co., Ltd., Shanghai, Shanghai 200092, China)

Abstract：An active deformation control technology combining prestressed assemble steel struts system with axial force servo system is introduced based on a special-shaped deep metro excavation engineering in Hangzhou. The monitoring data of axial forces and displacements of deep soil during the excavation process were analyzed to verify the significant effect of the technology on deformation control of the excavation, which can be applied in deep metro excavation engineering in soft soil with high requirements of deformation.

Keywords：Prestressed assemble steel struts system; Special-shaped excavation; Axial force servo system; Deep metro excavation; Auto compensation

0 引言

随着我国城市化进程的逐步加快，地铁工程的规模越来越大，朝深和大的方向发展。其

作者简介：朱海娣，研发中心主任，E-mail：11224798@qq.com。

次，地铁基坑工程的周边环境愈加复杂，附近往往存在建筑、道路、地下管线、隧道、桥梁等既有建（构）筑物。此外，软土地区地铁基坑的施工往往伴随极强的环境效应，基坑开挖引起周围土体应力场变化，使土体产生较大的变形，从而导致周边建（构）筑物产生较大内力和变形，甚至导致结构开裂或破坏，造成较严重的社会和经济影响。因此，软土地区地铁基坑工程的设计、施工难度大，风险高，对变形控制要求严格。目前，软土地区地铁基坑工程的环境变形控制要求为毫米级，微变形（小应变）主动控制成为重大需求。

在基坑工程施工过程中，内支撑系统是协调土体与围护结构之间相互作用力和变形的关键。目前国内普遍使用钢筋混凝土支撑或钢管支撑作为地铁基坑的支撑系统。型钢组合支撑结构与钢筋混凝土支撑的结构体系类似，是一种超静定的桁架结构体系，所有节点均为刚接，具有大刚度、高强度、稳定性好的特点，可以承受拉、压、弯、剪、扭等各种荷载；同时也可以施加预应力和采用轴力伺服系统，一方面可以弥补钢筋混凝土支撑无法进行变形主动控制的不足，另一方面可以弥补钢管支撑易失稳和变形控制有限的不足[1]。目前，仍缺乏对于预应力型钢组合支撑结合轴力伺服系统在地铁基坑工程中的应用研究。此外，在型钢组合支撑的设计和施工方面，已有相关技术标准或规范颁布执行[2]。然而，仍缺乏轴力伺服系统设计和施工标准化方面的工作。

本文基于杭州某地铁换乘节点深基坑工程实例，介绍了轴力伺服型钢组合支撑方案的设计和施工。基于基坑轴力监测及深层土体位移实测数据，分析了轴力伺服系统在基坑变形控制方面的效果。这是该技术在地铁深基坑工程项目中的首次成功应用，可以为周边环境复杂深基坑工程的设计与施工提供参考。

1 工程简介

杭州某地铁车站位于运河东路与钱江路交叉口，为 6 号线和 9 号线的 T 形换乘站，6 号线车站（地铁站第一区至第五区）沿运河东路设置（该段运河东路尚未实现规划通车），9 号线车站（地铁站第六区至第十一区）沿钱江路设置（图 1）。站位北侧沿钱江路路中为在建的市政钱江路隧道，隧道已基本完成施工，目前尚未通车，较远处为浙江互联网产业园，9 号线车站北侧出入口通道下穿钱江路隧道部分已施工完成；站位西南侧为规划金融城地块，其地下环廊下穿钱江路隧道部分已施工完成，其他部分尚未实施；站位东南侧为规划商住用地及在建的楼盘；站位南侧约 300m 紧靠钱塘江。综上所述，项目周边环境总体较为复杂。

地铁 6 号线车站（地铁站第一区至第五区）为地下四层岛式车站，车站总长 175m，标准段宽 25.7m，深 32.41m；地铁 9 号线车站（地铁站第六区至第十一区）为地下三层岛式车站，车站总长 201.2m，标准段宽 24.5m，深 23.85m。车站均采用双柱三跨钢筋混凝土箱型框架结构，结构采用全包防水，1.2m 厚地下连续墙与内衬墙按叠合墙设计。

2 工程地质和水文条件

根据详勘报告，地铁车站拟建场地内受影响的主要土层包括：①₁ 层杂填土、①₂ 层素填土、①₃层暗塘土（淤填土）、③₂层砂质粉土、③₃层粉砂夹砂质粉土、③₄层砂质粉土、③₅层砂质粉土、③₇层砂质粉土、⑥₁层淤泥质黏土、⑦₁层粉质黏土。⑨₁层粉质黏土、⑨₂层砂粉质黏土、⑫₂层砾中砂、⑭₃层圆砾、⑳ₐ₂层强风化泥质粉砂岩、⑳ₐ₃层中等风化泥质粉砂岩。

本工程场地潜水主要赋存于浅（中）部填土层、粉土、黏性土及淤泥质土层中。本次勘察测得稳定水位埋深为地面下平均埋深 3.05m，地下水位相当于 85 国家高程为平均 5.11m。潜水位随季节和邻近河水水位的变化而变化，年水位变幅约为 1.0m。场地承压水主要分布于深部的⑫₁层粉砂、⑫₂层含砾中砂、⑫₄层圆砾、⑭₁层粉砂、⑭₂层含砾中砂和⑭₃层圆砾层中，水量较丰富，隔水层为上部的淤泥质土和黏性土层。勘察水文实测可知，地铁站附近⑫层承压水水头埋深在地面下 8.00～9.85m，相当于 85 国家高程为 −2.11～−1.23m。基岩裂隙少量发育，多为风化泥质、钙质胶结或充填，富水性差、水量贫乏，对本工程影响小，总体透水性较弱。

图 1 工程地理位置图

3 基坑支护方案

考虑到本项目主要土质条件为砂质粉土、粉质黏土和淤泥质黏土，属于典型软土。主体基坑开挖范围内淤泥质土层采用 $\phi800@600$ 二重管旋喷桩加固；坑外基坑阳角、车站主体与钱江路隧道之间夹心土采用 $\phi800@600$ 二重管旋喷桩加固。地铁 6 号线车站深 32.41m（底板位于⑨₁层粉质黏土层）；地铁 9 号线车站深 23.85m（底板位于⑥₁层淤泥质黏土层），属于超深基坑。基坑平面为"T"形换乘节点的过渡段，属于异形基坑，支撑的平面布局是设计难点。

换乘过渡区原设计方案采用三道钢筋混凝土支撑结合六道钢管支撑（图 2）。因钢管支撑的受力特点所限，要求先施工 6 号线北侧端头井基坑及其主体结构，待 6 号线北侧端头井施工完毕后，再开挖相邻的 9 号线标准段至坑底，进而再施工 9 号线标准段主体结构。6 号线过渡段施工至顶板之前，相邻 9 号线主体 20m 范围内不能开挖。因过渡段原设计方案的施工周期过长，无法满足地铁建设的需求；若过渡段全部采用钢筋混凝土支撑，则工期和造价均大幅提高，无法满足建设需求。因此，调整后的支撑方案须满足6号线和9号线在过渡区域同时施工，一次性开挖至坑底，并向上回做至主体结构正负零。

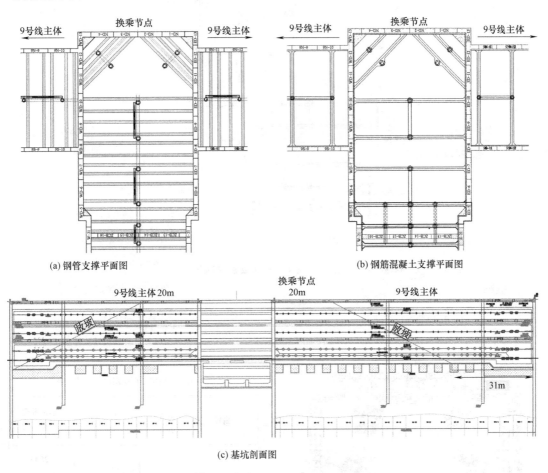

(a) 钢管支撑平面图   (b) 钢筋混凝土支撑平面图

(c) 基坑剖面图

图 2　过渡段原设计方案

本项目综合考虑双向地铁基坑同时开挖，同步施工主体结构，在换乘节点过渡段对支撑体系进行调整。首道支撑须兼做行车通道，因此采用钢筋混凝土支撑；鉴于基坑为超深基坑，则第五道支撑须兼做坑中安全走廊，因此设置为钢筋混凝土支撑；第七道支撑位于6号线和9号线底板高差分界位置，因此同样采用钢筋混凝土支撑；其余支撑均为采用轴力伺服系统的预应力型钢组合支撑。最终支撑方案采用3道钢筋混凝土支撑结合5道预应力型钢组合支撑，并配合轴力伺服系统（图3）。基坑典型剖面图如图4所示。型钢组合支撑采用 H400×400×13×21（Q345B），支撑下方横梁采用 H300×300×10×15（Q345bB），横梁用于承担支撑梁上加压套件的重量，钢构件之间采用 10.9 级 M24 高强螺栓（20MnTiB）连接，基坑立柱桩采用原方案所使用格构式立柱。本站主要采用明挖顺筑的工法施工，施工步骤流程图如图5所示。

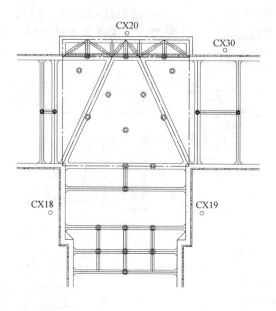

(a) 第一、五、七道钢筋混凝土支撑及监测点平面图

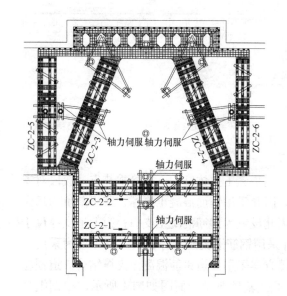

第二层预应力型钢组合支撑统计表			
编号	长度 (m)	型钢根数 (根)	总加预应 力值(kN)
ZC-2-1	24.1	3	2500
ZC-2-2	24.1	3	2500
ZC-2-3	18	5	3500
ZC-2-4	18	5	3500
ZC-2-5	19.2	4	2500
ZC-2-6	19.2	3	2500

(b) 第二道型钢组合支撑平面图

图 3　过渡段实际设计方案（一）

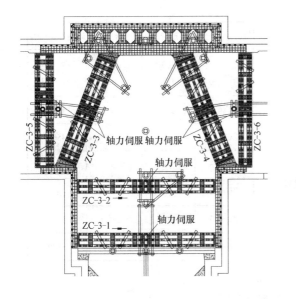

第三层预应力型钢组合支撑统计表			
编号	长度(m)	型钢根数(根)	总加预应力值(kN)
ZC-3-1	24.1	3	4000
ZC-3-2	24.1	3	4000
ZC-3-3	18	5	5500
ZC-3-4	18	5	5500
ZC-3-5	19.2	5	4000
ZC-3-6	19.2	4	4000

(c) 第三道型钢组合支撑平面图

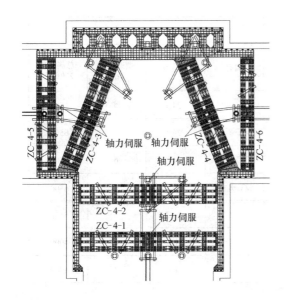

第四层预应力型钢组合支撑统计表			
编号	长度(m)	型钢根数(根)	总加预应力值(kN)
ZC-4-1	24.1	5	4500
ZC-4-2	24.1	4	4500
ZC-4-3	18	6	6000
ZC-4-4	18	6	6000
ZC-4-5	19.2	5	5500
ZC-4-6	19.2	4	5500

(d) 第四道型钢组合支撑平面图

图3 过渡段实际设计方案（二）

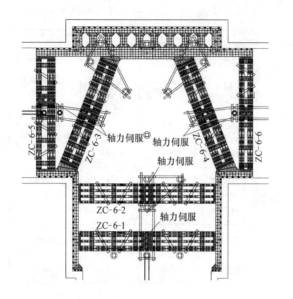

第六层预应力型钢组合支撑统计表			
编号	长度(m)	型钢根数(根)	总加预应力值(kN)
ZC-6-1	24.1	5	4500
ZC-6-2	24.1	4	4500
ZC-6-3	18	6	6000
ZC-6-4	18	6	6000
ZC-6-5	19.2	5	5500
ZC-6-6	19.2	4	5500

(e) 第六道型钢组合支撑平面图

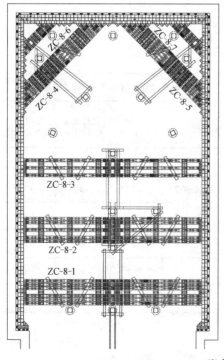

第八层预应力型钢组合支撑统计表			
编号	长度(m)	型钢根数(根)	总加预应力值(kN)
ZC-8-1	24.1	5	6500
ZC-8-2	24.1	4	6500
ZC-8-3	24.4	6	6500
ZC-8-4	13.2	6	6500
ZC-8-5	13.2	5	6500
ZC-8-6	4.4	4	4000
ZC-8-7	4.4	4	4000

(f) 第八道型钢组合支撑平面图

图3 过渡段实际设计方案（三）

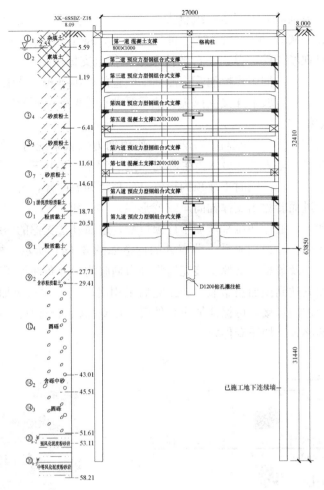

图 4　基坑典型剖面图

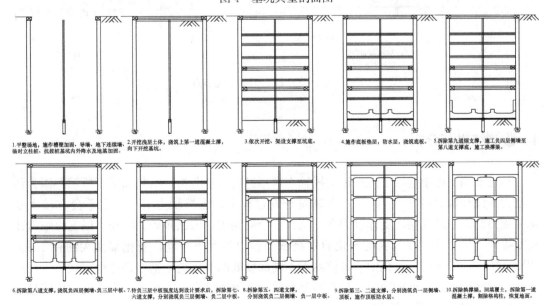

图 5　基坑施工流程图

本基坑设置六道预应力伺服型钢组合支撑，第二、三、四、六道支撑各6组，第八、九道支撑各7组。一共38组，共需91个油压千斤顶。每12组伺服组合支撑共用1台数控泵站，结合项目现场条件，设置8台数控泵站。各组支撑施工时支撑预加轴力（图3）按设计值结合经验确定。伺服支撑油管按照横平竖直的原则排布，从泵站引出油管，排布到对应的支撑，然后竖直放下连接支撑头。地面泵站布置位置以不影响出土为原则，而且方便工作人员日常维护。

每道支撑安装完毕后，在基坑开挖前，先使用轴力伺服系统对型钢组合支撑预加轴力，预加轴力值为设计轴力的100%。在基坑开挖过程中，油压千斤顶内有压力传感器，可实时监测支撑轴力变化。同时千斤顶内设置有位移计和温度计，可实时感知千斤顶行程变化和温度变化，进而转化出支撑轴向压缩变形量。当型钢变形量因工况变化而增加时，千斤顶进入增压状态，通过加压来增加千斤顶行程，进而补偿支撑的压缩变形量，实现对基坑变形的主动控制。轴力伺服系统节点处的构造如图6（a）所示。根据预加轴力值设置每道支撑伺服大小及数量。支撑安装完后将轴力伺服均匀分布在加压套件的空档处，进行轴力的施加，使其达到预加初始值。加压完后采用滑动盖板对整个加压套件的上、下、左、右四个面进行加固连接，可保证加压套件仅存在支撑轴向自由度。在基坑开挖全周期中，伺服千斤顶始终置于加压套件内。

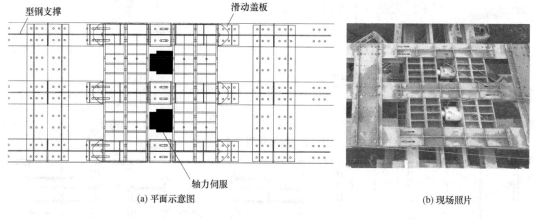

(a) 平面示意图   (b) 现场照片

图6 型钢支撑轴力伺服系统节点

4 监测结果与分析

每层型钢支撑中选取2道型钢支撑轴力数据进行对比分析，结果如图7所示。因为预加轴力为设计轴力的100%，所以在基坑开挖过程中，支撑轴力值理论上不会有较大变化。轴力监测结果证实，支撑轴力在基坑开挖全周期中，未出现较大波动。但支撑轴力伴随支撑施工作业及昼夜温度的变化而围绕预加轴力值上下波动，变化幅度大约在10%。如图8所示，基坑施工过程中，各监测点不同深度处的基坑变形基本保持稳定状态；与此同时，支撑轴力相比预加轴力并没有明显变化。这表明轴力伺服系统并未出现需要明显增大轴力以控制基坑变形的情况。

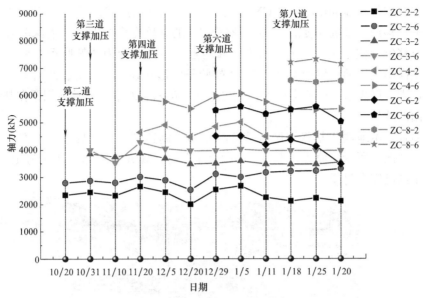

图 7　型钢支撑轴力变化曲线

本文选取 CX18、CX19、CX20 和 CX30 四个监测点的深层土体水平位移数据进行分析。如图 3（a）所示，监测点 CX18 和 CX19 位于对撑两端部，且位于 6 号线和 9 号线交叉区域的两个阳角上，同时该位置第一道混凝支撑兼做栈桥，作为土方车或重载车辆的跨基坑行车桥。监测点 CX20 位于 6 号线端头井位置，该处基坑最深，且该点为过渡区域基坑内两斜撑所支撑的边桁架中间，理论位移为该端头井最大点位。监测点 CX30 为 6 号线和 9 号线交界位置，该位置存在深浅坑底高差。上述四个监测点的水平位移如图 8 所示，

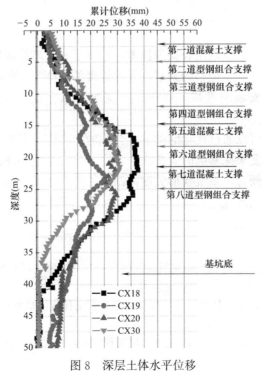

图 8　深层土体水平位移

最大土体水平位移为 38mm，位于 CX18 点，其余三个点的测斜位移均未超过 30mm；土体最大水平位移约为基坑深度的 1.2‰，符合 3‰ 的基坑变形要求[3]。沿深度方向的土体最大水平位移位置位于第六、七、八道支撑附近，整体表现为"鼓肚子"形式。如果第六、八道支撑不使用伺服型钢组合支撑，"鼓肚子"形式在第六、七、八道支撑附近不会相对平坦，土体最大水平位移会增大，这也体现了第六、八道支撑轴力伺服在基坑变形主动控制方面的效果。

总体而言，本地铁 T 形换乘站深基坑的变形控制达到了设计要求，土方完成开挖后的现场照片如图 9 所示。原方案预期工期为 28 个月，现方案实际工期仅为 12 个月。目前，地铁车站已完全封顶。

图 9 支撑安装完毕现场照片

5 结论

（1）通过选用轴力伺服型钢组合支撑技术，解决了软土超深地铁基坑中的高标准变形控制要求，深层土体最大水平位移约为基坑开挖深度的 1.2‰，符合 3‰ 的基坑变形要求。

（2）型钢组合支撑安装速度快，双向异形基坑可以实现同步开挖，缩短工期约 16 个月。

（3）型钢组合支撑可以通过优化的集束组合截面，合理的平面布局，并结合轴力伺服系统，实现高变形控制要求深基坑的安全支护，同时具有高效和环保的特点，值得推广应用。对于轴力伺服系统而言，基坑变形关键控制点的选取以及不同道支撑轴力的调节和配合模式值得进一步的深入研究。

参考文献
[1] 胡琦，施坚，黄天明，等. 预应力型钢组合支撑受力性能分析及试验研究 [J]. 岩土工程学报，2019b，41（S1）：93-96.
[2] 浙江省住房和城乡建设厅. 基坑工程装配式型钢组合支撑应用技术规程：DB 33/T 1142—2017 [S]. 北京：中国建筑工业出版社，2017.
[3] 中华人民共和国住房和城乡建设部. 建筑基坑工程监测技术规范：GB 50497—2009 [S]. 北京：中国计划出版社，2009.

锚杆静压钢管桩在历史保护建筑改造加固中的应用

刘青

（上海申元岩土工程有限公司，上海 200040）

摘 要：本文详细介绍了锚杆静压钢管桩在上海某历史保护建筑改造加固中的应用。在设计方面包括钢管桩、抬梁、地梁、筏板与既有基础的连接点，钢管桩的锚杆埋设、灌芯、封桩形式等。通过现场试验研究，列出压桩力随时间变化情况，土塞与压桩的关系，研究了承载力恢复与时间的关系；通过现场监测，研究了单根桩施工对墙、柱的影响，群桩施工对建筑沉降的影响。

关键词：历史保护建筑；锚杆静压钢管桩；土塞；压桩力；超低净空；拖带沉降

Application of Anchor Jacked Steel Pipe Pile in Reconstruction and Reinforcement of Historical Conservation Buildings

Liu Qing

（Shanghai Shenyuan Geotechnical Engineering Co.，Ltd.，Shanghai 200040，China）

Abstract：This paper introduces in detail the application of anchor jacked Steel pipe pile in the reconstruction and reinforcement of a historical protection building in Shanghai. Including the connection point between steel pipe pile，lifting beam，ground beam，raft and existing foundation，anchor rod embedding，core pouring and pile sealing of steel pipe pile. Through field test and research，it lists the change of pile driving force with time，the relationship between soil plug and pile driving，and studies the relationship between bearing capacity recovery and time；through field monitoring，it studies the influence of single pile construction on wall and column，and the influence of group pile construction on building settlement.

Keywords：Historical conservation buildings；Anchor jacked steel pipe pile；Soil plug；Pile driving force；Low headroom；Consequent settlement

0 引言

近年来，城市既有建筑，特别是历史保护建筑改造加固需求增多。老旧的历史保护建筑物大多为砖基础或砖混基础，由于时间悠久，建筑变形和基础不均匀沉降，导致基础受力状态不明，在进行保护建筑改造加固时，往往需要先对基础进行托换或加固。而既有建筑底下地质条

作者简介：刘青，工程师，注册土木（岩土）工程师。E-mail：15001901704@163.com。

件复杂，进行地下空间开发利用，既会影响既有建筑的稳定性，也会对周围管线产生影响。

锚杆静压钢管桩在既有建筑地基加固、纠偏、托换应用较多[1-4]，而在历史保护建筑改造加固中应用案例较少[5]，本文介绍锚杆静压钢管桩在上海某历史保护建筑改造加固中的应用，为同类工程项目提供参考。

1　工程概况

1.1　建筑结构及周边环境

上海某历史保护建筑，4 层砖混结构，局部 5 层，墙下钢筋混凝土条形基础和若干柱下独立基础。

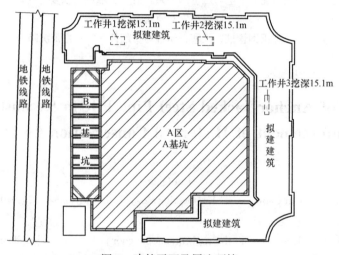

图 1　建筑平面及周边环境

拟对该历史保护建筑进行改造加固，新增 1 层，并在建筑物合围范围内进行地下空间开发，基坑开挖深度 19m，距历史保护建筑 4m，建筑四周为道路，地铁管线距建筑最近 9m。在建筑内布置 3 个工作井连通地下空间，工作井开挖深度 15m。

1.2　地层概况

拟建场锚杆静压桩深度范围内主要分为 8 层，各土层主要物理力学指标、侧摩阻力、端阻力见表 1。锚杆静压桩主要持力层为⑤3-1，部分进入⑤3-2。地下水稳定水位埋深一般在 0.80～1.83m 之间。

土层物理力学参数　　　　　　　　　　　　　　　　　　　　表 1

层号	土层名称	固结快剪		锚杆静压钢管桩	
		c(kPa)	φ(°)	f_s(kPa)	f_P(kPa)
②	黏土	20	16.0	15	
③	淤泥质粉质黏土	13	14.5	15(<6m)	
				6(>6m)	

层号	土层名称	固结快剪		锚杆静压钢管桩	
		c(kPa)	φ(°)	f_s(kPa)	f_P(kPa)
③夹	砂质粉土	6	24	15(<6m)	
				35(>6m)	
④	淤泥质黏土	14	10.5	30	
⑤₁	黏土	17	14	40	
⑤₃₋₁	粉质黏土夹黏质粉土	18	19.5	60	1500
⑤₃₋₂	黏质粉土夹粉质黏土	18.5	27.5	65	2500
⑤₃₋₂夹	粉质黏土	18	19	60	1500

注：表中各土层的 f_s、f_P 值除以安全系数 2 即为相应的特征值。

2 设计思路情况

考虑对该历史保护建筑进行改造加固会引起建筑荷载变化，周边及内部地下空间开发会造成土体扰动，导致建筑物产生沉降、不均匀沉降等不良影响，故在该历史保护建筑主体改造加固和地下空间开发前，拟采用锚杆静压钢管桩结合地梁、抬梁、筏板形式进行基础加固托换。

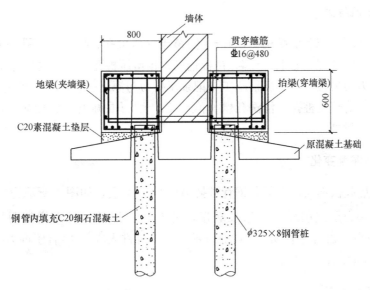

图 2　基础加固节点图

整栋建筑下布置 444 根钢管桩，钢管桩采用 Q235b，ϕ325mm，壁厚 8mm，桩长 30m，钢管内灌 C20 细石混凝土，封桩采用 C35 微膨胀混凝土，单桩承载力特征值 550kN。该保护建筑一层净空大部分为 4.5m，单节钢管 1.5～2.5m，坡口焊接。

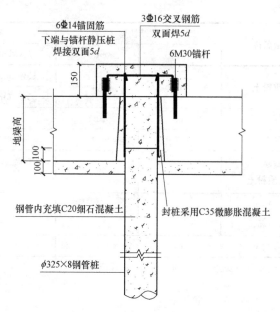

图 3   锚杆静压钢管桩详图

3   锚杆静压钢管桩施工及施工参数

3.1   整体施工流程为

凿除室内地坪（或首层结构楼板）→清除覆土→压桩孔、抬梁孔开孔→对原基础与地梁、筏板界面进行处理（凿毛）→绑扎筏板钢筋、预留压桩孔、预埋锚杆螺栓→浇筑地梁、筏板→安装反力架吊桩入位、压桩施工→记录压桩力与深度→接桩→压桩施工→达到设计要求→截桩头、清理压桩孔、清洗孔壁→灌注 C20 细石混凝土→焊接交叉钢筋→浇灌微膨胀早强混凝土封桩。

3.2   压桩力随深度变化

该场地地层起伏不大，大部分钢管桩持力层为⑤$_{3-1}$ 层，如图 4 所示为典型压桩力-深度曲线，进入持力层之前压桩力增长缓慢，进入⑤$_{3-1}$ 层后压桩力增加明显；场地东侧⑤$_{3-2}$ 层埋深减小，如图 4 中 M213 号桩所示，钢管桩进入⑤$_{3-2}$ 层后压桩力陡升，按设计要求，达到 850kN 后停止压桩。

3.3   土塞与压桩关系

根据工程桩压桩与土塞统计，土塞变化主要有三种情况：（1）当天连续压桩完成，土塞 9～15m；（2）第一天压 2.5～7.5m，第二天完成压桩，土塞为第一天压桩长度加 1～3m；（3）第一天压桩 7.5～15m，第二天完成压桩，土塞基本为前一天压桩长度。根据压桩与土塞的规律，连续压桩有利于土体进入钢管桩内，减小挤土效应。

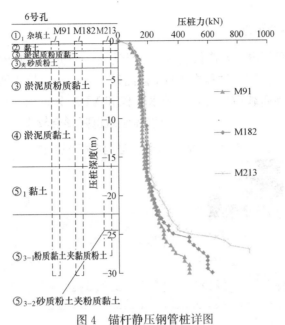

图 4　锚杆静压钢管桩详图

3.4　压力恢复与时间关系

正式压桩前，开展了 2 组试压桩试验，压桩 3d 后进行压桩力测试，压桩力均大于 1100kN，满足设计要求。施工过程中，对 M438 号桩进行承载力测试，该桩极限承载力计算值约为 1210kN，如图 5 所示，压桩完成时压桩力约为 375kN，为极限承载力的 30%，压桩后 1d 内，承载力提高 1 倍，压桩后第 4d 承载力为极限承载力的 95%。

3.5　超低净空压桩

场地大部分净空 4.5m 左右，部分区域净空 2.7m 以下，最低净空 1.6m。经设计确认，净空 2.7m 以上区域，采用 1.5~2.5m 每节，坡口焊接压桩；2.7m 净空以下，采用单节 1.0m，外套管焊接压桩；对 1.6m 超低净空区域，采用单节 0.6m，外套管焊接压桩，见图 6。

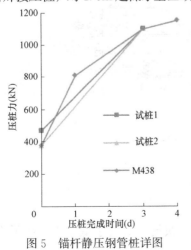

图 5　锚杆静压钢管桩详图　　　　　图 6　超低净空压桩

3.6 压桩过程墙体位移情况

试压桩过程中，采用电子水准仪及 VDA 视觉位移分析仪同时监测 2 根试桩位置墙、柱位移，图 7 为 1 号试桩压桩过程中 VDA 监测结果。监测结果表明，压桩过程中，墙、柱呈上抬趋势，千斤顶卸载后恢复，电子水准仪和 VDA 分别测得最大抬升量为 0.4mm 和 0.5mm。根据监测结果，单根桩压桩对墙体建筑沉降影响较小。

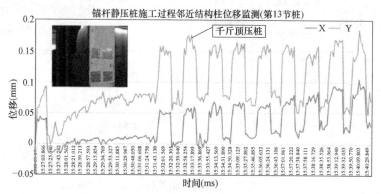

图 7 墙体位移随压桩变化

3.7 压桩过程整体变形情况

根据建筑物监测数据分析可知（图 8），群桩施工过程中，建筑物整体呈下沉趋势，压桩完成后 7d 左右，沉降趋于稳定。分析其原因，主要为：（1）锚杆静压桩施工过程中对土体的扰动，使建筑物产生拖带沉降；（2）钢管桩土塞较高，对土体的挤土作用不明显，建筑物未出现明显抬升情况；（3）本场地超孔隙水压力消散较快，土体在完成压桩后 7d 内基本趋于稳定。

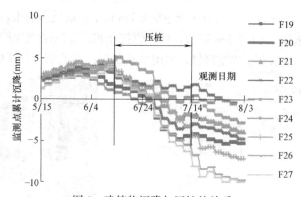

图 8 建筑物沉降与压桩的关系

4 结语

锚杆静压桩钢管桩技术施工设备简单、施工速度快捷，适用于低净空、超低净空条件，在既有建筑的加固、纠偏等方面应用广泛；软土地区开口钢管桩施工时土塞较高，不会产生明显的挤土效应，对变形控制要求严格的历史保护建筑基础托换尤为适用。

本文详细介绍了锚杆静压钢管桩在上海某历史保护建筑改造加固中的应用。介绍了钢管桩、抬梁、地梁、筏板与既有基础的连接点，钢管桩的锚杆埋设、灌芯、封桩形式等。

通过现场试验研究，得出以下结论：

（1）压桩力进入持力层之前缓慢增长，进入持力层后明显增加。

（2）通过研究土塞与压桩的关系，表明连续压桩有利于土塞进入桩内，为减小挤土效应，可连续压桩或连续压桩至平均土塞高度深度。

（3）该场地土体恢复较快，完成压桩时压桩力约为极限承载力的 30%，压桩后 1d 内，承载力提高 1 倍，压桩后第 4d 承载力为极限承载力的 95%。

（4）通过对单根桩压桩时的监测可知，压桩时墙、柱有上抬的趋势，卸载时恢复，该项目压桩力不大，压桩对墙、柱影响较小。

（5）通过建筑物变形监测表明，锚杆静压钢管桩施工时，挤土效应不明显，未造成建筑物明显抬升的情况，由于压桩对土体产生扰动，导致建筑物产生拖带沉降，该拖带沉降量为 15mm 左右。结合土塞与监测数据，笔者建议钢管桩施工过程中保留部分挤土效应，适当的挤土可抵消部分拖带沉降，具体应进行进一步研究。

参考文献

[1] 吴江斌，王向军，宋青君. 锚杆静压桩在低净空条件下既有建筑地基加固中的应用 [J]. 岩土工程学报，2017，39（S2）：162-165.

[2] 逯焕波，刘俊生，陈昌师，等. 软土地区锚杆静压桩地基加固应用实例研究 [J]. 地基处理，2020，2（2）：137-142.

[3] 贾强，应惠清，张 鑫. 锚杆静压桩技术在既有建筑物增设地下空间中的应用 [J]. 岩土力学，2009，30（7）：2053-2057.

[4] 杜涛，李亚亮. 锚杆静压桩和掏土组合法在高层建筑纠偏加固中的应用 [J]. 施工技术，2018，47（S）：42-45.

[5] 刘冬. 锚杆静压桩在某邻近深基坑历史保护建筑基础加固中的应 [J]. 建筑结构，2017，41（S1）：1078-1081.

深厚淤泥质地层倾斜钻孔桩
基坑支护施工技术研究

田野[1,2]，宋志[1,2]，张涛[1]，张松波[1]，高雨[1]

（1. 中建三局集团有限公司工程总承包公司，湖北 武汉 430070；

2. 湖北中建三局建筑工程技术有限责任公司，湖北 武汉 430070）

摘　要：本文以工程实例为基础，研究武汉深厚淤泥质地层中"前斜后直"双排支护桩施工技术应用。通过全套管回转钻机结合旋挖钻机进行斜桩成孔，经项目应用、施工过程控制并结合相关控制参数分析，得出如下结论：倾斜桩角度偏差不应超过 1°，并通过第一节下压套管严格控制成桩角度；为保证钢筋笼正常下放及导管不产生挂笼，应在钢筋笼中设置钢滚轮，第一节导管设置导向构造；倾斜支护桩设计中采用传统设计软件结合有限元模型分析进行设计，并应注意斜桩对地下结构的避让以及由于支护桩倾斜造成的桩净距变大问题，条件允许情况下宜设置桩顶坡作为设备作业平台。研究内容对倾斜桩支护的应用与推广以及施工工艺的提升具有重要的借鉴意义。

关键词：基坑工程；淤泥地层；斜桩支护；前斜后直；施工技术；项目应用

Research on Construction Technology of Inclined Bored
Pile Foundation Pit in Deep Silt Layer

Tian Ye[1,2]，Song Zhi[1,2]，Zhang Tao[1]，Zhang Songbo[1]，Gao Yu[1]

（1. General Construction Company of CCTEB Group Co.，Ltd.，Wuhan Hubei 430070；

2. Hubei Building Construction Technology Co.，Ltd. of CCTEB Group Co.，Ltd.，Wuhan Hubei 430070）

Abstract：Based on engineering examples，this paper studies the construction technology application of "forward inclined and back straight" double row support piles in deep silt layer of Wuhan. Through the application of the project，the construction process control and the analysis of relevant control parameters，the following conclusions are drawn：the Angle deviation of inclined pile shall not exceed 1 degree，and the Angle of forming pile shall be strictly controlled through the pressure casing in the first section. In order to ensure that the steel cage is normally lowered and the conduit does not produce hanging cage，a steel roller should be set in the reinforcement cage，and a guiding structure should be set in the first section of the conduit. In the design of inclined pile，the traditional design software is combined with finite element model analysis，and attention should be paid to the avoidance of inclined pile to the underground structure and the increase of net distance of pile caused by inclined pile. If conditions permit，pile top slope should be set as the operating platform of equipment. The research content has important

---

作者简介：田野，男，注册岩土工程师、一级建造师，主要从事岩土设计与施工。E-mail：23997194@qq.com。

基金项目：中建股份科技研发课题（CSCEC-2020-Z-34）。

reference significance to the application and popularization of inclined pile support and the improvement of construction technology.

Keywords: Foundation pit engineering; Silt formation; Inclined pile support; Straight forward and backward; Construction technology; Project application

0 引言

传统的开挖深、面积大、周边环境复杂的深基坑，多采用桩（墙）撑、桩（墙）锚的支护方案，但锚杆（索）存在出红线的限制条件，支撑使用完后拆除造成极大的资源浪费，同时也影响工程进度。悬臂式支护桩具有设计计算简单、节约用地空间和施工费用低、施工方便等优点，然而悬臂式排桩支护结构无支点力作用，往往容易导致桩顶水平位移及桩身弯矩较大，容易引起倾覆、断桩等工程事故[1]。

为了增加支护结构的稳定性，不少学者在直桩的基础上，研究了各种形式的斜桩工作性状[2]，范鹏程等[2]开展了单排斜直交替桩在软土基坑支护中的模拟研究；王恩钰等[3]开展了倾斜桩支护的数值分析；郑刚等[4]通过基坑斜直交替支护桩工作机理分析，提出了斜桩具有刚架效应、斜撑效应和重力效应；孔德森等[1]通过基坑悬臂式倾斜支护桩受力特性数值分析，指出了斜桩与直桩相比所具有的支护优势；刁钰等[5]提出了主动式斜直交替倾斜桩支护，并开展了相关的数值分析研究；孔德森等[6]进一步通过模型试验研究了倾斜桩的受力变形特性；郑刚等[7]通过三维数值模型，对比纯斜、外斜直、内斜直、桩撑等组合形式，研究了倾斜桩支护结构的工作性能和基坑稳定性，提出了合理的倾斜桩组合形式可以达到桩撑的支护效果。这些理论研究为倾斜桩基坑支护的应用提供了支撑。在倾斜桩施工技术应用上，潘术文[8]针对某港口工程及其所设计的钢管钻孔灌注斜桩，提出了钢管倾斜灌注桩的施工技术措施；吴永峰[9]针对某一桥梁倾斜钻孔灌注桩基础，提出采用全液压旋挖钻机套管跟进施工斜桩的方法，这些倾斜桩施工技术的探索，为倾斜桩在基坑领域中的施工应用提供了有利借鉴。相比于直桩支护技术，倾斜桩支护技术在桩身位移控制和坑外沉降控制方面都有着很好的优势[3]。目前倾斜桩施工在一些工程中得到成功应用[2]，但总体上施工存在一定困难[10]，导致倾斜桩的应用并不十分普遍。

本文以工程实例为基础，研究基坑支护倾斜桩成孔施工工艺以及在斜桩设计施工中应该注意的问题，以期为倾斜桩在基坑支护中的应用提供一定的参考或借鉴。

1 工程概况

1.1 工程地质条件

武汉市某地块 B8 楼基坑工程，基底开挖深度 8.55m，集水坑基底开挖深度 9.95m。涉及支护区的地层主要为①层素填土（Q^{ml}），②$_2$层第四系全新统冲积的黏性土（Q_4^{al}），③层较厚的第四系全新统冲湖积的淤泥质土（Q_4^{al+1}），④$_2$层第四系全新统冲积砂层（Q_4^{al}）。

编号	土层名称	γ(kN/m³)	c(kPa)	φ(°)	E(MPa)	ν
①	杂填土	18.5	10	8	5.0	0.36
②₂	黏土	19.4	31	14.5	8.6	0.31
③	淤泥质黏土	18.0	12	5.7	3.0	0.37
④₂	粉质黏土	20.3	35	14	10.6	0.30
⑤	粉细砂	19.6	5	25	13.0	0.31

地层岩土参数　　　　　　　　　　　表1

1.2　基坑支护方案

根据现场实际情况，基坑总体采用三面放坡及坡体加固，另一面采用前排倾斜桩＋后排直桩的支护形式（图1）。前排倾斜桩倾斜15°、直径1m、间距1.5m、桩长30m，后排直桩直径1m、间距1.5m、桩长30m，倾斜桩和直桩中心间距3m，桩顶均设置1.2m×0.9m的冠梁，并通过0.9m×0.9m的连梁连接。

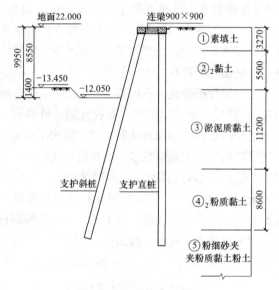

图1　基坑支护典型剖面

2　施工设备选择及改进

2.1　施工设备选择

受施工设备限制，在工程领域倾斜桩并不多见，目前主要在港口、码头、水利水电、矿山开采等建设中出现少数倾斜桩施工的实例，且倾斜桩数量并不多，施工中所采取的设备主要通过对传统直桩设备的改进来实现倾斜桩成孔，倾斜桩的长度、角度、桩径等均受到一定程度的限制，不能完全满足各类型工程需要。倾斜桩应用于基坑支护，同等开挖深度下具有优于直桩的位移控制效果，可更大限度地提高无支撑节约化支护水平，目前在工程领域施工倾斜桩的方法及设备主要包括以下几种情况：

（1）采用冲击钻、全液压钻或振动锤结合长螺旋设备进行倾斜桩施工。基于全套管成孔，采用振动锤结合长螺旋，将两者施工设备设计加工在同一个履带式行走平台上，采用滑轨，边振动下锤，边采用长螺旋斜向取土施工，侧向设出土漏斗，提钻时，可直接随旋转出土。取土施工前需要设置钢护筒或提前施工大直径钢管桩，由于受护筒下压深度的影响，倾斜桩径、桩长、成桩角度均较小，且护筒下放中易产生变形、卷边，影响成桩质量或容易造成卡钻，如采用在钢管桩内斜向成孔，存在钢管桩施工难度大、代价高等缺点。

（2）冲击钻或反循环钻机成孔。利用钢管桩导向作用，在钢管桩内冲击成孔或反循环钻进成孔。采用冲击钻斜向成孔时，同样钢管桩或钢护筒下入难度大，护筒或套管易卷边、钻杆易卡钻，冲击锤易磨损。

（3）采用定制的斜桩静力压桩机进行预制桩的斜向压入。利用斜桩静力压桩机自身角度控制系统，将预制桩斜向压入土体起到支护作用。斜桩静力压桩单桩长度不大于15m、桩径不大于600mm，仅用于预制桩施工。

根据以往工程经验，倾斜桩成孔需要设置全套管或预先施工钢管桩，进行套管内取土或成孔，为此可引入全套管回转钻机作为倾斜桩施工设备。全套管全回转钻机是集机、电、液为一体，驱动钢套管360°回转，并将钢套管压入和拔出的新型钻机设备（表2）。

全套管全回转钻机在工作时会产生下压力和回转扭矩，带动钢套管回转下压，同时依靠钢套管头部安装的高强度刀头对岩土体进行切削分离，采用旋挖钻机取土，此时钢套管可充当护壁防止塌孔。混凝土灌注后，进行钢套管拔除施工。将全套管全回转钻机调整一定角度，保证套管按倾斜桩设计角度压入土体，再利用旋挖机在套管内斜向取土，完成倾斜桩的成孔过程。

DTR1605H 型全回转钻机参数 表2

参数类型	钻孔直径	回转扭矩	回转速度	套管下压力	套管起拔力	压拔行程	质量
单位	mm	kN·m	rpm	kN	kN	mm	t
参数	800～1600	1525	1.3～2.2	560	2440	500	28

在一般地层中特别是在深厚淤泥质土中，采用全套管全回转钻机进行斜向成孔的特点如下：（1）无需泥浆护壁，而是采用全套管超前护壁，减少由于淤泥质层造成的缩颈、塌孔、断桩等成桩质量问题；（2）阻隔地下水对成孔的影响；（3）防止成孔过程中因旋挖取土偏差造成的桩身弯曲。

2.2 施工设备改进

旋挖机及全套管回转钻机设备主要运用于垂直桩施工，如直接用于倾斜桩施工会存在如下问题：（1）回转钻机如何倾斜并使倾斜角度满足倾斜桩设计要求，同时回转钻机倾斜后，设备稳定性及安全性会受到影响；（2）旋挖机不便于斜向取土，并会增加钻机的磨损和倾倒风险；（3）全套管回转钻机高约2m，旋挖机如何在高2m的设备平台上取土。为解决设备问题，需要对选取的设备进行一定的改进处理。

（1）全套管回转钻机

为保障全回转设备稳定性，可采用反力叉和反力架，并进行反压负重。全回转钻机置

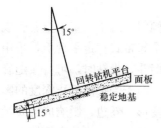

图2 回转钻机平台示意

于稳定地层，宜施工不小于10cm厚钢筋混凝土板面平台（图2～图4），面板配筋纵横向配筋直径不小于10mm，间距不大于250mm，板下地基应为稳定地层并具备一定承载力，否则应进行换填、加固等地基处理，保证回转设备不发生沉降、侧移等影响倾斜角度的变形，面板也可采用预制板，以便重复使用。也可利用混凝土平台预留的钢筋或螺栓把全回转设备固定在平台上，从而代替反压负重。

图3 回转钻机平台面板施工

图4 回转钻机就位

（2）旋挖机钻杆

为增加旋挖斜向取土的灵活性，旋挖机钻杆宜采用摩阻杆，钻头适当加长，同时因钻机倾斜，对后撑杆进行加强。倾斜状态需对钻机动力头进行改进。在钻头上加滑轮做导向，把钻头进行加大加强。为保证旋挖钻机在回转平台上正常取土，旋挖钻头需要提升到第一节套管顶部，为此可设置土体平台（图5、图6），如在方案设计阶段，增加桩顶放坡，可利用桩顶放坡作为旋挖取土平台，也可设置钢基座作为旋挖操作平台，旋挖钻机每回进尺20～50cm。

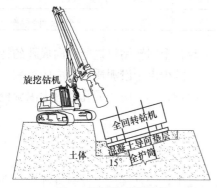

图5 倾斜桩成孔示意

图6 倾斜桩成孔照片

3 关键施工过程控制

全套管回转钻进配合旋挖机进行倾斜桩成孔作业主要施工流程为：场地平整→支护桩定位→混凝土面板或预制板就位→校核面板坡向角度与斜桩角度一致→全回转钻机就位→

下放第一节套管→校核第一节套管倾斜角度保证与斜桩角度一致，并复核桩中心位置→全回转进行套管下压施工→旋挖钻机套管内部取土施工→全回转钻机套管跟进→成孔→根据地层情况选择是否清孔→钢筋笼下放→导管下放→混凝土灌注→依次起拔导管及套管→测定混凝土桩面→成桩。

3.1 成桩角度控制

成桩角度是倾斜桩支护优势得以发挥的重要保障。选取典型剖面，采用 MIDAS GTS NX 有限元计算软件，按二维平面应变考虑，模型宽度为 130m、高 70m，除顶面外，其他三面边界条件设置约束，模型计算方法为修正摩尔-库仑模型，土体卸载模量取 5 倍弹性模量。支护桩、冠梁采用梁单元，弹性模量取 30MPa，泊松比取为 0.2，地层参数按前述取值（表1），通过计算前桩倾斜角度偏差为 ±1°、±2° 时总体位移情况，根据计算结果可知（图7），当角度偏差为 -2° 时，总位移为 77.5mm，相较于无角度偏差时位移增加 10mm，增幅达 14.8%，而如果角度大于原设计角度，将占用更多的支护空间，故施工中应严格控制成桩角度，并保证角度偏差不大于 1°，支护桩中心定位误差控制在 2cm 内，倾斜桩沿桩轴线偏差控制在 1% 以内。

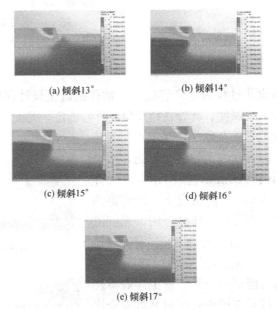

(a) 倾斜13° (b) 倾斜14°
(c) 倾斜15° (d) 倾斜16°
(e) 倾斜17°

图 7　倾斜桩角度偏差总位移变化情况

成桩角度的控制方法主要通过全回转钻机套管的角度控制来实现，而第一节套管的下放角度又是重中之重。主要角度控制措施包括：（1）保证全回转钻机平台面板的内倾坡向角与倾斜桩设计角度一致，并在回转钻机施工过程中不会发生变化，如面板平整度不够或角度达不到设计要求，可采用预制垫层进行调整；（2）第一节套管下放前，准备测放桩位，下放后仔细校核倾角，首节套管压入 10cm 即校正角度，校核符合设计要求后继续下压；（3）套管下压与旋挖取土交替进行，先进行套管下压后进行旋挖取土，保证钻头在套管内，并可减少钻杆因力臂过大造成的机械损耗。角度测量可采用角度尺或数显测角仪配合铅锤进行测量。

图 8　套管内钢筋笼下放

3.2　保护层厚度控制

　　全回转钻机套管下放接头处，存在 2cm 的凸起（图 8、图 9），支护桩保护层厚度为 5cm，为避免钢筋下放时完全贴附在套管上以及套管接头凸起对钢筋笼下放的阻挡，在钢筋笼的定位筋上设置环形钢滚轮，间距不大于 2m，滚轮高 5cm，外径 5cm，厚为 2cm（图 10），并保证钢滚轮在同一侧面位置，既可使钢筋笼沿倾斜套管顺利下滑至桩端，也可保证保护层的有效厚度。

图 9　套管内凸起

图 10　钢筋笼环形钢滚轮

3.3　沉渣控制

　　因本文支护桩倾斜成孔过程为全套管施工，钻孔钻进至设计深度时，成孔深度、直径、角度等均可由套管下放深度、套管直径及角度进行确定。关于支护桩沉渣厚度的控制标准，现行基坑设计规范相关条款[11] 规定参照《建筑桩基技术规范》JGJ 94—2008[12] 进行控制，水平受力基桩沉渣厚度不小于 200mm，按前述有限元计算方法，考虑桩端存在 50cm 沉渣情况下，计算得到基坑整体水平位移云图（图 11）。计算表明，无沉渣情况最大水平位移为 40.28mm，存在 50cm 沉渣时最大水平位移为 40.78mm，增幅达到 1.2%。实际基坑设计中，支护桩变短有可能造成位移、稳定性等不符合规范要求的影响，建议对支护桩长度对基坑安全比较敏感的基坑工程，按沉渣厚度不大于 20cm 控制，对于支护桩端进入稳定地层并穿过潜在破裂面的基坑工程，倾斜支护桩沉渣可按不大于 50cm 控制。如孔底沉渣过厚，应采用旋挖斗进行清孔，特殊情况下，可采用气举法进行清孔。

(a) 无沉渣水平位移

(b) 50cm 厚沉渣水平位移

图 11　沉渣厚度水平位移云图

3.4　混凝土灌注导管控制

　　为保证灌浆的均匀性，导管应尽量处于钻孔中心位置，导管连接严密，距孔底 30～50cm。对于倾斜桩，需要在保证导管灌浆提升的过程中不挂钢筋笼，且又能满足导管处于中心位置的要求。可以在底端导管处设置导向构造（图12、图13），并宜加底端导管的长度。导向构造采用3mm厚的钢板制成，其两端内径等于导管外径。导管法兰用60mm等边角钢弯曲焊成，法兰之间垫橡皮圈。

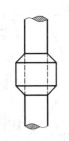

图12　导向构造

图13　导管导向构造下放

灌注混凝土时，保证超灌不小于1倍桩径，超灌为斜向长度，混凝土坍落度控制在18～22cm，浇筑连续作用，严禁中断，导管不可提升过猛或埋入过深，导管控制埋深2～6m，不得小于1m，灌注混凝土面可采用测锤测量。

4　成桩效果检测与监测

倾斜支护桩成桩后，支护桩的倾斜状况、桩身完整性需要按规范规定的比例进行检测。参照《湖北省基坑工程技术规程》DB42/T 159—2012[11]关于排桩质量检测的规定，应采用低应变动测法检测桩身完整性，检测数不少于总数的30％且不少于10根，同时采用倾斜基桩无损检测技术[8]对支护桩倾斜角度、倾斜方向等进行检测。基坑变形及内力可采用测斜仪、钢筋计等进行监测。

5　设计施工中应注意问题

5.1　基坑倾斜桩支护设计方法

目前相关规范、地方标准、基坑手册等[10,11]均无倾斜桩支护计算的规定或说明，通用性基坑支护设计软件也无特定模式实现倾斜桩支护设计。本次倾桩桩基坑支护设计主要采用传统理正、天汉等深基坑设计软件先进行直立双排桩的计算，据相关研究，采用斜桩支护位移仅达到垂直支护桩位移的20％～35％[4]，直立桩初步设计计算时，位移控制可适当放宽。采用有限元方法将垂直桩变换为倾斜桩进行设计复核（图14、图15），保证位移控制、抗倾覆、整体稳定性等符合规范要求。

5.2　倾斜桩对地下室结构或工程桩的影响

支护桩的倾斜有可能使桩端进入地下室结构区域，甚至占用工程桩桩位（图16），以本项目为例，基坑最大开挖深度为9.95m，支护桩顶至基底开挖面的水平距离为9.95×

$\sin 15°=2.58m$，支护桩顶至桩端的水平距离为 $30×\sin 15°=7.76m$，倾斜桩桩端进入地下室区域，部分斜桩占用工程桩桩位，实际设计中需要对设计角度进行调整，并尽量避免桩端对地下室结构或工程桩的影响。同时，为减少支护桩或工程桩施工误差造成的相互影响，支护桩与工程桩至少保持 1m 以上的净间距。

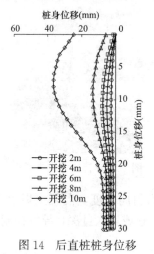

图 14　后直桩桩身位移　　　　　　图 15　前斜桩斜身位移

5.3　倾斜桩桩间土的处理

根据现行行业标准《建筑基坑支护技术规程》JGJ 120[15] 中相关构造要求，排桩净间距不大于 1 倍桩径，以本项目为例，倾斜桩桩径 1.0m，桩间距为 1.5m，支护桩净间距为 0.5m，为避让工程桩，局部倾斜桩角度小于 15°（图 17），造成基底开挖面附近支护桩净间距接近桩径，为此在方案设计及施工中应对桩间土进行加强处理，除常规桩间挂网喷混凝土外，必要情况下应对前后排桩之间土体进行加固。

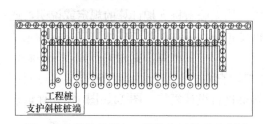

图 16　支护桩桩端与工程桩位置关系示意图

图 17　斜倾桩桩净间距加大示意

5.4　倾斜桩桩顶坡设置

为便于旋挖钻机在回转钻机套管内取土，考虑到回转钻机高约 2m，旋挖机需要有高出桩顶 2m 的作业平台，为此在条件允许的情况下，宜优先设计 2m 桩顶坡作为设备作业平台（图 18），否则应设置钢架基座或进行土方回填，在基坑环境复杂的支护段，应考虑到设备作业空间问题。

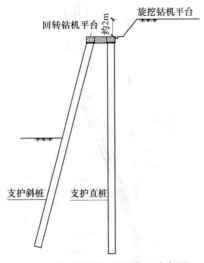

图 18　倾斜桩桩顶坡设置示意图

5.5　施工中注意事项及建议

由于国内进行倾斜桩的施工并不多见，也并未产生适用不同工程水文地质条件、不同工程需要的施工设备及工艺工法，经过本次倾斜桩支护施工应用实践，施工中需要注意以下几点：

（1）全回转钻机套管下放时，要仔细校核套管中心及倾斜方向和角度，不宜盲目下钻。如条件允许，可选择有角度调节系统或液压支腿的全套管回转钻机，施工的导向垫层面板应严格按倾斜桩设计角度控制，如角度达不到要求，可通过垫设钢板等措施进行调整。

（2）本工程实例采用旋挖钻机进行套管内取土，旋挖钻机取土时钻杆倾斜，容易造成旋挖钻重心失稳，且旋挖钻倾斜角度不能过大，这也限制了成桩的角度，为此可对钻机钻杆及底盘进行改进，以增加钻机倾斜角度。

（3）支护桩桩端进入老黏土、强风化等自稳性较好的地层，可根据工艺验证减少或取消部分套管的下放，以提高施工工效、节约工程造价。

6　实施效果

经基坑开挖后，采用测斜仪分别对倾斜桩、直桩桩身位移及临近所在支护段土体变形进行监测（图 19～图 21），监测结果表明，开始至基底后前排倾斜支护桩最大位移为 49.84mm 并达到稳定，最大位移发生在桩身深度约 5m 的位置；开挖至基底后排垂直支护桩最大位移为 40.77mm 并达到稳定，最大位移发生在桩身深度约 5m 的位置；土体最大深层位移为 37.27mm，最大位移发生在深度 2m 的位移，监测结果与计算结构总体接近，支护效果总体较理想，达到了预期的设计目的（图 22、图 23）。

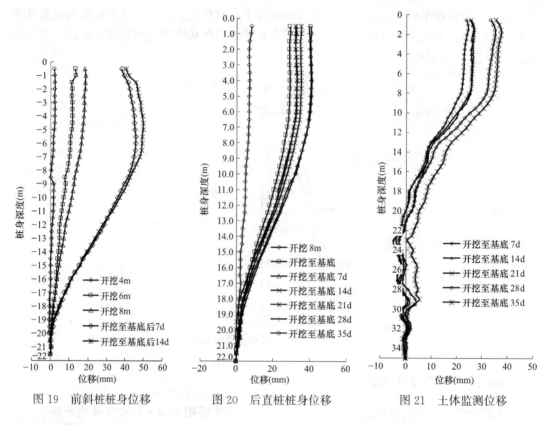

图 19　前斜桩桩身位移　　　　　图 20　后直桩桩身位移　　　　　图 21　土体监测位移

图 22　基坑开挖照片

图 23　开挖至基底照片

7　结论

本文以工程实例为基础，研究武汉深厚淤泥质地层中"前斜后直"双排支护桩施工技术应用。经项目应用、施工过程控制并结合相关控制参数分析，得出如下结论：

（1）通过全套管回转钻机结合旋挖钻机可达到斜桩成孔的目的，回转钻机应设置面板作业平面，旋挖机宜采用摩阻杆。

（2）成桩角度控制偏差不大于±1°，并严格控制第一节下压套管的角度。角度测量可采用角度尺或数显测角仪配合铅锤进行测量。

（3）钢筋笼设置滚轮以保证顺利下放，第一节灌浆导管设置导向构造。倾斜桩端进入稳定地层，沉渣厚度不大于50cm，桩端地层较差时，沉渣厚度不大于20cm。

（4）倾斜桩设计施工中注意支护桩对地下室结构或工程桩的避让，并注意桩间土的处理及桩顶坡的设置等问题。

参考文献

[1] 孔德森，张秋华，史明臣. 基坑悬臂式倾斜支护受力特性数值分析 [J]. 地下空间与工程学报，2012，8（4）：742-474.

[2] 范鹏程，胡智伟. 单排斜直达交替桩在软土基坑支护中的模拟研究 [J]. 水利与建筑工程学报，2018，16（5）：134-137.

[3] 王恩钰，周海祚，郑刚，等. 基坑倾斜支护的变形数值分析 [J]. 岩土工程学报，2019，44（S1）：73-76.

[4] 郑刚，白若虚. 倾斜单排桩在水平荷载作用下的性状研究 [J]. 岩土工程学报，2010，32（S1）：39-45.

[5] 刁钰，苏奕铭，郑刚. 主动式斜直交替倾斜桩支护基坑数值研究 [J]. 岩土工程学报，2019，41（S1）：161-164.

[6] 孔德森，张杰，王士权，等. 倾斜悬臂支护桩受力变形特性模型试验 [J]. 工业建筑，2019，49（3）：117-121.

[7] 郑刚，王玉萍，程雪松，等. 倾斜桩支护结构的工作性能和基坑稳定性 [J]. 厦门大学学报（自然科学版），2021，60（1）：115-123.

[8] 潘术文. 钻孔灌注斜桩施工技术研究 [J]. 安徽建筑，2009，4（167）：93-96.

[9] 吴永峰. BG-25C型全液压旋挖钻机套管跟进斜桩施工应用 [J]. 交通建设，2013，3：334-335.

[10] 龚晓南. 深基坑工程设计施工手册 [M]. 2版. 北京：中国建筑工业出版社，2018.

[11] 湖北省住房和城乡建设厅. 基坑工程技术规程：DB 42/T 159—2012 [S].

[12] 中华人民共和国住房和城乡建设部. 建筑桩基技术规范：JGJ 94—2008 [S]. 北京：中国建筑工业出版社，2008.

[13] 潘术文. 钻孔灌注斜桩施工技术研究 [J]. 安徽建筑，2009，4（167）：93-96.

[14] 郑刚，白若虚. 倾斜单排桩在水平荷载作用下的性状研究 [J]. 岩土工程学报，2010，32（S1）：39-45.

[15] 中华人民共和国住房和城乡建设部. 建筑基坑支护技术规程：JGJ 120—2012 [S]. 北京：中国建筑工业出版社，2012.

昆明湖积软土地区管桩施工对基坑桩锚支护体系影响的机理分析

郭鹏，余再西，徐石龙，李荣玉，郭江云，杨亚洲

（建研地基基础工程有限责任公司，北京 100013）

摘　要：管桩在软土地区因施工速度快、造价低而得到了广泛应用，但管桩施工对软土地区基坑支护的不良影响还未得到工程界的重视，为了减少类似工程事故的发生，本文结合已施工工程案例开展了这方面的研究。揭示了昆明淤泥类湖积软土地区管桩施工扰动对基坑支护的影响。结合监测数据对其进行了系统分析，提出了管桩施工引起的支护结构和周边环境的变形可分为三个阶段：急剧变形阶段（打桩过程）、缓慢变形阶段和蠕变收敛阶段。根据土力学的基本原理分析了管桩施工对基坑支护影响的内在机理并给出了一些处理措施和建议。

关键词：管桩；施工扰动；昆明软土；桩锚支护；机理分析

Mechanism Analysis of Influence of Pipe Pile Construction on Pile Anchor Supporting System of Foundation Excavation in Soft Soil Area of Kunming Lake

Guo Peng，Yu Zaixi，Xu Shilong，Li Rongyu，Guo Jiangyun，Yang Yazhou

（China Academy of Building Research foundation research institute，Beijing 100013）

Abstract：Pipe pile has been widely used in soft soil area due to its fast construction speed and low construction cost，but the adverse effect of pipe pile construction on foundation excavation supporting in soft soil area has not been paid attention by engineering people. In order to reduce the occurrence of similar engineering accidents，this paper has carried out a study in this field combining with the cases of existing construction projects. The influence of pipe pile construction disturbance on foundation excavation supporting in silt lacustrine soft soil area of Kunming is revealed. Based on the monitoring data，the deformation of supporting structure and surrounding environment caused by pipe pile construction can be divided into three stages：rapid deformation stage (pile driving process)，slow deformation stage and creep convergence stage. Based on the basic principle of soil mechanics，the internal mechanism of the influence of pipe pile construction on foundation excavation supporting is analyzed and some treatment measures and suggestions are given.

Keywords：Pipe pile；Construction disturbance；Soft soil in Kunming；Pile anchor supporting；Mechanism analysis

作者简介：余再西，高级工程师，E-mail：764388172@qq.com。

0 前言

滇池流域地表水系发达，拥有盘龙江、宝象河等十多条河流，自晚更新世以来，滇池湖面不断后退，为昆明盆地软土发育提供了良好的环境条件，形成了湖相沉积、沼相沉积的高原软土[1]。各地区软土因地质成因不同、物质组成不同和结构性的不同造成各地区软土工程特性存在明显差异[2]。本文研究对象为昆明湖相沉积软土，以淤泥、淤泥质土、流塑—软塑黏土为典型代表，此类软土一般具有孔隙比大、结构性强、含水率高、高灵敏性、高压缩性、流变性、蠕变性等不良工程特性。管桩在软土地区因施工速度快、造价低而得到了广泛应用，但管桩施工因存在强烈的挤土效应常常引发各种工程事故，管桩施工的挤土效应已引起了工程界的广泛关注[3-5]。管桩施工对基坑支护的不良影响尚未得到工程界的重视，为了减少类似工程事故的发生，本文结合已施工工程案例开展了这方面的研究。揭示了昆明湖积软土地区管桩施工扰动对基坑支护的影响。结合监测数据对其进行了系统分析，给出了管桩施工对基坑扰动影响的内在机理和支护结构变形的发展规律，并给出了一些建议和处理措施。

1 工程概况

1.1 工程概况

该项目位于昆明市晋宁区，项目北侧为已建纬二路，路对面为花园里幼儿园，西侧为幸福里待建回迁房用地，现为空地，东侧为待建的经六路，如图 1 所示。整个场地地形较为平

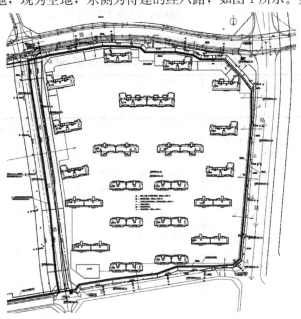

图 1 基坑平面布置图

Fig. 1 Foundation excavation plane layout

坦，略有起伏，高差小于 3.0m，为冲湖积平原地貌单元。该项目设有 1 层地下室，基坑周长约 1.2km，地面标高 1889.50～1891.50m，基底标高 1883.35m（基底存在 2m 换填），基坑深度 6.15～8.15m。北侧紧邻基坑边的 3 号主楼采用预应力管桩 PHC-500（AB)-100 基础，有效桩长 36m，主楼管桩桩位布置如图 2 所示，管桩桩间距在 2.0～2.3m 之间，主楼约有 200 根管桩。5 号主楼工程桩为旋挖钻孔灌注桩。

图 2　主楼管桩平面布置图

Fig. 2　Plane layout of pipe piles of the main building

1.2　工程地质条件

拟建场地地层在 65.2m 钻探深度范围内主要由表层人工填土及耕土、第四系冲洪积、冲湖积层及二叠系上统峨眉山玄武岩组（P_2^β）层组成，各土层物理力学指标详见表 1，其中软土层为②$_2$ 层黏土和③$_1$ 层黏土。②$_2$ 层黏土：灰黄、褐色、饱和，软塑状态，高压缩性，岩芯切面光滑，无摇振反应，稍具光泽反应，干强度、韧性低，局部夹薄层粉质黏土。该层天然孔隙比均大于 1.50，含水量高，标准贯入试验实测锤击数 1～3 击，平均值为 2.1 击，层顶埋深 3.50～7.20m，层厚 3.00～5.00m，场地内均有分布。③$_1$ 层黏土：灰、浅灰色，湿，软塑状态，高压缩性，岩芯切面光滑，无摇振反应及光泽反应，干强度低、韧性低。该层天然孔隙比均大于 1.50，含水量高，标准贯入试验实测锤击数 2～4 击，平均值为 3.4 击，层顶埋深为 7.50～9.80m，层厚 3.00～4.00m，场地内均有分布。

各土层物理力学指标一览表　　　　　　　　　　　　　　　　表 1

List of physical and mechanical indicators of soil layer　　　　　　Table 1

层号	土类	ρ_0 (g/cm^3)	w(%)	e_0	I_L	c_q (kPa)	φ_q (°)
①	素填土	1.77	38.1	1.13	0.36	25.0*	6.0*
②$_1$	黏土	1.90	33.6	0.94	0.12	45.1	10.8
②$_2$	黏土	1.60	69.2	1.94	0.79	23.5	4.2
③$_1$	黏土	1.57	69.6	1.97	0.87	20.8	2.4
③$_2$	粉土	1.89	25.0	0.84	0.72	27.7	14.0
③$_2^1$	粉质黏土	1.86	33.8	0.97	0.36	34.8	8.4
③$_2^2$	圆砾	2.10*	—	—	—	5.0*	22.0*
③$_3$	黏土	1.83	36.1	1.01	0.30	38.8	9.8
③$_4$	粉土	1.90	28.3	0.84	0.92	27.5	13.7
③$_4^1$	粉质黏土	1.86	33.6	0.96	0.37	41.6	9.2
③$_4^2$	圆砾	2.10*	—	—	—	5.0*	22.0*
④$_1$	黏土	1.76	45.0	1.28	0.24	38.2	9.5
④$_2$	粉土	1.93	25.8	0.77	0.72	27.2	13.1
④$_2^1$	粉质黏土	1.87	29.0	0.89	0.20	35.0	8.5
④$_2^2$	圆砾	2.10*	—	—	—	5.0*	22.0*

层号	土类	ρ_0 (g/cm^3)	$w(\%)$	e_0	I_L	c_q (kPa)	φ_q (°)
④$_3$	黏土	1.79	42.2	1.20	0.27	36.3	9.2
⑤	黏土	1.79	42.9	1.20	0.18	41.0	10.0
⑥	黏土	1.84	38.1	1.07	0.12	45.4	11.2
⑦$_1$	全风化玄武岩	1.82	38.7	1.10	0.14	42.0	10.7
⑦$_2$	强风化玄武岩	2.30	—	—	—	80.0	28.0

1.3 基坑支护结构简介

北侧基坑深 6.15m：采用管桩＋锚索的支护结构，支护桩为 PHC-600（C)-130 管桩，桩长 20m，嵌固 16.3m，桩间距为 1.2m，桩间设置两根直径 550mm，长 16m 的普通深层搅拌桩。基坑外侧为已建市政道路，道路下方分布有燃气管、雨水管、给水管和污水管等管线，典型剖面图如图 3 所示。

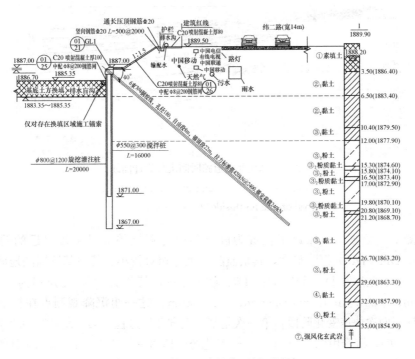

图 3　北侧基坑支护典型剖面图

Fig. 3　Typical section of north foundation excavation supporting

2　监测结果

本项目于 2019 年 3 月 4 日完成基坑北侧道路上 30 个地面沉降监测点（D1～D30）的埋深，并实施了首次沉降观测，建立了高程基值。2019 年 04 月 26 日至 2019 年 05 月 05 日完成了基坑北侧坡顶沉降和水平位移、冠梁顶沉降和水平位移监测点的埋深工作，并依次实施了首次观测。首次观测后根据现场施工情况及观测周期实施跟踪观测。监测点平面布置如图4所示,各项监测结果如图5~图9所示。

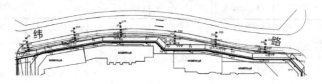

图 4　基坑北侧监测点平面布置图

Fig. 4　Layout of monitoring points on the north
side of the foundation pit

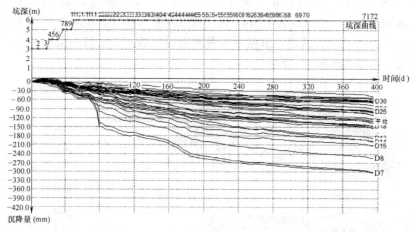

图 5　基坑北侧道路时间沉降累计曲线

Fig. 5　Cumulative time settlement curve of
road on the north side of foundation excavation

从观测末期数据看:靠近工程桩为静压预应力管桩的 3 号主楼附近的两组监测点(D6~D10、D11~D15)沉降最大,其余监测点沉降相对较小。其中基坑周围地面累计沉降最大的一组观测点为 D6、D7、D8、D9、D10 号点,其累计沉降值分别为-304.3mm、-302.5mm、-255.4mm、-199.9mm、-136.8mm。这一组沉降观测点在整个监测周期内沉降出现了两次快速变化阶段:第一次是基坑土方开挖过程,第 4 期(2019.3.25)~第 11 期(2019.4.26),沉降由 7.1~-13.0mm 变化至-15.3~-53.5mm;第二次是管桩施工过程,第 14 期(2019.5.13)~第 19 期(2019.5.24),沉降由 13.3~-55.6mm 变化至-16.7~-148.9mm。第二次快速变化阶段之后,变形显现出缓慢变形和蠕变收敛两个阶段:缓慢变形阶段第 20 期(2019.5.25)~第 47 期(2019.9.5)共 103d,沉降由-17.2~-150.0mm 变化至-69.8~-249.1mm;蠕变收敛阶段第 48 期(2019.9.8)~第 72 期(2020.4.2)共 208d,沉降由-70.0~-249.9mm 变化至-136.8~-304.3mm。

从观测末期数据看:靠近工程桩为静压预应力管桩的 3 号主楼附近的 K4、K5、K6、K7 号监测点累计水平位移最大,在-92.1~-111.8mm,其余监测点沉降相对较小。下面以变形规律比较明显的 K4、K5、K6 点作为研究对象进行分析。K4、K5、K6 号点在整个监测周期内出现了一次快速变化阶段(管桩施工过程):第 4 期(2019.5.16)~第 11

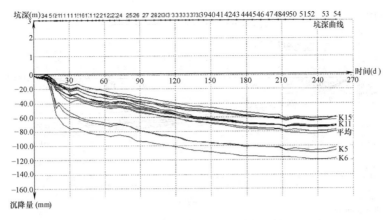

图 6　基坑北侧时间冠梁水平位移累计曲线

Fig. 6　Cumulative curve of horizontal displacement of time capping beam on the
north side of foundation excavation

（2019.5.30），水平位移由－4.1～－6.8mm 变化至－45.1～－69.6mm。快速变化阶段之后，变形显现出缓慢变形和蠕变收敛两个阶段：缓慢阶段第 12 期（2019.6.2）～第 37 期（2019.9.17）共 107d，水平位移由－48.8～－72.7mm 变化至－93.6～－106.0mm；蠕变收敛阶段第 38 期（2019.9.22）～第 56 期（2020.4.2）共 193d，水平位移由－94.3～－106.7mm 变化至－111.8～－126.6mm。

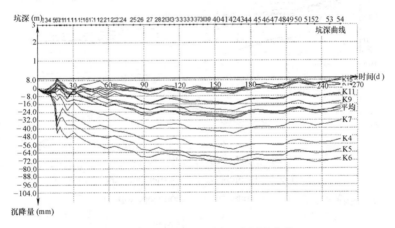

图 7　基坑北侧时间冠梁沉降累计曲线

Fig. 7　Settlement accumulation curve of time capping
beam on the north side of foundation excavation

从观测末期数据看：靠近工程桩为静压预应力管桩的 3 号主楼附近的 K4、K5、K6、K7 号监测点累计沉降最大，在－44.2～－78.9mm，其余监测点沉降相对较小。其变化规律基本与水平位移一致，但存在以下两点差异：（1）工程桩施工过程中存在短期上浮现象；（2）筏板施工后随着主体荷载的增加存在上浮趋势。

从图 8 和图 9 可以看出坑顶水平位移和沉降最大点仍然发生在 3 号楼附近，其变化规律与道路沉降相同。

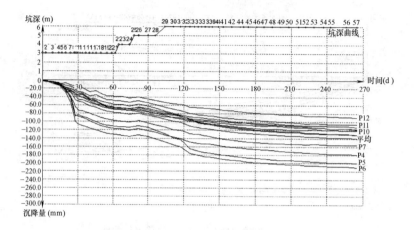

图 8　基坑坡顶时间水平位移累计曲线

Fig. 8　Cumulative curve of horizontal displacement
at the top of foundation pit slope

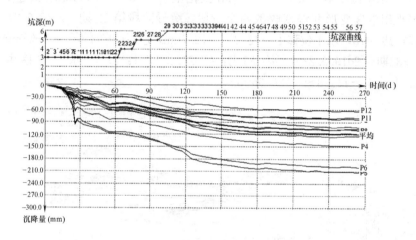

图 9　基坑坡顶时间沉降累计曲线

Fig. 9　Cumulative time settlement curve
of foundation excavation slope top

　　本基坑支护工程于 2019 年 2 月 20 日开工，4 月底基坑开挖到底并完成坑底 2m 换填工作。工程桩于 4 月 20 日开工，至 8 月初完工。邻近基坑北侧的 3 号楼及裙楼预应力管桩施工时间如下：2019 年 5 月 18 日开始进行长螺旋引孔；2019 年 5 月 19 日引孔、压桩；2019年 5 月 22 日发现基坑及外侧道路边形较大；2019 年 5 月底完成基坑北侧附近的预应力管桩施工；2019 年 9 月陆续开始筏板和上部主体结构的施工。

　　从监测结果可以看出：（1）管桩施工过程中基坑支护结构出现了明显的水平位移和沉降增大现象；（2）管桩施工过程中坑外地面沉降和水平位移明显增加；（3）管桩施工引起的支护结构和周边环境的变形可分为三个阶段：急剧变形阶段（引孔和压桩过程）、缓慢变形阶段和蠕变收敛阶段（筏板施工后）。

3 机理分析

支护结构和周边环境变形的本质是基坑开挖、管桩施工、道路车辆来回碾压等外部因素的发生或变化，导致土体内应力、应变的变化，是土体结构和应力变化的一种外在表现形式。

静压管桩施工引孔和压桩过程引起土体结构和应力的变化。压桩过程土体位置、结构、应力发生明显的变化：一方面桩周土体被挤密和挤开，土体产生垂直方向和水平方向位移，可使邻近桩体和地面上浮、水平移动，破坏土体结构，会挤压支护桩和桩间的止水帷幕；另一方面压桩过程会改变桩周土体应力状态，产生很高的超孔隙水压力，沉桩过程中超孔隙水压力急剧增加，沉桩完成后随着孔隙水压力的消散土体会再固结。固结后的土体强度不一定能恢复到原来的土体强度；孔隙水压力消散集中在打桩后前几天，之后消散速率变慢。

从监测数据可以看出本项目管桩施工开始和施工后基坑支护结构和周边地面的变形出现了三个阶段：急剧变形阶段、缓慢变形阶段和蠕变收敛阶段。各阶段的变形与基坑内施工工况存在明显的相关性：急剧变形阶段出现在管桩施工过程和施工结束后前几天；缓慢变形阶段发生在管桩施工后筏板施工前；蠕变收敛阶段始于筏板施工。各阶段出现和变化的内在因素分析如下：

压桩过程中土体内超孔隙水压力迅速增加，有效应力减小，土体的结构被破坏，导致土体强度降低，特别是和土体固结状态、结构相关性较高的黏聚力迅速降低；由于有效应力减小，土体间的摩擦力也相应减小（宏观表现为内摩擦角降低），此时的软土类似于流体，基本处于流动状态。对支护结构表现出坑外土压力增加，坑内抗力减小，基坑支护结构和周边地面变形迅速增大的现象。此过程中由于土体受挤压流动还可能破坏支护桩间的止水帷幕（普通搅拌桩），导致坑外土体向坑内流动，坡顶和道路沉降增加，与此对应的是急剧变形阶段。

管桩施工结束后超孔隙水压力逐步消散，土体强度逐渐恢复，变形速率降低，但由于软土流变性和蠕变性的存在，变形会持续增加。前期管桩施工破坏了土体结构导致其强度降低，此过程的变形速率比同类其他软土基坑的变形速率大，与此对应的是缓慢变形阶段，此过程软土的流变性和蠕变性起控制作用，前期管桩施工的影响加剧了这种变形。

筏板施工后随着上部荷载的增加，基坑内外不平衡压力降低，变形速率降低并逐渐收敛，与此对应的是蠕变收敛阶段。

4 结论及建议

（1）坑底管桩施工会破坏土体结构改变其应力状态，导致基坑支护结构和周边环境变形增大，支护结构内力增大。

（2）管桩施工引起的支护结构和周边环境的变形可分为三个阶段：急剧变形阶段（打桩过程）、缓慢变形阶段和蠕变收敛阶段（起于筏板（垫层）施工）。

（3）管桩对基坑支护结构和周边环境的不利影响，本质为管桩施工导致土体内超孔隙水压力增加，有效应力减小，土体结构被破坏，抗剪强度降低。

（4）管桩施工破坏了土体结构、增加了结构荷载、减小了结构抗力，增大了土体内的应力水平（应力强度比），增大了后期的蠕变、流变速率。

（5）筏板施工后随着上部荷载的增加，基坑内外不平衡压力降低，变形速率降低并逐渐收敛。

（6）如果在情况允许的条件下，在现状地面施工工程桩（管桩）后再开挖基坑能减小管桩施工对基坑支护的影响；如果必须在坑底施工工程桩，应采取设置减压井、调整施工顺序和降低压桩速率等措施，减小其影响。

（7）基坑支护结构设计时应考虑管桩施工对支护结构受力和帷幕的不利影响。

（8）软土地区基坑支护施工应重视时间效应的影响，尽早施工垫层和筏板，减少基底土的暴露时间。

参考文献

[1] 符必昌，黄英. 昆明盆地浅层软土成因及工程地质分类研究 [J]. 昆明理工大学学报，2000，25（5）：22-26.

[2] 吕海波，汪念，孔令伟，等. 结构性对琼州海峡软土压缩性的影响 [J]. 岩土力学，2001（4）：467-469，473.

[3] 俞建霖，徐山岱，龙岩，等. 软土地基中基坑内工程桩对开挖性状的影响 [J]. 沈阳建筑大学学报（自然科学版），2020，36（3）：474-482.

[4] 赵辉. 管桩复合地基在软土深基坑内施工对支护结构的影响分析 [J]. 土工基础，2019，33（4）：424-427.

[5] 纪梅，贾步宵，刘尚亮. 软土地基中 PHC 管桩施工对桩周土体影响的监测分析 [J]. 施工技术，2014，43（17）：1-6.

长螺旋-复合锚杆在滇西冲洪积地层中的应用

张宏宇，郭鹏，何小远，周庆朕，周仕能，陆俊杰

（建研地基基础工程有限责任公司，北京 100013）

摘　要：复合锚杆是近年发展起来的一种新型复合结构，其力学性能与防渗、防腐及抗裂效果介于普通抗浮锚杆与大直径抗拔桩之间，具有施工条件成熟、造价低、平面布置灵活、污染小等突出优点。对基底为粉砂、圆砾等强透水层或含承压水的桩基工程是比较经济可行的施工工艺。本文结合滇西某工程的设计、施工过程，介绍了复合锚杆施工方法，并通过对比试验研究滇西滇西冲洪积地层中复合锚杆的抗拔性能，分析了复合锚杆与常规抗浮锚杆的优劣性，为滇西地区此工艺的推广提供了参考和借鉴。

关键词：滇西冲洪积地层；长螺旋-复合锚杆；原位对比试验

Discussion the Application of Long Screw-Composite Anchor in Pile Foundation Engineering

Zhang Hongyu, Guo Peng, He Xiaoyuan, Zhou Qingzhen, Zhou Shineng, Lu Junjie

(China Academy of Building Research foundation research institute, Beijing 100013)

Abstract: Composite anchor is a kind of composite pile developed in recent years. Its mechanical properties and anti-seepage, anti-corrosion and anti cracking effects are between those of ordinary anti floating anchor and large diameter anti pulling pile. It has many outstanding advantages, such as mature construction conditions, low cost, flexible plane layout and less pollution. It is an economical and feasible construction technology for pile foundation engineering with strong permeable layer such as silt and round gravel or confined water. Combined with the design and construction process of an anti floating pile project, this paper introduces a new construction method of composite anchor, and analyzes the advantages and disadvantages of composite anchor and conventional anti floating anchor, as well as the test detection effect.

Keywords: Alluvial diluvial strata in west Yunnan; Long screw compound bolt; In situ contrast test

0　前言

随着各类建筑工程地下室空间的有效利用与开发，在地下水较为丰富的地区，桩基工程中均会根据相关抗浮要求布设抗浮桩，为上部建筑结构在地下水位较高时提供抗拔力，保证结构稳定。常规抗拔桩为钢筋混凝土灌注桩或普通抗浮锚杆（索），钢筋混凝土灌注桩单桩抗拔力较高，但桩身的钢筋杆体在受力过程中，容易出现桩身混凝土变形开裂、地

下水侵蚀钢筋等情况，普通抗浮锚杆（索）单桩抗拔力较小且在使用过程中，容易出现锚杆注浆体侧壁渗水、钢绞线与注浆体间渗水等情况，导致后期处理桩身的抗裂、防渗、防腐措施费用较高。

复合锚杆是将两者有效结合，克服上述常规抗拔桩存在的隐患与缺陷，是一种新研发的抗拔承载力高、杆体强度可充分发挥、防腐性能好、防渗效果佳的新型抗拔构件。目前国内复合锚杆主要施工方法是采用长螺旋钻孔成孔，施工顺序是长螺旋钻孔素混凝土灌注桩＋后插无缝钢管＋管内灌注水泥（砂）浆＋管内置入预制锚杆（索）。首先由长螺旋钻机在设计桩位钻进成孔至设计深度后跟进灌注细石混凝土成桩，随后使用平板振捣器套住已封底的无缝钢管居中、垂直插入混凝土桩身内至桩底标高，劳务班组跟进向管内灌满水泥（砂）浆，同时跟进放入预制锚杆（索），后期待水泥（砂）浆液面初凝下沉后，及时跟进补浆。

本文结合滇西某工程的设计、施工过程，介绍了复合锚杆施工方法，并通过对比试验研究滇西冲洪积地层中复合锚杆的抗拔性能，分析了复合锚杆与常规抗浮锚杆的优劣性，为滇西地区此工艺的推广提供了参考和借鉴。

1 抗拔桩设计方案简介

1.1 项目简介

项目拟建 11 栋多层住宅，地上 6 层，整体设一层地下室，设计使用年限为 50 年，抗浮构件（抗浮锚杆）及设施的耐久性年限为不少于 50 年，建筑抗浮工程设计等级为乙级，抗浮设防水位绝对高程为 897.395m，地下室筏板底标高为 890.950m，拟采用基础抗浮锚杆＋筏板的基础形式。项目平面布置图如图 1 所示。

图 1 项目平面布置图

Fig. 1 Project plane layout

1.2 工程地质与水文条件

项目区属侵蚀堆积地貌之冲洪积台地地形,西北高南东低;场地内现状地面高程897.35～900.79m,最大高差3.44m。根据钻孔揭露、现场调查并结合区域地质资料,场地地基岩土层的构成总体上相对较复杂,主要表现为:表层覆盖一定厚度的第四系全新统人工填土(Q_4^{ml})素填土,其下为第四系冲洪积层(Q_4^{al+pl})黏性土及圆砾,其下为第三系(N)圆砾及粉质黏土。

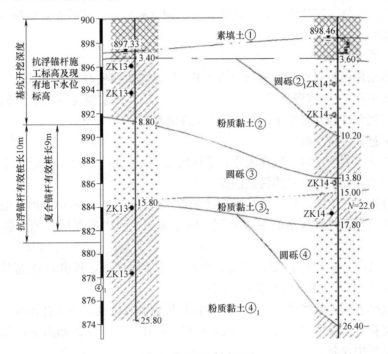

图 2　典型地质剖面图

Fig. 2　Typical geological section

场地地下室类型主要为松散岩类孔隙水,主要含水层(透水层)有②₁层圆砾、③层圆砾及④层圆砾,受大气降水补给,在重力作用下沿地形坡度经土体内孔隙径流,由北西向南东径流,于地形低洼处或陡坎坡脚部位排泄。地下水位埋深0.70～4.00m,稳定水位高程895.18～898.00m。

1.3 抗浮桩型

抗浮桩参数表　表 1

Parameters table of anti-floating pile　Table 1

桩型	暂估桩数(颗)	桩径(mm)	有效桩长(m)	锚杆筋体	锚杆竖向抗拔承载力特征值(kN)	锚杆竖向抗拔承载力标准值(kN)	备注
普通抗浮锚杆	490	150	10	2束7φ5钢绞线	160	320	原设计方案
复合锚杆	280	400+76	9	φ76钢管+6束7φ5钢绞线	380	760	优化变更方案

2 施工质量控制

2.1 普通抗浮锚杆

（1）施工工艺简介

原设计方案中普通抗浮锚杆施工采用锚索钻机竖向垂直双套管跟进成孔，施工至孔底标高后，拔除内钻杆，下插注浆管至孔底灌注水泥（砂）浆，随后放入预制锚杆，拔除外套管及管口补浆。

（2）施工技术要求

锚杆筋体采用极限强度标准值为 1860MPa 的 $4\phi^s15.2$ 钢绞线；

锚固浆体采用 1:1 水泥砂浆，水灰比 0.50~0.55，砂浆强度不低于 30MPa；

钻孔垂直度允许偏差宜小于 1%，孔位允许偏差应为 ±50mm。

（3）施工过程质量控制

锚杆在提前预制加工时，应在硬化、干燥区域完成，并在转运放入过程中，严禁在施工区域进行地面拖运，防止杆体污染沾泥；

抗浮锚杆正式施工前，须对预拌水泥砂浆进行取样送检，复核检测砂浆强度是否满足设计要求，并且对注浆系统进行注浆检测，防止施工过程中出现堵管等问题，影响桩身质量；

因圆砾层较厚，孔内砾石无法取出，根据现场实际情况，成孔深度超长施工 0.5~1.0m，保证锚杆体能正常下放至设计标高；

因锚杆筋使用钢绞线制安，为保证柔性锚杆体的垂直度，等锚杆体放入、护壁套管拔除后，再将锚杆体整体向上提高 100mm 左右，并在孔口予以吊筋固定，保证杆体在孔内的垂直度及居中控制。

图 3 普通抗浮锚杆双管成孔

Fig. 3 Double pipe drilling of common anti floating anchor

图 4 孔口设置吊筋及补浆

Fig. 4 Providing with hanging reinforcement and grouting in hole opening

2.2 复合锚杆

（1）施工工艺简介

复合锚杆施工采用长螺旋钻机成孔，泵送灌注 C30 细石混凝土，随后振捣插入预制杆骨（无缝钢管），杆骨插至设计桩底标高后，再向管内灌注预拌水泥浆，随后在管内放置预制杆筋。

（2）施工技术要求

锚杆杆骨采用 DN76 钢管，壁厚 3mm，锚杆杆筋采用极限强度标准值为 1860MPa6ϕ^s15.2 的钢绞线；

桩身混凝土使用 C30 细石混凝土，锚固浆体采用 P·O42.5 水泥浆，水灰比 0.50～0.60。

图 5 复合锚杆杆骨制安
Fig. 5 Fabrication and installation bone of composite anchor

图 6 复合锚杆杆筋制安
Fig. 6 Fabrication and installation rebar of composite anchor

（3）施工过程质量控制

锚杆杆骨在提前预制加工时，应在硬化、干燥区域完成，并在转运放入过程中，严禁在施工区域进行地面拖运，防止杆体污染沾泥；

严格控制杆骨加工垂直度，如出现杆骨接头明显弯折情况，须切除重新连接。另在杆骨底端进行杆尖封底及外侧居中定位杆架，保证杆骨在桩身混凝土中能正常居中振捣插入；

杆筋所需的隔离架为非常规尺寸，通常使用现场 ϕ6 钢筋废料或废弃注浆管制作简易隔离架，保证杆筋在杆骨内的居中度及侧壁水泥浆厚度满足设计要求；

复合锚杆施工完毕后，应定期向杆骨内进行补浆处理，保证水泥浆液面不低于设计桩顶标高；

振捣杆骨的平板振动器须预设 1～2 根定向牵引绳，在振捣插入杆骨过程中，及时纠正杆骨垂直度。

图 7 成孔后下插锚杆杆骨	图 8 杆骨内灌注水泥浆后放入杆筋
Fig. 7 Inserting the anchor bone after drilling	Fig. 8 Inserting the composite rebar of anchor after perfusion cement of composite anchor bone

3 工程施工及效果

3.1 施工损耗

普通抗浮锚杆在成孔、管内灌注砂浆、下插锚杆工序完成后，在逐根拔除护壁套管过程中，管内砂浆液面出现明显下降，因此在拔除套管过程中须采取补充砂浆措施，待成桩后进行材料统计，3 根普通抗浮锚杆试桩的 M30 水泥砂浆充盈系数为 2.7。

复合锚杆在长螺旋钻机施工至设计桩底标高后，开始泵送混凝土并提钻，待成桩后进行材料统计，3 根复合锚杆试桩的 C30 细石混凝土充盈系数为 1.15。

图 9 普通抗浮锚杆成桩外观	图 10 复合锚杆成桩外观
Fig. 9 Appearance of common anti floating anchor	Fig. 10 Appearance of composite anchor

3.2 桩身完整性

各桩养护到期后，随即对桩身保护段进行凿除，其中普通抗浮锚杆部分保护段桩径大小不一，据现场统计，桩径变化范围为150～400mm，如后期在设计桩顶区域出现桩径过大情况，将造成结构施工单位防水措施无法正常开展。而复合锚杆则桩径一致，平均为410mm，且桩身混凝土密实，小应变检测结果均为Ⅰ类桩。

3.3 抗拔检测

施工完毕养护到期后，随即由业主单位委托第三方检测单位对普通抗浮锚杆与复合锚杆进行单桩抗拔承载力基本试验，各桩平均试验结果见表2。

桩抗拔试验结果　　　　　　　　　　　　　　　　　　　　　表 2
Experimental results of uplift pile　　　　　　　　　　　Table 2

抗拔桩型	桩号	设计抗拔承载力极限值 (kN)	实测抗拔承载力极限值 (kN)	终压条件	备注
普通抗浮锚杆	KFMG-1	320	510	下级无法稳压	
	KFMG-2	320	540	同上	
	KFMG-3	320	450	同上	
复核锚杆	FHMG-1	760	1120	钢绞线材料断裂破坏	
	FHMG-2	760	1200	同上	
	FHMG-3	760	1120	同上	

图 11　普通抗浮锚杆基本试验

Fig. 11　Basic experiment of common anti floating anchor

图 12　复合锚杆基本试验

Fig. 12　Basic experiment of composite anchor

4　结论

复合锚杆是近年发展起来的一种复合桩型，其力学性能与防渗、防腐及抗裂效果介于普通抗浮锚杆与大直径抗拔桩之间，具有施工条件成熟、造价低、平面布置灵活、污染小等突出优点。对基底为粉砂、圆砾等强透水层或含承压水的桩基工程是比较经济可行的施工工艺。

参考文献

[1] 复合锚杆技术. 北京：建研地基基础工程有限责任公司.
[2] 中华人民共和国住房和城乡建设部. 建筑工程抗浮技术标准：JGJ 476—2019 [S]. 北京：中国建筑工业出版社，2020.
[3] 中华人民共和国住房和城乡建设部. 建筑桩基技术规范：JGJ 94—2008 [S]. 北京：中国建筑工业出版社，2008.

浅埋扁平暗挖隧道双侧壁施工工法优化研究

黄正新

（武汉光谷交通建设有限公司，湖北 武汉 430205）

摘　要：以某浅埋扁平暗挖隧道双侧壁导洞施工工法为研究对象，针对原设计工法中作业空间受限、施工效率低下等不足，提出了取消临时横撑的工法优化建议。利用 FLAC 对两种工法施工过程进行数值模拟，分析了隧道开挖过程围岩及支护结构受力变形规律，并对比了现场监测结果和数值计算结果。研究表明，优化工法不仅安全可靠，提高了施工效率，缩短了施工工期，而且能大量的节省临时横撑型钢的材料，降低了工程造价，带来了良好的经济效益。

关键词：浅埋扁平隧道；双侧壁导洞法；数值模拟；工法优化

Study on Optimization of Construction Method of Double-side Wall of Shallow-buried Flat Tunnel

Huang Zhengxin

（Wuhan Optics Valley Transportation Construction Co.，Ltd.，Wuhan Hubei 430205，P. R. China）

Abstract：Taking the construction method of the double-side wall of a shallow-buried flat tunnel as the research object，in view of the limitation of working space and low construction efficiency in the original design method，the optimization suggestion of canceling the temporary transverse bracing was proposed. FLAC was used to simulate the construction process of two construction methods. The deformation regularity of surrounding rock and supporting structure during tunnel excavation was analyzed，and the results of field monitoring and numerical calculation were compared. The research shows that the optimized construction method is not only safe and reliable，but also improves the construction efficiency and shortens the construction period，and can save a lot of materials of temporary transverse bracing，reduce the project cost and bring good economic benefits.

Keywords：Shallow flat tunnel；Double wall tunnel method；Numerical dimulation；Construction method optimization

0　引言

近年来我国隧道建设数量与日俱增，保持每年 25% 的增长速率，目前我国已成为已有

作者简介：黄正新，教高，E-mail：717341205@qq.com。

基金项目：2018 年湖北省建设科技计划项目（2018-02-01）。

隧道数量及在建隧道数量全球第一的国家[1]。受线路条件限制以及隧道功能最大化等的要求，暗挖隧道越来越向浅埋[2-4]、大跨[5]、扁平化[6,7]方向发展。由于浅埋、扁平隧道施工力学行为更加复杂[6,8]，其设计、施工优化越来越被重视[9,10]。

大跨扁平隧道相比圆形或方形断面隧道，高跨比减小明显，隧道扁平率高，开挖后围岩的应力重分布复杂，目前针对大跨扁平隧道力学性质与支护结构机理及其施工方法的研究成果不多，尤其是进洞浅埋段，属于软弱破碎围岩，浅埋扁平隧道的施工难度更大。

目前，隧道常用的施工工法，主要有三台阶法、CRD法、CD法及双侧壁导洞法等，以上隧道施工工法各具优缺点及适用范围，对浅埋、大跨、扁平隧道而言，大多数采用风险性更小的双侧壁导洞法施工。双侧壁的优点在于将施工跨度减小，围岩变形控制能力较好，提高施工稳定性和安全性。但是，由于双侧壁法将大断面分割成小断面施工，也限制了大型机械设备的应用，双侧壁法工序复杂，施工效率不高、成本较高。因此需要对双侧壁导洞设计、施工方法进一步优化研究。

本文以武汉市光谷一路-高新四路排水通道浅埋扁平暗挖隧道双侧壁导洞施工工法为研究对象，针对原设计工法中作业空间受限、施工效率低下等不足，提出了取消临时横撑的工法优化建议。利用FLAC对两种工法施工过程进行数值模拟，分析了隧道开挖过程围岩及支护结构受力变形规律，并和现场监测结果进行对比分析。研究表明，优化工法不仅提升施工效率，提高经济效益，而且能够确保隧道施工安全，带来较大的社会效益。

1 工程概况

光谷一路-高新四路排水通道工程是武汉市四水共治项目，拟新建4km排水走廊，设计过水量为72m³/s，项目建成后可有效分流金融港上游黄龙山区域近10km²排水流量，同时分流高新四路沿线近10km²排水流量。其中AK0+117.000～AK0+895.750段采用暗挖法施工，暗挖隧道全长778m。拟建暗挖隧道采用单箱双室结构，开挖宽度13.2m，开挖高度6.6m，净宽11.3m，净高4.7m；结构形式为直墙微拱的扁平结构。隧道洞身采用复合式衬砌，以锚杆、钢筋网喷混凝土、钢拱架为初期支护，模筑混凝土或钢筋混凝土为二次支护，共同组成永久性承载结构。主要辅助措施：超前长管棚、超前小导管、超前锚杆、加固注浆。

暗挖隧道AY4（AK0+117）进口段的平面图及剖面图见图1、图2。洞顶埋深约4.2m，

图 1　暗挖隧道进洞段平面图

Fig. 1　Layout of the entrance section of the tunnel

属于浅埋隧道。该段上层以第四系可塑—硬塑状黏性土为主，局部土体夹含砾石，自稳性较差，作为围岩易坍塌，侧壁常见小坍塌，下层为强风化泥岩，遇水极易软化，该段围岩等级为Ⅵ级，属于软弱围岩。相应的衬砌类型采用 S6b 型，衬砌结构设计参数见图 3，根据设计要求采用双侧壁导洞法施工，如图 4 所示。AY4 浅埋进洞前进行 ϕ108 大管棚超前支护施工，并辅以超前小导管。

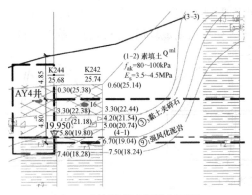

图 2　暗挖隧道进洞段剖面图

Fig. 2　Sectional drawing of the entrance section of tunnel

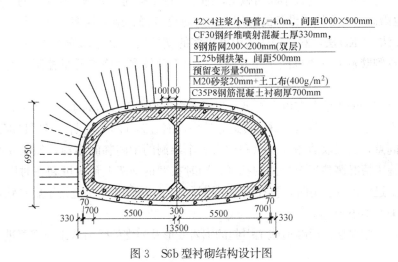

图 3　S6b 型衬砌结构设计图

Fig. 3　Design drawing of S6b lining structure

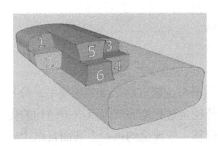

图 4　双侧壁施工示意图

Fig. 4　Schematic diagram of double side wall construction

2 原设计工法的不足及建议

原设计工法按照 1→2→3→4→5→6 的顺序施工，如图 5 所示，每个分部的台阶长度保持 3m。初期支护采用I25b 钢拱架，间距 50cm，CF30 钢纤维喷射混凝土厚 33cm，双层 $\phi8$ 钢筋网。左中右导洞分别施加临时仰拱，临时横撑采用I20b 钢拱架，间距 50cm，并喷厚度 30cm 的 C25 混凝土。待永久初支封闭成环后，逐次拆除临时横撑。

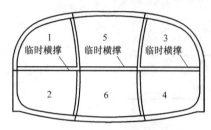
图 5　原设计双侧壁工法
Fig. 5　Design double side wall construction method

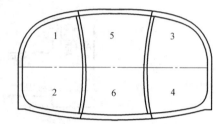
图 6　双侧壁优化工法
Fig. 6　Optimized double sidewall construction method

双侧壁法将大断面分割成小断面施工，缩小了施工空间，如图 5 所示，每个导洞的净高不到 3m，也限制了大型机械设备的应用，施工进度较慢、施工效率较低。另一方面，相比台阶法、CD 法、CRD 法，双侧壁法采用了较多的支护措施及分部施工工序，施工工期长，造价较高；双侧壁施工方法也因工序复杂，关键工序较多，施工质量控制、安全控制难度较大。

鉴于设计双侧壁工法存在以上不足，为了加大每个施工段面的净高，以方便机械设备出入，加快土方开挖、土方转运、材料转运等效率，缩短循环施工周期，经项目部研究、专家论证、各方同意，建议取消图 5 所示左中右 3 个导洞的中间临时横撑，如图 6 所示优化工法，可根据施工情况调整每个导洞的孔径，同时在型钢钢架上预留可和临时横撑连接的钢板，以防施工过程出现险情时，再补设临时横撑应急。该优化工法适用于扁平状隧道或类矩形隧道（扁平率不小于 2）。

但是，取消临时横撑后隧道施工引起的围岩变形及初支的受力状态尚需要进一步进行计算分析。

3　数值计算与分析

3.1　模型与参数

利用 FLAC 建立了浅埋扁平暗挖隧道的二维数值模型，分别对设计工法和优化工法的施工过程进行计算，揭示隧道开挖全过程地表沉降及支护结构的受力变形演化规律。模型位移边界条件采用侧面限制水平位移，底面全约束，上表面自由边界。岩土体和支护结构均采用实体单元进行模拟，岩土体采用摩尔-库仑（Mohr-Coulomb）本构模型。为了得到更好的计算结果，计算模型范围水平横向为 100m，竖向 32m，隧道纵向 1m，顶部取至地表，隧道底部位置为坐标原点，顶部埋深仅 4m 左右，计算模型见图 7，分别对有无中间横撑两种工况进行模拟。

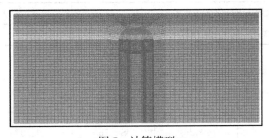

图 7　计算模型

Fig. 7　Calculation model

将大管棚注浆加固围岩视为在隧道开挖轮廓线外形成一定厚度的加固圈，将管棚简化成 0.5m 厚的预支护结构。超前小导管的作用可以通过提高围岩级别来实现对于锚杆的作用，采用提高锚杆加固区的围岩参数来体现，即令内摩擦角 φ 值不变，而将黏聚力 c 值提高 20%。地层及材料计算参数如表 1 所示。

岩土体及支护结构物理、力学参数表　　　　　　　　　表 1

Physical and mechanical parameter table　　　　　　Table 1

地层/材料	密度 (g/cm³)	体积模量 (MPa)	剪切模量 (MPa)	内摩擦角 (°)	黏聚力 (kPa)
素填土	1.80	25.0	6.52	12	20
碎石土	1.90	35.09	15.27	32	12
黏土夹碎石	1.87	36.46	13.06	16	32
残积土	1.88	35.56	11.85	15	32
强风化泥岩	2.00	53.03	27.34	18	40
中风化泥岩	2.20	119.05	81.97	48	60
加固圈(管棚)	2.20	200.0	120.0	—	—
初期支护及临时支护	2.20	1.556×10^{10}	1.167×10^{10}	—	—
二次衬砌	2.20	1.75×10^{10}	1.31×10^{10}	—	—

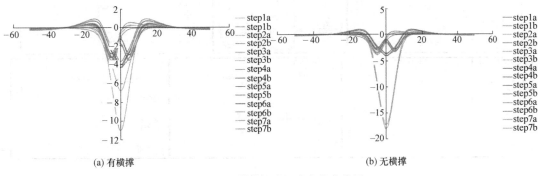

(a) 有横撑　　　　　　　　　　　　　(b) 无横撑

图 8　有无横撑地表沉降变化曲线图

Fig. 8　Change curve of surface settlement with or without cross bracing

有无横撑最大地表沉降值分布表　　　　表 2

Distribution of maximum surface settlement value with or without cross bracing　　Table 2

施工步	最大地表沉降值（mm）		施工步	最大地表沉降值（mm）	
	有横撑	无横撑		有横撑	无横撑
Step1a	3.9	3.9	Step5a	4.3	4.1
Step1b	3.3	3.7	Step5b	4.0	3.8
Step2a	4.2	4.0	Step6a	4.3	4.2
Step2b	3.5	3.4	Step6b	3.6	3.7
Step3a	3.6	3.5	Step7a	6.8	17.4
Step3b	3.1	3.1	Step7b	11.0	18.1
Step4a	3.5	3.4			
Step4b	2.9	2.8			

3.2　结果分析

（1）地表沉降分析

图 8 绘制了有无横撑情况下，地表沉降随施工过程的变化情况，表 2 记录了各施工步的最大地表沉降值。可以明显看出，两种工况其地表沉降均较小，二衬施作前，变形情况基本相同，且较为均匀，这说明管棚加固圈能很好地抑制开挖区外的岩土体变形。二衬施作过程中，无横撑工况变形相对较大，这与模拟过程中初支结构和二衬的布置形式相关，没有横撑系统，在最终仰拱制作时，上部无支撑点，从而导致地表变形进一步增大。现场实际施工过程中，严格控制初支拆除长度并及时对上部初支结构进行适当支护，能较好地限制位移的发展。

（2）初支受力分析

如图 9 所示，对比两种工况发现，管棚支护下，两种工况初支结构的第一主应力变化情况基本相同。通过计算分析，浅埋扁平隧道进洞段双侧壁施工将中间临时横撑取消，围岩及初支体系变形变化不大，内力增量较小，地表变形及支护结构内力变形均在控制值范围内，隧道开挖过程围岩基本稳定，施工安全可以得到保证。

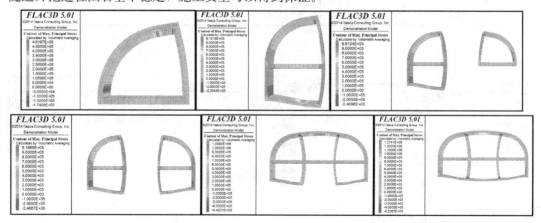

(a) 有横撑

图 9　初支结构应力云图（一）

Fig. 9　Stress Cloud Diagram of Initial Structure（一）

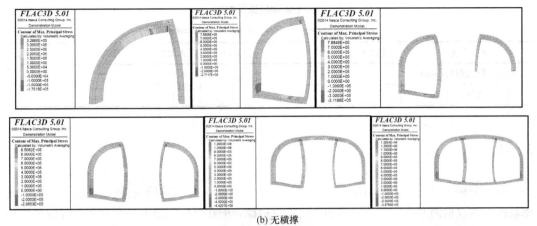

(b) 无横撑

图 9　初支结构应力云图（二）

Fig. 9　Stress Cloud Diagram of Initial Structure（二）

4　现场监测结果分析

按照前文提出的优化工法，浅埋扁平隧道双侧壁施工时取消左中右 3 个导洞中间横撑，现场实施如图 10 所示。地表沉降监测结果如图 11 所示。

从图 11 可以看出，地表沉降在左导洞上台阶开挖时沉降速率较大，随着初支和喷锚及时跟上，地表沉降速率减缓，但是在开挖左导洞下台阶时，初支处于悬空状态，地表沉降又加大，待左导洞下台阶闭合后，沉降速率开始减缓，右导洞、中导洞规律相似。和计算结果相比较，计算得到地表最大沉降为 −18.0843mm，监测

图 10　现场施工图

Fig. 10　Site construction drawing

值为 −28.2mm，如表 3 所示，监测值比计算值大主要是因为数值计算没有考虑地下水等影响。但是，地表监测值没有超过预警值，隧道施工处于安全状态，证明工法优化可靠。

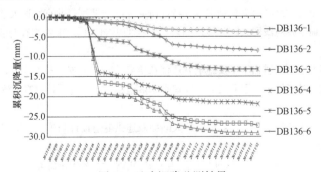

图 11　地表沉降监测结果

Fig. 11　Monitoring results of ground subsidence

<table>
<tr><td colspan="7" align="center">K0＋136 测线地表沉降</td><td>表 3</td></tr>
<tr><td colspan="7" align="center">K0＋136 survey line ground surface settlement</td><td>Table3</td></tr>
<tr><td>测点编号</td><td>DB136-1</td><td>DB136-2</td><td>DB136-3</td><td>DB136-4</td><td>DB136-5</td><td>DB136-6</td><td></td></tr>
<tr><td>地表沉降监测值(mm)</td><td>8.5</td><td>27.2</td><td>28.2</td><td>21.9</td><td>13.3</td><td>4.1</td><td></td></tr>
<tr><td>地表沉降计算值(mm)</td><td>8</td><td>16.8</td><td>18.1</td><td>13.2</td><td>8.2</td><td>3.4</td><td></td></tr>
</table>

5 结论

（1）分析了设计工法的不足：每个导洞的净高不到 3m，限制了机械设备使用，施工效率较低；建议取消左中右 3 个导洞的中间临时横撑，但在型钢钢架上预留可和临时横撑连接的钢板，以备后期再补设临时横撑应急。

（2）通过计算分析，浅埋扁平隧道进洞段双侧壁施工将中间临时横撑取消，围岩及初支体系变形变化不大，内力增量较小，地表变形及支护结构内力变形均在控制值范围内，隧道开挖过程围岩基本稳定，施工安全可以得到保证。

（3）地表沉降监测值和计算值随隧道断面的分部开挖支护过程的演化规律也基本一致，如果不考虑地下水、外界施工等因素影响，地表沉降监测和计算数值差不多，验证了优化施工方法是可行的。地表沉降监测值没有超过预警值，隧道施工处于安全状态，证明工法优化可靠。

（4）以隧道整体进尺 1m 为例，采用原设计工法需要 5d，采用优化工法只需要 3d，综合工效提高了 67%，大大缩短了工期，取得较好的经济效益。

参考文献

[1] 成龙. 复杂地质条件下大断面隧道施工过程优化及研究 [D]. 郑州：河南工业大学，2015.

[2] 李栋，何兴玲，覃乐，等. 特大跨超浅埋地铁隧道下穿天桥过程稳定性控制 [J]. 岩石力学与工程学报，2013 (S2)：3636-3642.

[3] 熊造. 基于数值模拟的浅埋软弱围岩大断面隧道施工工法对比研究 [J]. 公路工程，2016，41 (4)：150-153＋170.

[4] 孙曦源，衡朝阳，周智，等. 某超浅埋过街通道围岩压力的极限平衡求解方法 [J]. 岩土力学，2020 (S1)：1-8.

[5] 魏棒. 软弱围岩下超大跨隧道支护结构承载特性研究 [D]. 北京：北京交通大学，2018.

[6] 王昆，王育平. 扁平率对浅埋大跨度隧道围岩稳定性的影响 [J]. 土木工程与管理学报，2019 (6)：150-155.

[7] 郭文明. 公路超大断面隧道扁平率及施工方法优选研究 [D]. 西安：长安大学，2012.

[8] 范君黎，朱哲明. 基于扩展有限元法的不同扁平率隧道稳定性研究 [J]. 施工技术，2016，45 (11)：80-84.

[9] 杨学奇，王明年，陈树汪，等. 软弱地层的大断面双连拱隧道设计与施工方案优化研究 [J]. 隧道建设（中英文），2020：1-9.

[10] 赵树杰，邓洪亮，李英槐，等. 浅埋偏压隧道 CRD 法施工方案优化研究 [J]. 施工技术，2019，48 (7)：103-108.

硫酸钡在超深地下连续墙施工中的研究与应用

路三平

（上海市基础工程集团有限公司，上海 200433）

摘　要：地下连续墙施工过程维持槽段内地层间的物理力平衡是防止漏失和维持槽壁稳定的重要因素。相同槽段深度内静液柱压力的大小取决于泥浆相对密度。相对密度过大泥浆中黏粒浓度高，黏度增大，泥浆稳定性和造壁性变差；相对密度小，泥浆稳定性劣化，引起离析等，不利于泥浆形成有效的泥皮。因此，需在提高泥浆相对密度的同时改善泥浆性能。通过前期调研，本文将在实验室研究硫酸钡对泥浆相对密度及其性能的影响。结合项目背景工程，遴选出优质的硫酸钡添加量，确保地下连续墙的顺利施工，进一步的为类似施工提供经验参考。

关键词：泥浆相对密度；硫酸钡；静液柱压力；槽壁稳定

Research and Application of Barium Sulfate in Construction of Ultra-deep Underground Diaphragm Wall

Lu Sanping

（Shanghai Foundation Engineering Grpup Co. ，Ltd. ，Shanghai 200433，China）

Abstract：During the construction of underground diaphragm wall，the physical force balance between the inner layers is an important factor to prevent loss and maintain the stability of the wall. The static column pressure in the same depth of the tank depends on the mud specific gravity. Excessive proportion of high concentration of clay mud，increase viscosity of slurry stability and wall building properties variation；Low specific gravity，mud stability degradation，segregation and so on，is not conducive to the formation of effective mud skin. Therefore，how to improve the mud performance by increasing the mud specific gravity. Through the preliminary investigation，this paper will study the influence of barium sulfate on mud specific gravity and its properties in the laboratory. In combination with the project background，the high quality barium sulfate addition was selected to ensure the smooth construction of the underground diaphragm wall and further provide experience reference for similar construction.

Keywords：Mud specific gravity；Barium sulfate；Hydrostatic column pressure；Tank wall stability

0　前言

槽壁稳定性是地下连续墙施工过程中经常遇到的一个十分复杂的难题。超深地下连续墙施工过程中，由于单幅槽段深度大，成槽时间长，对泥浆护壁稳定性要求更高。在泥浆性能指标中，相对密度是最主要的指标之一。泥浆相对密度的大小决定于泥浆中固相含量和固相的相对密度，其大小直接影响着槽壁的稳定。施工过程中泥浆在槽内对槽壁产生一定的静水压力，静水压力的大小取决于相对密度的大小。泥浆静柱压力作用在开挖槽段土壁下，除平衡土、水压力外，还给槽壁一个向外的作用力，相当于一种液体支撑，可以防止槽壁坍塌和剥落，起到护壁作用[1-3]。但如果泥浆相对密度过大，虽能维持槽段和地层间压力的平衡，维护槽壁的稳定，但同时也会造成泥浆中无用固相含量较多，附着在槽壁的泥皮过厚，而且泥皮疏松，韧性较低随时会导致泥皮脱落，造成清基困难。如果泥浆相对密度过小，泥浆护壁就容易失去阻挡槽壁土体坍塌的作用，造成槽壁坍塌，也会使清基困难。

1 工程概况

上海市苏州河段深层排水调蓄管道系统工程试验段 SS1.2 标，位于真光路以东、光复西路以南规划绿地内，工程包括云岭西综合设施土建部分以及云岭西综合设施内临时供水、供电，其中竖井（59.1m 基坑）围护形式采用环形地下连续墙，地下连续墙深达105m，墙厚1.2m，综合设施部分地下连续墙采用1.2m 厚80m 深地下连续墙。成槽过程中穿越10多种不同的土层，更有约15m 穿越了⑨$_1$层粉细砂和⑨$_2$层中砂，成槽施工难度大，精度要求高。

2 膨润土中硫酸钡的配比研究

加重材料又称加重剂，由不溶于水的惰性物质经研磨加工制备而成。为了应对高压地层和稳定槽壁，需将其添加到循环浆中，以提高循环浆的密度保证槽壁的稳定性。常用的加重材料有硫酸钡、石灰石粉、铁矿粉和钛铁矿粉等。

在传统的油井、气井钻探施工时，一般采用的钻井泥浆相对密度为2.5左右。由于单纯膨润土泥浆相对密度较低，泥浆重量不能与地下油、气压力保持平衡，造成井喷事故。在地下压力较高的情况下，需要增加泥浆相对密度。传统的方法是往膨润土泥浆中添加重晶石粉。做钻井泥浆用的重晶石一般细度要达到325目以上，如重晶石细度不够则易发生沉淀。钻井泥浆用重晶石要求相对密度大于4.2，$BaSO_4$ 含量不低于95%，可溶性盐类小于1%。

地下连续墙成槽施工过程需在保证槽段内泥浆性能稳定的同时，增加泥浆的相对密度，保证槽壁的稳定性。因硫酸钡具有相对密度大，磨损性小，易粉碎；并且属于惰性物质，既不溶于槽段浆液，也不与槽段浆液中的其他组分发生相互作用。因此，在膨润土泥浆中添加硫酸钡作为加重剂调节泥浆相对密度。根据背景工程的地质条件，结合现场调研情况，采用硫酸钡材料对泥浆相对密度进行调节[4]。

本文采用控制变量法对硫酸钡的细度与添加量进行试验，为背景工程遴选一个优质配比。

3 配比试验研究

3.1 室内试验

取项目现场所用原材料钠基膨润土及不同粒径硫酸钡，进行小样试验。试验步骤如下：

（1）称取膨润土60g溶于1000mL水中，500r/min搅拌10min，静置24h令其充分溶解，静置过程中对烧杯上部进行封盖防止水分挥发，充分溶解备用。

（2）测试新浆性能指标。

（3）分别称取600目、800目、1250目、2000目20g、30g、40g硫酸钡于膨润土泥浆中，500r/min搅拌10min，静置备用。

（4）测试泥浆性能指标。

（5）24h后进行复测。

（6）分别称取20g、30g、40g 2000目硫酸钡重复上述试验步骤。

结合新浆性能控制标准（相对密度1.03～1.08、黏度25～35s、泥皮厚度＜1.5mm、胶体率＞98%），通过小样配比试验，确定硫酸钡最优添加量。

3.2 试验数据

（1）检测新浆制备初始及24h后黏度、相对密度、失水量、泥皮厚度及胶体率等性能指标，结果如表1所示。

新浆性能检测结果 表1

黏度(s)		相对密度	失水量(mL)	泥皮厚度(mm)	胶体率(%)
初始	24h				
19.3	26.3	1.04	23	1.42	99.3

（2）膨润土泥浆中添加600目、800目、1250目、2000目20g、30g、40g硫酸钡，结果如表2～表4所示。

（3）1000mL水中添加40g膨润土后分别添加20g、30g、40g2000目硫酸钡，结果如表5所示。

20g不同目数硫酸钡泥浆性能 表2

硫酸钡(目)	黏度(s)		相对密度	泥皮厚度(mm)	胶体率(%)
	初始	24h			
600	22.1	24.5	1.04	2.97	65
800	22.6	25.3	1.042	2.21	72
1250	23.2	25.9	1.051	1.85	83
2000	24.3	26.7	1.055	1.32	96

30g 不同目数硫酸钡泥浆性能

表 3

硫酸钡（目）	黏度（s）		相对密度	泥皮厚度（mm）	胶体率（%）
	初始	24h			
600	22.9	24.9	1.051	3.01	61
800	23.2	25.5	1.054	2.82	69
1250	24.1	26.3	1.062	2.11	81
2000	24.5	27.2	1.066	1.39	92

40g 不同目数硫酸钡泥浆性能

表 4

硫酸钡（目）	黏度（s）		相对密度	泥皮厚度（mm）	胶体率（%）
	初始	24h			
600	23.1	23.6	1.062	3.35	56
800	23.2	23.3	1.064	3.11	63
1250	24.6	25.3	1.070	2.65	78
2000	26.7	27.9	1.073	1.46	85

相同目数硫酸钡不同添加量泥浆性能

表 5

硫酸钡（g）	黏度（s）		相对密度	泥皮厚度（mm）	胶体率（%）
	初始	24h			
20	22.15	23.44	1.04	1.12	98
30	22.56	24.12	1.05	1.25	95
40	24.01	25.66	1.06	1.33	91

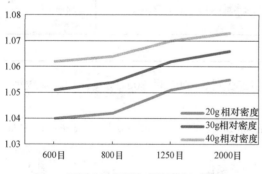

图 1　不同硫酸钡添加量泥浆相对密度

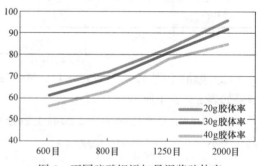

图 2　不同硫酸钡添加量泥浆胶体率

3.3　数据分析

（1）相同目数硫酸钡随着增加量的增加，泥浆黏度、相对密度、泥皮厚度随之增加。相反，泥浆胶体率随着硫酸钡添加量的增加而减小（图1～图3）。

（2）相同硫酸钡添加量随着目数的增加，泥浆黏度、相对密度、胶体率随之增加。相

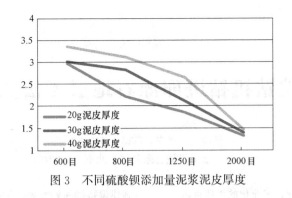

图 3　不同硫酸钡添加量泥浆泥皮厚度

反，泥皮厚度随着硫酸钡添目数的增加而减少。

（3）相同目数的硫酸钡，随着硫酸钡添加量的增加，泥浆黏度、相对密度、泥皮厚度随之增加。相反，泥浆胶体率随着硫酸钡添加量的增加而减小。

4　结语

综合分析上述数据可以发现，硫酸钡添加量为 20g，膨润土添加量为 40g 时泥浆性能达到最优，不仅可以保证泥浆相对密度，还可以保证泥浆性能。

硫酸钡添加量对泥浆性能的具体影响效果还有待在后续地下连续墙施工过程中应用检测。本文通过背景工程所用的材料进行大量试验，寻找一个优质的配比，为保证项目顺利施工提供一种技术支持。

参考文献

[1]　罗云峰. 地下连续墙成槽施工中的泥浆性能研究与探讨 [J]. 岩土工程学报，2010，32（S2）：447-450.

[2]　俞强. 软土地基内地下连续墙接头套铣施工工艺研究 [J]. 建筑施工，2012，34（6）：520-522.

[3]　张毅，甘璐，李红军. 深基坑地下连续墙护壁泥浆技术研究 [J]. 施工技术，2015，10（19）.

[4]　黄维安，邱正松，钟汉毅. 高相对密度钻井液加重剂的研究 [J]. 国外油田工程，2010，26（8）：37-40.

旋挖钻机钻进卵漂石地层工法探讨

邢树兴，张昊，陈曦，李远虎

（北京中车重工机械有限公司，北京　102249）

摘　要：随着中国城市化、工业化的快速推进，基础设施建设持续蓬勃发展，桩基础在卵石层、漂石层等特殊地质条件下的施工应用越来越多。旋挖钻机是一种智能、高效、环保、地质适应性广的桩工机械产品，自 1986 年引入中国以来，在桩基础行业被逐渐推广和应用，逐步替代传统落后的施工方法，已成为钻孔灌注桩的施工主流设备。本文对卵漂石地层的工程特性及施工工艺进行了系统阐述，提出了中车旋挖钻机在此地层的施工技术。并根据青海乐化高速斜沟 1 号大桥桩基础工程的施工效果，证明了所设计施工技术的适应性和合理性，为卵石层、漂石层等特殊地质条件下的施工提供了新颖思路。

关键词：卵漂石地层；旋挖钻机；施工技术；桩基础

Discussion on Drilling Method of Rotary Drilling Rig in Cobble and Boulder Strata

Xing Shuxing，Zhang Hao，Chen Xi，Li Yuanhu

（Beijing CRRC Heavy Industry Machinery Co.，Ltd.，Beijing 102249）

Abstract：With the rapid development of China's urbanization and industrialization，infrastructure construction continues to flourish. Pile foundation is applied more and more in the construction of cobble and boulder strata，Boulder layer and other special geological conditions. Rotary drilling rig is a kind of intelligent，efficient，environmental protection and wide geological adaptability of pile machinery products. Since it was introduced into China in 1995，it has been gradually promoted and applied in the pile foundation industry，gradually replacing the traditional backward construction methods，and has become the mainstream equipment of bored pile construction. This paper systematically describes the engineering characteristics and construction technology of the boulder stratum，and puts forward the construction technology of the medium truck rotary drilling rig in this stratum. According to the construction effect of Xiegou No. 1 Bridge Pile Foundation Engineering of Qinghai Lehua expressway，the adaptability and rationality of the designed construction technology are proved，which provides a new idea for the construction of cobble and boulder strata，Boulder layer and other special geological conditions.

Keywords：Cobble and boulder strata；Rotary drilling rig；Construction technology；Pile foundation

0　引言

旋挖钻机作为高效、安全、环保、适应性广的桩工机械，十几年来在基建方面得到广泛的推广和应用，成为钻孔灌注桩的首选施工设备。自 2004 年第一台中车重工旋挖钻机下线以来，北京中车重工依托中车集团强大的整体资源和平台，基于外部环境和市场需求的变化，持续旋挖钻机技术创新，对产品升级换代，先后研发和制造 4 代旋挖钻机产品。同时，公司致力于为客户提供施工整体解决方案，在卵漂石层等特殊地质中，摸索和积累了一种高效可靠的施工技术，如图 1 所示。

图 1 旋挖钻机在卵漂石层的施工场景

Fig. 1 Construction scene of cobble and boulder strata in rotary drilling rig

1 工程概况

1.1 卵漂石的工程特性

卵石和漂石地层，主要为第四系冲洪积、坡洪积成因而形成，为河流沉积相。卵石粒径大于 20mm 的占比超过 50%，漂石粒径一般为 200～1000mm，$\sigma_0 < 500$kPa。卵漂石密集程度为松散或中密状态，主要成分是砂岩、石英岩和花岗岩，充填物主要是砂、粉土和黏土。如图 2 所示。

卵漂石属于机械松散地层，具有孔隙大、透水性强、压缩性低、抗剪强度大等特点，进尺通过齿具旋转切入卵石缝隙将石块挤赶进入钻斗。卵石层排列无规则、压缩性低，在旋挖钻机钻进中，齿具受力不均匀、整机振动剧烈、钻杆跳跃和钻杆偏摆，这对钻杆和钻具的伤害很大。

图 2 卵漂石地层实例

Fig. 2 Example of cobble and boulder strata

1.2 应用工程概况

青海乐化高速斜沟 1 号大桥，桩径 1.8m，桩深 45m。地层从上到下分为素填土、粉质黏土、卵漂石、砂岩，此地层所包含的卵石、漂石尺寸达 300～400mm，最大可达 800mm左右，且石英岩、砂岩居多，粒径大、强度高。

本工程由 2 台中车 TR368Hw 旋挖钻机担纲主力，实现高效成孔作业。中车 TR368Hw 旋挖钻机采用钢丝绳加压方式，高配加压卷扬马达和减速机，可输出 45t 超大加压力和起拔力，具备成孔效率高、速度快的施工能力。本工程中，每台钻机平均每天可施工 2 根桩，日产量深度为 90 延米，完全满足现场生产的需求，在保证质量的前提下工期也有保障。

2 旋挖钻机卵漂石施工技术

2.1 钻进技术

（1）钻具设计：减少钻齿布置数量，提升大块漂石（卵石）处于两齿之间的概率，即钻齿挤入大块漂石（卵石）边缘的概率，使岩石更容易进入筒体。在筒体导向条间设置孔洞，使卵石在钻头筒壁内外有效流动，避免出现局部塌孔、卡钻等工程事故。在加压钻进时，加压力的传递顺序为：方头－顶板－筒体－钻齿，在方头与筒体间加设筋板，增强筒钻整体刚度，发挥旋挖机的冲击式加压优势。

（2）钻进思路：采用全新的钻进思路"挤密"，根据卵石粒径定制内、外筒，内高外低，有效减少钻进阻力。应用效果如图 3 所示。

图 3　旋挖钻机捞取的卵漂石

Fig. 3　Cobble and boulder by rotary drilling rig

2.2 护壁方法

该地层胶结性差，容易漏浆或者塌孔，尤其在中密卵石层。护筒要埋到地下水位以下，泥浆材料为膨润土、纯碱、纤维素，搅拌泥浆时可向泥浆中加入锯末、纸浆、棉籽屑，最好是在冲击钻孔中加入以上物质，形成高黏度泥浆，使用这种黏度高的泥浆，水头高度高于地下水位 1.5m 以上。如果没有层厚的粉砂和粉土，泥浆相对密度也要较高，达到 1.3 以上。钻进中要注意观察护筒周围是否发生松动或塌陷，护筒是否处在原位。同时注意泥浆上表面气泡的情况。

机手在操作时要注意观察孔内泥浆的液面，及时发现快速漏浆的现象。如果出现漏浆现象，要及时提钻，把钻杆和钻具提出孔位。首先判断发生漏浆的深度，用装载机迅速往孔内填黏土，防止泥浆流失过多导致塌孔，通过钻斗旋转挤压黏土，把缝隙填满，在水压作用下保持护壁作用，解决漏浆现象。施工中可能会出现反复漏浆现象，采用上述方法，反复回填反复钻进，直到穿越卵石层。注意出现过漏浆的桩孔，严禁上提或下放主卷扬的同时旋转动力头，保护孔壁土的稳定性。

2.3 旋挖钻机动力输出

（1）动力头：低转速、大扭矩，防止泥浆高速冲刷孔壁。

（2）主卷扬：缓慢匀速提放钻具，防止钻头刮碰孔壁，保护泥皮，避免塌孔。

（3）加压：浮动点加压，根据负载和振动的变化，适时调整。

（4）进尺：钻齿旋转切入卵石缝隙将石块挤赶进入钻具筒体。

3　操作技术

3.1　旋转钻进

在提钻、正反转动动力头时，严禁快速起步操作方式，导致阻力瞬间增加提断钢丝绳，扭断钻杆等。当钻杆被负载憋住，严禁硬钻导致阻力无处泄出而损伤钻杆钻具。

3.2　提放钻具

尽量缓慢匀速，防止钻头刮碰孔壁，保护泥皮，避免塌孔。当提升出现异常阻力增高时，严禁硬提，预防钻具卡死。钻进时要低转速、大扭矩，防止泥浆高速冲刷孔壁。严格控制单斗进尺深度，严禁冒钻现象发生，同时流水孔呈细长条形防止石子从流水孔露出，避免卡钻。碎石含量大的地层可使用双层嵌岩筒钻，含孤石、漂石地层可使短螺旋钻头进行处理，松动后再使用嵌岩筒钻捞取。

3.3　加压控制方式

在密实型卵石层中，骨架颗粒含量大且交错排列，呈密集连续接触，导致钻齿无法切入到石块的孔隙中，出现打滑或钻杆跳动现象。要慢转速钻进，用主卷扬钢丝绳吊着钻杆，用齿具拨动卵石，采用正反交替转动的方法，当正转遇到较大阻力时，立即反转，然后再次正转，如此循环反复，把卵石松动后再浮动下放钻杆。如果进尺较快，要通过点加压始终保持重负载钻进状态，不可回压更不可持续加压。如果长时间不进尺，为防止塌孔，需要把钻头提升一段，再次下放，重新建立自由面钻进。

4　突发事故处理

卵石层颗粒结构松散、粒径大小不均、稳定性差、压缩性低，钻进过程中孔壁不稳定，可能出现卡钻、漏浆和塌孔的现象。

4.1　卡钻

卡钻是指在钻进过程中，钻具被孔壁卡住或者斗门在孔内打开，使提钻或旋转无法正常进行。卡钻的表现是：提钻时如果负载突然增大，主卷扬减速机的声音低沉，桅杆轻微下沉、前倾。此时不能硬钻硬提，预防主卷钢丝绳被拉断，钻杆被扭断。要把发动机转速降到最低，通过低流量小扭矩的动力输出提升主卷，感觉负载的变化，一旦负载增加立即停止上提，在原地低速转动钻杆，如果转动负载增大，应反转和下放主卷，继续低速转动钻杆，通过这样反复的操作可以提起钻斗。

4.2 快速漏浆

快速漏浆是指在钻进过程中，泥浆突然流失，泥浆液面下降几米或十几米的现象。卵石层颗粒结构松散，泥浆不能及时堵漏，在水头压力下，导致泥浆瞬间流失。机手在操作时要注意观察孔内泥浆的液面，及时发现快速漏浆的现象。如果出现漏浆现象，要及时提钻，把钻杆和钻具提出孔位。首先判断发生漏浆的深度，用装载机迅速往孔内填黏土，防止泥浆流失过多导致塌孔，黏土内不能有石块，避免再次钻进时形成卡钻。黏土超过漏浆位置即可，加满泥浆可继续钻进。通过钻斗旋转挤压黏土，把缝隙填满，在水压作用下保持护壁作用，解决漏浆现象。施工中可能会出现反复漏浆现象，采用上述方法，反复回填反复钻进，直到穿越卵石层。注意出现过漏浆的桩孔，严禁上提或下放主卷扬的同时旋转动力头，保护孔壁土的稳定性。

施工地段每个孔位的漏浆深度可能差别不大，需要总结地层分布规律，提前做好相应的准备，提高施工效率，加快施工进度。

4.3 埋钻

埋钻是指钻斗在孔底处被渣土埋住，无法上提和转动。卵石层钻进造成埋钻的原因主要有两种，孔壁塌方和漏浆。提放钻具的过程中，钻头刮碰孔壁，破坏泥皮，导致孔壁塌方，孔壁塌方与泥浆有着重要的关系，要预防埋钻必须使用黏度高、密度适中的泥浆。要保证钻进时桅杆的垂直度，防止偏孔。

处理埋钻一般是用冲洗的方法，通过水泵和空压机冲吹和抽吸，用清水置换孔内的泥浆沉渣，最后把钻杆提起。

5 结束语

本工程使用此施工工法极大提高了施工效率，为卵漂石地层的施工提供了新颖解决方案，对于穿越大漂石地层成孔施工具有非常重要的现实意义，同时对于国内外在卵漂石地层钻孔桩施工也具有非常重要的参考意义。

参考文献

[1] 曾国熙，等. 桩基工程手册 [M]. 北京：中国建筑工业出版社，1995.
[2] 黄志文. 大型旋挖钻机设计中几个问题的讨论 [J]. 建筑机械，2010，(8)：60-62，65.
[3] 左名麒，等. 基础工程设计与地基处理 [M]. 北京：中国铁道出版社，2000.
[4] 益德清，等. 深基坑支护工程实例 [M]. 北京：中国建筑工业出版社，1996.
[5] 刘金砺. 桩基工程技术进展 [M]. 北京：知识产权出版社，2005.

TBM 施工超前地质预报现状及发展趋势

余江珊

（长安大学公路学院，陕西 西安 710064）

摘　要：超前地质预报是隧道施工中必不可少的环节，对隧道信息化施工、灾害防治和安全保障具有重要作用。相较于钻爆法，TBM 施工环境具有特殊性和复杂性，对超前地质预报技术提出了更多的挑战。结合 TBM 施工的特点，分析 TBM 施工环境中地质预报的难点，介绍适用于 TBM 施工的超前地质预报技术，分析比较其对 TBM 施工的适用程度；最后，通过对以往研究成果的总结，对隧道 TBM 施工超前地质预报的发展方向进行预测。

关键词：隧道工程；TBM 施工；超前地质预报

Current Status and Development Trend of Advanced Geological Prediction for TBM Construction

Yu Jiangshan

（School of highway，Chang′an University，Xi′an Shaanxi 710064）

Abstract：Advance geological prediction is an indispensable link in tunnel construction，and plays an important role in tunnel information construction，disaster prevention and safety protection. Compared with the drilling and blasting method，the TBM construction environment has speciality and complexity，which poses more challenges to the advanced geological prediction technology. Combined with the characteristics of TBM construction，analyze the difficulties of geological prediction in TBM construction environment，introduce advanced geological prediction technology applicable to TBM construction，analyze and compare its applicability to TBM construction；finally，through the summary of previous research results，tunnel TBM The development direction of construction advanced geological prediction is predicted.

Keywords：Tunnel engineering；TBM tunnel；Advanced geological prediction

0　引言

伴随着隧道建设科技的进步，隧道施工机械化得到了迅速的发展。TBM 施工技术应用近年来呈现出高速增长的势头，在我国水利水电、交通等领域应用日益广泛。相较于传统的

作者简介：余江珊（1996— ），女，硕士研究生，研究方向为隧道工程。

钻爆法，隧道掘进机（tunnel boring machine，TBM）施工方法具有"掘进速度快、施工扰动小、成洞质量高、综合经济社会效益高"等显著优势[1,2]。随着钻爆法人力成本的快速增加，未来 TBM 施工将成为我国隧道施工的优先选择。

TBM 施工方法是一种机械化程度很高、能进不能退的全断面施工技术，若在施工中突遇地质灾害，在无支护之前产生大量塌方、涌水、掉块，使机器被埋、被淹、被卡，将会出现进退两难，难以处理的局面[3,4]。为避免事故的发生，除提高勘察精度外，在隧道施工过程期间，及时进行超前地质预报对隧道掌子面前方地质条件进行准确预测，提前采取预防措施，避免灾害的发生。同时，TBM 施工环境具有其特殊性和复杂性，观测空间几乎被机械占满，庞大的机械金属系统产生复杂的电磁环境，导致一些在钻爆法中可用有效的超前地质预报技术根本无法适用于 TBM 施工环境中[5]。

总体而言，目前隧道 TBM 施工超前地质预报技术已经取得较大进步，但还存在一系列关键问题亟待突破。本文在前人研究的基础上，通过大量的国内外调研，总结了国内外 TBM 施工超前地质预报技术的现状和最新成果，预测未来的技术发展方向和趋势。

1 TBM 施工超前预报难点分析

由于 TBM 掘进机独特的空间结构，其对地质预报探测适应性要求较高，通常造成一些常规探测方法探测成本高昂、探测复杂、探测具有破坏性等问题，其对信号源、探测空间、布极可行性等均有限制，因此限制了这些预报方法的应用[6-8]。主要表现在：

（1）掌子面无法直接布置测线；

（2）空间狭小，需采用钻探测孔地质预报方法（如 TSP、TGP 等），操作不便且费时；

（3）如采用炸药震源激发的预报方法，应采用特殊处理，费时且存在安全风险；

（4）如选择在 TBM 后方进行探测，探测距离与精度无法保证；

（5）预报方法应布极简单、影响施工时间短等；

（6）TBM 在遭遇不良地质体时常常耗费大量时间进行处理，对较大不良地质体探查精度要求较高；

（7）TBM 掘进速度较快，短距离预报法无法较好地指导 TBM 掘进，实现预期效果。

因此，在选择 TBM 施工超前地质预报探测方法时，应充分考虑其适应性，选择高效且适应的探测方法，必将事半功倍。

2 TBM 施工超前地质预报技术

在 TBM 施工隧道超前探测方面，国内外研究者普遍认为 TBM 施工隧道的探测环境极为复杂，对地球物理超前探测方法的三维观测模式、抗干扰能力、前向感知能力和探测效率等提出了巨大挑战，使得钻爆法隧道中较为有效的探测方法无法成功适用于 TBM 施工隧道[9]。基于上述难题学者进行了大量的理论和应用研究，但理论进展与研究成果有待进一步提高。从全世界范围来看，目前专用于 TBM 隧道的超前探测技术仅有少数几种。

2.1 BEAM 技术

由德国 GD 公司开发的 BEAM（bore-tunneling-electrical-ahead monitoring）技术是一种

通过对岩层电阻率进行测试（激发极化法）来探知岩石质量、空洞和水体的物探方法[10]，也是唯一用于隧道前方含水情况探测的聚焦类激发极化法，分为单点聚焦和多点聚焦两类。它的最大特点是通过外围的环状电极发射一个屏障电流和在内部发射一个测量电流，以便电流聚焦进入要探测的岩体中，通过得到一个与岩体中孔隙有关的电能储存能力的参数 PFE（Percentage frequency effect）的变化，预报前方岩体的完整性和含水性，由此预报前方岩体的性状及含水情况。

BEAM 技术实现了探测仪器传感器与 TBM 装备的集成和一体化，可进行自动测量，工作效率较高。BEAM 技术最先用于 TBM 环境中的超前地质预报，而后发展到了钻爆法隧道中，如铜锣山隧道[11]。该技术在国外 TBM 施工环境中已经得到广泛运用，在国内锦屏引水隧洞 TBM 施工段[12] 和辽宁省大伙水库输水工程 TBM 施工段也得到成功的运用。

该技术重点探测富水情况，能较准确地探测断层、破碎岩体和溶洞。

2.2 ISIS 主动源地震超前探测技术

ISIS（Integrated seismic imaging system）主动源地震超前探测技术是由德国 GFZ 研发的一种利用气锤产生较强的重复脉冲信号，也可利用磁致伸缩震源产生重复的高分辨率信号，将三分量接收传感器安装在隧道的边墙上接收地震记录，从而实现隧道地震主动源超前探测的技术[13]（图 1）。同时，ISIS 采用走时层析成像的方法得到隧道开挖面前方及周围一定区

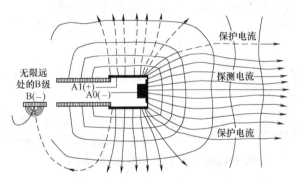

图 1 BEAM 技术原理示意图

域范围内反射强度的空间分布情况，并以此为基础对探测结果进行分析解释[14]。

该技术在国内 TBM 施工中已经开始运用，其重点探测断层、破碎岩体，能较准确探测溶洞、富水情况。

2.3 HSP 探测技术

HSP（horizontal sonic profile）探测技术是由中铁西南科学研究院自主研发的一种利用 TBM 掘进时，刀盘刀具切割岩石所产生的声波信号作为 HSP 声波反射法预报激发信号，采取阵列式布极，获取前方地层特征参数，来预报 TBM 施工前方地质条件的超前探测技术[15-17]（图 2）。

与传统主动激发震源的地震波探测方法相比，其可在 TBM 掘进过程中进行探测，不影

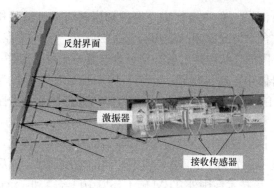

图 2　ISIS 探测示意图

响施工。同时，针对 TBM 施工环境的特殊性和复杂性，HSP 地质预报系统实现了震动信号多通道无线传输、提升了动态掘进过程中仪器设备抗干扰能力及宽频带弯扭式检波器，并开发了针对 TBM 环境噪声滤除、有用信号提取、反射成像等技术模块的软件。

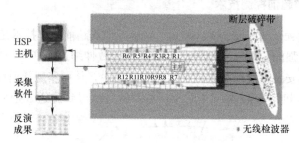

图 3　HSP 探测布极示意图

现阶段 HSP 也存在不足之处，因技术原因无法较好地实现与 TBM 设备融为一体，实现TBM 掘进的实时地质探测。

HSP 技术在国内 TBM 施工环境中开始广泛运用，如在引汉济渭工程 TBM 施工段[18]、兰渝铁路西秦岭特长隧道[19] 和辽宁省大伙房水库输水工程等工程中得到成功运用。该技术重点探测破碎带，能较准确地探测断层、溶洞和富水带的位置。

2.4　TSWD 技术

TSWD（tunnel sesmic while drilling）技术是由 Petronio[20,21] 等学者将石油测井中的随钻地震方法借鉴到 TBM 施工中所研发出来的探测技术。该技术是利用刀具破岩震动为震源，将地震波传感器安装在 TBM 护盾或隧道边墙上来测量地震反射信息的超前探测技术。由于破岩震源是非常规震源，所得到的地震记录无法用传统地震勘探的方法进行数据处理和解释，因此首先需要对地震记录进行前处理，将先导传感器和接收传感器记录的信号进行互相关处理，把破岩震动信号压缩成等效脉冲信号，然后按照常规震源地震记录处理方法进行处理。现目前这种 TBM 随钻超前探测技术还处于起步阶段，尚未进入工程实用阶段。

2.5　三维激发极化技术

三维激发极化（induced polarization，IP）超前地质预报方法是以不同隧道围岩间的激发极化效应（简称激电效应）差异和导电性差异为物性基础。通过对测量电极采集的电位数据进行反演，可以揭示隧道掌子面前方的导电性分布进而推断出围岩中的含水情况[22]。

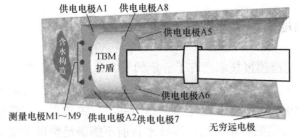

图 4　TBM 施工隧道中的多同性源观测模式

激发极化法应用到隧道超前预报领域面临的首要问题就是在隧道空间环境中探索合理的观测模式。三极法被较早用于隧道或矿井巷道超前探测，但该方法的观测数据易受到测线附近（即底板下方或边墙内）不均匀电性体的干扰。聚焦观测方式近年来被提出并得到重视[23,24]，对隧道腔体内的干扰有所压制。李术才等提出了一种多同性源阵列观测模式（图3），这种观测模式兼顾了三极测深探距大和聚焦观测抗干扰能力强的优势[25]。

该技术在隧道 TBM 施工中已得到成功验证，如吉林引松供水工程等，不过其仅能准确探测富水情况。

2.6　三维地震超前探测技术

三维地震超前预报方法是在隧道边墙激发地震波，地震波在岩体中传播，当遇到具有波阻抗差异的界面时，产生反射波和透射波。透射波通过界面进入前方介质继续传播，反射波则向后传播并被检波器接收。通过对接收的地震记录进行处理，可以获得前方的不良地质体特征。克服了传统地震波法地震定位不准确的难点，而且其观测系统也足够简洁，可用锤击作为震源，能有效运用于 TBM 施工环境。

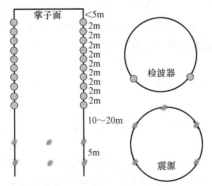

图 5　隧道地震超前地质预报示意图

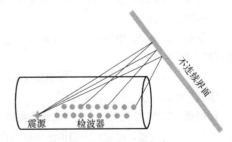

图 6　三维观测方式

三维地震技术是采用了三维观测方式（图5），该观测方式在 X、Y 和 Z 轴 3 个方向上都具有偏移距，有利于获得较全面的波场信息[26]。数据处理采用球面扩散补偿、频谱分析及带通滤波等方法，以提高地震记录的信噪比及分辨率等；同时采用基于 f-k 和 τ-p 的联合滤波方法，去除干扰波，实现纵、横波分离；最后，基于等旅行时成像原理进行偏移成像。通过分析成像结果，获得掌子面前方不良地质（断层、破碎带等）的性质、位置及规模。

3 TBM 施工超前地质预报的发展方向

目前 TBM 施工超前预报技术已有了一定的发展，但仍有很多方面需要进一步的深入研究。TBM 施工环境要求超前预报技术与设备须满足定量化、简单化、快速化、自动化、集成化、可视化的更高要求，这应是以后研究者攻关的重点和热点问题。同时，任何一种物探方法都不是万能的，单一的探测技术目前不能满足精确预报的需求，应该充分利用不同物探设备各自的特点，相互配合验证，发展综合超前地质预报技术，超前预报与地质分析、地质跟踪相结合，不断提高 TBM 施工超前地质预报水平。

4 结论

超前地质预报是避免施工灾害事故、提高隧道科学化信息化施工水平的有效手段，目前的 TBM 施工超前地质预报尚处于技术的发展阶段，各方面还有待进一步完善。

分析了隧道 TBM 施工环境超前地质预报的难点，对几种现有的 TBM 施工超前探测技术进行了对比分析，探讨了各自的特点和对 TBM 施工的适应程度。

对 TBM 施工超前地质预报发展趋势进行预测，总结其方向应是对目前 TBM 施工隧道超前地质预报技术与设备进行完善和突破，建立 TBM 施工综合超前预报技术体系，减少单一预报手段局限性。

参考文献

[1] 钱七虎，李朝甫，傅德明. 隧道掘进机在中国地下工程中应用现状及前景展望 [J]. 地下空间，2002（1）：1-11＋93.
[2] 张镜剑，傅冰骏. 隧道掘进机在我国应用的进展 [J]. 岩石力学与工程学报，2007（2）：226-238.
[3] 尚彦军，杨志法，曾庆利，等. TBM 施工遇险工程地质问题分析和失误的反思 [J]. 岩石力学与工程学报，2007（12）：2404-2411.
[4] 苏华友，张继春，史丽华. TBM 通过不良地质地段的施工技术 [J]. 岩石力学与工程学报，2005（9）：1635-1638.
[5] 李术才，刘斌，孙怀凤，等. 隧道施工超前地质预报研究现状及发展趋势 [J]. 岩石力学与工程学报，2014，33（6）：1090-1113.
[6] 田明禛. TBM 机载激发极化超前地质预报仪的研制与工程应用 [D]. 济南：山东大学，2016.
[7] 刘绍宝，张应恩，周如成. 超前地质预报在 TBM 施工中的应用 [J]. 现代隧道技术，2007（3）：35-41＋49.
[8] 周小宏. TBM 施工隧洞中超前地质预报研究 [D]. 武汉：武汉大学，2005.
[9] 丁建敏. TBM 施工隧洞的地质超前预报方法的选择 [J]. 水利水电工程设计，2003（1）：9-10.
[10] 杨卫国，王立华，王力民. BEAM 法地质预报系统在中国 TBM 施工中应用 [J]. 辽宁工程技术大学学报，2006（S2）：161-162.
[11] 朱劲. 超前地质预报新技术在铜锣山隧道的应用及综合分析研究 [D]. 成都：成都理工大学，2007.

［12］ 吴国晓. 锦屏二级水电站辅助洞超前地质预报技术研究 ［D］. 南京：河海大学，2007.

［13］ BORMG，GIESER，OTTOP，et al. Integrated seismic imaging system for geological prediction during tunnel construction ［C］//Proceedings of 10th ISRM Congress，International Society for Rock Mechanics. ［S. l.］：［s. n.］，2003：137-142.

［14］ 熊浩森，朱斌. 巴基斯坦尼鲁姆杰鲁姆水电项目 TBM 超前地质预报系统 ［J］. 土工基础，2017，31（3）：378-382.

［15］ 胡庸. HSP 超前地质预报技术在隧道工程中的应用 ［J］. 现代隧道技术，2013，50（3）：136-141.

［16］ 杨词光，吴丰收，李天斌，等. HSP 法在隧道超前地质预报中的应用 ［J］. 铁道建筑，2012（6）：82-83.

［17］ 李苍松. 适合于 TBM 施工的 HSP 声波反射法地质超前预报 ［C］//中国地质学会工程地质专业委员会. 第八届全国工程地质大会论文集，中国地质学会工程地质专业委员会：工程地质学报编辑部，2008.

［18］ 卢松，李苍松，吴丰收，等. HSP 法在引汉济渭 TBM 隧道地质预报中的应用 ［J］. 隧道建设，2017，37（2）：236-241.

［19］ 叶智彰. HSP 声波反射法地质超前预报在西秦岭特长隧道 TBM 施工中的应用 ［J］. 铁道建筑技术，2011（7）：94-98.

［20］ KNEIB G，KASSEL A，LORENZ K. Automatic seismic prediction ahead of the tunnel boring machine ［J］. First Break，2000，18（7）：295-302.

［21］ PETRONIO L，POLETTO F. Seismic-while-drilling by using tunnel boring machine noise ［J］. Geophysics，2002，67（6）：1798-1809.

［22］ 刘斌，李术才，李建斌，等. TBM 掘进前方不良地质与岩体参数的综合获取方法 ［J］. 山东大学学报（工学版），2016，46（6）：105-112.

［23］ 阮百尧，邓小康，刘海飞，等. 坑道直流电阻率超前聚焦探测新方法研究 ［J］. 地球物理学报，2009，52（1）：289-296.

［24］ 柳建新，邓小康，郭荣文，等. 坑道直流聚焦超前探测电阻率法有限元数值模拟 ［J］. 中国有色金属学报，2012，22（3）：970-975.

［25］ 李术才，聂利超，刘斌，等. 多同性源阵列电阻率法隧道超前探测方法与物理模拟试验研究 ［J］. 地球物理学报，2015，58（4）：1434-1446.

［26］ 宋杰. 隧道施工不良地质三维地震波超前探测方法及其工程应用 ［D］. 济南：山东大学，2016.

二、设计计算方法

紧邻待穿越隧道的既有历史建筑基础托换设计与实践

吴江斌，苏银君，胡耘，王卫东

（华东建筑设计研究院有限公司 上海地下空间与工程设计研究院，上海 200002）

摘 要： 随着城市轨道交通日益发达，在既有建筑下方或附近穿越地铁隧道将无法避免。尤其是对于带有安全隐患的历史保护建筑，如何保护建筑的安全是地铁隧道施工的核心问题之一，本文以上海某历史建筑下穿越地铁隧道为例，从上部结构基础竖向托换技术角度，对地铁隧道施工对上部结构的影响进行分析计算。背景工程地下 1 层、地上 5 层，拟在既有建筑下方穿越地铁隧道埋深约 30m，距离建筑最近约 0.4m。基于施工净空条件的限制，以及托换构件入土深度的要求，提出采用低净空条件下的锚杆静压桩技术作为上部结构的竖向托换构件。对既有建筑加固前后进行了计算分析。本文工作可为其他类似既有建筑下穿地铁隧道提供借鉴和参考。

关键词： 历史建筑；盾构隧道；基础加固

Design and Practice of Foundation Underpinning of Existing Historic Buildings Close to the Tunnel to be Crossed

Wu Jiangbin，Su Yinjun，Hu Yun，Wang Weidong

(Shanghai Underground Space Engineering Design & Research Institute，East
China Architecture Design & Research Institute Co.，Ltd.，Shanghai 200002，China)

Abstract： With the development of urban rail transit，it is inevitable to cross the subway tunnel under or near the existing buildings. Especially for historic buildings with potential safety hazards，how to protect the safety of buildings is one of the core issues of subway tunnel construction. Taking a historic building in Shanghai as an example，this paper analyzes and calculates the impact of subway tunnel construction on the superstructure from the perspective of vertical underpinning technology of superstructure foundation. The background project has 1 floor underground and 5 floors above ground. It is planned to cross the subway tunnel under the existing building，with the buried depth of about 30m and the nearest distance of about 0.4m. Based on the limitation of construction clearance conditions and the requirement of the depth of underpinning components into the soil，the anchor static pressure pile technology under low clearance conditions is proposed as the vertical underpinning component of the superstructure. The calculation and analysis of the existing building before and after reinforcement are carried out. The work of this paper can provide reference for other similar existing buildings under the subway tunnel.

Keywords： Historical buildings；Shield tunnel；Foundation reinforcement

基金项目：上海市青年科技启明星计划：(18QB1400300) 资助。

0 概述

截至 2020 年 12 月 31 日，我国累计有 45 个城市开通城轨交通运营线路 7978km，主要是为了缓解老旧城区的交通拥堵。但在老旧城区中往往存在大量砖混结构的历史建筑物，其中不乏重点保护建筑物，这些建筑物建成年代久远，在经历了风化、地震、不正当改造、周边基坑施工等影响后，已发生了开裂、倾斜等状况，无法继续承受较大的不均匀沉降。而在土层固结时间长且触变性大的软土地区，建筑物对不均匀沉降的适应能力更差，极易开裂甚至倒塌。因此，当软土地区盾构隧道邻近历史建筑顶进施工时，建筑物的主动保护显得尤为重要。

紧邻既有建筑施工地铁隧道面临诸多关键技术问题，一般从隧道掘进过程的施工参数加以控制，比如掘进压力、注浆压力、掘进速度等。但对建筑本身的主动预加固研究较少，尤其对于重要的保护建筑更加值得关注。本文拟结合上海某历史建筑下即将穿越地铁隧道施工实际需求，对既有建筑结构进行主动托换设计，并开展对上部结构的影响分析。

1 背景工程概况

1.1 建筑、结构概况

该历史建筑建造于 20 世纪初（图 1），总面积约 5705m²，呈方形布置。为地下 1 层、地上 5 层砖木结构，竖向主要由纵横墙体＋钢柱承重，楼屋盖为木结构和压型钢板组合楼盖，为上海市第四批优秀历史建筑，保护类别为三类。

房屋承重墙采用黏土红砖、石灰砂浆砌筑，地下一层至一层墙厚为 700mm，二层墙厚为 500mm，三至五层墙厚为 370mm。

基础形式为砖砌大放脚条形基础，外砖墙下大放脚单侧扩展宽度 260～330mm，基础埋深 0.92～1.38m。基础平面、剖面见图 2、图 3。

图 1　既有建筑立面图

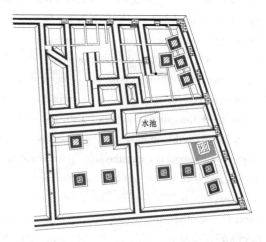

图 2　条形基础平面布置图

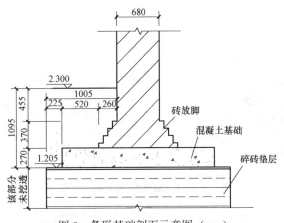

图 3　条形基础剖面示意图（mm）

经专业房屋质量检测机构的完损检测，被检测房屋存在承重墙体局部开裂、墙砖局部风化、楼面和外墙渗漏水、木构件腐朽、内粉刷受潮、内粉刷空鼓开裂等损坏现象。

建筑外墙棱线在南北方向的实测倾斜率为向北倾斜 2.81‰～12.93‰，向北平均倾斜率为 6.6‰；在东西方向的倾斜率为 -1.41‰（向西）～6.47‰（向东），平均倾斜率为向东 3.3‰。西北角沉降较大，与东南角相比，二层装饰线约低 400mm。从 2013 年至今北外墙各测点沉降约 80mm，南外墙各测点沉降约 25mm，差异沉降显著。

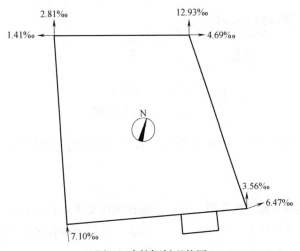

图 4　建筑倾斜现状图

1.2　与地铁隧道的关系

待施工地铁区间隧道的埋深约为 30m，距离东楼东北角的最小水平距离仅为 0.4m。区间隧道采用内径为 5900mm，外径为 6600mm，厚 350mm 的钢筋混凝土管片，管片宽度为 1.2m。

建筑紧邻待穿越的地铁盾构区间隧道，并结合房屋检测报告，房屋存在明显的不均匀沉降和倾斜，以及由不均匀沉降引发的裂缝，房屋安全鉴定评级为 Csu，现状不能满足盾构推

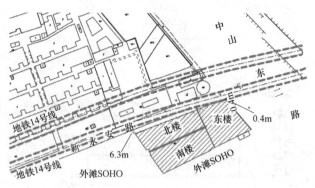

图 5　地铁与建筑距离平面示意图

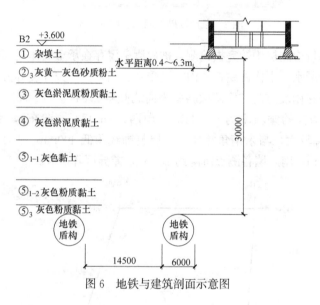

图 6　地铁与建筑剖面示意图

进要求，存在较大的风险，应立即对建筑进行抢险加固处理，控制房屋的沉降。

1.3 地层条件

本项目地层属滨海平原地貌类型，地基土属软弱场地土，自地表下 100m 深度范围内所揭露的土层主要由饱和黏性土、粉性土和砂土组成。地层分布表如表 1 所示。

表 1

场地土层主要物理力学指标

土层层号	土层名称	重度 (N/m³)	黏聚力 (kPa)	内摩擦角 (°)	比贯入阻力 (MPa)
①₁	杂填土				
①₂	素填土				
②	褐黄色粉质黏土	18.2	16	18	0.65
③	灰色淤泥质粉质黏土	17.5	11	17	0.55
③夹	灰色黏质粉土	18.5	5	31	1.43
④	灰色淤泥质黏土	16.8	11	12	0.61

土层层号	土层名称	重度 (N/m³)	黏聚力 (kPa)	内摩擦角 (°)	比贯入阻力 (MPa)
⑤₁ₐ	灰色黏土	17.5	13	14	0.77
⑤₁ᵦ	灰色粉质黏土	18	15	18.5	1.10
⑤₃	灰色粉质黏土夹砂	18.1	13	22.5	1.78
⑤₄	灰绿色粉质黏土	19.6	39	21.5	2.75
⑦₁	灰绿色黏质粉土	19.2	7	33	7.30

2 既有建筑基础托换加固流程

结合上述背景，建筑的加固将分两阶段实施：

第一阶段（应急抢险加固阶段）：对既有建筑进行必要的基础托换加固，保证地铁施工阶段上部结构的整体安全；

第二阶段（恢复修缮加固阶段）：在地铁施工完成后对既有建筑进行全面恢复修缮加固。

既有建筑基础托换加固流程为：开挖至夹墙梁底→原有基础侧面与夹墙梁接触面凿毛→周边围护体施工→连系梁位置钻孔，插入型钢，及时采用早强灌浆料灌注孔洞→绑扎托换梁钢筋，浇筑混凝土，与型钢连系梁形成整体→施工锚杆静压桩→锚杆静压桩预应力封桩，完成基础托换加固。

外侧基槽开挖深度约为 2m，采用槽钢 25c@1000 进行支护，钢材牌号为 Q235B。槽钢插入地表以下 5m，槽钢间应设模板挡土。

3 既有建筑基础托换加固设计

3.1 基础托换梁体系设计

基础托换梁体系由墙体两侧的夹墙梁、贯穿墙体的连系梁及抱柱板组成，上部结构荷载通过双侧夹墙梁与墙体之间的摩擦力及连系梁传递给托换体系。连系梁同时起到拉紧两侧夹墙梁的作用。原建筑北楼上部结构经过改造后，2～6 层跨度较大，荷载主要传递至外围墙体。因此夹墙梁沿外围布置，内部局部荷载较大的墙柱区域设置抱柱板。

夹墙梁采用 0.8m×0.7m（宽×高）钢筋混凝土梁。连系梁采用工 36a 工字钢，布置间距 0.5～1.2m，锚入地梁内≥500mm。抱柱板采用 0.5m 厚钢筋混凝土板。底部设置 100mm 厚 C20 素混凝土垫层，垫层伸出夹墙梁外 100mm。

基础托换梁体系施工时预留压桩孔，并预埋锚杆。压桩孔呈顶口小、底口大的锥形，顶口为 330mm×330mm 的正方形，底口为 380mm×380mm 的正方形。每个压桩孔周围埋设 6M30 锚杆，锚杆锚入夹墙梁内深度不小于 15d。

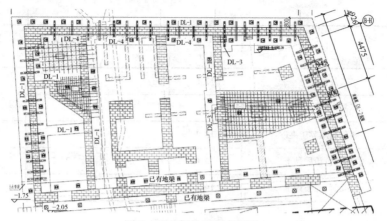

图 7 基础托换平面布置图

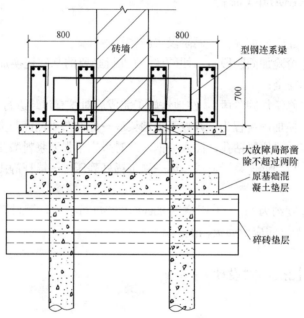

图 8 基础托换典型剖面图

图 9 托换梁体系现场施工图

3.2 锚杆静压桩设计

本工程拟采用锚杆静压钢管桩进行托换，最大限度减小挤土效应和对上部结构的影响。

加固设计从沉降控制复合桩基的思路出发，考虑新增钢管桩与原有地基土共同承担上部结构荷载。新增钢管桩按上部荷载的 50％ 进行设计，即新增钢管桩在极限状态下可完全承担东楼北侧上部结构荷载。桩基布置于地梁上，通过托换梁体系支承上部结构荷载，从荷载传递的角度，新增桩基离墙体越近越好，但在桩位布置中还要考虑钢管桩锚杆静压的施工空间。因此，本工程新增钢管桩间的间距皆大于 3 倍桩径，桩与基础墙体的净距不小于 200mm。

锚杆静压桩（图 11）采用 ϕ273mm 钢管桩，壁厚 8mm，敞口桩，钢材为 Q235B。钢管桩内填充 C30 微膨胀细石混凝土。北侧邻近待地铁区间隧道区域及中部局部区域，桩长 26m，桩尖持力层位于⑤$_{1b}$ 层土，单桩承载力特征值为 350kN，共 35 根；其他区域锚杆静压桩桩长 34m，桩尖持力层位于⑤$_3$ 层土，单桩承载力特征值为 450kN，共 34 根。

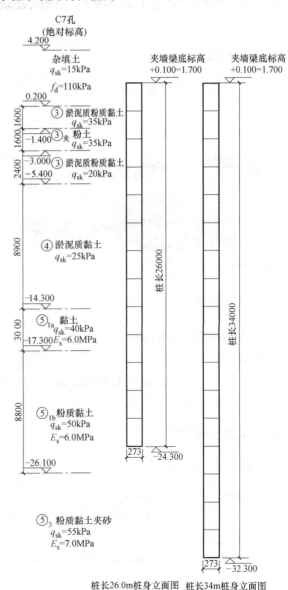

图 11 锚杆静压桩立面示意图

图 10 锚杆静压桩现场施工图

压桩反力架提供的压桩力需不得小于 920kN。静压锚杆钢管桩施工以有效桩长控制为主，压桩力为辅的原则，桩尖应达到设计深度，且压桩力不小于设计单桩承载力的 1.5 倍时的持续时间不小于 5min 时，可终止压桩。锚杆静压桩采用预应力封桩的方法，减小后期桩基的沉降。

本工程桩基施工时，由于地下室空间净高较低，压桩条件受限，需对上一层楼板进行局部开孔后，方可施工，因此需要对 1 层做好施工措施，确保施工阶段的楼板安全，并对楼板开洞后进行及时修补。

4 地铁盾构隧道施工对无基础托换的建筑影响分析

4.1 分析模型

采用岩土工程专业有限元软件 Plaxis，考虑最不利的地铁盾构隧道施工工况，对地铁盾构施工过程进行数值模拟（图 12）。通过对计算剖面的简化，建立平面应变有限元模型进行数值模拟计算，对地铁盾构隧道施工过程产生的附加变形进行预测分析。主要简化如下：

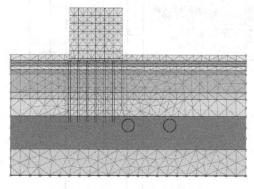

图 12　计算模型

（1）初始应力场的模拟：根据勘察报告提供的不同土层剖面，考虑不同的土体分层条件和重度，计算地铁盾构隧道施工前土体初始应力场分布。同时模拟了原有建筑物对初始应力场等的影响。

（2）连续介质的模拟：有限元数值计算中土体采用硬化弹塑性模型，同时采用 Goodman 接触单元考虑了土体和地下结构之间的相互作用。

（3）地铁盾构隧道施工过程的模拟：通过有限元软件的"单元生死"模拟盾构施工、管片施工的施工过程。

4.2 计算分析工况

计算分析工况详见表 2。

计算工况	表 2
Step 1	初始地应力场计算
Step 2	建筑对地应力场的影响模拟
Step 3	盾构推进过程对地应力场的影响模拟
Step 4	管片安装完成对地应力场的影响模拟

4.3 计算分析结果

图 13、图 14 为地铁盾构隧道施工完成后的土体和建筑的位移计算结果。

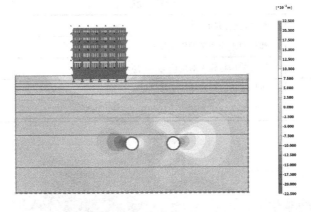

图 13　土体水平位移云图（mm）

（建筑最大水平位移 5mm→）

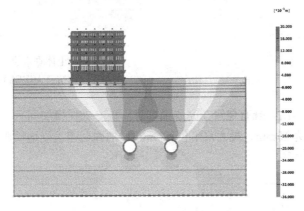

图 14　土体垂直位移云图（mm）

（建筑最大沉降 25mm↓）

从计算结果可以看出，未加固的既有建筑在地铁盾构隧道穿越后的最大沉降为 25mm，最大水平位移 5mm，宜采用桩基础进行托换加固。

5　地铁盾构隧道施工对基础托换后的建筑影响分析

5.1　分析模型

分析模型基本同基础托换前的模型，另外增加锚杆静压桩的模拟。

5.2　计算分析工况

计算分析工况详见表 3。

5.3　计算分析结果

图 15、图 16 为地铁盾构隧道施工完成后的土体和建筑的位移计算结果。

Step 1	初始地应力场计算
Step 2	建筑对地应力场的影响模拟
Step 3	锚杆静压桩施工对地应力场的影响模拟
Step 4	盾构推进过程对地应力场的影响模拟
Step 5	管片安装完成对地应力场的影响模拟

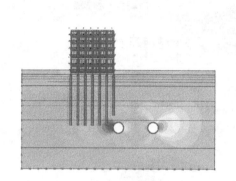

图 15　土体水平位移云图（mm）
（建筑最大水平位移 2mm→）

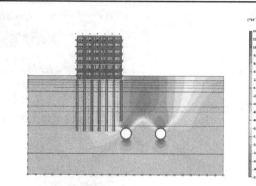

图 16　土体垂直位移云图（mm）
（建筑最大沉降 13mm↓）

从计算结果可以看出，既有建筑在完成锚杆静压桩基础托换加固后，地铁盾构隧道穿越引起的建筑最大沉降为 13mm，最大水平位移 2mm，加固后建筑受地铁盾构隧道施工的影响较小。

6　房屋沉降控制结果

自 2020 年 3 月底至目前，该建筑经受住了锚杆静压桩托换加固施工（工后拖带沉降）的影响、紧接着西侧邻近 6 层建筑拆除重建（先卸载后加载、打桩振动、北侧道路作为临时材料堆场、施工通道等）的影响、再接着地铁隧道穿越施工（盾构顶进、注浆加固等）的叠加影响，建筑北墙共沉降约 4cm。根据沉降时程结果分析可知，3 大影响因素导致的沉降各占 1/3。截至目前地铁隧道已完成穿越，西侧邻近建筑已结构封顶，本建筑沉降也已趋于稳定。第二阶段将根据最新检测结果和历史保护要求，对建筑进行修缮改造。

7　结论与建议

随着城市轨道交通的普及，地铁隧道穿越既有建筑带来的不均匀沉降问题得到越来越多的关注。本文结合紧邻上海某历史建筑穿越地铁隧道，针对既有建筑下增设基础托换技术开展了详细介绍，并对既有上部结构的影响进行了分析计算，变形相对于未基础托换的情形有明显改善，并在可控范围内。

低净空条件下的锚杆静压桩托换技术，通过改变既有建筑基础形式，将上部荷载传递到深层土体，可有效地提高上部建筑抵抗沉降的能力。可为类似邻近既有建筑下穿越盾构隧道甚至增加地下空间设计提供参考。

参考文献

[1] 余涛. 地铁区间盾构下穿密集房屋群的三维有限元分析 [J]. 广东土木与建筑，2020，27（2）：38-42，58.

[2] 谢东武，葛世平，丁文其. 某基于局部刚度修正法的盾构隧道下穿历史保护建筑数值模拟分析 [J]. 现代隧道技术，2018，55（3）：121-129.

[3] 郝晟敏. 保护建筑的预加固措施对控制基坑周边房屋沉降的影响 [J]. 建筑施工，2020，42（6）：931-940.

[4] 秦东平，何平，赵永正，等. 地铁施工前邻近砌体建筑物的结构安全性分析 [J]. 中国铁道科学，2012，33（4）：45-50.

天津软土地区基坑工程斜直交替支护技术应用

李刚[1]，刘永超[*1,2]，陆鸿宇[1]，季振华[1]，王淞[2]，刘冲[2]

（ 1. 天津建城基业集团有限公司，天津 300301；2. 天津城建大学，天津 300384）

摘　要：对于软土地区而言，基坑支护形式的选择显得尤为重要，通常需要设置内支撑来满足基坑安全性、稳定性等各项要求，无支撑支护结构是不设置内支撑或锚杆就能满足基坑变形和稳定控制要求的桩（墙）式支护结构。与竖直支护桩相比，桩体与竖直方向呈一定角度倾斜设置形成倾斜支护桩，从而能够在相同条件下减小排桩的变形与内力。本文基于斜直交替支护技术应用实例，结合基坑工程监测数据，进行了相关的分析和探讨。

关键词：斜直交替支护；支护桩桩顶位移

The Application of Inclined-vertical Retaining Technology for Excavation Engineering in Tianjin Soft Soil Areas

Li Gang[1]，Liu Yongchao[*1,2]，Lu Hongyu[1]，Ji Zhenhua[1]，Wang Song[2]，Liu Chong[2]

（1. Tianjin Jiancheng Foundation Industry Group Co.，Ltd.，Tianjin 300301，China；2. Tianjin Chengjian University，Tianjin 300384 China）

Abstract：For soft soil area，the choice of retaining and protection for excavations form is particularly important. Strut is usually needed to meet the safety and stability requirements of the excavations. Retaining structure without structor anchor is a pile（wall）type supporting structure that can meet the deformation and stability control requirements of the excavations without internal bracing or anchor. Compared with the vertical retaining pile，the inclined retaining pile is set at a certain Angle with the vertical direction，so that the deformation and internal force of the row pile can be reduced under the same conditions. In this paper，based on the application of inclined-vertical retaining structure，combined with the monitoring data of excavations，the relevant analysis and discussion are carried out.

Keywords：Inclined-vertical retaining；Pile tip displacement of retaining and protection pile

0　引言

在天津滨海软土地区，基坑工程通常需要设置支护桩加内支撑来满足基坑安全稳定要求。但在大面积基坑中布置水平支撑，不仅增加造价，而且限制了施工空间，延滞工期。郑刚等提出新型的倾斜桩支护形式，无需水平支撑，用适当角度的倾斜单排桩代替竖直单排桩作为基坑支护结构,从而能够在相同条件下减小排桩的变形与内力[1,2],郑刚等[3]还通过数值模拟提出了基坑斜-直交替支护桩的 3 个工作机理效应:刚架效应、斜撑效应和重力效应。斜直交替支护技术能省去水平支撑,经济效益显著,加快施工速度,并且可以有效地减小支护结构土压力,控制桩身受力与位移[4,5]。

目前,斜直交替支护技术已成功应用于多项工程,本文基于其中一项工程实例,结合基坑工程监测数据,对处于动载及超载情况下的斜直交替支护体系,进行了相关的分析和探讨,验证其稳定性及优越性,并为类似工程积累了相关经验。

1 工程概况

1.1 工程概况及周边环境

本工程位于天津市东丽区,基坑面积约 26500m²,周长约 790m,基坑开挖深度 5.2~6.3m,基坑安全等级为三级。

基坑东侧:地下室基础距离红线 17~20m,红线内施工道路宽约 6m,道路标高为建筑标高−0.250m,道路自北向南标高降低至建筑标高−1.350m,道路边线距离地下室基础 7.75m。

东南角:地下室基础自外墙外扩 0.5m,距离红线 4.63m,红线位置邻近已建成小区道路边线;地库基础距离小区建筑物 16.39m(预制方桩基础、一层地下室,埋深约 5m)。红线位置为 1 条 DN200 给水管,埋深 1.6m,距离地库基础最近 4.63m;中水管线距离地库基础 10.13m;污水管线距离地库基础 13.23m。

基坑西侧、北侧西部为正在施工小区(钻孔灌注桩基础,一层地下室,埋深 5m,有与本项目连接的通道);基坑南侧、北侧东部红线外为空地。

1.2 工程地质概况

本场地地基土按成因年代主要分为以下几层:人工填土层(Q_4^{ml})、新近冲积层(Q_4^{3Nal})、全新统中组海相沉积层(Q_4^{2m})、全新统下组沼泽相沉积层(Q_4^{1h})、全新统下组陆相冲积层(Q_4^{1al})、上更新统第五组陆相冲积层(Q_3^{eal})、上更新统第三组陆相冲积层(Q_3^{cal})、上更新统第二组海相沉积层(Q_3^{bm})、上更新统第一组陆相冲积层(Q_3^{aal})。土层物理力学参数见表 1。

土层物理力学指标 表 1

土层名称	层厚 (m)	含水率 $w(\%)$	重度 γ (kN/m³)	压缩模量 E_s (MPa)	直剪快剪标准值		固结快剪标准值		渗透系数	
					黏聚力 c (kPa)	内摩擦角 $\varphi(°)$	黏聚力 c (kPa)	内摩擦角 $\varphi(°)$	k_V (cm/s)	k_H (cm/s)
①₂ 素填土	2	28.5	19	4.6	12	5.39	12.48	6.03	$1.06×10^{-7}$	$3.50×10^{-7}$
③₁ 黏土	1.5	35.9	18.5	3.8	11.45	4.9	17	7.07	$3.76×10^{-8}$	$4.52×10^{-8}$
⑥₂ 淤泥质黏土	3.8	44.4	17.7	2.9	6.2	5.72	13.51	7.61	$1.42×10^{-7}$	$1.85×10^{-7}$
⑥₄ 粉质黏土	6.7	28.4	19.3	4.8	12.52	12.76	14.7	16.1	$2.34×10^{-6}$	$4.58×10^{-6}$

土层名称	层厚 (m)	含水率 $w(\%)$	重度 γ (kN/m³)	压缩模量 E_s (MPa)	直剪快剪标准值		固结快剪标准值		渗透系数	
					黏聚力 c (kPa)	内摩擦角 $\varphi(°)$	黏聚力 c (kPa)	内摩擦角 $\varphi(°)$	k_V (cm/s)	k_H (cm/s)
⑦粉质黏土	1.3	29.2	19.4	5.5	11.67	8.03	15.64	8.5	4.34×10^{-6}	5.61×10^{-6}
⑧₁粉质黏土	7.2	24	20.1	5.4	12.32	12.61	17.23	19.41	4.30×10^{-6}	4.95×10^{-6}

注:⑧₁ 用 $⑧_1$ 表示

1.3 基坑支护设计方案

由于地库轮廓不规则,导致基坑设置支撑难度较大,在前期设计中比选了双排桩悬臂和斜直桩交替支护两种方案。

方案一:双排钻孔灌注桩悬臂方案。该方案东侧与东南侧方案如表2所示。

方案二:斜直桩交替支护方案。该方案东侧与东南侧方案如表3所示。

两种支护方案的造价、工期对比结果如表4所示。

双排钻孔灌注桩悬臂方案　　　　　　　　　　　　　表2

位置	坑深(m)	支护形式				止水帷幕	
		桩径(mm)	桩长(m)	前排间距 (mm)	后排间距 (mm)	桩型及间距 (mm)	桩长 (m)
东南侧	5.9	900	14.5	1100	2200	双轴水泥土搅拌桩 $\phi700@1000$	10
东侧	6.3	700	14	900	1800		6
北侧	4.8~5.1	700	14	900	1800		6
西侧及南侧	5.2	钢板桩	12	1000		不设帷幕的部位采用打设降水井外降水的止水形式	

斜直桩交替支护方案　　　　　　　　　　　　　表3

位置	坑深 (m)	支护形式				止水帷幕	
		桩型	斜直交替支护桩长 (m)	转角支护桩长(m)	布桩间距(mm)	桩型及间距 (mm)	桩长 (m)
东南侧	5.9	预应力混凝土矩形支护桩 PHR-375 ×500	15(斜15°)+15(直)	15	500	双轴水泥土搅拌桩 $\phi700@1000$	10
东侧	6.3		15(斜15°)+13(直)	15	600		6
北侧	4.8~5.1		13(斜15°)+13(直)	13	750		6
西侧及南侧	5.2	钢板桩	12		1000	不设帷幕的部位采用打设降水井外降水的止水形式	

两种方案造价、工期对比　　　　　　　　　　　　表4

支护方案	双排钻孔灌注桩	斜直桩交替支护	比例
造价(万元)	658.7	541.4	1:0.82
施工工期(d)	54	30	1:0.56

该基坑支护设计最终采用斜直交替的支护方案,并通过专家论证。

基坑东南侧为已建小区，且存在供排水管线，该侧为本项目重点保护部位。采用预应力混凝土矩形支护桩斜（倾角 15°）PHR-375×500－15m＋直 PHR-375×500－15m 交替布置，间距 500mm，基坑转角采用 PHR-375×500－15m 直桩及冠梁，并设置 700mm×800mm 钢筋混凝土角撑。

基坑东侧为施工道路，基坑轮廓不规则。采用预应力混凝土矩形支护桩斜（倾角 15°）PHR-375×500－15m＋直 PHR-375×500－13m 交替布置，间距 600mm；根据基坑轮廓及基础外扩，基坑转角采用 PHR-375×500－15m 直桩及冠梁，并设置 700mm×800mm 钢筋混凝土角撑。

基坑北侧采用预应力混凝土矩形支护桩斜（倾角 15°）PHR-375×500－13m＋直 PHR-375×500－13m 交替布置，间距 750mm，基坑转角采用 PHR-375×500－13m 直桩及冠梁，并设置 700mm×800mm 钢筋混凝土角撑。

基坑外排设置双轴水泥搅拌桩 $\phi700@1000$mm 止水帷幕。

基坑西侧、南侧坑深为 5.2m，场地较为宽松，故采用二级放坡＋钢板桩抗滑的形式。

现场施工照片如图 1 所示。

图 1　现场施工照片

1.4　水平反力计算

基底以下斜桩穿越土层参数如表 5 所示。

表 5

土层参数

地层编号	岩性	预制桩		土层厚度(m)
		q_{sik}(kPa)	q_{pk}(kPa)	
⑥₂	淤泥质黏土	20		1.00
⑥₄	粉质黏土	34		6.70
⑦	粉质黏土	42		1.30
⑧₁	粉质黏土	52	500	1.18

变形内力包络图如图 2 所示。

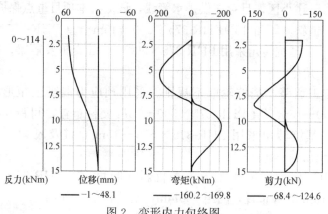

图 2 变形内力包络图

通过变形内力包络图可以看出，水平支撑反力最大为 114kN/m。

斜桩反力计算如下：

$C = (0.5 + 0.375) \times 2 = 1.75\text{m}$

$A = 0.5 \times 0.375 = 0.1875\text{m}^2$

$Q_{uk} = 1.75 \times (1.00 \times \sec15° \times 20 + 6.70 \times \sec15° \times 34 + 1.30 \times \sec15° \times 42 + 1.18 \times \sec15° \times 52) + 0.1875 \times 500$

$\qquad = 753.62\text{kN}$

$$R_a = Q_{uk}/2 = 376.81\text{kN}$$

根据《建筑桩基技术规范》JGJ 94—2008 中公式（5.7.2-2）计算单桩水平承载力特征值 R_{ha} 为 41.69kN。

水平反力：$376.81\text{kN} \times \sin15° + 41.69\text{kN} = 139.22\text{kN} > 114\text{kN/m} \times 1.2\text{m} = 136.8\text{kN}$（水平支撑反力）

满足要求。

2 开挖及监测数据

本基坑土方开挖采用分层退台开挖，整体分为两步开挖，第一步开挖至冠梁底标高，第二步开挖至基坑底部，开挖整体由北向南开挖。在基坑开挖过程中，分别对桩顶水平位移、周边建筑物沉降、管线沉降以及坑外水位进行了监测。

用于监测斜直交替支护结构与直桩＋角撑支护结构的水平位移监测点共有 19 个点，其中点 SP4～SP17 位于场地东侧靠近施工道路一侧，点 SP18～SP22 位于场地东南侧靠近小区一侧，监测点间距不大于 20m。

开挖实景如图 3 所示；总平面布置图及监测布点平面布置图如图 4 所示；东侧支护剖面如图 5 所示。

图 3 开挖实景图

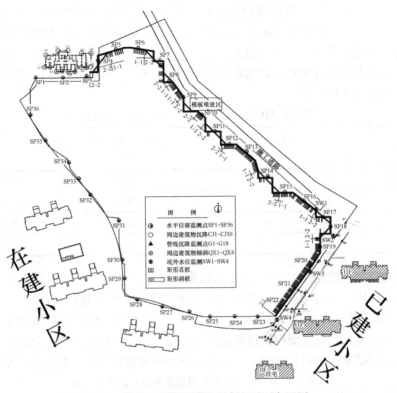

图 4　总平面布置图及监测布点平面布置图

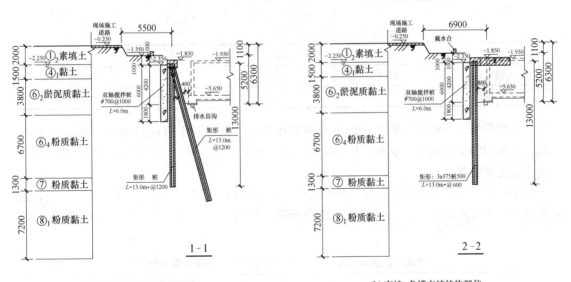

(a) 直斜桩交替支护结构部位

(b) 直桩+角撑支护结构部位

图 5　东侧支护剖面示意图

3　监测数据分析

开挖过程中，监测点 SP11、SP12、SP13、SP14 单日最大桩顶水平位移及累计桩顶水平位移如表6所示，实测数据与施工道路荷载25kPa计算内力变形基本吻合。其中点SP11、SP14支护形式为直桩＋角撑，点SP12、SP13支护形式为斜直交替组合，根据实测数据分析，在坑外荷载相同的情况下，直桩＋角撑支护结构抵抗变形能力略强于斜直交替支护结构，但由于斜直交替支护结构不需要拆撑，从工期及成本方面，斜直交替支护结构优于直桩＋角撑支护结构。

荷载为25kPa时单日最大位移和最大累计位移   表6

监测点号	单日桩顶水平位移（最大值）(mm)	桩顶累计水平位移（mm）	支护形式
SP11	6.3	48.5	直桩＋角撑
SP12	4.6	59.4	斜-直交替
SP13	6.8	51.4	斜-直交替
SP14	3.9	48.0	直桩＋角撑

基坑自北向南开挖过程中，6月24日监测点SP8、SP9、SP10单日桩顶水平位移突然增大超出报警值。经现场查勘，邻近三处监测点外3m处堆放模板，在开挖前未清除，点位相对应基坑开挖至坑底（−6.3m），SP8、SP9、SP10点位累计桩顶水平位移均超出报警值。经核定模板堆载及周围其他荷载达40kPa，为保证基坑安全，立即组织清除了模板。后期监测数据显示位移趋于稳定，至基坑回填桩顶累计最大位移如表7所示。

局部超载为40kPa时单日桩顶水平位移及累计位移   表7

监测点号	6月24日		桩顶累计水平位移(mm)	支护形式
	单日桩顶水平位移(mm)	桩顶累计水平位移(mm)		
SP8	16.3	52.3	74.3	直桩＋角撑
SP9	15.4	51.3	72.2	直桩＋角撑
SP10	12.3	49.4	73.6	斜-直交替

在超载情况下斜直交替组合形成的刚架体系中，斜桩对于直桩起到了一定的支撑作用，从而控制了桩顶水平变形，具有较强的抵抗桩后土体变形的支护能力。使其仍能满足安全稳定性要求。

基坑东南侧已建成小区存在供排水管线，为本项目重点保护部位。为防止管线沉降变形过大，土方采取了分仓分层的方式进行开挖，桩顶水平位移如表8所示，地表累计沉降12.6mm。

建成小区侧单日最大桩顶水平位移及累计桩顶水平位移   表8

监测点号	最大单日桩顶水平位移(mm)	桩顶累计水平位移(mm)	支护形式
SP19	3.70	22.70	斜-直交替
SP20	2.60	18.80	斜-直交替
SP21	1.40	12.50	斜-直交替
SP22	1.50	10.10	斜-直交替

4 结语

（1）本工程成功应用了矩形支护桩斜直交替组合支护技术，仅设置少量角撑。开挖过程中有利于土方机械大面积展开，提高了土方外运效率，大幅度缩短了基坑工期。

（2）基坑开挖过程中采用信息化施工，对支护结构及时进行监测，有利于有效控制基坑的变形，确保基坑和周边环境的安全。

（3）超载情况下斜直交替组合支护体系变形有所增加，结合周边环境改变桩长或桩型，变形可以满足要求。

参考文献

[1] 郑刚，白若虚. 倾斜单排桩在水平荷载作用下的性状研究 [J]. 岩土工程学报，2010，32（S1）：39-45.

[2] 郑刚，何晓佩，周海祚，等. 基坑斜 - 直交替支护桩工作机理分析 [J]. 岩土工程学报，2019，41（S1）：97-100.

[3] 王恩钰，周海祚，郑刚，等. 基坑倾斜桩支护的变形数值分析 [J]. 岩土工程学报，2019，41（S1）：73-76.

[4] 孔德森，张秋华，史明臣. 基坑倾斜支护桩模型试验的数值模拟研究 [J]. 岩土工程学报，2011，33（S2）：408-411.

[5] 刁钰，苏奕铭，郑刚. 主动式斜直交替倾斜桩支护基坑数值研究 [J]. 岩土工程学报，2019，41（S1）：161-164.

自动轴力补偿钢支撑轴力设置及其相关影响研究

贺翀，唐剑华，尚祖光

（上海申元岩土工程有限公司，上海 200011）

摘　要：自动轴力补偿钢支撑由于可实时监测支撑轴力、及时补偿轴力损失等，故能有效控制基坑变形。本文考虑围护墙变形对墙后主动土压力的影响，并同时考虑非极限状态土压力，结合杆系有限单元法，通过半数值半解析的方法，求解自动轴力补偿钢支撑条件下围护结构在基坑开挖过程中的受力变形特性，建立了支撑轴力控制值的简化解析计算方法，提供了确定基坑竖向方向支撑数量的方法。

关键词：自动轴力补偿系统；钢支撑；基坑变形

Study on Axial Force Setting and Related Influences of Axial Force Compensation for Steel Support

He Chong，Tang Jianhua，Shang Zuguang

(Shanghai Shenyuan Geotechnical Engineering Co.，Ltd.，Shanghai 200011，China)

Abstract：The automatic axial force compensation steel support can effectively control the deformation of diaphragm wall because it can monitor the axial force of the support in real time and compensate for the loss of axial force in time. In this paper，considering the influence of the deformation of the diaphragm wall on the active earth pressure，the non-limiting earth pressure model is embedded in the vertical beam elastic foundation model。Combined with the finite element method，the force and deformation characteristics of the diaphragm wall　under the condition of automatic axial force compensation steel support can be obtained by adopting semi-analytical and semi-numerical approach . This paper provides the method of obtaining automatic axial force for servo steel support. A simplified analytical calculation method for the the axial force of the support is established and a method for determining the number of supports in the vertical direction of the foundation pit is provided.

Keywords：Auto-compensating system；Steel support；Rhe deformation of diaphragm wall

0　引言

随着自动轴力补偿钢支撑应用越来越广泛，自动轴力补偿钢支撑逐步从应用于轨交安全

作者简介：贺翀（1980—　），男，江西萍乡人，博士，高级工程师，主要研究方向为岩土工程、地下工程。E-mail：118105395@qq.com。

保护区内的深大基坑工程扩展到应用于其他环境保护要求高的基坑工程中。自动轴力补偿钢支撑使用效果很大程度上依赖于轴力的施加力度。目前，虽然自动轴力补偿系统钢支撑已广泛应用于邻近轨交隧道等重要地下构筑物以及生命线工程密集地区，但对于自动轴力补偿钢支撑轴力值设置及其轴力与围护结构变形、坑外土体压力以及邻近保护对象变形之间的关系研究方法都不尽完善。

刘峰等[1] 认为钢支撑轴力是由基坑围护结构外侧土压力引起的，由于土压力变化影响复杂，难以准确掌握，且围护结构的变形与轴力之间往往不存在特定的数学关系。贾坚等[2] 结合"大上海会德丰广场"深大基坑工程案例，采用数值软件模拟确定自补偿钢支撑轴力控制值，对比实测数据表明合理的轴力控制值能有效地控制围护结构及隧道变形，确保邻近运营地铁的安全。李孚昊等[3] 将以围护结构位移为主控指标的自动轴力补偿钢支撑应用到上海轨交 14 号线车站基坑工程，将整个基坑支撑系统分为三段，即全伺服段、部分伺服段以及无伺服段，对比三段支撑区域现场监测数据以论证轴力伺服系统可有效地控制基坑变形；孙九春等[4] 结合实际工程提出了超深基坑围护侧向变形控制与围护强度控制兼顾的伺服系统分区设置方法，研究了不同设置方式的基坑变形控制效果。目前的研究大多集中于论证自动轴力补偿钢支撑对控制围护结构变形有显著的效果，对于自动轴力补偿钢支撑轴力设置方面，目前尚无一个合理可行的计算方法。

由于目前缺乏相关计算理论，工程设计人员多根据相关工程经验确定自动轴力补偿钢支撑轴力初始值，实际工程中可能导致造价过高或者施工风险，基于此，为准确合理地确定自动轴力补偿钢支撑轴力控制值，有必要对其进行深入研究，为后续类似项目提供理论与技术支持。

1 非极限土压力模型

实际工程中，为保证基坑自身以及周边保护对象安全性，通常不允许围护墙变形达到极限状态，因而有必要探讨非极限状态土体压力的求解方法。

如图 1 所示，假设墙后填土水平，墙后超载为 q，墙后土体土体滑裂面与水平方向夹角为 θ。取一水平微单元体进行力学分析，如图 2 所示，图中 T 和 F 分别为滑裂面和围护墙体的黏聚力，R 和 P 为墙后土体和墙体对微单元土体的反作用力，土体内摩擦角为 φ_m、墙土内摩擦角为 δ_m。

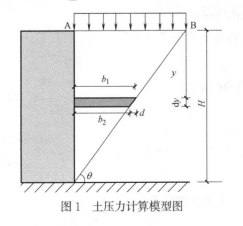

图 1 土压力计算模型图

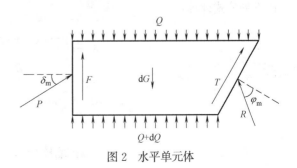

图 2 水平单元体

对于水平方向，根据力学平衡条件：

$$P_\mathrm{h}+T_\mathrm{h}-R_\mathrm{h}=0 \tag{1}$$

对于竖直方向：

$$\mathrm{d}G+Qb_1-(Q+\mathrm{d}Q)b_2-P_\mathrm{v}-R_\mathrm{v}-F=0 \tag{2}$$

对微单元体中心线与滑动面的交点，根据力矩平衡条件有：

$$\mathrm{d}G\frac{1}{2}\frac{b_1+b_2}{2}+Qb_1\frac{b_1-d}{2}-(P_\mathrm{v}+F)\frac{b_1+b_2}{2}-(Q+\mathrm{d}Q)b_2\frac{b_2+d_1}{2}=0 \tag{3}$$

联立式（1）～式（3），得到墙体对水平微单元体的土压力：

$$p=L_1Q-L_2c_\mathrm{m} \tag{4}$$

$$L_1=\frac{\sin(\theta-\varphi_\mathrm{m})\cos\theta}{\sin\theta\sin(\theta+\delta_\mathrm{m}-\varphi_\mathrm{m})} \tag{5}$$

$$L_2=\frac{\cos\varphi_\mathrm{m}}{\sin\theta\sin(\theta+\delta_\mathrm{m}-\varphi_\mathrm{m})}-\frac{\sin(\theta-\varphi_\mathrm{m})}{\sin(\theta+\delta_\mathrm{m}-\varphi_\mathrm{m})} \tag{6}$$

将式（4）～式（6）代入式（3），得到式（7）：

$$\frac{\mathrm{d}Q}{\mathrm{d}y}+M\frac{Q}{H-y}=\gamma+\frac{N}{H-y} \tag{7}$$

式（7）中，

$$M=\frac{2L_1\sin\theta\sin\delta_\mathrm{m}}{\cos\theta} \tag{8}$$

$$N=\frac{2\sin\theta\sin\delta_\mathrm{m}}{\sin\theta}(L_2\sin\delta_\mathrm{m}c_\mathrm{m}-c_\mathrm{m}) \tag{9}$$

式（7）为一阶常微分方程，根据边界条件：

$$p=\frac{L_1\gamma}{M-1}(H-y)+L_1k(H-y)^M+\frac{L_1N}{M}-L_2c_\mathrm{m} \tag{10}$$

式（10）中，

$$k=\frac{\left(q-\dfrac{N}{M}-\dfrac{\gamma H}{M-1}\right)}{H^M} \tag{11}$$

对于非极限状态土体，根据 Wang[5] 的研究成果可知，土体滑裂面角度可由下式得到：

$$\theta=\arctan\left(\sqrt{\tan^2\varphi+\frac{\tan\varphi}{\tan(\varphi+\delta)}}+\tan\varphi\right) \tag{12}$$

根据 Liu[6] 的研究成果可知，墙土摩擦角发挥值、土体内摩擦角与围护桩位移关系可由下列公式计算：

$$\delta_\mathrm{m}=\begin{cases}\dfrac{4}{\pi}\arctan(s/s_\mathrm{c})\delta & s<s_\mathrm{c}\\[2mm]\delta & s\geqslant s_\mathrm{c}\end{cases} \tag{13}$$

$$\varphi_\mathrm{m}=\begin{cases}\varphi_0+\dfrac{4}{\pi}\arctan(s/s_\mathrm{a})(\varphi-\varphi_0) & s<s_\mathrm{a}\\[2mm]\delta & s\geqslant s_\mathrm{a}\end{cases} \tag{14}$$

式（13）、式（14）中，s 为围护墙体变形；s_c 为墙土摩擦角完全发挥需要的最小变形；

s_a 为土体内摩擦角完全发挥需要的最小变形；φ_0 为土体初始内摩擦角。

土体初始内摩擦角可由式（15）得到：

$$\varphi_0 = \arcsin\left(\frac{1-K_0}{1+K_0}\right) \tag{15}$$

对于土体黏聚力，根据摩尔圆几何关系可得到：

$$c_m = \frac{c\cot\varphi}{\cot\varphi_m} \tag{16}$$

联立以上各式可得到黏性土中与围护墙位移相关的非极限状态下土体压力分布公式：

$$p = \frac{L_1\gamma}{M-1}(H-y) + L_1\frac{\left(q - \dfrac{N}{M} - \dfrac{\gamma H}{M-1}\right)}{H^M}$$

$$(H\cdots\cdots-y)^M + \frac{L_1 N}{M} - \frac{L_2 c\cot\varphi}{\cot\varphi_m} \tag{17}$$

2 弹性地基梁杆系有限单元法

弹性地基梁法作为求解基坑围护结构受力变形的传统方法，不仅受力模型直观简洁，而且计算效率较高，适合作为算法的基本求解模型[7]。

以围护桩为力学分析对象，根据平衡条件可得到矩阵平衡方程：

$$[\boldsymbol{U}] = [\boldsymbol{K}_t]^{-1}[\boldsymbol{F}] + [\boldsymbol{K}_s][\boldsymbol{U}_s'] \tag{18}$$

式中，$[\boldsymbol{K}_t]$ 为围护结构总刚度矩阵，其中总刚度矩阵包括围护墙刚度矩阵 $[\boldsymbol{K}_w]$、支撑弹簧刚度矩阵 $[\boldsymbol{K}_s]$、土弹簧刚度矩阵 $[\boldsymbol{K}_m]$；$[\boldsymbol{U}]$ 为结构节点位移列向量；$[\boldsymbol{F}]$ 为结构节点荷载列向量；$[\boldsymbol{U}_s']$ 为施工支撑时围护桩发生的变形。

将围护桩离散为 n 个单元，对于某一单元，其单元刚度矩阵[8] 可由式（19）表示：

$$\boldsymbol{K}_{ti} = \begin{bmatrix} \dfrac{12EL}{l^3} & \dfrac{6EL}{l^2} & -\dfrac{12EL}{l^3} & \dfrac{6EL}{l^2} \\[3mm] \dfrac{6EL}{l^2} & \dfrac{4EL}{l} & -\dfrac{6EL}{l^2} & \dfrac{2EL}{l} \\[3mm] -\dfrac{12EL}{l^3} & -\dfrac{6EL}{l^2} & \dfrac{12EL}{l^3} & -\dfrac{6EL}{l^2} \\[3mm] \dfrac{6EL}{l^2} & \dfrac{2EL}{l} & -\dfrac{6EL}{l^2} & \dfrac{4EL}{l} \end{bmatrix} \tag{19}$$

支撑等效刚度可由式（20）得到，并根据各个支撑的深度，得到单根支撑的刚度矩阵 $\boldsymbol{K}_s$：

$$\boldsymbol{K}_s = \frac{E_s A_s}{L_s S_s} \tag{20}$$

式中，E_s 为支撑弹性模量；A_s 为支撑截面积；L_s 为支撑等效长度，可取基坑宽度的一半；S_s 为支撑等效间距。各结构单元对应埋深的土弹簧刚度[9] K_m 可用式（21）计算：

$$K_m = mzh_m \tag{21}$$

式（21）中，h_m 为土弹簧计算高度，m 为土体基床系数比例系数。

对于单元等效节点荷载，选择某一具体单元，其两端节点分别为 i、j，单元等效荷载列向量可由式（22）表示：

$$[\boldsymbol{F}_{ij}^e] = \left[\frac{q_i l}{2} + \frac{3\Delta ql}{20} \quad \frac{q_i l^2}{12} + \frac{\Delta ql^2}{30} \quad \cdots\cdots \quad \frac{q_i l}{2} + \frac{7\Delta ql}{20} \quad \frac{q_i l^2}{12} - \frac{\Delta ql^2}{20}\right] \tag{22}$$

结合式（19）～式（22）可求得围护结构变形，由式（23）可求得支撑轴力矩阵：

$$[\boldsymbol{N}_s] = [\boldsymbol{K}_s]([\boldsymbol{U}_w] - [\boldsymbol{U}_w']) \tag{23}$$

3 自动轴力补偿钢支撑求解步骤

综合上述非极限土压力与围护结构变形耦合的计算方法，将其应用于具体实际工程案例时，其求解流程如下：

（1）建立自动轴力钢支撑支护结构计算模型。

（2）判断支撑类型，根据支撑类型，采用不同的边界条件，若为自动轴力钢支撑，则应确定轴力控制初始值，并将支撑轴力控制值引入边界条件。若为普通钢支撑或混凝土支撑，则直接进入迭代计算。

（3）求解围护桩矩阵平衡方程，得到围护墙变形以及支撑轴力。

（4）判断是否满足自动轴力钢支撑控制要求，若不满足，则继续调控自动轴力钢支撑轴力，重新迭代计算，直到满足要求为止，满足则计算下一工况。

4 工程算例研究

某工程位于航南公路以南，远东路以东，该工程北侧邻近轨交 5 号线，采用分区开挖，开挖深度 11.0m，邻近地铁侧小分区采用"第一道支撑为混凝土支撑＋第二、三道自动轴力补偿钢支撑的形式"，第一道支撑位于地表以下－1m 处，第二、三道自动轴力钢支撑分别位于地表以下－5m、－8m 处，地下连续墙底位于地表以下－29m 处，支撑长度为 15m，第一道混凝土支撑间距为 6m，第二、三道自动轴力补偿钢支撑间距为 3m，第二道支撑轴力控制值为 1500kN，第三道支撑轴力控制值为 1800kN，坑内采用裙边加固，基坑围护典型剖面图如图 3 所示。混凝土支撑与地下连续墙弹性模量为 20GPa，钢支撑弹性模量为 210GPa，土体参数如表 1 所示，天然重度 $\gamma = 18\text{kN/m}^3$，按照上述过程建立相应的力学模型，其中自动轴力支撑轴力作为边界条件，墙体、坑内土体简化为弹性地基梁，工况简化为 4 步：工况 1，混凝土支撑施工；工况 2，开挖至第二道自动轴力钢支撑底，架设第二道自动轴力钢支撑；工况 3，开挖至第三道支撑底，开槽架设第三道自动轴力补偿钢支撑；工况 4，开挖至坑底。

土层参数表			表 1
土层	层厚(m)	c(kPa)	φ(°)
①₁ 杂填土	1.8	10.0	10.0
② 粉质黏土	0.9	18.0	13.0

土层	层厚(m)	c(kPa)	φ(°)
③淤泥质粉质黏土	1.6	11.0	12.5
③_t粉砂	2.0	4.0	24.0
③淤泥质粉质黏土	6.5	11.0	12.5
⑤粉质黏土	11.9	17.0	10.5
⑥粉质黏土	2.6	34.0	13.0
⑦₁砂质粉土	5.5	8.0	25.0

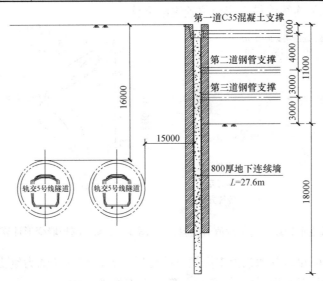

图 3　基坑围护典型剖面图

4.1　土压力对比分析

图 4 为不同工况下非极限土压力、静止土压力以及朗肯主动土压力对比分析。由图 4 工况 2 可知，当开挖深度较小时，由于连续墙变形不大，此时土压力接近于静止土压力，随着基坑的开挖，连续墙变形逐渐增加使得墙后土压力小于墙后静止土压力，土压力逐渐减小，逐渐偏向朗肯主动土压力。因此，若采用静止土压力去模拟基坑开挖时连续墙的变形，则会使得地下连续墙变形偏大，若采用朗肯主动土压力，则使得地下连续墙变形偏小，而采用非极限状态土压力，则能够较好地模拟围护墙的实际受力状况。

4.2　围护墙变形实测与理论计算对比分析

图 5～图 7 为传统弹性地基梁法（极限主动土压力模式）及考虑非极限土压力的弹性地基梁法的计算结果与邻近地铁侧连续墙实测数据的对比结果。对比连续墙变形的总体变化趋势可见，考虑非极限土压力的弹性地基梁法相比传统

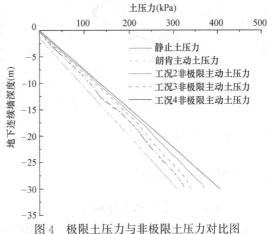

图 4　极限土压力与非极限土压力对比图

的弹性地基梁法，能够更好地模拟基坑开挖时连续墙的变形特性。传统的弹性地基梁法所采用的主动土压力由于从基坑开挖至结束，土压力模式都固定不变，因此每个工况下地下连续墙的变形计算结果小于采用非极限土压力模式的地下连续墙变形计算值；考虑非极限土压力的弹性地基梁法考虑了连续墙变形对土压力发展的影响，土压力从开始的静止土压力逐步发展至极限状态主动土压力，因此更符合地下连续墙的实际受力变形情况。地下连续墙变形理论值与实测值吻合的较好，该算法能较好地反应墙体变形的发展趋势，随着开挖深度的增大，地下连续墙最大变形位置逐渐下移。

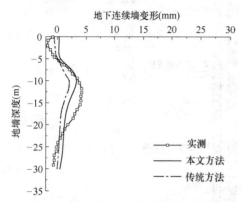

图 5　工况 2 围护墙变形计算值与实测值对比图

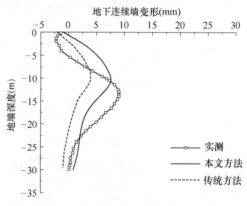

图 6　工况 3 围护墙变形计算值与实测值对比图

由图 8、图 9 可知，自动轴力支撑架设前变形较大，待自动轴力钢支撑架设后，由于轴力补偿作用，地下连续墙向坑外变形，第二道支撑架设前，地下连续墙最大变形达到 9.6mm，待第二道自动轴力钢支撑安装后，地下连续墙向坑外变形最大值达到 6mm；第三道钢支撑架设前，地下连续墙向坑内变形最大值达到 12.3mm，第三道钢支撑架设后，地下连续墙向坑外变形为 5.6mm。通过比较支撑架设前后墙体变形，可知自动轴力补偿钢支撑对围护墙变形具有显著的抑制作用。

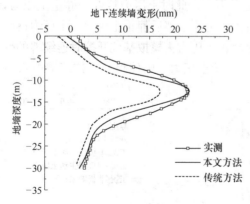

图 7　工况 4 围护墙变形计算值与实测值对比图

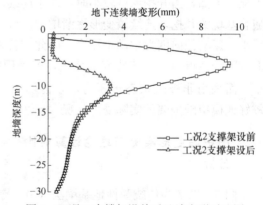

图 8　工况 2 支撑架设前后地墙变形对比图

4.3　轴力控制值的确定

上述各节均为给定钢支撑轴力控制值的条件下，结合非极限土压力模型以及杆系有限单元法，最终求出地下连续墙的变形、弯矩以及支撑轴力发展过程。本节主要讲述，给定

特定位移条件下，求出满足位移控制条件下
钢支撑轴力初始值，通过试算可确定给定位
移条件下所需要的轴力控制值。由于本文案
例设置两道钢支撑，为便于确定支撑轴力与
位移关系，假定第三道钢支撑轴力比第二道
钢支撑轴力大 300kN。表 2、图 10 为第二
道钢支撑轴力与位移关系图表。

为得到钢支撑轴力与围护结构位移关
系，可利用最小二乘法对上述数据进行多项
式拟合可得 $N = -93.5w + 3655$，经数值拟
合后的轴力位移关系如图 10 所示。若给出
围护结构位移控制值，可根据上式估计第二道钢支撑轴力控制值。

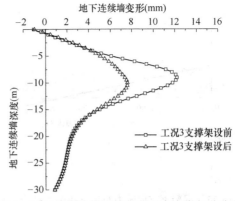

图 9　工况 3 支撑架设前后地下连续墙变形对比图

钢支撑轴力与最大位移关系表　　　　表 2

位移(mm)	23.2	18.3	16.6	13.3	10.1
第二道钢支撑轴力(kN)	1500	1796	2256	2435	2674

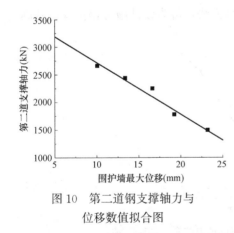

图 10　第二道钢支撑轴力与
位移数值拟合图

基坑开挖深度为 11.0m，考虑墙体位移 $w_1 =$
$0.1H\% = 11.0$mm、$w_2 = 0.14H\% = 15.4$mm、
$w_3 = 0.18H\% = 19.8$mm，代入上述拟合公式可
得到对应钢支撑轴力为 $N_1 = 2627$kN、$N_2 =$
2215kN、$N_3 = 1803$kN，实际工程中可按照上述
方法计算出给定位移条件下对应钢支撑轴力。

在实际工程中，由于自动轴力补偿作用，若
轴力施加过大，导致围护结构向坑外变形。对于
自动轴力钢支撑，由于其补偿作用，可弥补轴力
损失，使轴力保持在稳定的水平。对于首道混凝
土支撑，若围护结构向坑外产生过大变形，则首
道混凝土支撑将产生拉力。由于混凝土支撑抗拉能力差，在实际工程中，为避免首道混凝
土支撑产生拉力，确定合理自动轴力补偿钢支撑轴力显得尤为重要。本节结合 Matlab 程
序，通过试算的方法得到首道混凝土支撑轴力为零时对应的自动补偿轴力钢支撑的轴力
值。表 3、图 11 为第二道钢支撑轴力与混凝土支撑轴力关系图表。

钢支撑轴力与混凝土支撑轴力表　　　　表 3

首道混凝土支撑轴力 N_1(kN)	338	224	103	−23	−127
第二道钢支撑轴力 N_2(kN)	1203	1502	1723	2245	2498

为得到混凝土支撑轴力与第二道钢支撑轴力关系，可通过利用最小二乘法对上述数据
进行多项式拟合得到 $N_1 = -0.348N_2 + 741$，由该式可得当混凝土支撑轴力为零时，自动
轴力补偿钢支撑轴力为 2129kN。

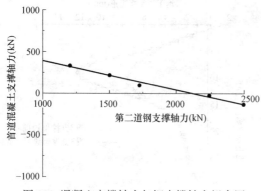

图 11 混凝土支撑轴力与钢支撑轴力拟合图

4.4 钢支撑数量确定方法

对于某一具体基坑开挖深度 H，实际施工时设置几道自动轴力补偿钢支撑，目前尚无具体规定，一般根据以往工程经验确定。对于某一具体开挖深度，暂假定采用第一道混凝土支撑，第二、三道自动轴力补偿钢支撑，限定支护结构最大变形 $0.14H\%$，通过试算，反算出自动轴力补偿钢支撑轴力大小，通过比较钢支撑轴力理论计算值与钢支撑额定承载力来判定设置的支撑数量是否合理。如图 12 所示，当基坑开挖深度为 13m 时，自动轴力补偿钢支撑轴力最大值为 2923kN，对于 $\phi609\times16$ 钢管，其理论额定承载力一般不大于 3000kN，实际施工时，由于施工精度以及其他因素，一般钢管轴力不大于 2800kN，因此对于本工程案例给定的计算参数，当基坑开挖深度超过 13m 时，若采用 $\phi609\times16$ 钢管，则应采用第一道混凝土支撑＋第二、三、四道自动轴力补偿钢支撑的支护形式。对于某一具体基坑开挖深度，本节给出了确定支撑数量的一般通用性计算方法，可为设计施工提供理论基础。

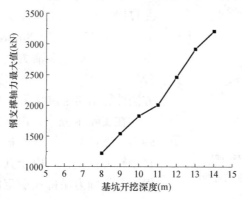

图 12 基坑开挖深度与钢支撑轴力关系

5 结论

采用自动轴力补偿钢支撑，可有效克服传统钢支撑后续轴力变化不完全可知、不可控、不便于调整等缺点，可实现轴力的自动化检测、加减压和动态管理。本文通过弹性地基梁模型，考虑墙土内摩擦角、墙土黏聚力、土体内摩擦角与围护墙变形的关系，最终得到了可考虑非极限状态土压力的改进的弹性地基梁模型，该方法既可求解自动轴力补偿钢支撑围护结构，也可求解混凝土支撑或钢支撑的围护结构。最后结合杆系有限单元法并编制 Matlab 程序，求解围护墙的变形以及支撑轴力值，得到如下结论：

（1）考虑围护墙变形对墙后土压力的影响，可合理模拟墙后土压力由静止土压力逐步发展为朗肯主动状态土压力的过程，是一个动态的模拟过程，而传统的土压力模型假设基坑开挖过程中，墙后土压力保持不变，是一个静态的过程。

（2）本文通过理论计算，进一步验证了自动轴力补偿钢支撑对于控制围护墙变形具有显著的效果。

（3）建立了轴力控制值的简化解析计算方法。在满足位移控制值条件下，结合杆系有限单元数值法算出对应的支撑轴力，在此基础上通过多项式数值拟合得到钢支撑轴力与围护结构位移简化公式。

（4）对于某一特定的基坑开挖深度，本文提供了确定设置支撑数量计算方法，可为设计施工提供理论基础。

参考文献

［1］ 刘峰，石元奇. 轴力自动补偿控制的液压支撑设计及应用［C］// 2014 中国城市地下空间开发高峰论坛论文集. 2014.

［2］ 贾坚，谢小林，罗发扬. 控制深基坑变形的支撑轴力伺服系统［J］. 上海交通大学学报，2009，43（10）：1589-1594.

［3］ 李孚昊，徐佳伟. 支撑轴力伺服系统在地铁深基坑工程中的应用［J］. 路基工程，2018（3）：157-161.

［4］ 孙九春，白廷辉. 地铁基坑钢支撑轴力伺服系统设置方式研究［J］. 地下空间与工程学报，2019（S1）：195-204.

［5］ WANG Y Z. Distribution of earth pressure on a retaining wall［J］. China Harbour Engineering，2000，50（1）：83-88.

［6］ LIU F Q. Lateral earth pressures acting on circular retaining walls［J］. International Journal of Geomechanics，2014，14（3）：401-412.

［7］ 张尚根，赵佩胜. 基坑开挖过程中支护结构内力及变形分析［J］. 工业建筑，2000，30（3）：17-20.

［8］ 谭志勇，王余庆，周根寿. 软土地层中考虑土与结构共同作用的支护结构设计计算方法［J］. 工业建筑，1999（5）：8-11.

［9］ 刘射洪，袁聚云，赵昕. 弹性地基梁有限元法在基坑支护结构中的应用［J］. 工业建筑，2014（S1）：840-846.

某既有建筑更新改造策略与方法研究

李林

（华东建筑设计研究院有限公司，上海 200083）

摘　要：本文以某既有建筑的更新改造项目实践为例，探讨了既有建筑改造的价值和意义；通过工程项目的实践，检验更新改造策略与手法的有效性和可操作性，进行反思和总结。

关键词：既有建筑更新改造；城市中心既有项目实践；改造策略；建筑空间改造；地下空间改造

0　研究需求与意义

随着城市化的快速发展，城市的扩展和职能转变增加了城市中心既有建筑改造的需求。既有建筑的改造与再利用不仅延续了文脉、整合了城市空间环境、优化了土地利用率，也使建筑重获新生。本文将以某既有建筑的更新改造为例阐明城市中心既有建筑改造的价值以及其在各领域的社会意义。

1　项目背景

该项目位于夫子庙历史文化街区内（图1）。方案主要设计策略为保护夫子庙历史街

图 1　项目用地

作者简介：李林，男（1972—　），高级工程师，学士，一级注册建筑师，研究方向：建筑设计，既有建筑地下空间开发。

区所特有的南京历史文化遗产，恢复江南贡院历史轴线，增强贡院历史街区的文化氛围、提升公共环境品质，同时保留三幢现状建筑，保护城市建筑文化的真实性和完整性。

2 建筑群体环境塑造

（1）周边环境对建筑的影响

1）地铁

本案的先决条件是将建筑设计、地铁建设及地铁沿线发展综合规划，统筹发展。

该既有建筑改造项目与周边城市道路联系紧密，交通便利。考虑到科举博物馆的社会影响力以及地铁对地下功能的积极影响，决定将地铁 3 号线 6 号出口与本项目 B1 层相连通。在设计过程中，项目最初 B1 层标高设置于相对标高－8.590m，净高约 5.090m，B1 东西商业主通道净高 4.2m；B2 层设置于相对标高－13.770m，净高约 4.03m；B3 层设置于相对标高－17.270m，净高约 3.25m。经过商定将各层下降 100mm，并在 B1 层上增设夹层，优化功能布置。将地铁车站与地下出口连接，构成地下人行交通网络，这种做法能够疏导人群流向商业区，同时还能解决地上人行通道的超负荷使用。本案通过统筹规划设计本体与周边建筑的竖向关系，形成更优化的流线和空间关系。

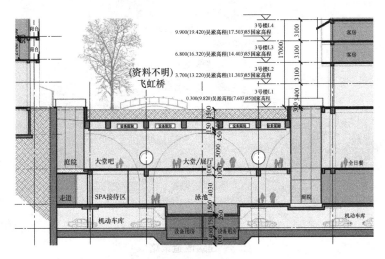

图 2　地下空间剖面

2）历史风貌

该既有建筑更新改造项目地处夫子庙核心区，它对保护和传承历史文化，优化夫子庙历史文化街区，彰显南京城市风貌有不可替代的历史意义。其中文保建筑，应妥善保护，作为历史轴线的主体。考虑到历史和文化价值，设计师决定保留原中医院内设计改造再利用潜在价值较高的三栋建筑。保留部分老建筑响应了上位规划对历史城区的保护与城市设计原则，充分利用现有建筑的价值，避免了大拆大建的破坏。

3）地块内及周边文物

① 飞虹桥为省文物保护单位。根据项目建设规划，拟修建 3 层地下室，现对飞虹桥采取原址保护，确保文物本体安全。为使科举博物馆—明远路—致公堂—飞虹桥形成历史

轴线，建筑设计中将外科楼（南楼）一层、二层架空，形成视线通廊。

②磉墩基地内存在宋代磉墩遗址。考虑到其历史价值，为更好地保护历史遗迹，计划将磉墩托换后原位保护，并设计展示空间，供游客观赏。

③南京邮电局旧址是民国时期保存下来的一处重要邮政旧址，也是20世纪20年代西方古典建筑形式传入中国的代表作之一。

④明远楼是江南贡院的中心建筑，处于江南贡院建筑群的中轴线上，是中国保留的最古老的一座贡院考场建筑。

保护南京邮电局旧址、明远楼等作为地块周边文物建筑，是对历史的传承和发扬。设计过程中充分考虑了周边文物建筑和本案的联系，在尊重原有人文环境与历史环境的同时发挥着一定的主观能动性，以达到对立统一的关系。保留的中医院建筑在科举历史轴线上设置视觉通廊，通道宽度15m，高度为2层6m，远大于飞虹桥本身的尺度，保证了科举历史轴线的人行和视觉的通畅，同时保留建筑成为历史遗迹的背景墙，多个年代建筑意象的叠加，让历史建筑的保护更具有生命力。

（2）建筑对周边环境的提升

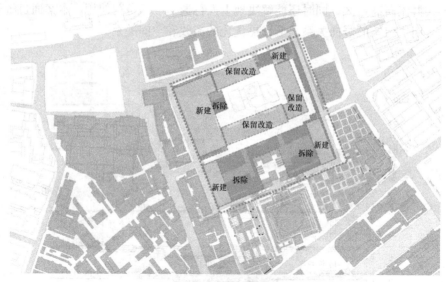

图3 建筑改造策略

在设计的过程中，该建筑更新改造项目的作用不仅要满足自身使用功能的要求，而是作为夫子庙的一部分，提升整个区域的服务能力。

1）提升景区内的流线系统

为了提升地面流线系统，本项目通过打通原中医院内庭院增加了科举历史轴线上的人行动线，成功的串联起从国民大剧院—明远楼—飞虹桥—民国邮局这4个区域内的历史保护建筑。同时增加了通过东西金陵路两侧的文旅配套用房，提升了外围动线的商业氛围。在地面人流组织中，让地铁出口到夫子庙景区的地面流线可以有一段商业氛围的过渡，使景区的地面动线更加合理。而对于地下流线系统，本案通过地下一层的商业空间将地下空间连成一个整体。大量的景区人流将通过地下空间被有效地组织起来，为夫子庙景区提供了一条活跃的商业动线。

2）提升文保建筑的展示环境

由于文保建筑周围环境的变化，其本身的价值可能无法发挥。因此在设计中本案提出恢复科举文化的历史轴线，打通原有明远楼到飞虹桥的景观通道，通过置入历史元素的手法唤起游客心中对科举历史的遐想；其次，整饬两个历史文保建筑周边的景观环境，恢复部分历史元素；最后，在原明远楼周边展陈的记载科举历史的石碑，也被作为景观元素，更好地烘托了轴线的历史感。

3）提升区域内配套服务的容量

通过将地铁地下空间与周边区域相接，使地铁从单一的交通站点向服务性建筑模式演化，形成两者相互促进的协调发展。由于夫子庙本身的聚集效应，机动车的停车瓶颈总会限制区域未来的发展。本案的地下空间尽量的增加地下车库的容量，将在一定程度上解决所在区域的停车问题，提供区域内更多的停车位，以提高出行的便利程度。更充分的地下停车也将进一步增加地面人行的空间，为夫子庙景区提供更舒适的观览环境和商业氛围。

3 建筑空间改造设计

（1）保留建筑现状

如果没有轴线上的中医院建筑作为背景，历史街区的环境氛围将受到影响。因此考虑保留贡院轴线上的两栋中医院建筑，作为历史街区风貌保护的一部分。同时拆除外科楼中

图 4 建筑空间流线

间两跨一层、二层的楼板及柱子，形成室外通道，打通牌坊—明远楼—飞虹桥这一条历史动线。同时考虑到充分利用现有建筑，避免浪费的原则，最终决定保留三栋中医院建筑，作为未来的科举二期配套服务功能使用。

（2）保留建筑的改造

该项目作为科举博物馆的配套服务功能，主要包括文旅配套服务和培训中心配套两类功能。对于保留建筑来说，除了1F和2F作为文旅配套服务功能以外，其余部分在未来使用过程中均作为酒店客房的功能。在功能的转换上相当于由医院病房到酒店客房的转换。由于功能转换，建筑空间布置、机电系统需求、结构适应性上均需做相应的调整。

1）建筑空间布置

建筑空间布置类似度假酒店的布局模式，将卫生间和客房并列排布，可以充分利用夫子庙人文景观。

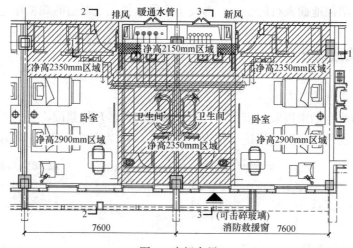

图5　房间布局

2）机电系统需求

为了能保证酒店实际使用的空间净高，在系统布置上避免暖通和主水管在标准层穿越走道，而是在地下成环后通过主管井先送至屋面成环，再分散到竖向管井沿着垂直方向分配到各个客房间。这样酒店公共走道的净空控制只需考虑强弱电的桥架以及消防水管等必须穿越机电管线空间，走道净空可以控制到 2.3～2.5m 的高度。而对于客房内的净空控制，机电管线均围绕卧室区周边天花布置。机电出管区均位于卫生间内，通过卫生间掉顶转入客房靠走道一侧的收纳区顶端，空调侧向完成客房的空气循环，保证客房区可以达到 2.9～3.1m 的净空高度。而在系统的冷热源选择上，由于场地位于人流密集的历史风貌保护区内，同时考虑到风貌保护区对冷热源设备的视觉遮蔽需求，因此考虑将设备布置在现有屋面的平屋顶处。

3）结构适应性改造

由于功能的转变和结构性能要求的提高，保留建筑在新的设计条件下的安全保障需要对原建筑做结构上的检测与加固。为了最大限度地保证客房卧室的净空，需要将居于房间正中的次梁偏移到新的卫生间隔墙下。同时由于机电系统的管线设计原则，需要结构专业符合在原结构楼板上开洞的可行性与安全性。此外，老建筑由病房改造为酒店客房，竖向交通的组织需根据新的功能需求重新梳理。由于老建筑的层高限制，新增电梯均只能采用无机房电梯形式，同时在设计中新增电梯基坑还需避开老建筑的桩基边缘。因此在老建筑改造过程中，功能的合理性也需要和结构的适应性相协调。

（3）新建部分对功能改造的作用

由于原建筑无法完全满足其酒店功能的运营需求，为适应酒店的未来使用，除了通过病房-客房的适应性改造之外，还需要提供更符合其需求的公共空间与后勤服务空间，因此新建部分成为医院-酒店功能转变的适应性接口。

1）新建的地上酒店公区

在基地西侧新建的三层建筑作为酒店的公区与主入口空间。其中，首层作为主入口以及多功能厅等大空间；三层作为酒店的餐饮康乐功能区；二层定义为设备及酒店地上后勤服务空间。酒店的主要动线在三层通过连廊坡道与保留建筑连接，形成可以通往各个建筑单体的环通动线，主要的康乐餐饮功能布置在三层，结合屋顶花园，在夫子庙这样的闹市区形成相对私密安静的区域。首层将入口落客区与大堂布置在建筑北侧，多功能厅布置在南侧，避免不同人群的相互干扰，建筑的中间部分成为连同地上地下后勤空间的竖向交通枢纽。

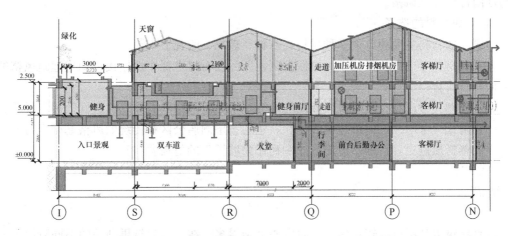

图 6　酒店设计策略

2）新建的地下空间

本案为了使地下空间更合理的利用，使用了托换技术，将既有建筑正下方的地下空间与整个场地的地下空间整体开发。其中酒店的主要负荷中心是其客房区域，因此基地东北侧，靠外墙的 B2 层区域成为整个项目地下的核心机房区域，结合地上的冷却塔和常压锅炉以及竖向管井形成了本案机电系统的主动脉。而位于西北侧新建建筑的正下方 B2 层区域，则成为主后勤区域。核心区地下空间的开发是整个项目能否成功的关键。

3）外立面改造与风貌区的适应

在方案设计中，对于保留的三栋建筑立面重新处理，保留其传统建筑风格的马头山墙，增加内院回廊空间；新建建筑部分的立面通过山墙元素的错位布局，消解建筑的整体体量，形成江南建筑的院落形象。对于明远楼周边的新建建筑，在建筑形式及材料选择上

61-31地块西立面

①白色石材/涂料　③灰色玻璃幕
②深色琉璃瓦　　④木质画门窗

图 7　建筑立面设计

均为江南传统建筑风格。

4）立面材料的选择

建筑立面材料主要为以下 3 种材料：石材、玻璃、陶瓦。

（1）石材：考虑到项目位于历史保护区，因此在石材选择中选用接近周边建筑风格的人造微晶石石材；

（2）玻璃：考虑到在满足日照节能的前提下，尽量选择具有较高通透性的玻璃材质；

（3）陶瓦：考虑北区保留建筑改建和新建的三层酒店公区在传统的风格基础上有所创新，因此选择质量更轻，铺贴更简洁的陶瓦作为坡屋面的材料。

4　结语

既有建筑再利用过程较新建项目而言要复杂得多。在既有建筑再利用的不同阶段需要不同学科的专业人员介入，最终由建筑来判断既有建筑的价值情况，在此基础上形成再利用方案。在既有建筑再利用项目中，由资深专家组成首席建筑师，由其组织和领导工作，能够协调各专业之间的联系，合理调配资源，避免领导过多干预项目的现状。建筑的耐久性问题与既有建筑再利用有着密切的关系。基于生态和建筑全寿命周期的角度考虑，对当前建筑耐久性进行调整已成为必然。笔者认为对建筑耐久性的调整应考虑以下几个因素：（1）提高建筑整体的使用年限；（2）不同构件采用不同的使用年限；（3）改造过程中添加构件的使用年限应该与主体结构的剩余年限相匹配，从而在建筑寿命终止时，实现建筑的整体报废，避免建造资源的浪费。

参考文献

[1] 中华人民共和国住房和城乡建设部. 建筑设计防火规范（2018 年）：GB 50016—2014 [S]. 北京：

中国计划出版社，2014.

［2］ 中华人民共和国住房和城乡建设部. 民用建筑设计统一标准：GB 50352—2019 ［S］. 北京：中国建筑工业出版社，2019.

［3］ 中华人民共和国住房和城乡建设部. 商店建筑设计规范：JGJ 48—2014 ［S］. 北京：中国建筑工业出版社，2014.

［4］ 中华人民共和国住房和城乡建设部. 旅馆建筑设计规范：JGJ 62—2014 ［S］. 北京：中国建筑工业出版社，2015.

［5］ 中华人民共和国住房和城乡建设部. 汽车库、修车库、停车场设计防火规范：GB 50067—2014 ［S］. 北京：中国计划出版社，2015.

［6］ 中华人民共和国住房和城乡建设部. 汽车库建筑设计规范：JGJ 100—2015 ［S］. 北京：中国建筑工业出版社，2015.

临江敏感环境深大基坑分区同步顺作的设计与实践

沈健[1,2]，楼志军[3]，胡耘[1,2]

（1. 华东建筑设计研究院有限公司上海地下空间与工程设计研究院，上海 200002；

2. 上海基坑工程环境安全控制工程技术研究中心，上海 200002；

3. 上海鹏烨企业管理有限公司，上海 201101）

摘　要：在高水位软土地区当基坑规模较大且周边环境保护要求较高，尤其涉及承压水降压时，大面积深基坑开挖、降压的叠加作用将对周边环境产生较大的不利影响，需采取系统的设计措施确保环境安全。本文以上海外滩敏感环境地区的超深超大基坑工程为背景，基于工程特点，采用分区同步顺作的整体方案，采用合理的支护结构选型和悬挂帷幕结合短滤头密布的承压水控制方案，形成了满足基坑安全、利于环境保护、兼顾施工便利的邻江敏感环境深大基坑工程成套解决方案，取得了良好的实施效果。通过本工程的成功实践经验，为敏感环境区域的基坑工程设计与施工提供参考。

关键词：敏感环境；深大基坑；分区同步顺作；承压水控制

Design and Practice of Zoning Synchronous Operation of Deep Excavation in Sensitive Environment Close to Huangpu River

Shen Jian[1,2]，Lou Zhijun[3]，Hu Yun[1,2]

（1. Shanghai underground space and engineering design and Research Institute，East China Architectural Design and Research Institute Co.，Ltd.，Shanghai 200002，China；

2. Shanghai foundation pit engineering environmental safety control engineering technology research center，Shanghai 200002，China；

3. Shanghai Pengye Enterprise Management Co.，Ltd.，Shanghai 201101，China）

Abstract：In the high water level soft soil area，when the foundation pit is large and the surrounding environmental protection requirements are high，especially when it comes to the pressure reduction of confined water，the superposition of large-area deep foundation pit excavation and pressure reduction will have a great adverse impact on the surrounding environment，and systematic design measures need to be taken to ensure environmental safety. Based on the background of the super deep and super large foundation pit project in the sensitive environmental area of Shanghai Bund，based on the engineering characteristics，this paper adopts the overall scheme of zoning synchronous operation，adopts reasonable support structure selection and hanging curtain combined with the confined water control scheme with dense short filter heads，so as to form a scheme that meets the safety of foundation pit and is conducive to environmental protection A complete set of solutions for deep and large foundation pit engineering in sensitive environment adjacent to

作者简介：沈健，高级工程师，E-mail：jian_shen@arcplus.com.cn。

the river with convenient construction has achieved good implementation results. The successful practical experience of the project provides a reference for the design and construction of foundation pit engineering in sensitive environmental areas.

Keywords: Sensitive environment; Deep excavation; Zonal synchronous operation; Confined water control

0 引言

地下空间作为城市地面空间的重要补充，在现代城市发展中的重要性日渐凸显。近年来随着大中城市对地下空间开发利用的需求增加，地下空间建设的规模也越来越大，在中心城区不断涌现出大量大面积的深基坑工程[1]。而中心城区往往建筑（构）物密集、管线众多，超大面积深基坑工程实施安全风险高、环境保护压力大[2]，如何在安全、经济、工期之间寻求平衡和优化组织是基坑支护设计和施工需要解答的问题。

本文背景工程位于上海市中心城区、邻近黄浦江，基坑面积大、挖深深，周边建筑和道路密布、保护要求高，施工场地紧张。通过合理分区和总体筹划，兼顾了基坑安全、环境保护和工期目标。

1 背景工程概况

背景工程位于上海外滩核心区域，由 6 栋相对独立的 12～13 层金融总部办公楼及其附楼组成，整体设置 4 层地下室，采用桩筏基础。基坑总面积约 30000m²，周边延长约 885m，普遍区域挖深 18.5m，主楼区域挖深 18.9m，属超大面积深基坑工程。

周边保护对象众多（图 1），变形控制要求高。其中北侧的保留建筑药材仓库为地上 3 层浅基础建筑，西、南两边与基坑紧邻，其独立基础边与基坑距离仅 1.5m，地上外墙距离基坑 2.5m，保护难度极大；东侧外马路对面为滨江 3～5 号库和海事局，均为二十世纪四五十年代建筑，与基坑距离均在 1～2 倍开挖深度范围，4 号库和海事局为浅基础；东、南、西侧均为市政道路，其下分布大量管线，其中外马路下的 DN2000 污水截流管与 DN1200 合流管、中山南路下的临时 DN1200 合流管等大直径管线均为本基坑工程重点保护对象。

水文地质条件复杂，基坑实施风险高。本工程基坑开挖影响范围内包括①层杂填土、①$_{3-1}$层黏质粉土、①$_{3-2}$层黏质粉土、④层淤泥质黏土、⑤$_1$层黏土、⑤$_3$层粉质黏土、⑥层粉质黏土、⑦$_1$层砂质粉土、⑦$_{2-1}$层粉砂，典型土层剖面和物理力学指标如图 2 所示。浅层普遍分布较厚的杂填土和黏质粉土，①$_{3-1}$层与①$_{3-2}$层江滩土厚度达 14m，土层松散力学性质较差，易对围护体施工造成不利影响。基坑普遍基底⑦层粉砂层承压水抗突涌不满足，同时由于缺失⑧层黏土，第一承压含水层⑦层和第二承压含水层⑨层连通，如何控制敏感环境下深大基坑深厚承压含水层的长期降压对周边环境的影响是需要密切关注的问题。场地西部和东北角深部受古河道切割，缺失⑥层，沉积了一定厚度的⑤$_3$层土与⑦层相连，加剧了承压水控制的复杂性。

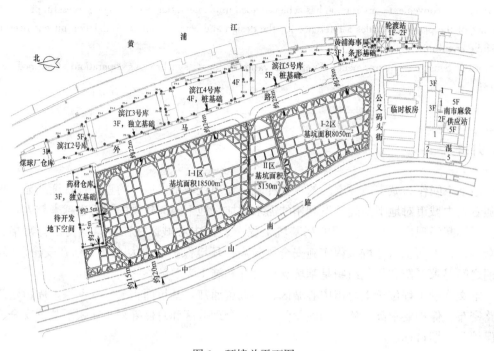

图 1 环境总平面图

Fig. 1 Plan of the excavated site

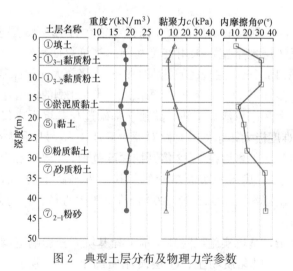

图 2 典型土层分布及物理力学参数

Fig. 2 Physical and mechanical parameters of soils

2 兼顾安全与工期的分区同步顺作设计

本工程基坑面积约 $30000m^2$，挖深 $18.5\sim18.9m$，土方卸荷量超 55 万 m^3；与东侧、西侧市政道路相邻边长各约 350m，与北侧保留建筑——药材仓库基础相距仅 1.5m；围护体普遍退红线 5m，基坑周边几乎没有施工作业场地。合理的分区分期方案是解决基坑安全、环境保护、施工作业场地和实现工期目标的关系。

2.1 分区分期总体设计

若将 30000m² 基坑整坑一次性开挖，虽然可一定程度上缩短建设总工期，降低基坑围护造价，但由于基坑规模巨大，整坑一次性开挖所带来的时空效应以及单层土方开挖暴露时间较长，都将不利于对周边环境的保护；同时，为缓解施工场地的紧张，将不得不设置大面积的施工栈桥和平台，带来工程造价的显著增加。

综合上述因素，将基坑分成 3 个区域（图 3），其中Ⅰ-1 区基坑开挖面积 18500m²，包含 C～F 四栋主楼及其附楼，Ⅰ-2 区基坑开挖面积 8050 万 m²，包含 A、B 两栋主楼及其附楼；Ⅱ区基坑开挖面积 3150m²，主要为新规划的王家码头街地下部分及部分附楼。总体分为两个阶段实施，阶段一同步开挖Ⅰ-1 区和Ⅰ-2 区，此时由于Ⅱ区的存在一方面作为Ⅰ-1 区和Ⅰ-2 区的缓冲区，Ⅱ区宽度 28～48m，可以确保Ⅰ-1 区和Ⅰ-2 区同时开挖时两者之间互不影响[3-5]，另一方面Ⅱ区作为Ⅰ区基坑开挖期间的施工作业场地，大大缓解了场地对工程的限制；阶段二开挖Ⅱ区基坑，此时Ⅰ区基坑地下结构已经完成，并进行上部结构施工。

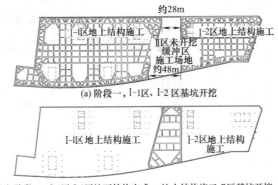

(a) 阶段一，Ⅰ-1 区、Ⅰ-2 区基坑开挖

(b) 阶段二，Ⅰ-1 区、Ⅰ-2 区地下结构完成、地上结构施工，Ⅱ区基坑开挖

图 3　总体分区分期平面示意图

Fig. 3　Plan of zoning and staging

上述分区分期的优势在于，由于两道临时隔断的设置，大大缩短了长边跨度，减小时空效应影响，有利于环境保护；地下空间体量较大的Ⅰ期施工期间，利用Ⅱ区场作为施工作业场地，加快了Ⅰ期施工进度；总体工期相对较长的主楼均位于Ⅰ区，Ⅰ区由于整体面积减小实施时间相比整坑开挖略有减小，主楼结构封顶时间可以提前约 2 个月，而Ⅱ期基坑面积小且地上结构少，其基坑开挖和地下结构施工工期可以消耗在主楼地上结构施工、机电安装等工期中，不占绝对工期。其主要劣势在于两道临时隔断增加引起的工程造价投入。

2.2 基坑围护结构设计

本项目周边环境复杂，保护要求高，考虑到对周边环境的保护以及充分利用围护结构，周边围护结构采用 1m 厚"两墙合一"的地下连续墙；内部中隔墙从变形控制要求和经济性角度考虑，采用 0.8m 厚临时地下连续墙。地下连续墙受力段嵌固深度均为 17m，其中周边地下连续墙结合坑内承压水降压需要设置隔水段。

为应对浅层分布的较厚的①3层黏土质粉土带来的连续墙在成槽施工中易塌孔，进而在地下连续墙施工期间对邻近市政道路、管线及邻近建筑造成不利影响及后续基坑开挖期间地下连续墙可能带来的墙深质量问题，在地下连续墙两侧设置单排$\phi850@600$三轴搅拌桩作为槽壁加固，外围地下连续墙槽壁加固深度至地面以下23.5m，进入⑤1层淤泥质土，采用套打一孔法施工，兼做地下连续墙接缝止水；内部隔断槽壁加固深度至地面以下20.9m，穿透①3层，进入④层淤泥质土，幅与幅搭接250mm。

2.3 水平支撑体系

每个分区坑内竖向均设置4道钢筋混凝土支撑，典型剖面如图4所示。Ⅰ-1区、Ⅰ-2区基坑面积较大，基坑呈长条形。出于对基坑安全考虑及环境保护，采用刚度大、受力较好的对撑角撑结合边桁架支撑体系（图3），对撑杆件尽量避让6栋主楼芯筒剪力墙和框架柱，利于主楼地下结构在不拆撑的条件下可快速向上施工，缩短工期。

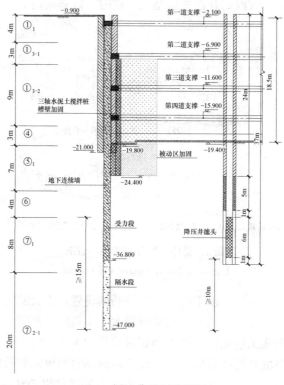

图4 周边典型围护剖面

Fig. 4 Typical section

3 基于环境影响的承压水控制设计

拟建场地深部主要为⑦层、⑨层承压含水层，⑦层顶埋深28.1～32.9m，根据上海市的长期水位观测资料，承压水水位呈周期性变化，水位埋深3.0～12.0m。按最不利的承压水位埋深 3.0m，⑦层顶埋深 28.1m 考虑，验算承压含水层上覆土自重与承压水头之比，普遍基底承压水稳定性系数仅为 0.78，远小于规范要求的 1.05，可判定普遍基底承压水抗突涌稳定性不满足，需对深部承压水进行分级降压处理。理论计算方面，当按最不利水头埋深考虑时，基坑开挖至第三道支撑以下（挖深超 11m 时），需结合实际的承压水水位观测启动降压。

3.1 专项水文地质勘查

为保护周边环境，制定安全合理有效的降压方案，减小承压水降压引起的周边环境沉降，开展了以⑦层承压含水层为目标降压层的专项水文地质勘查。其中在古河道切割区（⑥层缺失）与正常地层区（含⑥层）各开展 1 组⑦层单井试验，在正常地层区开展 1 组⑦层群井试验，试验井及观测井布置如图 5 所示，试验井结构如图 6 所示。

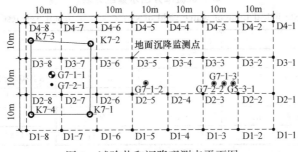

图 5　试验井和沉降观测点平面图

Fig. 5　Plan of test well and settlement observation point

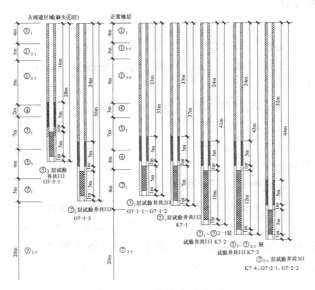

图 6　试验井构造示意图

Fig. 6　Schematic diagram of test well structure

试验表明，古河道区域⑤₃层不是承压含水层，且⑤₃层与⑦层无直接的水力联系。通过两组单井抽水试验结果表明，⑦₂₋₁层与⑦₁层水力联系十分紧密，可视为同一承压含水层，查明了⑦₁层、⑦₂₋₁层承压含水层的水文地质参数（表 1）。

土层	水头埋深 (m)	渗透系数 k_h(m/d)	导水系数 $T(m^2/d)$	贮水系数 $S(10^{-3})$	影响半径 R(m)
⑦$_{2-1}$	5.01~5.68	2.40	3.00	2.07	166.70
⑦$_1$	5.65~5.83	1.53	12.2	1.15	68.23

通过群井抽水试验发现，⑦$_1$层4种不同结构的抽水井单井出水量差异明显，单井出水量见表2。减压降水设计时宜优选37~41m的井深，考虑群井及止水帷幕的效应，单井出水量 5.0~8.0m³/h。群井试验期间的地表沉降监测表明，在抽水中心地面累积沉降为3.31~5.72mm，而在距离抽水中心40m地面累积沉降值为2.41~3.93mm。

群井试验单井出水量统计表 表2

Statistical table of water yield of single well in group well test Table2

井号	K7-1	K7-2	K7-3	K7-4
井深(m)	37	41	43	44
过滤器埋深(m)	29~36	30~40	30~42	38~43
过滤器长度(m)	7	10	12	5
群井试验期间平均流量(m³/h)	6.66	10.59	13.00	10.51
单位涌水量(L/h·m)	294	1041	1637	1398

3.2 承压水控制设计

结合专项水文地质勘查结果与邻近地块以往成功实践经验，考虑到承压含水层⑦层、⑨层连通无法隔断，总体采用以⑦层为目标降压层、悬挂帷幕降压方案，降压井布置上采用短滤头密布的原则。

除在落深区较深的Ⅰ-1区F楼区域设置5口⑦$_1$层、⑦$_{2-1}$层混合减压井外，其余均采用⑦$_1$层减压井，Ⅰ-1区布置20口、Ⅰ-2区布置12口、Ⅱ区布置5口。⑦$_1$层减压井井深37m，过滤器6m；⑦$_{2-1}$层减压井深41m，过滤器10m；减压降水深井孔径650mm，井管及过滤器外径273mm。

为控制承压水降压对周边环境的影响，将基坑周边地下连续墙底部适当加深至降压井滤头底部以下一定深度，形成悬挂式隔水边界，增加承压水的补给路径。基坑周边地下连续墙底标高设置于降压井滤管底以下10m，进入⑦层承压含水层不小于15m。如此设计地下连续墙隔水段能较好地发挥挡水作用，降水能够以较小的流量，使基坑范围内的承压水水头降到计算所需的水头，又使坑外的水头尽量少降，减少因降水引起的地面变形。

4 实施效果

选取几个典型位置的墙身测斜数据，见图7，从基坑开挖到顶板完成，普遍区域围护墙侧向最大位移60~70mm，最大位移点在底板处。基坑在开挖至第二道支撑前墙身变形较小，主要变形发生在第二道支撑到底板完成期间，后期在底板浇筑到地下室回筑拆撑期间，曲线趋于平缓。

从图 8 可以看出，基坑实施期间坑外地表均有不同程度的沉降，除北侧药材仓库侧由于严格挖土地表沉降在 15mm 以内，其余区域在 45~55mm 之间。与地下连续墙侧向变形趋势一致，在第二道支撑前，地表沉降较小，主要变形发生在第二道支撑到地库顶板完成，在地下室回筑拆撑期间，由于墙顶顶口位移有一定增幅，地表沉降仍有一定增幅。从每组各监测点的沉降数据趋势来看，地表最大沉降点位于距离基坑挖深 0.5~1 倍挖深处，1 倍挖深以外区域沉降逐渐变小并趋于缓和。

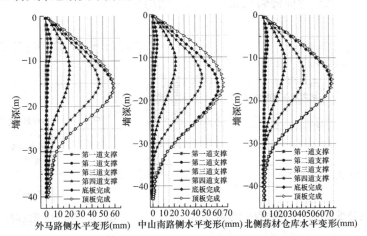

图 7　围护墙测斜图

Fig. 7　Lateral displacements of retaining structures

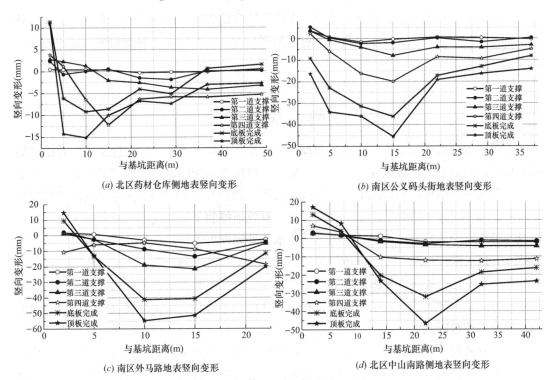

(a) 北区药材仓库侧地表竖向变形

(b) 南区公义码头街地表竖向变形

(c) 南区外马路地表竖向变形

(d) 北区中山南路侧地表竖向变形

图 8　地表沉降监测

Fig. 8　Settlements of road

在降压满足基坑挖深要求下，北区和南区坑内水位最大降深分别为 12.34m、11.54m，坑外水位最大降深分别为 1.28m、1.45m，坑内与坑外的降深比约 10：1，采用短滤头密布结合悬挂帷幕的方式，承压水降压对周边环境影响控制效果良好（图 9）。

图 10 为地下结构完成后周边建筑的沉降分布，可以看出外马路对面的建筑均在 1 倍挖深范围外，沉降变形较小且均匀，普遍在 10mm 内，最大的变形为 20mm；北侧药材仓库由于紧贴基坑，靠近基坑侧沉降在 30~43mm，远离基坑侧 12~15mm，垂直基坑方向倾斜 1.15‰，平行基坑方向倾斜 0.65‰，房屋结构处于安全状态。

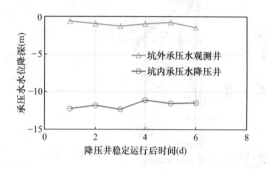

图 9　基坑内外承压水位变化时程曲线

Fig. 9　Time history curve of confined water level change inside and outside the deep excavation

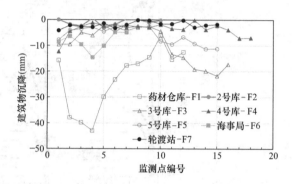

图 10　邻近建筑沉降监测

Fig. 10　Settlements of road

从监测结果可以看出，本基坑工程采取的分区实施方案、围护结构体系选型、降压处理方案是合理可靠的，同时结合科学、有序的开挖方案，基坑施工对周边环境造成的影响均在安全可控范围之内。

5　结语

本项目地处敏感复杂环境，通过合理的分区顺作开挖，避免了一次性整体大开挖对周边环境的不利影响，较好地保护了周边环境。基坑周边采用刚度较大的"两墙合一"地下连续墙作为围护结构，同时地下连续墙两侧采用三轴搅拌桩槽壁加固以提高槽壁稳定性，基坑竖向整体设置 4 道钢筋混凝土支撑体系，有效地控制了基坑变形。结合场地抽水试验以及邻近地块的成功实施经验，对深部承压水的处理提出了科学有效的降压方案，通过按需降压，最大限度地减少了抽降承压水给周边环境带来的不利影响。

从监测实施数据可以看出，本基坑工程采取的分区实施方案、围护结构体系选型、降压处理方案是合理可靠的，结合科学、有序的开挖方案，基坑施工对周边环境造成的影响均在安全可控范围之内。

基坑分区设计、深部承压水降压处理、支护体系设计等关键技术在本项目实施过程中得到了很好的体现，并取得了良好的实施效果。通过本项目的成功经验，为敏感环境区域的基坑工程设计与施工提供参考。

参考文献

[1] 王卫东，朱合华，李耀良．城市岩土工程与新技术 [J]．地下空间与工程学报，2011，7（S1）：1274-1291．

[2] 郑刚，朱合华，刘新荣，等．基坑工程与地下工程安全及环境影响控制 [J]．土木工程学报，2016，49（6）：1-24．

[3] 陈萍，王卫东，丁建峰．相邻超大深基坑同步开挖的设计与实践 [J]．岩土工程学报．2013，35（S2）：555- 558．

[4] 陈小雨，袁静，胡敏云，等．相邻深大基坑安全距离理论分析与数值模拟 [J]．地下空间与工程学报，2019，15（5）：1557-1564＋1572．

[5] 黄开勇．软土地区相邻深大基坑同步施工设计实践 [J]．地下空间与工程学报，2019，15（S2）：743-750．

深厚海相沉积淤泥地区基坑支护技术研究

冯翠霞，曾文泽，刘江

（上海申元岩土工程有限公司，上海 200011）

摘　要：我国沿海地区广泛分布着海相沉积的软弱淤泥层，给超大基坑设计与施工带来了很多挑战。通过对汕头地区的基坑工程案例分析，探讨了淤泥分布地区超大基坑的设计与施工难点、重点，并对项目中所采用的基坑支护组合技术及施工监测数据进行了研究。实践证明，该工程中所应用的基坑支护组合技术，即先支护工程后桩基工程的浅层软弱土处理技术、淤泥夹砂层中扩大头旋喷锚索应用技术、旋喷锚索结合中心岛施工的组合技术、双排桩结构结合旋喷锚索支护技术等得到了较好的工程应用效益，对类似深厚淤泥分布地区超深大基坑工程的设计与施工具有指导意义。

关键词：基坑；淤泥；夹砂层；旋喷锚索；中心岛施工；双排桩

Study on Supporting Technology of Foundation Pit in Deep Marine Eposit-silt Area

Feng Cuixia，Zeng Wenze，Liu Jiang

（Shanghai Shen Yuan Geotechnical Engineering Co.，Ltd.，Shanghai 200011）

Abstract：Weak marine deposit silt is widely distributed in the coastal areas of China，which brings a lot of challenges to the design and construction of super-large foundation pit. Through the case analysis of foundation pit engineering in Shantou，the design and construction difficulties and key points of the super large foundation pit in the silt distribution area are discussed herein. In addition，the foundation pit support combination technology and construction monitoring data used in the project are analyzed and studied. The practice has proved that the combination technology of foundation pit support applied in the project，namely the surface soft soil treatment technology of supporting engineering before pile foundation engineering，the application technology of jet grouting anchor cable in silt sand layer，the combination technology of jet grouting anchor cable combined with central island construction，the double row pile structure combined with jet grouting anchor cable support technology，have achieved good engineering application effects. It is of guiding significance for the design and construction of super-deep foundation pit in similar deep silt area.

Keywords：Foundation pit；Silt；Silt sand layer；Jet grouting anchor；Central island construction；Double row pile structure

---

作者简介：冯翠霞，高级工程师，岩土工程。

0 引言

在我国东部，沿海海相沉积的淤泥土分布十分广泛。从北向南天津、连云港、宁波、温州、汕头等地区，软土的含水量逐渐提高，强度逐渐降低。特别东南沿海地区，地下水位高、透水性差、压缩性高、承载力低，且埋藏深厚，有的厚达几十米，此特点使工程中易发生塑性流动和固结沉降[1]。这种极差的地质条件使得这些地区的深基坑工程面临着极大的工程安全和环境保护难题。通过不断的工程实践和探索创新，钻孔灌注桩、地下连续墙、双排桩支护结构、内支撑及锚索等工艺已被广泛地应用于不同规模的基坑工程案例中[1-5]。但同时也注意到，淤泥的土质特性造成了地下工程极大的施工难度，使得同等规模的基坑工程在这些地区的支护造价远远大于内陆土质条件较好地区的工程造价。基坑工程作为临时工程，具有明显的地域性差异，因此因地制宜地分析深厚海相沉积淤泥地区的基坑支护技术，实现基坑安全、便利地施工，并能有效地控制基坑工程造价，对于大面积深厚淤泥分布地区的基坑设计与施工具有指导意义。

1 工程概况

该项目位于汕头东海岸，经围海造地形成陆域，由两个地块组成，总地下室占地面积 6.1 万 m²，地下二层，基坑一般挖深 9.85m，局部挖深达 15.85m。项目场地地貌形态属于三角洲冲积平原前缘地带。地块南侧为滨海路，北侧为填海吹填后的陆域，西侧为在建项目，东侧为人工河。本项目基坑周边环境如图 1 所示。

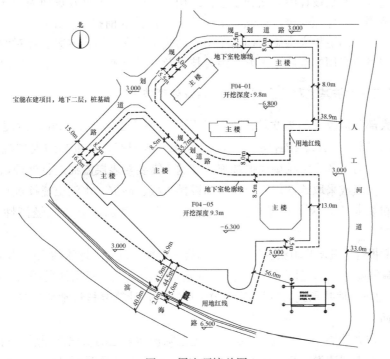

图 1 周边环境总图

汕头市淤泥土的特点是：天然含水量高，孔隙比大于1，透水性差，处于饱和流塑状态，含有机质（1.69~7.76）及贝壳碎片较多。受海相沉积作用，在深厚淤泥分布地区，常会出现海相沉积淤泥中夹粉砂层的现象，该项目该地质特征明显。该项目基坑工程开挖关系到的地层包含①层吹填软土层、②层粉砂层、③层淤泥层及④层中砂层。典型地质剖面图如图2所示。

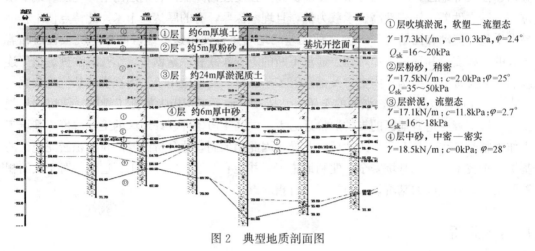

①层吹填淤泥，软塑—流塑态
$\gamma=17.3kN/m$，$c=10.3kPa$，$\varphi=2.4°$
$Q_{sk}=16~20kPa$
②层粉砂，稍密
$\gamma=17.5kN/m$；$c=2.0kPa$；$\varphi=25°$
$Q_{sk}=35~50kPa$
③层淤泥，流塑态
$\gamma=17.1kN/m$；$c=11.8kPa$；$\varphi=2.7°$
$Q_{sk}=16~18kPa$
④层中砂，中密—密实
$\gamma=18.5kN/m$；$c=0kPa$；$\varphi=28°$

图 2 典型地质剖面图

2 围护方案组合技术

该项目属淤泥地区临海深大基坑项目，周边环境总体较为宽松，但场地地质条件差，地下水补给充分。本次设计中，结合了主体结构、工程地质条件及场地周边环境特点，在遵守相关规范要求，保证安全、兼顾施工便捷和经济性的前提下，采用了表层放坡卸载，内部钻孔灌注桩＋两道扩大头旋喷锚索＋中心岛施工的支护组合方案。针对淤泥地区基坑特点，对该项目所采用的基坑围护方案组合技术及实时监测数据进行了分析研究。

2.1 先支护工程后桩基工程的表层软弱土特殊处理技术

本项目大部分地段上部为吹填淤泥软土层，层厚为2.80~8.70m，淤泥土工程力学性质差（土层参数 $c=10.3kPa$，$\varphi=2.4°$），软塑—流塑态，严重制约大型桩基等施工机械的进场施工。为了解决淤泥场地桩基施工难题，需要对表层淤泥进行处理，类似工程常见做法有清淤换填或采取地基加固处理（加设排水板、砂桩、水泥土搅拌桩）等措施。但该项目工程桩数量多，为了桩基施工而进行大面积地基加固处理，经济性差，且影响工期。

根据地勘报告，表层吹填淤泥层下部分布有一层粉细砂层，埋深约6m，层厚为3.70~9.90m，普遍厚度超5m，且层面标高位于桩基顶标高以上。根据地勘报告，②层粉砂标贯标准值是12.6、地基承载力特征值是80~120kPa，计算复核该地质夹层可作为桩基机械施工作业面。

为了实现在夹砂层上作业施工，必须首先挖除场地表层的吹填淤泥层。对于6万多平方米范围的场地表层清淤，且挖土厚度达6m，砂层底下又是深厚淤泥层，若不采取有效

图3 汕头项目原状场地实景照片

基坑支护措施，无法保证挖土和桩基工程施工安全。常规做法需先进行周边临时支护，场地内部清除吹填土后，进场施工工程桩和围护桩。但这种单独为清淤工程进行的临时支护工程，经济性显然较差。因此，综合比较后，方案选择利用本项目地下室基坑支护工程来满足清淤工程的临时支护需要。在工况上需要突破先工程桩再支护桩的常规施工做法，将施工顺序调整为：

（1）周圈支护桩区域地基加固；

（2）基坑支护桩施工；

（3）挖除表层淤泥填土层至夹砂层，暂缓土方开挖，工程桩施工机械进场施工；

（4）待工程桩完成施工后，基坑再继续向下开挖，施工结构底板及地下室墙柱。

汕头项目基坑剖面见图4。基坑支护设计中，考虑到本项目基坑在开挖至夹砂层面

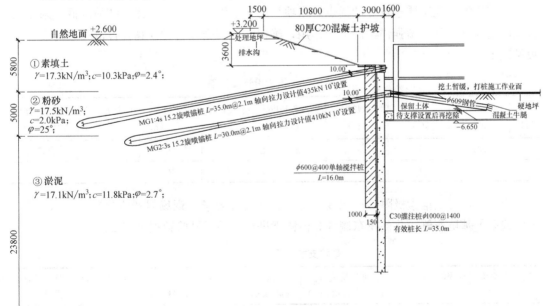

图4 浅层淤泥处理方案剖面图

后，会暂缓基坑工程等待工程桩施工（实际施工 3 个月），为减小该阶段基坑持续变形，有意将第二道锚索标高抬高至夹砂层面位置，并及时完成旋喷锚索的张拉锁定，给支护结构提供反向拉力。根据监测数据，本项目在工程桩施工阶段的 3 个月中，桩体测斜变形控制在 4～7mm，变形较小。

该项目通过"寻找"海相沉积中常见的夹砂层作为桩基施工作业面，并在大基坑的支护设计中针对性地考虑到浅层清淤工程和桩基工程，创新性调整施工顺序，避免了大体量的地基加固工程，对沿海淤泥场地的工程桩基施工具有借鉴意义。

2.2 深厚沉积淤泥夹粉砂层的旋喷锚索应用

锚索在淤泥层成孔施工时，常会因软塑的淤泥流动而出现塌孔，影响锚索施工质量。一般淤泥土的锚杆粘结强度都较低，《建筑基坑支护技术规程》JGJ 120—2012 中提到在淤泥中锚杆的极限粘结强度标准值为 16～20kPa。土层蠕变还会引起预应力损失较大的问题。因此，一般锚索并不适用于淤泥地质中的深基坑工程。

该项目基坑面积超大，且开挖深度深，地质条件差。若采用钢筋混凝土内支撑方案，需上下设置两道支撑，致使基坑支护造价高且挖土难度大。但地层内淤泥夹砂层的存在使得锚索方案在本项目具备了应用的可行性。

软土中锚索宜采用预应力旋喷锚索形式，它是一种将大直径水泥土桩体与传统锚索相结合而成的新型锚索结构，利用旋喷钻机按一定角度在土体中成孔，至锚固段开始向土体中喷射水泥浆，充分搅拌形成桩体，同时利用钻机钻头将加筋体（钢绞线）带入桩体中[6]，施加预应力后形成旋喷搅拌锚索，锚固体端部可通过复搅、增大浆液喷射压力等措施进一步形成"扩大头"。扩大头旋喷锚索与常规锚索相比，具有锚固段直径大、锚固力高、在淤泥中施工质量较好的优点。本项目海相淤泥层深厚，土体粘结强度低，采用大直径旋喷锚索有利于增强锚索的锚固作用，确保基坑安全。通过计算，各道锚索的设计参数见表 1。

旋喷扩大头锚索设计参数表　　　　　　　　　　表 1

锚索道数	水平间距（m）	锚索倾角（°）	总长度（m）	锚固段长度（m）	一般段孔径（mm）	扩大头锚固长度（m）	扩大头孔径（mm）	轴向拉力设计值（kN）
1	2.1	10	35	25	500	10	800	435
2	2.1	10	30	22	500	10	800	410

为进一步确认锚索极限抗拔承载力是否满足设计要求，现场对锚索进行了抗拔试验。试验选取了基坑西侧、北侧及东侧各 3 根锚索进行试验。试验数据见表 2。

基坑支护锚索基本试验表　　　　　　　　　　表 2

试验序号	锚索编号	锚固段长度（m）	自由段长度（m）	抗拔力设计值（kN）	最大试验荷载（kN）	最大上拔量（mm）	残余上拔量（mm）	锚索总弹性位移（mm）	是否符合设计要求
1	G64	25	10	435	590	66.55	31.35	35.20	符合
2	G78	25	10	435	590	62.37	26.54	35.83	符合
3	G102	25	10	435	590	66.10	28.09	38.01	符合

试验序号	锚索编号	锚固段长度(m)	自由段长度(m)	抗拔力设计值(kN)	最大试验荷载(kN)	最大上拔量(mm)	残余上拔量(mm)	锚索总弹性位移(mm)	是否符合设计要求
4	G198	25	10	435	590	68.48	28.02	40.46	符合
5	G20	25	10	435	590	63.79	31.18	32.61	符合
6	G28	25	10	435	590	97.88	66.40	31.48	符合
7	G41	25	10	435	590	75.40	43.54	31.86	符合
8	G184	25	10	435	590	48.25	16.13	32.12	符合
9	G172	25	10	435	590	83.94	45.45	38.49	符合

从锚索拉拔试验结果可见，试验中 9 根锚索均满足设计要求，旋喷锚索表现出了良好的可靠性。后续进一步根据已经完工回填的 01 地块监测数据，支护桩顶的最大水平位移在 WY44（累计位移值为 42.3mm），测斜最大值在 CX3（累计位移量为 44.0mm），变形均未超过设计报警值。

综上，在深厚淤泥分布地区，常会出现海相沉积淤泥中夹粉砂层的现象，利用其较好的地质特性，可采用旋喷锚索替代钢筋混凝土内支撑形式，降低工程场地内部挖土和结构施工难度。

2.3 旋喷锚索结合中心岛施工的组合支护技术

基坑中心岛施工即先开挖基坑中央土方，基坑周边围护桩内侧预留一定宽度的土台后挖，待中央结构底板完成后再开挖周边土体。预留土台较好地利用了时空效益原理，从而对于基坑变形控制起到重要作用[7]，这在众多采用中心岛做法的基坑工程中均有较好的体现。

本项目场地内分布有深厚淤泥层，基坑底淤泥层厚达 24m，由于地层起伏，部分区域第二道锚索可能会穿入淤泥层中，弱化锚索的拉结锚固性能。为减小淤泥土地区基坑的安全风险，该项目支护方案进一步结合了中心岛施工的做法。

具体设计思路为：（1）围护结构周边土台宽 8m、高 3m，坡面护坡加固；（2）大面积开挖基坑中心区域，施工结构底板，通过结构自重反压，减小基坑坑底地基隆起；（3）视围护结构变形情况，确定是否设置底板斜撑；（4）挖除基坑四周预留土台，继续剩余结构的施工。

为观察基坑围护桩变形情况，选取基坑西侧监测点 CX10 三个时间点的测斜值进行比对（桩顶落低至自然地坪 3.8m），即：（1）2019 年 4 月初预留土台，开始开挖中央土方，施工中心结构底板；（2）6 月初，"中心岛"结构底板完成；（3）7 月，01 地块全部结构底板完成。

从围护桩测斜数据（图 5）可见，从开挖中心岛至中心岛结构底板完成，围护桩最大测斜增加了 8.7mm，达 35.4m，变形可控，因此综合评判后，本项目未设置斜撑，而是直接挖除围护桩周边预留土台，施工剩余结构底板。该工况下，该侧围护桩最大测斜继续增加了 7mm，待底板浇筑完成后累计测斜值最大为 42.4mm，累计变形未超设计报警值。

为进一步观察基坑开挖施工过程中预留土台的特性，本项目在基坑西侧预留土台内埋设了土体测斜管，得到留土平台土体从基坑中央土方开挖到结构底板完成阶段的水平位移，如图6所示。从监测数据看到，超大面积深基坑底板浇筑阶段，预留土台较好地控制了基坑的位移变形，同时通过对比围护桩与土体的测斜数据，可观察到本项目土体水平位移约为同时期桩体水平位移的55%～70%。

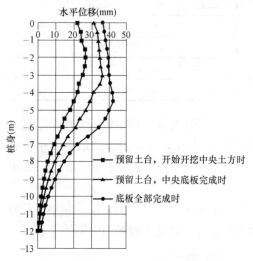

图5　测斜点 CX10 的测斜曲线图　　　　图6　同时段桩体测斜增量与土台土体测斜值的曲线图

在本项目实践中，采用中心岛施工，对于淤泥土地区超大面积深基坑工程变形控制是比较有利的。虽然底板分两次浇筑对工程工期和施工便利性有一定影响，但考虑到中心岛方案是作为淤泥地区锚索方案的一种安全补充，有利于锚索方案在淤泥地区的使用，因此这种组合形式整体上对淤泥土地区基坑工程的总工期、安全性、经济性有积极意义。

2.4　双排桩支护结构结合旋喷锚索的深基坑支护技术

双排桩支护结构是由两排设置在基坑周边土体的支护桩通过桩顶连梁刚性连接而成的门式结构体系，相较于单排悬臂桩，其结构水平刚度大、变形位移小，受力更为合理[8,9]。因此双排桩支护结构在环境保护要求较高的深基坑中得到较广泛的应用。

双排桩＋锚索的组合支护体系，进一步发挥了锚索支点锚固作用。比起悬臂支护结构，具有更大的侧向刚度，因此可以更好的限制结构水平位移。同时，锚索的加入可以改变支护结构内力幅值及分布，使结构整体受力更加合理。因此，对于淤泥土地区，利用双排桩＋锚索这类强组合支护结构的良好变形控制性能，对确保深基坑自身、周边环境安全较为有效可靠。

汕头项目主楼区域基坑边挖深达11m，由于深厚淤泥层的存在，导致第二道锚索标高无法降低，纯利用单排桩＋锚索的围护方案，经设计复核无法满足变形控制要求。因此，该区域支护选型加强为双排桩＋旋喷锚索方案，并在双排桩内部设置搅拌桩重力式坝体，以增强该位置围护结构的整体刚度。由于双排桩＋搅拌桩坝体的围护形式刚度大，结合结构中心岛施工的做法，该位置锚索仅设置一道，最终形成双排桩＋锚索＋中心岛斜撑的基坑组合围护方案。剖面如图7所示。

为观察基坑围护桩变形情况，选取基坑相应位置监测点 CX01 三个时间点的测斜值进

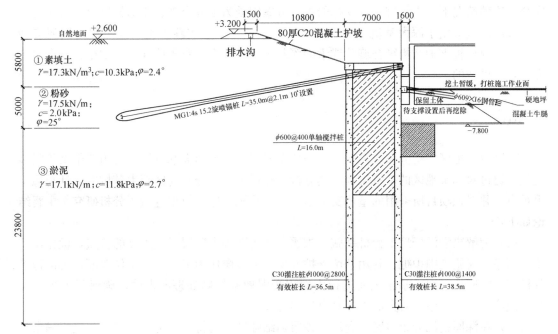

图 7　双排桩＋锚索支护组合剖面图

行比对：（1）2019 年 3 月底预留土台，开始开挖中央土方，施工中心结构底板；（2）5 月底，"中心岛"结构底板完成；（3）6 月底，01 地块全部结构底板完成。

由围护桩测斜数据可见，从开挖中心岛至中心岛结构底板完成，围护桩最大测斜增加了 8.4mm 达 30.0mm，考虑该区域挖深较深且仅设有一道锚索，因此需要架设钢管斜撑，然后挖除围护桩周边预留土台，施工剩余结构底板。该工况下，该侧围护桩最大测斜继续增加了 9.2mm，待底板浇筑完成后累计测

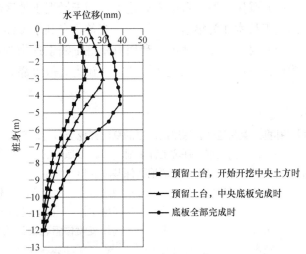

图 8　基坑塔楼位置监测点 CX01 的测斜曲线图

斜值最大为 39.2mm，累计变形未超设计报警值。

对比单桩＋双锚索方案（基坑挖深 9.8m）与双排桩＋单锚索＋斜撑方案（基坑挖深 11m）监测数据可见，基坑从自然地坪开挖至工程桩打桩作业面（挖深 6.2m）并暂缓等待工程桩施工 3 个月后，后者累计变形 21.6mm（CX01）小于前者的 26.7mm（CX10），即便是基坑开挖至坑底后，塔楼位置基坑挖深较前者更深 1.2m，但累计变形 39.2mm 还是小于前者的 42.4mm。可见，双排桩对基坑变形的控制发挥了预期效果。

淤泥土地区，经常采用单排悬臂式支护桩、双排桩的支护形式来处理挖深相对较浅的基坑工程。随着基坑挖深增加，以上支护形式逐渐无法满足基坑变形控制要求，危及基坑

安全。这种情况下，支护桩＋内支撑的支护方案因受力更为合理、变形控制更加可靠的特点，被广泛地应用于深大基坑工程中。但通过本项目工程实践可见，充分利用淤泥夹砂层，采用双排桩支护结构结合旋喷锚索的深基坑支护方案，对于确保基坑安全、变形可控亦是合理可行的。

3 结论

我国沿海地区广泛分布着海相沉积的软弱淤泥层，给超大基坑设计与施工带来了很多挑战。通过对汕头地区的基坑工程案例分析，探讨了淤泥分布地区超大基坑的设计与施工重难点，并对该项目所采用的基坑支护组合技术及施工监测数据进行了分析研究。主要结论如下：

（1）为解决淤泥场地工程桩基施工难题，利用下卧夹砂层承载力高的特点，优化调整施工顺序：先施工围护桩，利用基坑支护开挖至夹砂层作为工程桩施工作业面，再进行工程桩施工。避免了因桩基施工而进行大面积淤泥地基加固处理的做法，确保了工程的安全、经济、顺利实施，对类似工程具有借鉴意义。

（2）在深厚淤泥分布地区，利用夹砂层粘结强度高的特点，可采用扩大头旋喷锚索方案替代内支撑。工程最终监测数据显示，变形控制较好，基坑安全可控。

（3）采用预留土台中心岛施工，利于淤泥土地区超大面积深基坑工程变形控制。将中心岛施工技术作为锚索方案的安全储备，有利于整体上把握淤泥土地区基坑工程安全。

（4）对于淤泥土地区，利用双排桩＋锚索这类强组合支护结构的良好变形控制性能，对确保深基坑自身、周边环境的安全较为有效可靠。

参考文献

[1] 孙挺. 温州地区含深厚淤泥层的墓坑开挖变形特性研究 [D]. 杭州：浙江大学，2016.
[2] 刘国彬，王卫东. 基坑工程手册 [M]. 2版. 北京：中国建筑工业出版社，2009.
[3] 王子哲. 含深厚淤泥层的地铁深基坑变形特性研究 [D]. 哈尔滨：哈尔滨工业大学，2013.
[4] 李圃林. 天津地区建筑基坑支护型式与方案优化 [D]. 长春：吉林大学，2008.
[5] 张贤奎. 汕头市软土的分布及工程地质特征 [J]. 基础工程，2001，4（9）：20-23.
[6] 王国辉，祁建永，靳力勇，等. 高压旋喷锚索在淤泥质地层基坑支护工程中的应用 [J]. 勘察科学技术，2007（s1）：104-107.
[7] 包旭范，庄丽，吕培林. 大型软土基坑中心岛法施工中土台预留宽度的研究 [J]. 岩土工程学报，2016，28（10）：2008-2012.
[8] 申永江，孙红月，尚岳全，等. 锚索双排桩与刚架双排桩的对比研究 [J]. 岩土力学，2011，32（6）：1838-1842.
[9] 蔡袁强，赵永倩，吴世明，等. 软土地基深基坑中双排桩式围护结构有限元分析 [J]. 浙江大学学报（工学版），1997，31（4）：442-448.

预制混凝土方桩技术新进展

吴治厚，苏银君，翁其平

（华东建筑设计研究院有限公司上海地下空间与工程设计研究院，上海　200011）

摘　要： 预制混凝土方桩在国内外有广阔的市场和成熟的技术条件，国内外对其技术的研究逐步深入和完善。预制混凝土方桩具有承载力大、制作方便、适用地质条件广、施工质量易于保证、施工速度快、生产线规模小等优点。在标准不断地更新完善、生产原材料不断地变革进步、用户对技术领域需求越来越广泛的大背景下，预制混凝土方桩在设计、生产、施工以及检测等领域有诸多新进展，诸如接桩方式的更新换代、沉桩方式的与时俱进、防腐蚀方桩技术的完善、桩身抗弯性能逐渐被利用。预制混凝土方桩未来将会有更广阔的发展前景。

关键词： 预制混凝土方桩；新进展；接桩；沉桩；防腐蚀方桩

New Progress of Precast Concreat Square Pile Technology

Wu Zhihou, Su Yinjun, Weng Qiping

(Shanghai Underground Space Engineering Design & Research Institute,

East China Architecture Design & Research Institute Co., Ltd., Shanghai 200002, China)

Abstract: Prefabricated concrete square plie has broad market and mature technical condition in China and abroad. The research on prefabricated concrete square plie gradually is deep and improve. The recast rectangle pile has many advantages such as great bearing capacity, convenience production, wide applicable geological condition, easy assurance of construction quality, quick construction, small production line scale. Prefabricated concrete square plie makes many new developments in the filed of design, production, construction and detection with the background of normative standard perfection, raw materials progressing and extensive user requirement. The new progress of prefabricated concrete square plie includes updating of pile extension, progressing with the times of pile sinking, perfection of corrosion prevention piles, gradually using of pile's bending resistance. The future of precast concrete square pile will have broader development prospects.

Keywords: Prefabricated concrete square stake; New development; Pile extension; Pile driving; Anticorrosion pile

---

作者简介：吴治厚（1987—　），男，辽宁阜新人，硕士研究生，工程师，主要研究方向为基坑支护工程的设计与研究。E-mail：zhihou_wu@arcplus.com.cn。

0　引言

预制混凝土方桩是我国土木建筑基础工程中重要的桩基材料，也是我国预制构件中产量较大的一种混凝土制品。近年来，随着我国建筑业的发展，该产品在国内许多地区得到大力发展。同时，随着我国国产化能力和机械装备技术水平在逐步提高，预制混凝土方桩行业的生产用关键设备技术已全部实现国产。国产母材的质量稳定性和加工工艺水平有了长足的进步，目前国内已建有 80 多条生产线，完全满足了我国预制混凝土方桩生产的要求，并且已出口日本、东南亚等国家。

美国的预制混凝土协会（PCI）长期研究与推广预制建筑，预制混凝土的相关编制规范也很完善，预制混凝土方桩的应用也逐年增加。欧洲，日本等国由于劳动力资源短缺，且预制桩无泥浆排放问题，相比于灌注桩绿色环保、节能降耗，以其独特的优势被广泛应用于各种工业与民用建筑中。现国际上（如日本、美国）已大力推广使用新型预制方桩，其克服了传统桩型的大部分缺点。

预制钢筋混凝土方桩产品具有以下特点：桩身混凝土强度较高，单桩承载力较大；施工受地下水变化影响较小；制作便利，既可以现场预制，也可以工厂化生产；可根据不同的地质条件，生产各种规格和长度的桩；桩身质量可靠，施工质量易于保证；施工速度快，现场文明程度高；生产线建设的投资规模较小等。

1　预制混凝土方桩新进展的背景

预制混凝土方桩在我国已有长期和大量的工程实践应用，证明其技术是可靠的、成熟的，是适合我国国情的，其技术的进步也存在着较为成熟的基础和动力。

1.1　国家或地方标准的规定变化

预制混凝土方桩所依据的国家标准一直在进行修订，如《混凝土结构设计规范》GB 50010、《建筑结构可靠性设计统一标准》GB 50068、《建筑结构荷载规范》GB 50009、《建筑抗震设计规范》GB 50011 等。其中，方桩所涉及的规定持续调整，总体来看标准规范都是朝着偏安全的方向发展的。

《建筑结构可靠性设计统一标准》GB 50068 在 2018 年进行了修编，关于荷载分项系数的规定发生重大调整。在一般情况下，恒载分项系数由 1.2 增加到 1.3、活载分项系数由 1.4 增加到 1.5。此项调整，导致了预制混凝土方桩的配筋量有一定幅度的增长，半数桩型的钢筋直径提高了一档。

《建筑桩基技术规范》JGJ 94 在 2008 年进行了修编，桩顶箍筋加密区范围从（2～3）d 增加到（4～5）d，静压桩的最小配筋率要求从 0.4% 提高到 0.6%。此项调整，导致了预制混凝土方桩的桩顶构造加强，部分静压桩的配筋也相应提高。

1.2　生产原材料的变革进步

为落实《国务院关于印发"十二五"节能减排综合性工作方案的通知》（国发〔2011〕

26 号）中有关工作部署，促进钢铁工业和建筑业转变发展方式，按照《国民经济和社会发展第十二个五年规划纲要》的要求：HPB235 级、HRB335 级钢筋为落后产能，会造成资源的浪费。此两种牌号的钢筋均已淘汰，市场上已不再生产。取而代之的高强钢筋作为节材节能环保产品，在建筑工程中大力推广应用，是加快转变经济发展方式的有效途径，是建设资源节约型、环境友好型社会的重要举措，对推动钢铁工业和建筑业结构调整、转型升级具有重大意义。原有预制混凝土方桩大量采用的 HPB235 级、HRB335 级钢筋市场已不能供应，钢筋材料需要重新考虑。

高强混凝土作为一种新的建筑材料，以其抗压强度高、抗变形能力强、密度大、孔隙率低的优越性，在建筑结构、工程结构以及某些特种结构中得到广泛的应用。高强混凝土最大的特点是抗压强度高，一般为普通混凝土强度的 4～6 倍。高强混凝土材料为预应力技术提供了有利条件，可采用高强度钢材和人为控制应力，从而大大地提高了方桩的抗弯刚度和抗裂性能。此外，高强混凝土的抗渗性能和抗腐蚀性能也有明显的优势。

1.3 用户对技术领域需求越来越广泛

近年来预制混凝土方桩大量应用于抗拔桩工程中。为适应市场要求，更好地推广应用此种桩型，方桩用作抗拔桩的研究越来越深入，对其配筋组别、连接方式、端板详图、锚固大样、裂缝控制等方面均有专门的要求。

近年来预制混凝土方桩在石油化工、港口的应用越来越多。其正常使用阶段应考虑防腐蚀问题，因此针对三 a、三 b 和中等腐蚀地质条件下的方桩混凝土原材料、保护层、钢构件表面涂层等均提出具体要求，便于该领域用户的使用。

2 预制混凝土方桩新进展主要内容

基于国家或地方标准的规定变化、生产原材料的变革进步、用户对技术领域需求越来越广泛、厂家在生产过程中积累的丰富经验，预制混凝土方桩相关技术 21 世纪以来有了较为显著的进步。

2.1 预应力混凝土方桩的推广

传统的预制混凝土（实心）方桩的桩身主筋采用普通钢筋。随着科学技术的发展，国内外对预应力构件的研究的逐步深入，相关理论也逐步完善。预应力混凝土方桩在地方标准中出现较多，有一定的技术基础。

若桩身主筋改用预应力钢筋，即预应力混凝土方桩这种桩型，相比于钢筋混凝土方桩存在很多优势：预应力混凝土方桩承载能力好，其混凝土强度高，可有效提高单桩承载力；预应力混凝土方桩配筋量相对较小，预应力的存在可节约配筋，其钢筋用量较为节省，因此配筋率相对较小，存在一定经济性优势；预应力混凝土方桩通常采用自密实混凝土工艺，无需离心或振捣，成桩质量可靠；此外，预应力混凝土方桩抗裂性能有明显的优势，一般在正常使用阶段不会产生裂缝。

通常预应力混凝土方桩主筋采用抗拉强度不小于 1420MPa、35 级延性低松弛预应力混凝土用螺旋槽钢棒（代号 PCB-1420-35-L-HG），其质量应符合现行国家标准《预应力混凝土用钢棒》GB/T 5223.3 的有关规定，几何特征及理论质量、力学性能应分别符合表 1 和表 2 的要求。

PCB-1420-35-L-HG 的几何特征及理论质量表   表 1

Table of PCB-1420-35-L-HG geometric feature and theoretical mass   Table 1

公称直径	基本直径	公称截面积	理论重量
mm	mm	mm²	kg/m
7.1	7.25	40	0.134
9.0	9.15	64	0.502
10.7	11.1	90	0.707
12.6	13.1	125	0.981

PCB-1420-35-L-HG 力学性能表   表 2

Table of PCB-1420-35-L-HG mechanical property   Table 2

符号	规定非比例延伸强度	抗拉强度标准值	抗拉强度设计值	抗压强度设计值	断后延伸率	1000h松弛值	钢筋弹性模量
	MPa	MPa	MPa	MPa	%	%	MPa
ϕ^D	1280	1420	1000	400	≥7.0	≤2.0	2×10^5

预应力钢棒的张拉采用应力、应变双项控制法，但以应力控制为主。张拉控制应力为 0.7 倍的钢棒抗拉强度标准值。

2.2 接桩方式的更新换代

传统的预制混凝土方桩接桩方式为焊接法和锚接法。然而，焊接法在工程中得到了广泛应用和传承，相对应地，锚接法接桩在实际工程中应用越来越少。锚接法存在诸多问题：（1）锚接法的胶结材料为硫磺胶泥，是由硫磺、砂料、水泥、橡胶严格按比例，通过加热、搅拌配制而成的，胶结材料的制作过程繁琐且技术要求高，因此该种连接方式存在施工不便且占用较多工期等缺陷。（2）由于硫磺胶泥的着火点较低，为 180℃。而在实际接桩过程中，由于电焊温度很高，端板受热已达到硫磺胶泥的着火点。因此，该种接桩方法存在严重的安全隐患；（3）硫磺的主要成分为含硫化合物，其燃烧过程中会产生二氧化硫，发生刺激性很强的恶臭污染。因此该种连接方式存在材料不环保，造成一定程度的环境污染的问题。

图 1 锚接法接桩施工照片

Fig. 1 Picture of anchor connect method pile extension in the field construction

随着科技的进步，目前国内已开发多种机械连接接桩形式。机械连接相对于传统的接桩方式，有诸多优势：（1）预制混凝土方桩的机械连接施工快捷，通常机械连接在 10min

以内完成接桩，特别适用于工地安装连接；（2）机械连接对工人技术要求低，工人只需要经简单示范即可上岗作业，现场实际操作简单，无需专业技术；（3）采用机械连接接桩受人为因素影响非常小，连接质量可靠；（4）机械接头具有一定的弹性，沉桩时有弹性缓冲作用，极大改善了烂桩断桩等问题。综上，机械连接简便快捷、接驳牢固、承载能力高、质量稳定，是一项绿色环保、安全可靠的施工工法。目前，机械连接接桩已在全国得到广泛的应用，可选择的连接方法也有多种例如：销接法、机械啮合法、抱箍连接法等。

图 2　机械连接法接桩施工照片

Fig. 2　Picture of anchor connect method pile extension in the field construction

2.3　沉桩方式的与时俱进

传统的预制混凝土方桩沉桩方式为锤击法和静压法，与其相关的施工技术和规定均已非常成熟。而静钻根植法是一种新型的沉桩方法，预制混凝土方桩采用该种沉桩方法理论上可行，相关研究处于起步阶段。

该方法采用专用的单轴钻机，按照设定深度进行钻孔，桩端部按照设定的尺寸进行扩孔。扩孔完成后，注入桩端水泥浆和桩周水泥浆，边注浆边提钻。钻孔完成后依靠桩的自重将预制方桩植入设计标高，通过桩端及桩周水泥浆液硬化，使桩与桩端、桩周土体形成整体。

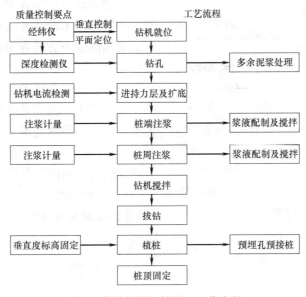

图 3　静钻根植沉桩施工工艺流程

Fig. 3　Construction process of implanted method piles

2.4　防腐蚀方桩技术的完善

环境作用等级为三a、三b或中等腐蚀环境时，预制混凝土方桩应采取防腐蚀措施，该类预制混凝土方桩称为防腐蚀方桩。防腐蚀方桩对钢筋的混凝土保护层厚度、混凝土材料和钢材防腐增量有所增强，如表3所示。

预制混凝土方桩防腐蚀防护措施　　　　　　　　　　表3

Table of prefabricated concrete square stake's anti-corrosion protect measures　Table 3

防护措施		腐蚀性等级					
		SO_4^{2-}		Cl^-		pH	
		中等	弱、微	中等	弱、微	中等	弱、微
提高桩身混凝土的耐腐蚀性	抗硫酸盐等级	KS120 ≥0.80	可不防护	—	可不防护	—	可不防护
	氯离子迁移系数 DECM($10^{-12}m^2/s$)	—		≤0.8		—	
	增加混凝土保护层厚度(mm)	≥+20		—		≥+20	
	表面涂刷防腐蚀涂层厚度(mm)	≥0.3		≥0.3		≥0.3	

此外，防腐蚀方桩一般选用混凝土强度等级不小于C40的桩型，且桩身混凝土抗渗等级不应低于P8。当需要接桩时，接头均设置于腐蚀性较弱或非污染土层中。

2.5　桩身抗弯性能逐渐被利用

近年来，预制桩由于其抗弯性能良好、桩身混凝土强度高，逐步被用于诸如基坑工程中。预制混凝土管桩在基坑工程中作为支护结构在国内技术已逐步成熟，而抗弯性能更好的预制混凝土方桩在基坑工程中将有更广阔的前景。

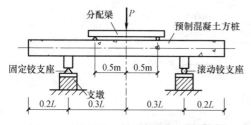

图4　预制混凝土方桩抗弯试验示意图

Fig. 4　Schematic diagram of prefabricated concrete square stake's bending test

预制混凝土方桩的质量决定着建设项目的安全和使用，因而其在使用前抗弯性能检测至关重要。预制混凝土方桩抗弯试验装置如图4所示，可供生产厂家和项目现场对其抗弯性能的检测提供参考。

预制混凝土方桩抗弯试验过程中，出现下列任何一种情况即视为破坏：（1）受拉钢筋被拉断；（2）受压区混凝土压碎；（3）受拉主筋处桩身最大裂缝宽度超过1.5mm。

3　结论

预制混凝土方桩近年来在行业内专家学者和生产企业共同努力下，在学习国外先进技术和先进经验的同时，在原材料、生产工艺、养护技术、设计施工、生产设备、试验检测等技术领域均做了大量的研究和创新，取得了长足的进步，实现了快速发展。

在标准不断地更新完善、生产原材料不断地变革进步、用户对技术领域需求越来越广泛的大环境下，预制混凝土方桩技术逐步向节能降耗、机械化自动化、安全可靠、应用广泛的方向发展，相关技术体系的研究正逐步趋于完善，预制混凝土方桩未来将会有更广阔的发展前景。

参考文献

[1] 阮起楠. 预制混凝土方桩生存与发展的思考 [J]. 广东建材，2000 (11)：5-7.

[2] 尚宁洲，刘兴斌，易图军. 浅谈预制方桩在腐蚀性场地的应用 [J]. 工业建筑，2013 (S1)：538-540.

[3] 户广旗，卜令昆，王玉龙，等. 免蒸养预制方桩高强混凝土的制备与性能研究 [J]. 商品混凝土，2017 (12)：42-46.

[4] 赵宏康. 一种销接式桩接头：202672141U [P]. 2013-01-16.

[5] 钟智谦，钟肇鸿. 一种预应力混凝土连接件：204163286U [P]. 2015-02-18.

软土地区盾构工作井施工全过程对
周边建筑物影响实测分析

吴才德[1]，郑翔[1*]，成怡冲[1]，龚迪快[1]，蓝建中[2]，汤继新[2]

(1. 浙江华展工程研究设计院有限公司，浙江 宁波 315012；

2. 宁波市轨道交通集团有限公司，浙江 宁波 315101)

摘 要： 依托宁波市轨道交通 4 号线翠柏路盾构工作井深基坑工程开展跟踪实测，利用各阶段实测数据分析了包括地下连续墙施工、基坑开挖及地下结构回筑施工在内的盾构工作井施工全过程对邻近建筑物的影响。结果表明：深基坑施工对地表沉降影响较为显著，但对桩基础建筑沉降影响较小；地下连续墙及结构回筑施工期间引起的周边建筑变形量均不可忽视；基坑开挖施工引起的建筑沉降具有显著的空间特性和时间效应。所获结论可为软土地区轨道交通深基坑施工各环节周边建筑物的变形预测和保护提供有益参考。

关键词： 盾构工作井；基坑工程；建筑物变形；地下连续墙；施工全过程；实测分析

Measured Analysis of the Impact of the Whole Construction Process of Shield Working Shaft in Soft Soil Area on Surrounding Buildings

Wu Caide[1]，Zheng Xiang[1*]，Cheng Yichong[1]，Gong Dikuai[1]，Lan Jianzhong[2]，Tang Jixin[2]

(1. Zhejiang Huazhan Institute of Engineering Research & Design，315012，Ningbo Zhejiang，China；

2. Ningbo Urban Rail Transit Group Co.，Ltd.，315101，Ningbo Zhejiang，China)

Abstract： Relying on the deep foundation pit project of the shield tunneling shaft of Cuibai Road，Ningbo Rail Transit Line 4，the track survey was carried out，and the shield tunneling construction including the construction of underground diaphragm wall，excavation of foundation pit and the construction of underground structure was analyzed by using the measured data at various stages. The impact of the whole process of work well construction on neighboring buildings. The results show that the construction of deep foundation pits has a significant impact on ground settlement，but has a small impact on the settlement of pile foundation buildings；the deformation of surrounding buildings caused during the construction of underground continuous walls and structures cannot be ignored；the construction settlement caused by the ex-

作者简介：吴才德 (1964—)，男，浙江金华人，教授级高工，主要从事岩土工程、地下工程等领域的设计与科研工作。E-mail：136288336@qq.com。

通讯作者：郑翔 (1988—)，男，硕士，工程师，主要从事岩土工程、地下工程等领域的设计与科研工作。E-mail：289054653@qq.com。

基金项目：浙江省重点研发计划项目 (No.2017C03020)。

cavation of the foundation pit has significant spatial characteristics and time effects. The conclusions obtained can provide a useful reference for the deformation prediction and protection of surrounding buildings in each link of rail transit deep foundation pit construction in soft soil areas.

Keywords: Shield working well; Foundation pit engineering; Building deformation; Diaphragm wall; Whole construction process; Measured analysis

0 引言

在软土地区，城市轨道交通相关工程的实施不仅要面对密集的建筑群和纵横交错的管线网等错综复杂的周边环境，还要面对具有低强度、高压缩性及流变性的软土地质条件。这不仅极大地增加了工程难度及风险，也对周边环境保护提出了极高的要求。地下结构的施工往往涉及基坑围护施工、土方开挖、降水、结构回筑等多个环节。目前，许多学者已采用多种方式和不同角度对深基坑工程施工对周边建筑物的影响规律及程度进行了探索和研究[1-6]。其中，实测分析所得出的结论往往可以成为研究方法的依据和重要参考标准，其重要性不言而喻。通常情况下，土方开挖施工导致的环境问题往往最为突出，因此目前相关实测分析多集中于此[7-11]。此外，也有不少学者结合实测结果，认为深基坑工程中围护施工、支撑拆除等多个环节对周边环境有不同程度的影响[12,13]。

总体而言，目前关于深基坑施工影响问题的实测研究多关注于某一施工环节，对于深基坑施工全过程导致的环境效应问题的实测研究较少，各环节施工影响之间的对比及分阶段控制措施研究更是鲜有报道。本文以宁波轨道交通 4 号线翠柏路盾构工作井工程为例，通过盾构井基坑施工全过程的跟踪监测，开展盾构井基坑施工对周边建筑物影响全过程分析。

1 工程概况

翠柏路盾构工作井位于宁波市海曙区，站区内土层分布及土层参数见表 1，软土层厚度达 7.0m 左右。坑底主要位于⑤$_{1b}$ 层粉质黏土中，由于场地土层有起伏，局部位于⑤$_{1t}$ 层黏质粉土中。典型地质剖面图见图 1。

土层参数表

Soil layer parameter table

表 1

Table 1

参数	①层杂填土	②$_{2b}$ 层淤泥质黏土	③$_{1a}$ 层砂质粉土	④$_{1b}$ 层淤泥质粉质黏土	⑤$_{1b}$ 层粉质黏土	⑤$_{1t}$ 层黏质粉土	⑤$_{4a}$ 层粉质黏土	⑤$_{4b}$ 层黏质粉土	⑥$_{3a}$ 层黏土
重度 γ (kN/m³)	18.0	17.2	18.8	17.9	18.8	18.6	18.4	19.1	18.1
黏聚力 c (kPa)	5.0	13.0	11.3	14.0	36.6	12.0	27.7	12.6	39.5
内摩擦角 φ (°)	10.0	9.2	20.5	9.8	15.9	24.0	18.2	25.6	19.8
压缩模量 $E_{s0.1-0.2}$ (MPa)	3.00	1.96	7.05	2.13	4.69	5.67	3.99	8.07	4.54

翠柏路盾构工作井地下部分基坑长 92.8m，宽 11.9～18.8m，标准段基坑深度 18.25～19.14m，端头井基坑深度 19.92～20.75m。盾构工作井基坑采用地下连续墙＋支撑的支护形式，其中端头井采用一道钢筋混凝土支撑结合五道钢支撑，标准段采用一道钢筋混凝土支撑结合四道钢支撑；地下连续墙墙厚 1000mm，墙深 38.5m，典型围护结构剖面图见图 2 和图 3。此外，本工程还在坑底以下 3m 进行土体加固，且坑底以上做置换率不低于 0.5 的水泥土弱加固，目的是为了减小基坑施工对周边环境的影响。基坑平面图见图 4。基坑周边主要建筑物现状见表 2。

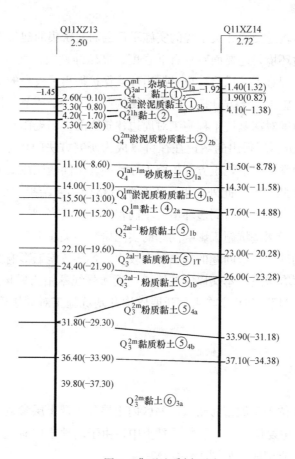

图 1　典型地质剖面图

Fig. 1　Typical geological profile

邻近主要建筑物情况一览表　　　　　　　　　　　　　　　　　　表 2

List of major buildings nearby　　　　　　　　　　　　　　　Table 2

建筑名称	建筑年代	建筑外观	层数	与基坑最近距离（m）	基础形式
汪弄社区 1～6 号楼			8	9.7～12.9	φ426 沉管灌注桩，桩长约 35.0～35.5m
宁波工程学院第一教学楼	20 世纪90 年代末	外墙面无开裂	5	23.0	φ377 沉管灌注桩，桩长为 20.5m
宁波工程学院第二教学楼			6	14.1	φ426 沉管灌注桩，桩长为 20.2～25.8m
宁波工程学院行政楼			8～9	32.2	φ377 沉管灌注桩，桩长为 19.4m

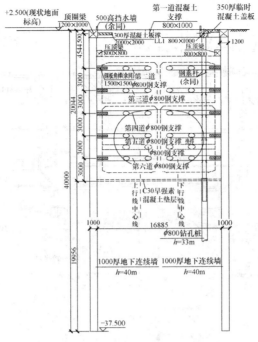

图 2 典型围护结构剖面图（端头井）

Fig. 2 Typical enclosure profile (end shaft)

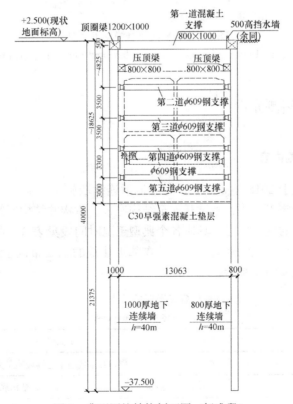

图 3 典型围护结构剖面图（标准段）

Fig. 3 Typical enclosure section (standard section)

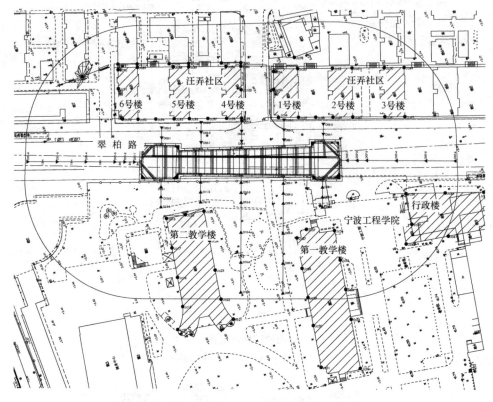

图 4 基坑平面及监测点布置图

Fig. 4 Layout of foundation pit plane and monitoring points

2 周边建筑沉降实测分析

2.1 施工流程与监测内容

盾构工作井基坑于 2018 年 3 月 3 日完成地下连续墙施工，随后向下开挖施工，本文主要研究地下连续墙施工完成、基坑开挖至结构底板、盾构井结构回筑施工至顶板等几个典型工况下周边建筑的变形情况。具体各个典型工况时间段见表 3。在盾构工作井周边各个主要建筑物角点布设建筑沉降监测点，并在邻近建筑的地表布设土体竖向位移监测点，各个监测点布置情况如图 4 所示。

各工况时间节点 表 3

Time nodes of each case Table 3

时间节点	工况描述
2018.03.03	盾构井基坑地下连续墙施工完成
2018.03.04～2018.07.16	盾构井基坑开挖施工至盾构井结构底板施工完成
2018.07.17～2018.09.30	盾构井结构回筑施工至盾构井结构顶板施工完成

2.2 地下连续墙施工引起周边建筑沉降分析

地下连续墙施工包括多个环节，如成槽、泥浆护壁、混凝土浇筑与硬化等，本工程选取试验幅对地下连续墙施工各环节引起的土体深层水平位移、地表及邻近建筑竖向位移进行了测试[14]。由测试结果可知：成槽施工会破坏原有土体的应力平衡状态，达到新的平衡之前，在护壁的泥浆压力和土压力的共同作用下，槽壁后的土体会产生变形，并进而造成邻近建筑不同程度的沉降与倾斜；而混凝土浇筑又会对周边土体产生挤压作用，一定条件下会对邻近建筑产生上托力，具体表现为建筑发生竖向隆起及远离地下连续墙的整体倾斜。监测结果见表4和表5。

基坑周边建筑物沉降实测结果 表 4

Measured results of settlement of buildings around the foundation pit Table 4

保护建筑	建筑沉降（mm）			
	地下连续墙完成	底板完成	中板完成	顶板完成
汪弄社区1～6号楼	−3.38～10.23	0.19～21.96	0.05～20.96	0.45～21.06
宁波工程学院第一教学楼	−0.11～7.00	0.86～17.83	1.83～17.80	1.84～17.04
宁波工程学院第二教学楼	−0.52～2.46	3.24～22.27	4.47～21.78	4.83～21.61
宁波工程学院行政楼	−2.00～5.82	0.08～12.59	0.41～14.52	0.39～14.62

基坑周边建筑物角变量实测结果 表 5

Measured results of angle variables of buildings around the foundation pit Table 5

保护建筑	角变量/整体角变量（‰）			
	地下连续墙完成	底板完成	中板完成	顶板完成
汪弄社区1～6号楼	−0.02～0.30	−0.05～0.78	−0.02～0.82	−0.03～0.82
宁波工程学院第一教学楼	−0.04～−0.01	−0.16～0.13	−0.15～0.12	−0.14～0.11
宁波工程学院第二教学楼	0.03～0.04	0.26～0.32	0.27～0.29	0.25～0.30
宁波工程学院行政楼	−0.23～0.06	−0.02～0.50	0.06～0.47	0.02～0.47

图5和图6分别表示地下连续墙施工期间建筑沉降和建筑角变量与离盾构井基坑距离的关系。本文仅统计相关基坑施工环节中引起房屋发生竖向沉降及朝向地下连续墙的整体倾斜的相关数据。

由图5可知，地下连续墙施工期间引起的最大建筑沉降达到了10.23mm，均值约2.96mm，建筑沉降基本呈现随着与盾构井基坑距离增大而减小的规律，最大建筑沉降点距坑边的距离与约1倍软土层底部埋深相当。该阶段引起的建筑沉降与基坑施工全过程引起的建筑沉降之比的均值约30.92%。由图6可知，地下连续墙施工期间引起的最大角变量达到了0.45‰，均值约0.18‰，该阶段引起的建筑角变量与基坑施工全过程引起的角变量之比的均值约36.11%，建筑角变量随距离的关系呈现出一定的离散性。

由此可见，地下连续墙施工引起的建筑变形量相当可观。地下连续墙施工作为基坑工程的初始环节，其施工期间引起的周边建筑变形越大，则后续环节中建筑的安全余量越小，应引起足够的重视。

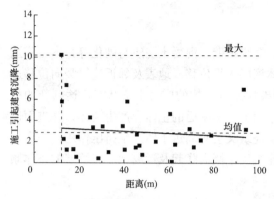

图 5　地下连续墙施工期间建筑沉降与距离的关系
Fig. 5　Relationship between building settlement
and distance during construction of
underground diaphragm wall

图 6　地下连续墙施工期间建筑角变量与距离的关系
Fig. 6　Relationship between building angle
variable and distance during underground
continuous wall construction

2.3　盾构井基坑开挖施工引起周边建筑沉降分析

本节所提及的建筑沉降与建筑角变量均为自地下连续墙施工完成至盾构井结构底板完成时产生的建筑变形增量。图 7 和图 8 分别为该阶段周边建筑物沉降及建筑角变量与距车站基坑距离的关系。

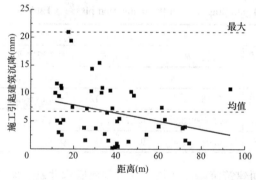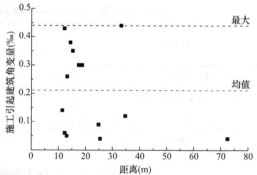

图 7　基坑开挖期间建筑沉降与距离的关系
Fig. 7　Relationship between building settlement
and distance during foundation pit excavation

图 8　基坑开挖期间建筑角变量与距离的关系
Fig. 8　Relationship between building angle variable
and distance during foundation pit excavation

由图 7 可知，基坑开挖期间引起的最大建筑沉降达到了 20.98mm，均值约 6.77mm，建筑沉降基本呈现随着与盾构井基坑距离增大而减小的规律。由图 8 可知，基坑开挖期间引起的最大建筑角变量达到了 0.44‰，均值约 0.21‰，建筑角变量随着与盾构井基坑距离变化的规律较不明显。

图 9 给出了在盾构井结构底板完成时不同位置处周边建筑物建筑沉降与离盾构井北侧端部距离的关系。由图可知，盾构井基坑东侧周边建筑的建筑沉降均呈现出"端部小、中间大"的"空间特性"。文献［15］指出盾构井基坑端部处存在的"土拱作用"导致了土压力的减小，进而导致围护结构及周边环境变形的减小。

图 10 为该阶段盾构井东侧和西侧两幢建筑（Jc96 和 Jc25）的建筑沉降随施工时间的变化对比曲线。由图可知，建筑沉降随基坑向下开挖而整体增大；在开挖初期建筑沉降变化趋势较为平缓，在基坑开挖至坑底，且结构底板尚未完成时的工况出现陡变，在结构底板完成后又趋于稳定。由此可见，尽快浇筑结构底板有利于减小基坑开挖对周边建筑物变形的影响。

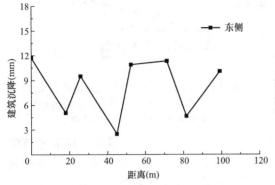

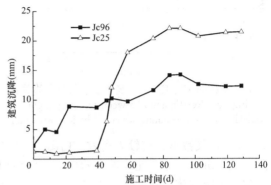

图 9　基坑开挖期间建筑沉降与离端部距离的关系

Fig. 9　Relationship between building settlement and the distance from the end during foundation pit excavation

图 10　建筑沉降随施工时间变化曲线

Fig. 10　Change curve of building settlement with construction time

2.4　盾构井结构回筑施工引起周边建筑沉降分析

本节所提及的建筑沉降与建筑角变量均为自盾构井结构底板完成至盾构井结构顶部完成时产生的建筑变形增量。由于盾构井结构回筑施工过程中，基坑拆除支撑、进行换撑时改变了原有支护结构的受力平衡状态，对周边土体也会产生一定程度的扰动作用，使其发生新的固结变形；此外，长条形基坑换撑的先后顺序所引起的"时间效应"同样是影响坑外土体产生变形的主要因素。

图 11 和图 12 分别为盾构井结构回筑施工期间周边建筑物建筑沉降和建筑角变量与离盾构井基坑距离的关系。图

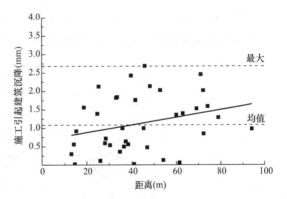

图 11　结构回筑施工期间建筑沉降与距离的关系

Fig. 11　Relationship between building settlement and distance during structural back-construction

13 为该阶段周边建筑物建筑沉降占基坑施工全过程建筑沉降的百分比与离盾构井基坑距离的关系。

由图 11 和图 12 可知，盾构井结构回筑施工期间引起的最大建筑沉降达到了 2.69mm，均值约 1.13mm，该阶段引起的建筑沉降与基坑施工全过程的建筑沉降之比的均值约为 24.47%；盾构井结构回筑施工期间引起的最大角变量达到了 0.08‰，均值约为 0.03‰，该阶段引起的建筑角变量与基坑施工全过程引起的建筑角变量之比的均值约为

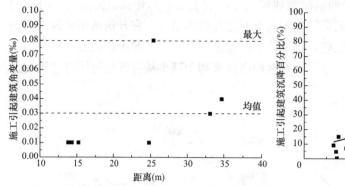

图 12　结构回筑施工期间建筑角变量与距离的关系
Fig. 12　Relationship between building angle variable and distance during structural back-construction

图 13　结构回筑施工期间建筑沉降占比
Fig. 13　Proportion of building settlement during structural restoration

15.55%，其数据分布较为离散。由图 11 和图 13 可知，盾构井结构回筑施工期间建筑沉降及建筑沉降百分占比均随离盾构井基坑距离增大而增大，说明离盾构井基坑较近的建筑物建筑沉降在施工前期（地下连续墙施工及基坑开挖）的所受影响较大，在施工后期（盾构井结构回筑施工）所受影响较小，离基坑较远的建筑物则反之，即盾构井基坑施工引起建筑沉降具有一定滞后性特点。

　　可见，虽然盾构井结构底板完成后周边建筑物建筑变形量已达到一个较大值，但盾构井结构回筑施工期间的房屋建筑变形量同样不容忽视。

2.5　盾构井基坑施工全过程地表沉降与建筑沉降对比分析

　　选取盾构井基坑东、西侧的两个典型剖面，分别绘制盾构井东侧和盾构井西侧对应的基坑外地表建筑沉降槽，见图 14 和图 15。

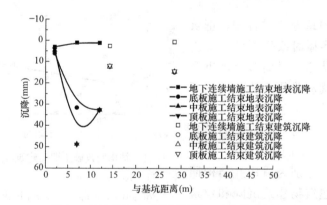

图 14　基坑外地表建筑沉降槽（盾构井东侧）
Fig. 14　Settlement trough of surface construction outside the foundation pit（east side of shield shaft）

　　由图可知，地下连续墙施工结束后，盾构井两侧的桩基础建筑的建筑竖向变形均略小于相邻位置的地表竖向变形，这主要是因为地下连续墙施工时混凝土灌注对周边土体有挤压作用，从而带动周边土体发生竖向变形，而桩基础建筑由于桩基持力层较深，具有较强的抗竖向变形能力，在一定程度上减少了建筑竖向变形；同理，自盾构井基坑开始开挖至

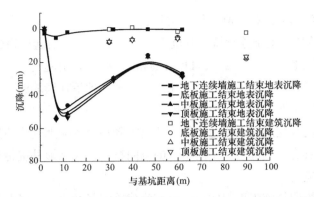

图 15 基坑外地表建筑沉降槽（盾构井西侧）

Fig. 15 Settlement trough for surface construction outside the
foundation pit（west side of shield well）

盾构井结构顶板完成期间，地表竖向变形逐渐增大，建筑竖向变形则变化较小。而盾构井西侧在距离基坑 60～90m 范围内的房屋建筑沉降及地表沉降均增大，这是该处非盾构井施工引起的荷载所造成的。

2.6 盾构井基坑施工全过程围护体深层水平位移分析

图 16 为盾构井基坑施工全过程中，其东、西侧各一个监测点反映的围护体深层水平位移随施工时间的变化对比曲线。由图可知，围护体深层水平位移最大值随基坑向下开挖而逐渐增大；在基坑开挖至坑底，且结构底板尚未完成时的工况出现陡变，并达到峰值；在结构底板完成后又趋于稳定；在结构回筑阶段，其变化并不明显。盾构井基坑施工全过程中，围护体深层水平位移最大值变化规律与周边建筑沉降变化规律基本相同，由此可见，基坑施工全过程引起的周边环境变形与基坑围护体本身的变形密切相关。

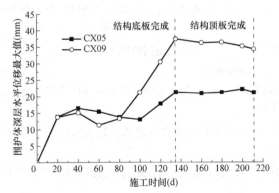

图 16 围护体深层水平位移最大值随施工时间变化曲线

Fig. 16 Curve of maximum horizontal displacement of deep layer of
envelope changing with construction time

3 结论

本文基于宁波轨道交通 4 号线翠柏路盾构工作井基坑工程，就地铁盾构井深基坑施工全过程对周边建筑物影响进行实测分析，结果表明：

（1）3个施工阶段（地下连续墙、基坑开挖、结构回筑）引起周边建筑物沉降分别占基坑施工全过程总变形量的30.92％、44.61％和24.47％，引起的建筑角变量分别占基坑施工全过程总变形量的36.11％、48.34％和15.55％。地下连续墙施工及盾构井结构回筑对周边建筑物的影响不亚于挖土阶段的影响。

（2）盾构井基坑开挖期间，周边建筑的建筑沉降在开挖初期变化趋势较为平缓，整体上呈增大的趋势且具有"端部大、中间小"的空间特性和长条形基坑特有的施工先后顺序所引起的"时间效应"。

（3）盾构井结构回筑施工引起的周边建筑物建筑沉降及建筑沉降百分比均随着与盾构井基坑距离增大而增大，盾构井基坑施工引起的建筑沉降具有一定滞后性。

（4）在盾构井基坑施工全过程中，地表沉降变化较为显著；但本工程周边建筑物基础主要以桩基础为主，总体上施工对桩基础建筑沉降影响较小。

参考文献

[1] 施有志，柴建峰，赵花丽，等. 地铁深基坑开挖对邻近建筑物影响分析 [J]. 防灾减灾工程学报，2018，38（6）：927-935.

[2] 李伟强，薛红京，宋捷. 北京地区复杂环境条件下超深基坑开挖影响数值分析 [J]. 建筑结构，2014，44（20）：130-133.

[3] 边亦海，黄宏伟. 深基坑开挖引起的建筑物破坏风险评估 [J]. 岩土工程学报，2006（S1）：1892-1896.

[4] 张驰，黄广龙，李娟. 深基坑施工环境影响的模糊风险分析 [J]. 岩石力学与工程学报，2013，32（S1）：2669-2675.

[5] 龚迪快，成怡冲，汤继新，等. 城市轨道交通深基坑周边建筑物安全评判方法 [J]. 城市轨道交通研究，2017，20（10）：48-52.

[6] 成怡冲，张挺钧，郑翔，等. 软土地区明挖隧道施工引起周边建筑沉降的预测方法 [J]. 城市轨道交通研究，2018，21（10）：62-66.

[7] 刘念武，陈奕天，龚晓南，等. 软土深开挖致地铁车站基坑及邻近建筑变形特性研究 [J]. 岩土工程学报，2019，40（4）.

[8] 阁超，刘秀珍. 某深基坑安全开挖引起临近建筑物较大沉降的实例分析 [J]. 岩土工程学报，2014，36（S2）：479-482.

[9] 刘念武，龚晓南，俞峰，等. 软土地区基坑开挖引起的浅基础建筑沉降分析 [J]. 岩土工程学报，2014（S2）：325-329.

[10] 郑翔，成怡冲，龚迪快，等. 软土地区明挖隧道基坑及周边建筑变形实测分析 [J]. 工程勘察，2017，45（4）：12-17.

[11] 史春乐，王鹏飞，王小军，等. 深基坑开挖导致邻近建筑群大变形损坏的实测分析 [J]. 岩土工程学报，2012，34（S1）：512-518.

[12] 刘凤洲，谢雄耀. 地铁基坑围护结构成槽施工对邻近建筑物沉降影响及监测数据分析 [J]. 岩石力学与工程学报，2014，33（S1）：2901-2907.

[13] 张治国，赵其华，鲁明浩. 邻近深基坑开挖的历史保护建筑物沉降实测分析 [J]. 土木工程学

报，2015，48（S2）：137-142.

[14] 成怡冲，龚迪快，汤继新，等. 地连墙施工环境效应与预测方法研究［J］. 建筑结构，2020，50（17）：138-143.

[15] 李大鹏，唐德高，闫凤国，等. 深基坑空间效应机理及考虑其影响的土应力研究［J］. 浙江大学学报（工学版），2014，48（9）：1632-1639.

西安市地下工程穿越地裂缝关键技术研究

赵文财

（长安大学公路学院，陕西 西安 710064）

摘　要：西安市区地裂缝分布极其广泛，对城市地下空间的发展制约严重。已知地裂缝对地铁隧道、综合管廊、地下管线等地下工程产生巨大破坏。故对地裂缝对城市地下工程的已有研究进行回顾，并对地裂缝对不同地下工程的危害及其防治措施进行分类，并讨论各种防治措施的工程条件及具体方案。得出结论：防治措施所遵循的原则是主动适应地裂缝变形，各段之间采用柔性接头，加大断面面积，定期监测，随时调整。

关键词：地裂缝；地下工程；防治措施

Research on Key Technology of Underground Engineering Crossing Ground Fissures in Xi′an City

Zhao Wencai

（School of highway，Chang′an University，Xi′an shaanxi 710064，China）

Abstract：Ground fissures are widely distributed in Xi′an City，which restricts the development of urban underground space seriously. It is known that ground fissures cause great damage to subway tunnels，utility tunnels，underground pipelines and other underground projects. Therefore，this paper reviews the existing research of ground fissures on urban underground engineering，classifies the hazards of ground fissures to different underground projects and their prevention measures，and discusses the engineering conditions and specific schemes of various prevention and control measures. It is concluded that the principle of prevention and control measures is to actively adapt to the deformation of ground fissures，adopt flexible joints between sections，increase cross-section area，regularly monitor and adjust at any time.

Keywords：Ground fissures；Underground engineering；Prevention measures

0　引言

　　21世纪是地下空间开发与利用的世纪，是城市地下铁道、各种隧道工程及地下空间工程大发展的重要时期。但众所周知，地裂缝是西安市最为典型的城市地质灾害，城市地下综合管廊、地铁隧道等线性工程在建设时无法避让地裂缝，不可避免地受到地裂缝活动

　　作者简介：赵文财，研究生，E-mail：1254509868@qq.com。

的影响。因此地下工程如何穿越地裂缝成为当前学者、工程建设者的研究重点。

范文等[1] 开展了地铁隧道穿越地裂缝带的物理模型试验，提出了地裂缝环境下隧道受力变形模式，且初步提出了隧道穿越地裂缝带的设防范围及位置。随后黄强兵[2]、彭建兵[3]、胡志平[4] 等通过研究初步提出了分段设缝、设置柔性接头、预留位移量等工程防治措施以减轻地裂缝活动对地铁隧道的影响，并通过模型试验对所提出的防治措施进行了验证。闫钰丰等[5] 采用数值模拟的方法对综合管廊正交穿越地裂缝带进行了计算分析，对地裂缝环境下综合管廊的变形和受力特征有了初步的认识。张家明[6] 在进行了大量的工程调查后认为市政管线工程在施工时不能仅采取避让的方法，应在增大管线强度的同时采用柔性接头以适应地裂缝的错动，并定期进行监控。

这些研究涵盖地下工程穿越地裂缝关键技术各个方面，但鲜有文章对地裂缝对地下工程影响和应对措施进行分类梳理。本文重点研究了：（1）西安地裂缝的分布特征，发育规律和历史活动性；（2）讨论了地裂缝活动对西安市地下管工程的影响以及可能发生的工程破坏问题；（3）分析、总结跨地裂缝带地下工程的工程防治对策，钢屋盖安装方案。

1 西安市地裂缝发育及活动特征

西安地处长安—临潼活动断裂带上盘的正断层组，由于构造作用和地下水过度利用造成 14 条地裂缝覆盖整个市区，分布面积高达 250km^2，长度可达 150km，常常造成房屋倾斜，路面开裂，桥梁错断等灾害，已成为最典型的地质灾害。从平面上来看，西安市地裂缝具有明显的方向性，大部分地裂缝走向 NEE，每组地裂缝的距离基本相同，具有似等间距的特性。从剖面上来看，大多数地裂缝都是呈上宽下窄的楔形，最深可达300m，西安地裂缝向南倾斜，南盘（上盘）沿北盘（下盘）相对滑动，其活动形式与正断层活动相似，倾角为 70°～80°，大量地质调查表明，西安地裂缝活动具有垂直沉降、水平伸展和水平扭转的三维运动，三种活动量之比约为 1 : 0.3 : 0.03[7]（图 1）。关于西安地裂缝的成因目前已形成了"水成说"（过度开采地下水）[8] 和"构造说"（汾渭盆地构造作用）[9]

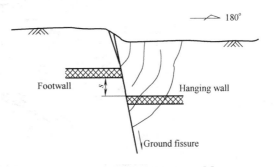

图 1　西安地裂缝特征剖面图[7]

Fig. 1　characteristic profile of ground fissures in Xi′an [7]

两种成因观点，虽然在局部区域内地裂缝的成因仍存在争议，但大部分学者都认为西安地裂缝是构造断裂控制下，过量开采地下水诱发形成的。两种成因观点，虽然在局部区域内地裂缝的成因仍存在争议，但大部分学者都认为西安地裂缝是构造断裂控制下，过量开采地下水诱发形成的。

西安地裂缝的活动历史大致可以分为四个阶段：形成阶段，扩张阶段，恢复阶段和稳定阶段。在 1960～1980 年，西安市逐渐发现了地裂缝的存在，但在这一时期西安地裂缝刚刚开始缓慢形成，出露、致灾的情况比较少，未能够引起研究学者的注意。到了 1980～1990 年，随着西安市的快速发展，西安地裂缝出现了快速增长的趋势，造成这种情况主

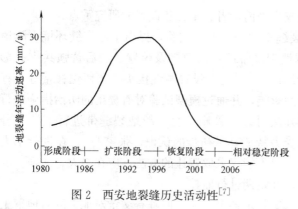

图 2　西安地裂缝历史活动性[7]

Fig. 2　historical activity of ground fissures in Xi'an [7]

要是因为这一时期人口增长，用水量激增，地下水的过度利用加速了地裂缝的活动，造成了难以估计的经济损失，成为名副其实的地质灾害（图 2）。为了遏制地裂缝活动的趋势，西安市政府在 1990～2000 年期间实施了黑河引水工程，同时限制、禁止开采地下水，最终使地裂缝趋于稳定并得到一定的恢复。时至今日，由于政府采取有效措施，使得西安地裂缝近年来基本保持稳定，虽然部分地段地裂缝活动有波动的现象，但总体上大部分地裂缝活动较弱，保持稳定状态（图 2）。

城市地下工程包括地铁隧道，综合管廊，地下管线等，由于这些工程的不可避让性，经常受到地裂缝活动的干扰和破坏。西安地裂缝属于临撞—长安断裂带上盘的正断层组，到目前为止，西安市共探查到有 14 条地裂缝分布于整个市区，分布面积高达 $250km^2$，总长超过了 150km（西安市地裂缝分布见图 3）。

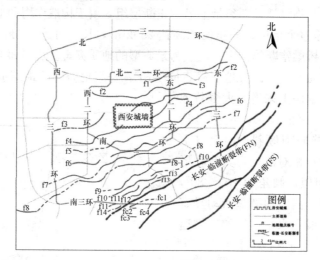

图 3　西安市地裂缝分布图[10]

Fig. 3　Distribution of ground fissures in Xi'an City[10]

2　地裂缝对地下工程的破坏

2.1　对地铁工程的影响

目前，西安地铁 5 号线已经通车，地铁隧道在掘进过程中不可避免穿越活动地裂缝。其中南北向的 2 号线穿越西安地裂缝共 13 条（含 2 条次级地裂缝）13 次，东西向的 1 号线穿越西安地裂缝共 5 条 8 次[7]。地裂缝活动可能对地铁工程造成下列影响：（1）地裂缝两侧错动导致地铁隧道结构开裂；（2）地裂缝带的活动通过衬砌传递到隧道内部，导致跨地裂缝段的轨道、接触网等各种设施产生变形；（3）造成隧道防渗设施破坏，引起地下水入渗地铁隧道。这些现象将严重影响列车的正常运行甚至导致地铁停运。

2.2　对综合管廊的影响

时至今日，f3 地裂缝活动虽然较为微弱但却在持续进行着，有逐年增加的现象。由于西安市政府控制开采地下水，未来地裂缝出现快速活动的可能性较小，目前 f3 地裂缝处于稳定阶段，但具有微弱波动的情况，f3 地裂缝与昆明路地下综合管廊处呈 34°斜交，其活动方式以垂直错位为主，通过分析认为 f3 地裂缝未来的主要活动形式为蠕动变形[8]。地裂缝的活动形式类似于正断层的错动变形，对地下综合管廊可能产生的影响主要表现在两个方面：（1）地裂缝错动导致地下综合管廊混凝土结构开裂，破坏了管廊的防渗设施，地下水入渗综合管廊，进而导致廊内各管线遭到损毁。（2）地裂缝错动通过管廊的混凝土外壳传递到管廊内部，导致综合管廊内部各管线等设施产生变形甚至破坏，引发严重的次生灾害。

2.3　对地下管线的影响

地下管线包括供水管道、污水管道、天然气管道、供暖管道，以及各种通信线、电力电缆等设施。在西安，经常会有因地裂缝活动而导致上水、下水、供暖、供气等管线的断裂事故。另外地裂缝的沉降还造成许多区域排水管道坡度减小甚至形成倒坡，使雨污水排水不畅。自 1976～2000 年的不完全统计，地裂缝错断城市地下供水、供气管有 40 多次[9]。

3　地裂缝环境下地下工程病害防治措施

防治地裂缝灾害的发生包括主动防治和被动防治两种。其中，主动防治是指消除或减弱地裂缝活动的诱因；被动防治则是根据地裂缝的活动特点和规律，在设计、施工和材料上采用一系列方案措施，以达到抵抗或减轻地裂缝灾害的目的。

3.1　地裂缝作用下地铁隧道病害防治措施

众所周知，人类工程结构在自然界的构造运动面前是不堪一击的，任何想以增强工程结构的坚固性或对地裂缝进行人工处理方法都是不现实的。分段式柔性接头隧道大型模型试验证明了分段式柔性接头隧道能较好地适用地裂缝的变形，西安地铁隧道穿越地裂缝带时采用分段设缝和柔性接头形式的分段隧道是可行的，以结构适应地裂缝变形为主。

（1）扩大断面和局部衬砌加强

根据黄强兵关于西安地裂缝在地铁设计使用期（100a）内最大位错量的预测[10]，最大建议值达 600mm。为防止隧道建筑限界入侵，保证隧道净空和行车安全，隧道穿越地裂缝变形区必须局部扩大断面预留净空，其断面预留净空量根据前面抗裂位移预留量公式计算结果确定，同时采用双层衬砌或复合式衬砌局部（主要为接头部位）加强以确保结构强度，在地裂缝地段隧道必须预留 600mm 的净空，地裂缝错动后仍能通过线路调坡来保证行车。

（2）分段设缝加柔性接头

为使隧道结构适应地裂缝两侧土体的差异大变形，区间隧道穿越地裂缝应采取分段设变形缝，每段隧道结构采用柔性接头连接。与整体式衬砌隧道相比，分段隧道的柔性接头消除了因地裂缝活动在衬砌结构内部产生的弯矩和剪应力，避免了应力集中，可以适应地裂缝的大变形，尽管给隧道衬砌防水带来较大困难，但能确保衬砌结构安全，因结构安全比结构防水补漏相对重要得多。

根据分段隧道变形缝与地裂缝相对位置，分段柔性接头隧道穿越地裂缝带时大致分为如下两种模式：

① 跨（骑）缝设置模式：分段隧道其中一衬砌管段骑跨于地裂缝之上。该种模式衬砌管段接头变形相对较小，骑跨于地裂缝之上的衬砌管段受一部分弯矩和剪力作用，但对结构影响不大，其两端邻接管段变形缝能较好适应地裂缝的变形（图4）。

② 对缝设置模式：分段隧道变形缝与地裂缝位置一致，即变形缝刚好位于地裂缝位置。该种模式衬砌管段结构受力最小，管段接头变形较大，隧道适应地裂缝变形的能力最强，防水压力最大（图5）。

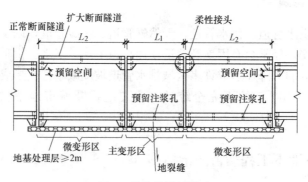

图 4　骑跨缝设置模式

Fig. 4　Setting mode of riding across seam

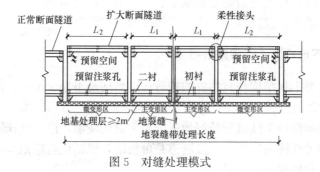

图 5　对缝处理模式

Fig. 5　Butt joint processing mode

（3）"管中管"结构

"管中管"结构是以基坑支护时的连续墙作为外管，外管承担地裂缝的作用，在地裂缝处设置变形缝，在外管的基础上，用简支结构支撑内管，由于内外管结构隔开，消除了因地裂缝活动引起地层垂直和水平运动与隧道衬砌间的摩擦而产生的剪应力和拉张应力，避免了地裂缝活动的影响，外管对内管起保护作用，故内管结构不会有大的变形，只需注意外管结构接头的防水问题。"管中管"结构不失为一种较好的防治地裂缝隧道病害的结构措施之一，但该结构工程量太大，造价高，且施工场地要求高，故受到限制，须慎重采用。

（4）柔性外围护适应变形结构——托换结构

隧道柔性外围护是一种托换结构，它是通过改变隧道外围环境，而不是隧道本身来适应地裂缝引起的地层变形，从外到内包括由 BQXF（一种波纹板强化橡胶复合防水材料的简称）卷材和聚氨酯泡沫（填料）组成的柔性外围护抗裂防渗变形层和由中、粗砂组成的变形调整层，其结构如图6所示。该结构类似"管中管"结构，它的作用机理是当地裂缝引起地层发生沉降变形时，柔性外围护层将其变形传递给变形调整层，变形调整层调整本身变形，消化吸收柔性围护层传递

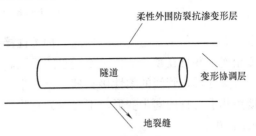

图6　柔性外围护适应变形构造示意图
Fig. 6　Schematic diagram of flexible peripheral protection adapting to deformation structure

来的变形，从而使隧道结构不受地裂缝的影响，但该结构的可靠性仍有待进一步验证。

此外，杨育才等提出了悬臂滑动隧道结构方案，樊红卫提出了隧道底部蛇形弹簧穿越地裂缝方法，这些结构措施或方案尽管存在一些不足之处，甚至可能是一种设想，但均是对西安地铁穿越地裂缝问题的有益探索。

3.2　地裂缝作用下综合管廊病害防治措施

（1）分段设逢

有学者通过数值模拟计算表明地下综合管廊穿越地裂缝带时，进行分段设缝可以起到释放结构内力的作用。分段设缝的长度和地裂缝与管廊的交角密切相关，借鉴西安地铁工程穿越地裂缝带的成功经验，地下综合管廊穿越地裂缝带采取分段设特殊变形缝的方式，图7是对缝设置，图8是骑缝设置，一般而言，当地裂缝与管廊轴线夹角 $\theta < 45°$ 时，建议采用对缝模式，即在地裂缝的影响区内综合管廊每15m进行分段设缝；当夹角 $\theta > 45°$ 时，建议采用骑缝模式，即在地裂缝影响区内，上盘管廊每15m进行分段设缝，下盘骑跨地裂缝的管段20m进行设缝处理。

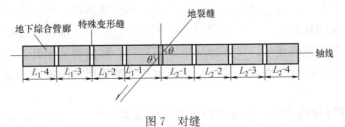

图7　对缝
Fig. 7　Butt joint

（2）柔性接头

除分段设缝外，在设计中常采用设置柔性接头的方案来减小结构内力，保证结构安

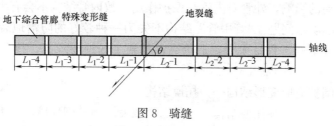

图 8 骑缝

Fig. 8 Cross stitch

全。如图 9 所示，是管廊结构的一种柔性接头，由图可以看到该柔性接头用"且"形止水带相连，并且在顶板上覆盖不透水的橡胶软板。当地裂缝错动时，位于上盘的综合管廊向下沉降变形，管间的柔性接头随之也发生变形，但由于接头材料多为柔性材料，致使柔性接头几乎与管廊同步变形，不会因为有脆性变形而出现较大的内力导致管廊破坏（变形后见图 10）。

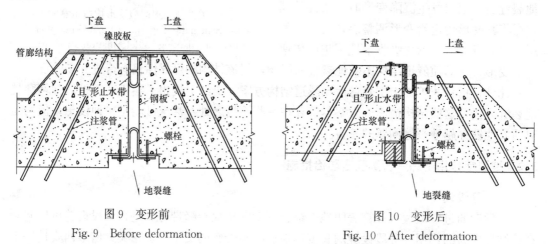

图 9 变形前

Fig. 9 Before deformation

图 10 变形后

Fig. 10 After deformation

（3）其他辅助措施

① 地下综合管廊结构变形监测措施：一般认为地裂缝活动是一种长期且缓慢的蠕变活动故为了确保管廊结构在设计使用期内安全运营，应建立专项监测、预警系统，定期监测管廊围岩土体的沉降变形量，及时对管廊结构进行维护保证结构安全。西安市地下综合管廊大都是浅埋结构，所以可在地表和管廊顶板上设置位移计来监测管廊结构和地表土体的沉降量。具体实施时，可在管廊结构外侧焊接一小段薄钢板，然后在钢板上焊接一根测杆直通地表，并在测杆外套上一个管套起到保护测杆的作用，最后在杆端设置位移计以监测管廊结构的变形测地表变形，做好预防措施。另外，除监测变形外，同理也可在地表设置位移计来监测管廊结构与围岩土体的接触压力和管廊顶板的纵向应变也是间接预报结构破坏的可行措施（图 11）。

② 合理的安排管线走向：西安市地下综合管廊将不可避免地与地裂缝相交，应尽量调整管线走向使其正交或大角度穿越地裂缝。

③ 禁止开采地裂缝水：西安地裂缝是构造作用和开采地下水共同作用的结果，开采地下水对地裂缝的活动性影响很大，为保证管廊"生命线"系统的安全，建议政府及相关部门应出台政策严格控制或禁止地下综合管廊沿线地下水的开采。

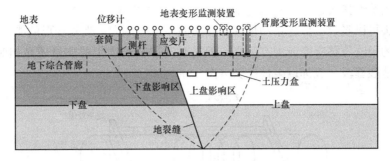

图 11　地表及管廊结构变形监测预警示意图

Fig. 11　Monitoring and warning diagram of surface and pipe gallery structure deformation

3.3　地裂缝作用下市政管线的病害防治

（1）选择合适穿越地裂缝的位置

构造地裂缝的发育有比较稳定的方向性和成带性，测定构造地裂缝的位置、产状、活动性及影响宽度。在同一地裂缝带上，其断层位移大小与断裂宽度并不相同，优先选择管道穿越断层的有利走向，使管道在断层运动下受拉。因此，在确定管道穿越断层的具体位置时，可以根据历史记载或现场勘察，查找断层位移和断裂带宽度最小的地方来埋设管道；并且断层带附近地表运动十分复杂，形成宽度错乱不一地带的，管道方向不应与断层平行铺设。

（2）浅埋

管道最大允许的长度变化与管道埋深成反比。地裂缝的竖向错动、垂直差异运动导致的剪切破坏在地层最上层变化较小，管道埋深越大，其覆土压力、管道与周围土体纵向摩擦力就越大，其在地裂缝活动中越容易变形，减小覆盖层土层厚度，降低地裂缝作用时，管道周围土体对管道的约束力，在一定程度内，管道可以免于破坏。地下管道管顶厚度一般应控制在1m左右。对于预计在以后会产生较大错动位移的地方，这部分管道最好为地面敷设。目前，一般采用在管道周围布置钢筋混凝土槽沟，加盖掩埋，在槽沟内设置活动式支座、收缩式接头或者弹簧支座（图12），使管道免受地裂缝的三维活动影响。

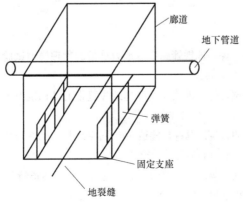

图 12　浅埋处理方式示意图

Fig. 12　Schematic diagram of shallow buried treatment method

（3）采用柔性接头

柔性接头可以吸收一部分错动位移，接头曲率半径越大，吸收变形的能力就越强，虽然柔性接头的吸收位移应变能力有区别，但是对断层错动产生的能量还是相对有好处的，地下管道过地裂缝段一般都设柔性接头（图13）。

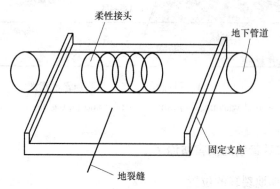

图 13　柔性接头模式示意图

Fig. 13　Schematic diagram of flexible joint mode

4　结论

（1）西安市地裂缝源于地下深部，工程加固收效甚微。所以在工程建设中要首先考虑主动避让。若如西安市地裂缝分布极广，无法避让，最佳的可行性对策就是适应地裂缝的变形，如各段之间采用柔性接头，同时预留空间，定期检测，随时调整设施。

（2）通过总结地裂缝对地下各类工程的影响，发现有较多相似之处。病害处理方式所遵循的原则也基本一致如加设柔性接头，加大断面面积等。

（3）国内在研究地裂缝对地下工程的力学行为方面多集中在管道和地铁隧道方面，在综合管廊方面研究较少，缺少必要的理论研究。目前综合管廊作为城市的新兴工程，以后应加大对这方面的研究。不同地下工程所得的研究成果，可以相互借鉴，但不可以完全套用。

参考文献

[1] 范文，邓龙胜，彭建兵，等. 地铁管廊穿越地裂缝带的物理模型试验研究 [J]. 岩石力学与工程学报，2008，27（9）：1917-1923.

[2] 黄强兵，彭建兵，王启耀，等. 地铁隧道穿越地裂缝带的结构抗裂预留位移量 [J]. 岩石力学与工程学报，2010，29（S1）：2669-2675.

[3] 彭建兵，胡志平，门玉明，等. 马蹄形隧道40℃斜穿地裂缝的变形破坏机制试验研究 [J]. 岩石力学与工程学报，2009，28（11）：2258-2265.

[4] 胡志平，王启耀，黄强兵，等. 地裂缝活动下分段式马蹄形隧道特殊变形缝的三维变形特征验研究 [J]. 岩石力学与工程学报，2009，28（12）：2475-2481.

[5] 闫钰丰，黄强兵，杨学军，等. 地下综合管廊穿越地裂缝变形与受力特征研究 [J]. 工程地质学报，2018，26（5）：1203-1210.

［6］ 张家明. 西安地裂缝研究 ［M］. 西安：西北大学出版社，1990.

［7］ 彭建兵. 西安地裂缝灾害 ［M］. 北京：科学出版社，2012.

［8］ LEE C F，ZHANG J M，ZHANG Y X. Evolution and origin of the ground fissures in Xian，China ［J］. Eng. Geol.，1996，43（1），45-55.

［9］ PENG J B，HUANG Q B，HU Z P，et al. A proposed solution to the ground fissure encountered in urban metro construction in Xi′an. Tunn Undergr Space Technol ［J］. 2017，61：12-25.

［10］ 闫钰丰. 地裂缝环境下城市地下综合管廊结构性状研究 ［D］. 西安：长安大学，2019.

某软岩隧道仰拱隆起变形规律及控制技术分析

史兴浩

（长安大学公路学院，陕西 西安 710064）

摘　要： 为探究不同形式隧道仰拱结构支护性能受拱下软岩蠕变压力的影响，依托西成高铁某隧道工程，采用有限元软件建立拱底存在膨胀均布压力的隧道荷载-结构模型，分析了衬砌安全系数随仰拱横截面结构参数弱化的变化规律。结果表明：仰拱的结构承载能力随着厚度的降低迅速弱化，削弱至 35cm 后结构抗拉强度不再满足要求；随着仰拱曲率半径的增大，其支护能力也将出现一定程度的削弱，半径增大 5m 将使仰拱无法抵抗拱下膨胀压力；当仰拱厚 45cm、曲率半径为 17m 时，截面安全系数将减少 47.1%，仰拱安全系数无法满足规范要求。并针对该类隧道病害提出了多个预防、处置措施，以期为今后类似工程提供参考。

关键词： 隧道工程；仰拱隆起；有限元分析；荷载-结构模型

Deformation Analysis and Improvement Measures of Invert Uplift from a Soft Rock Tunnel

Shi Xinghao

(School of Highway，Chang'an University，Xi'an Shaanxi 710064)

Abstract： To explore the influence of creep pressure on supporting performance of the inverted arch structure of tunnels，a load-structure model with expansion pressure under the arch was established by using finite element software based on a tunnel project. The variation rules of lining safety factor with the weakening of inverted arch parameters were analyzed. The results show that the bearing capacity of inverted arch structure decreases rapidly with the decrease of the concrete thickness，and the safety factor of lining does not meet the requirement of the tensile strength of concrete structure when the thickness decreases to 35 cm. With the increase of the curvature radius，inverted arch's supporting capacity also be weakened to a certain extent. When the concrete thickness is 45 cm and the radius is 17 m，the safety factor will be reduced by 47.1%. In view of this kind of tunnel diseases，several preventive and disposal measures are put forward to provide reference for similar projects in the future.

Keywords： Tunnel engineering；Floor heaving problem；Finite element analysis；Load-structure model

0　引言

随着近几年我国高速铁路网络的大力建设，高铁隧道的数量不断增加，各种工程问题也随之出现，仰拱隆起问题就是其中比较显著的一项。仰拱隆起，又被称为"底鼓"，是隧道穿越软弱围岩时容易出现的隧道病害之一，一般与隧底围岩在应力作用下的蠕变、围岩受水浸泡软化、衬砌施工缺陷等因素有关。高铁隧道受仰拱隆起的影响尤为严重。底鼓将影响高速铁路无砟轨道的平顺性，同时也对衬砌结构的稳定性有很大的不利影响。因此，仰拱隆起是一个值得我们仔细研究，并尽量避免的重大工程问题之一。

王立川等[1]通过现场调查、理论分析并结合数值模拟手段分析得到了某铁路隧道仰拱隆起的主要成因。肖广智等[2,3]针对铁路隧道底部渗漏水所导致的道床开裂、隆起等病害，提出了相应的解决措施。肖小文等[4]通过研究发现隧道底部隆起的原因在于隧底存在软弱缓倾互层岩体和高地应力等。陈贵红等[5]通过加固隧底围岩并设置钢筋混凝土仰拱等手段，较好地解决软岩隧道隧底隆起现象。常凯[6]针对运营重载铁路单线隧道隧底隆起病害，提出了下沉式纵横梁长距离架空线路换底方案，有效地满足了万吨列车安全通过的要求。

但现场实际工程地质情况复杂，上述研究在具体分析隧道仰拱隆起问题中具有一定的局限性。同时，仰拱的支护性能对隧道的整体结构稳定性起决定性作用。因此探究存在拱下均布压力情况下仰拱的支护性能特征，对隧道支护结构的设计、施作具有一定的指导意义，可对类似工程提供参考。

1 工程概况

作为国家"八纵八横"高铁网络规划中"京昆通道"的重要组成部分，西成高铁贯通京津冀、太原、关中、成渝、滇中等城市群，是连接华北、西北、西南地区的重要纽带。秦岭山脉复杂的地质地貌为高速铁路全线的设计和施工增添了许多难点。线路总长 135km，隧道里程 127km。依托隧道长约 8km，平均埋深约 500m，位于四川省北部边缘山区，同时受秦巴山区和四川盆地两大地貌应力带岩层地应力影响。岩层以薄层状页岩和泥灰岩为主，岩层软弱，节理裂隙发育，地质条件复杂。其他不良地质情况包括岩溶、地下暗河等。

该隧道仰拱隆起问题存在高地应力、围岩条件复杂、隧底软岩受扰动产生挤压仰拱的蠕变压力等客观因素。此外还存在如：设计尺寸

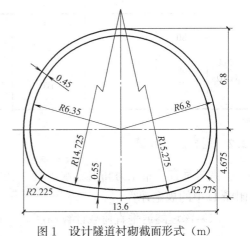

图 1　设计隧道衬砌截面形式（m）

Fig. 1　Design tunnel lining section form（m）

不合理、仰拱欠挖导致曲率不足、混凝土厚度不足等工程缺陷。仰拱受一个或多个施工缺陷影响，所能提供的抗力不足抵抗拱底压力，产生了较大的垂直隆起。致使浇筑好的无砟轨道上拱，严重影响了高速铁路的及时通车。

隧道围岩级别为Ⅳ级，埋深类型为深埋。考虑到隧址处地质条件的复杂性，仰拱混凝土厚度取 55cm（规范要求 45cm），曲率半径为 15m，其设计隧道衬砌截面如图 1 所示。

2 有限元分析

采用有限元软件，以原始设计隧道二次衬砌轴线为基准构造模拟衬砌结构的梁单元模型。依照《铁路隧道设计规范》TB 10003—2016，将围岩垂直、水平压力形式视为均布压力。为方便计算，将隧道下方软岩蠕变对仰拱的作用力也假设为向上的均布力[7]。综合考虑衬砌结构模型、周围围岩压力和围岩对衬砌的弹性约束，建立二维荷载-结构模型。最后，求解模型工况得到衬砌结构尤其是仰拱结构的轴力、弯矩、位移以便计算分析。

2.1 工况划分

对原设计截面的仰拱部分进行削弱，考虑清渣不彻底致使仰拱混凝土厚度不足的情况，仰拱混凝土结构变薄，厚度由 55cm 逐次减少 5cm 至 30cm；考虑仰拱中部欠挖引起仰拱曲率不足，仰拱结构中部相对于设计抬高，将仰拱曲率半径由 15m 逐次增加 1m 直至 20m；同时计入两种不利因素综合作用下，仰拱较原设计结构同时变薄、变坦的不同参数工况。按照前述不同的仰拱截面形式建立 A1～F6 共 36 种结构工况的有限元模型，结构参数及工况命名如表 1 所示。

各工况仰拱截面参数及命名   表 1

Parameters and nomenclature of invert section under various working conditions   Table 1

结构参数		仰拱曲率半径(m)					
		15	16	17	18	19	20
仰拱厚度(cm)	55	A1	B1	C1	D1	E1	F1
	50	A2	B2	C2	D2	E2	F2
	45	A3	B3	C3	D3	E3	F3
	40	A4	B4	C4	D4	E4	F4
	35	A5	B5	C5	D5	E5	F5
	30	A6	B6	C6	D6	E6	F6

2.2 围岩压力计算

围岩垂直均布压力和围岩水平均布压力依照《铁路隧道设计规范》TB 10003—2016 附录 D 中的规定计算[7]。

（1）深埋隧道垂直荷载计算高度

$$h_a = 0.45 \times 2^{S-1} \omega \tag{1}$$

$$\omega = 1 + i(B-5) \tag{2}$$

其中：ω——宽度影响系数；

B——隧道限界宽度（m）；

S——围岩级别；

i——$B > 5$m 时取 $i = 0.1$。

从图 1 中得，$B = 13.7$ m。

则有：

$$\omega = 1 + 0.1 \times (13.7 - 5) = 1.87\text{m} \tag{3}$$
$$h_a = 0.45 \times 2^{4-1} \times 1.87 = 6.732\text{m} \tag{4}$$

计算参数   表 2
Calculation parameters   Table 2

材料	重度 $\gamma(\text{kN/m}^3)$	弹性模量 $E(\text{GPa})$	泊松比 ν	弹性抗力系数 $k(\text{MPa/m})$
IV级围岩	20	35	0.3	200
C40 混凝土	21.5	32.5	0.2	—

（2）围岩垂直均布压力

考虑二次衬砌荷载分担比 $\xi = 30\%$，计算二次衬砌分担的垂直围岩压力：

$$q' = \xi\gamma h_a = 0.3 \times 20 \times 6.732 = 40.4\text{kPa} \tag{5}$$

（3）围岩水平均布压力

按表 3 取值。

围岩水平均布压力   表 3
Horizontal uniform pressure of surrounding rock   Table 3

围岩级别	I ～ II	III	IV	V	VI
水平均布压力	0	$<0.15q$	$(0.15-0.3)q$	$(0.3-0.5)q$	$(0.5-1.0)q$

取 $e = 0.2q$ 则有：

$$e' = \xi e = 0.3 \times 0.2 \times 40.4 = 8.1\text{kPa} \tag{6}$$

（4）仰拱下方围岩蠕变压力

考虑到围岩竖直压力为 40.4kPa，拱下压力的大小不能大于围岩竖直压力与衬砌混凝土自身重力产生的压力之和，否则将造成衬砌梁单元在压力差的托举下向隧道顶部围岩约束单元挤压，计算模型产生整体上移趋势，不符合隧道工程的实际情况。同样，该隆起压力也不能取值过低，否则仰拱受力与位移的量值偏小，且难以与其他模型比较，也无法定性地体现出隧道仰拱隆起问题的力学规律。

经试算，选取围岩蠕变压力大小为 50kPa。

2.3 模型建立

将围岩对结构的影响拆分为约束与荷载两部分分别进行模拟。约束由曲面弹簧模拟；荷载则分解为垂直压力、水平压力和仰拱蠕变压力后模拟。将网格、静力条件和约束条件输入模型分析工况中求解，得到衬砌的位移、轴力、弯矩一维单元结果图（图 2）。

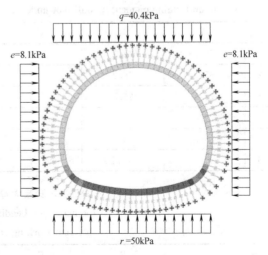

图 2 A1 工况模型梁单元受曲面弹簧约束与受力图示

Fig. 2 Diagram of A1 mode beam element constrained by curved spring and stress

3 计算结果及分析

3.1 求解模型内力

此次有限元分析共建立 36 个模型。分别为：A1 原设计工况、A2～A6 混凝土厚度减少工况（5 种）、B1～F1 仰拱曲率半径增加工况（5 种）、B2～F6 两种不利因素同时存在工况（25 种）。

这里以 A1 工况的一维单元结果图为例，其内力图如图 3、图 4 所示。

图 3 A1 工况模型弯矩云图　　　　　　　图 4 A1 工况模型轴力云图

Fig. 3 Cloud chart of bending moment of A1 mode　　Fig. 4 Axial force cloud of A1 mode

图中可见，仰拱整体的轴力取值变化范围不大，而弯矩从墙脚到拱底有一个由负到正的变化过程，控制截面位于墙脚和拱底两处的弯矩最大值点。

逐次计算所有工况并将控制截面的内力提取，整理后如表 4～表 7 所示。

不同工况墙脚最大弯矩（kN·m）　　　　　　　　　　表 4

Maximum bending moment of wall foot under different working conditions (kN·m)　　　Table 4

工况	A	B	C	D	E	F
1	59.6	63.5	66.9	69.7	72.0	73.2
2	65.5	70.2	73.8	76.3	80.0	84.4
3	72.5	76.5	81.8	87.4	93.0	97.8
4	79.0	85.1	92.7	99.6	105.7	110.9
5	85.9	95.2	103.7	111.1	117.5	123.0
6	93.5	104.2	113.2	121.0	127.9	133.7

不同工况墙脚最大弯矩处轴力（kN）　　　　　　　　表 5

Axial force at the maximum bending moment of wall foot under

different working conditions（kN）　　　　　　Table 5

工况	A	B	C	D	E	F
1	478.7	480	480.1	481.8	482.3	482.4
2	481.0	482.7	483.5	491.3	492.4	493.8

工况	A	B	C	D	E	F
3	481.5	492.2	493.7	495.9	497.7	499.2
4	493.9	496.3	499.0	501.4	503.4	473.3
5	498.5	502.2	505.4	507.8	510.0	511.5
6	505.5	509.9	513.1	515.9	515.9	519.5

不同工况拱底最大弯矩（kN·m）　　表 6

Maximum bending moment of arch bottom under different working conditions (kN·m)　Table 6

工况	A	B	C	D	E	F
1	71.8	80.8	89.2	96.6	103.3	108.1
2	66.7	75.4	83.0	89.8	95.9	101.4
3	63.1	70.1	77.1	83.6	89.7	94.6
4	58.6	65.4	72.1	78.2	83.7	88.0
5	54.7	61.7	67.8	73.2	78.1	81.8
6	52.4	58.4	64.0	68.9	73.4	76.7

不同工况拱底最大弯矩处轴力（kN）　　表 7

Axial force at the maximum bending moment of arch bottom

under different working conditions (kN·m)　　Table 7

工况	A	B	C	D	E	F
1	439.5	443.1	446.2	449.0	451.15	457
2	442.9	447.1	450.4	453.4	455.9	462.1
3	444.5	451.3	454.6	458.2	461.1	467.6
4	450.8	455.6	459.8	463.5	466.8	504.9
5	455.4	461.0	465.8	469.7	473.3	480.1
6	462.1	468.3	473.2	477.6	477.6	488.1

3.2 仰拱支护性能计算

《铁路隧道设计规范》TB 10003—2016[7] 规定：素混凝土结构在主要荷载下的安全系数最小值分别取 2.4（抗压强度控制）和 3.6（抗拉强度控制），当 $e_0 \geq 0.2h_0$ 时，截面为抗压强度控制；当 $e_0 < 0.2h_0$ 时，截面为抗拉强度控制。

取所有工况中最大截面厚度 $h_0 = 0.55$m，则有 $0.2h_0 = 0.11$m。经计算，各工况墙脚、拱底控制截面偏心距均大于 0.11m。显然，各个控制截面都受混凝土抗拉强度控制，因此采用综合安全系数法验算截面抗拉强度计算：

$$KN \leqslant \varphi \frac{1.75 R_1 bh}{\frac{6e_0}{h} - 1} \quad\quad (7)$$

式中：e_0——截面偏心距（m）；

K——安全系数（3.6）；

N——轴向力（MN）；

φ——隧道衬砌的纵向弯曲系数（1.0）；

R_1——混凝土的抗拉极限强度；

b——截面宽度（1m）；

h——截面厚度（0.35～0.55m）；

e_0——截面偏心距（m）。

截面安全系数采用以下公式计算：

$$K_{截面} = \varphi \frac{1.75R_1 bh}{\left(\dfrac{6e_0}{h}-1\right)N} \tag{8}$$

考虑到仰拱施工缺陷对墙脚混凝土厚度影响不大，计算各个工况安全系数时墙脚最不利截面厚度统一取拱墙混凝土厚度 45cm。计算每个工况对应的模型中最不利截面的安全系数，来确定隧道仰拱的支护性能弱化情况，并与规范要求的极限安全系数相比较，结果如图 5～图 8 所示。

由图 5～图 8 可知仰拱的结构承载能力随着仰拱混凝土厚度的降低迅速弱化，两者大致呈线性关系。当仰拱厚度削弱 35cm 后衬砌安全系数减少到原设计工况的 48.9%，不满足混凝土结构抗拉强度的要求；仰拱的支护能力随着仰拱曲率半径的增大有一定程度的削弱，削弱程度随着曲率半径的增大逐渐降低。半径增大 2m 将致使支护性能降低 26.7%，增大 5m 时安全系数将由 6.73 减少 46.7% 至 3.598，这时仰拱截面验算不满足要求；两种不利条件共同作用时，隧道衬砌的整体稳定性急剧下降。仰拱混凝土厚度为 45cm、曲率半径为 17m 时，截面安全系数已经减少了 47.1%，这种情况下的仰拱已经无法提供足够的支护反力抵抗拱下蠕变压力。

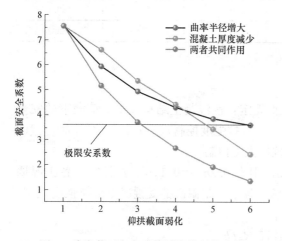

图 5　墙脚截面安全系数随仰拱弱化降低

Fig. 5　The safety factor of wall foot section decreases with the weakening of inverted arch

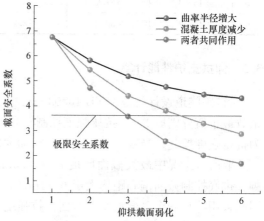

图 6　拱底截面安全系数随仰拱弱化降低

Fig. 6　Safety coefficient of arch bottom section decreases with the weakening of inverted arch

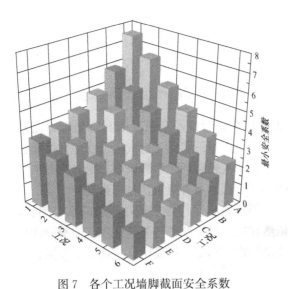

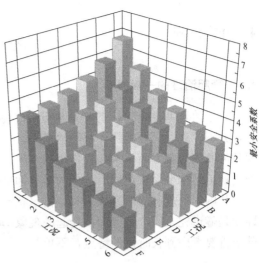

图 7 各个工况墙脚截面安全系数
Fig. 7 Safety factor of wall foot section
under various working conditions

图 8 各个工况拱底截面安全系数
Fig. 8 Safety factor of arch bottom section
under various working conditions

各工况结构的安全系数为控制截面处安全系数的最小值。结合图 7、图 8，得到仰拱结构安全系数，如表 8 所示。

隧道仰拱结构的安全系数 表 8

Safety factors of tunnel invert structure. Table 8

工况编号	A	B	C	D	E	F
1	6.73	5.80	4.93	4.30	3.85	3.60
2	5.42	4.69	4.25	3.78	3.40	3.13
3	4.38	4.03	3.56	3.18	2.86	2.64
4	3.80	3.33	2.89	2.57	2.35	2.11
5	3.29	2.77	2.37	2.11	1.91	1.79
6	2.42	2.03	1.76	1.57	1.43	1.36

将表 8 中的各值与 3.6 进行比较，判定仰拱结构的支护能力是否达到规范要求，结果如表 9 所示。

仰拱结构安全系数判定情况 表 9

Determination of safety factor of inverted arch structure Table 9

工况编号	A	B	C	D	E	F
1	通过	通过	通过	通过	通过	不通过
2	通过	通过	通过	通过	不通过	不通过
3	通过	通过	不通过	不通过	不通过	不通过
4	通过	不通过	不通过	不通过	不通过	不通过
5	不通过	不通过	不通过	不通过	不通过	不通过
6	不通过	不通过	不通过	不通过	不通过	不通过

4 处置措施

4.1 隆起治理的一般原则

对于治理仰拱隆起，主要是从设计、施工和后期运营维护上改变固有思想等方面开展，并不存在一套万能的控制防治措施，且现有的工程案例表明，造成隧道底部仰拱隆起现象的原因是各方面因素综合作用的结果。其中对于围岩物理化学膨胀型、围岩应力扩容型、隧道结构变形软化型所造成的隧道仰拱隆起则应先治水再消力，进行强支护[8]。

从国内外现有的研究成果看，富水状态下，不论是膨胀性地层还是一般的软弱围岩，即便是隧道完全闭合，但仰拱隆起的现象却依然存在。对于此种情况，在隆起控制设计时就应首要考虑到长时性的特点，不单是增加仰拱结构的刚度，还要留够一定的变形量。

4.2 隆起控制的关键技术途径

为"对症下药"地采取相关控制措施，在设计时就需确定仰拱隆起的可能成因。按照成因的不同一般划分为以下三类：物化膨胀型，由隧底围岩的物理或化学性膨胀挤压仰拱所致，可以依据特征矿物成分等围岩的物理化学指标进行确定；应力扩容型，围岩在开挖扰动的巨大应力下屈服、扩容形成仰拱隆起，主要是根据仰拱受力特征和在工程力作用下隧道结构的破坏形式进行确定；结构变形型，仰拱结构受到了斜交结构面岩层非对称压力的作用而表现出非对称变形的状态，通过岩层结构面的产状以及力学性质来确定[8]。在依托工程案例中，隧道埋深较大，在极高地应力条件下隧底软岩受扰动产生挤压效应而促使仰拱产生隆起，因此属于应力扩容型。

相关的控制措施见图 9。需要特别说明的是，对铁路隧道进行运营维护时，随着时间的逐步推移仰拱的隆起原因将有别于施工时，因此对其进行相关隆起控制时，必须重新对隆起机制进行分析确定。

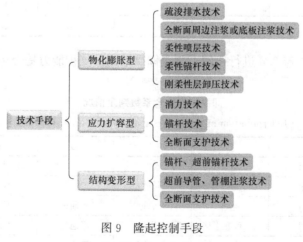

图 9 隆起控制手段

Fig. 9 Uplift control means

仰拱隆起一般是由多种因素共同引起的，因此，采取相关的治理措施需要有主次之分，应该根据隧道地质、水文等情况，在确保隧道结构安全稳定的前提下，选择经济合理的治理方法。对依托工程软岩隧道拱下围岩蠕变引发的仰拱隆起问题，经分析，拟采用的处理方法为：

（1）凿除隆起的无砟轨道，及时重新施作；

（2）考虑拱下围岩蠕变压力，有针对性的调整设计；

（3）隧道衬砌严重变形断面，凿除原施工仰拱并重新施作，对二次衬砌墙脚混凝土的开裂程度进行评估，必要时对衬砌进行整体拆换；针对拱下围岩较软弱断面，采用施作隧底旋喷桩的方式加固隧道底部围岩；

（4）病害较轻微的隧道断面，采用拱下注浆的方式加固隧底软弱围岩，避免变形进一步发展使仰拱再次抬高；

（5）施工过程中及施工后进行持续、严密的监测，保证隆起趋于停止，仰拱处于稳定状态；

（6）针对未发生仰拱隆起但地质条件近似的隧道断面，需进行衬砌安全性评估，可能有危险的衬砌断面需及时处理。

鉴于以上分析，采用仰拱下方注浆、换拱、打设旋喷桩等方式对发生灾害的隧道断面进行治理处置，经后期实际监测发现，拱部测线位移值未产生明显发展，隧道仰拱隆起现象得到了显著改善。

5 结论

（1）仰拱的结构承载能力随着仰拱混凝土厚度的降低迅速弱化，两者大致呈线性关系。厚度削弱 35cm 后衬砌安全系数减少到原设计工况的 48.9％，不满足混凝土结构抗拉强度的要求。

（2）仰拱的支护能力随着仰拱曲率半径的增大有一定程度的削弱，削弱程度随着曲率半径的增大逐渐降低。半径增大 2m 将致使支护性能降低 26.7％，增大 5m 时安全系数将由 6.73 减少 46.7％至 3.598，这时仰拱截面验算不满足要求。

（3）两种不利条件共同作用时，隧道衬砌的整体稳定性急剧下降。仰拱混凝土厚度为 45cm、曲率半径为 17m 时，截面安全系数已经减少了 47.1％，这种情况下的仰拱已经无法提供足够的支护反力抵抗拱下蠕变压力。

（4）采用仰拱下方注浆、换拱、打设旋喷桩等方式对依托工程隧道仰拱隆起灾害进行了治理，经过现场长期监测，发现仰拱隆起现象得到改善。

参考文献

[1] 王立川，肖小文，林辉. 某铁路隧道底部结构隆起病害成因分析及治理对策探讨 [J]. 隧道建设，2014，34（9）：823-836.

[2] 肖广智，薛斌. 向莆铁路隧道道床积水、轨道隆起病害整治技术 [J]. 现代隧道技术，2015，52（3）：200-204.

[3] 李丰果，俞建铂. 某运营地铁区间浮置板道床隆起原因分析及整治措施 [J]. 隧道建设（中英

文），2015，35（5）：463-467.

[4] 肖小文，王立川，阳军生，等. 高地应力区缓倾互层岩体无砟轨道隧道底部隆起的成因分析及整治方案 [J]. 中国铁道科学，2016，37（1）：78-84.

[5] 陈贵红，巩安. 紫坪铺隧道隧底隆起处治探讨 [J]. 公路，2014（1）：228-232.

[6] 常凯，刘艳青，曲云龙，等. 重载铁路隧底隆起病害换底整治技术 [J]. 铁道建筑，2017（4）：72-75.

[7] 王浩. 红山隧道仰拱变形机理及控制措施研究 [D]. 阜新：辽宁工程技术大学，2020.

[8] 孔恒，王梦恕，张德华. 隧道底板隆起的成因、分类与控制 [J]. 中国安全科学学报，2003，13（1）：30-33.

[9] 李世久. 考虑围岩不均匀条件下的隧道仰拱受力特性研究 [D]. 兰州：兰州交通大学，2020.

[10] 唐亚森，赖金星，刘厚全，等. 秦巴山区公路隧道地质雷达波识别标志分析 [J]. 勘察科学技术，2017（2）：30-36.

苏州某紧邻地铁深基坑工程设计与实践

葛新鹏[1,2]

（1. 华东建筑设计研究院有限公司上海地下空间与工程设计研究院，上海 200011；

2. 上海基坑工程环境安全控制工程技术研究中心，上海 200011）

摘　要：苏州恒丰银行办公楼项目基坑面积约 3800m²，挖深 10.90m，邻近苏州地铁 1 号线星湖街站—南施街站盾构区间隧道，基坑周边道路下埋设有多条市政管线，周围环境复杂，保护要求高。结合基坑特点，基坑支护结构设计采用"整体顺作"＋地下连续墙＋两道混凝土支撑的支护体系方案。为了减小基坑开挖对周边环境尤其是地铁隧道的影响，本工程采用了多项技术措施。实施结果及监测数据表明，采取的技术措施取得了很好的实施效果，邻近地铁侧围护体的侧向位移最大约为 13.60mm，地铁隧道累计变形约为 5mm。整个施工过程达到了安全可控的目标，亦为类似工程提供借鉴。

关键词：地铁隧道；敏感环境；深基坑；基坑支护；整坑实施

Practice of Deformation Controlling Techniques for Deep Excavations Adjacent to Metro Tunnels in Soft Soil

Ge Xinpeng[1,2]

（1. Shanghai Underground Space Engineering Design & Research Institute，

East China Architecture Design & Research Institute Co. ，Ltd. ，Shanghai 200002，China；

2. Shanghai Engineering Research Center of Safety Control for Facilities

Adjacent to Deep Excavations，Shanghai 200011，China）

Abstract：The area of Suzhou Hengfeng bank office building project pit is around 7100 m² , and excavation of which is 10. 09m. The pit close to Metro Line 1 Xinhu Road subway station and the surrounding environment is complex. According to the characteristics of the site，the foundation pit supporting structure is "entire region and making" and "diaphragm wall＋two support" . In order to reduce the influence of the excavation on the surrounding environment，especially the subway tunnel，a variety of technical measures are adopted in the project. The results of the implementation and monitoring data show that the technical measures taken have achieved good results，the maximum lateral displacement of wall on the metro side is 13. 60mm，The accumulative deformation of metro tunnel is about 5mm. The entire construction process to achieve the goal of safe and controllable，also provide a reference for similar projects.

作者简介：葛新鹏，大学本科，工程师，主要从事地基基础与地下工程的设计与研究。E-mail：xinpeng_ge @163. com。

Keywords：Metro tunnel；Sensitive environment；Deep foundation pit；Foundation pit support；Pit implementation

1 工程概况

为满足日益增长的市民出行需求，各地尤其是沿海经济较发达的城市兴建了大量的地铁隧道。对地铁隧道等复杂敏感环境的保护，是软土地区基坑工程所面临的重要课题[1]。苏州恒丰银行办公楼作为苏州地铁隧道正式运行后施工的首个邻近地铁项目，位于苏州市工业园区行政核心区域翠园路以北、南施街以西、宜必思酒店以东地块。项目主体结构为地上 11 层，整体设置 2 层地下室。基坑面积 $3800m^2$，周边延长约 240m，地下室周边基坑开挖深度为 10.90m。

1.1 环境概况

基坑工程所在位置周边环境如图 1 所示。南侧邻近轨道交通 1 号线，地下连续墙外边线距轨道交通 1 号线星湖街站—南施街站盾构区间隧道平面距离约 10.40m，盾构区间隧道西侧顶部埋深约 10.70m，盾构区间隧道东侧顶部埋深约 9.0m。基坑周边均邻近市政

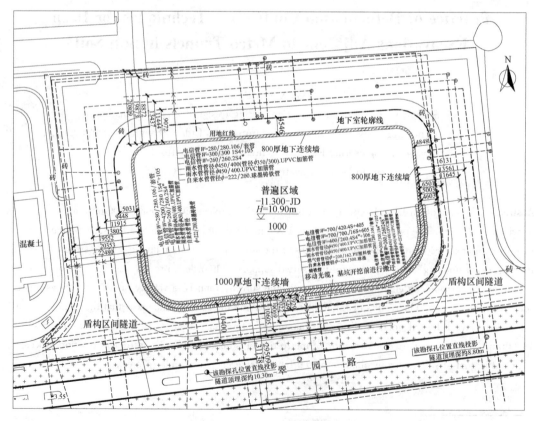

图 1　基地环境总平面图

Fig. 1　Plan view of construction site

道路，道路下埋设有多条市政管线，管线与地下室外墙最近距离约 1.5m。基坑周边环境条件复杂，保护要求高。

1.2 场地条件

本工程场地属太湖流域冲湖积平原，地势平坦，地表水系发育，第四系覆盖层厚度较大，各土层水平向分布较稳定。场地下部土层主要以黏土、粉质黏土为主，并局部分布有粉土层。开挖深度范围内土层依次为①层素填土、②层粉质黏土夹黏土、③层粉土、④$_1$层粉质黏土层。基底位于③层粉土、④$_1$层粉质黏土层中。场地粉土层渗透性强，地下连续墙成槽施工时易发生塌槽问题，造成地下连续墙夹泥夹砂，影响地下连续墙成墙质量和隔水性能，且在基坑开挖时易受扰动，在动水压力作用下较易发生流砂和管涌险情，危害基坑和周边环境安全。

③层粉土、④$_2$层粉质黏土与粉土互层为本场地微承压水含水层，微承压水层基底抗突涌稳定系数 K 仅约为 0.45，不满足规范微承压水层基底抗突涌要求的 1.05，须采取抽降承压水等措施保证基坑安全。

建筑场地土层及参数　　　　　　　　　　　表 1
Soil layers and parameters at construction site　　　　Table 1

土层代号及名称	重度 (kN/m³)	固结快剪		渗透系数 (cm/s)
		c_k(kPa)	φ_k(°)	
①素填土	18.9	*15.0	*10.0	1.0×10^{-5}
②粉黏夹黏土	19.6	31.35	13.74	5.0×10^{-6}
③粉土	18.8	9.84	27.83	6.0×10^{-4}
④$_1$粉质黏土	18.9	17.46	14.91	3.0×10^{-6}
④$_2$粉黏夹粉土	18.7	10.86	20.29	4.0×10^{-4}
④$_3$粉质黏土	18.9	20.58	12.26	

2 基坑变形控制设计与对策

根据地铁部门管理要求，基坑地铁隧道预警值 5mm，报警值 7mm，控制值 10mm，连续 2d 大于±2mm/d 报警。本工程地铁隧道控制要求严格，基坑开挖具有一定的难度与风险。结合类似工程经验，例如苏州财富国际广场[2]、苏州国际博览中心，对本工程基坑采用"整体顺作"＋地下连续墙＋两道支撑的支护体系方案。

2.1 地下连续墙设计

基坑周边围护结构普遍区域采用 800mm 厚"两墙合一"地下连续墙，邻近地铁区域通过加强围护刚度以进一步减少围护体的变形，采用了 1000mm 厚的地下连续墙。

普遍区域地下连续墙内侧设置结构壁柱及砖衬墙，在南侧邻近地铁区域地下连续墙与结构外墙采用两墙分离的形式，结构之间不设刚性连接措施，两墙之间采用柔性防水隔离。

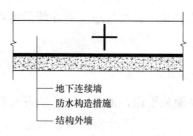

地下连续墙
防水构造措施
结构外墙

图 2 地下连续墙与结构外墙分离做法示意图

Fig. 2 Diagrammatic sketch of separation of ground wall and structure wall

本工程微承压水层基底抗突涌稳定系数不满足规范要求，围护设计将止水帷幕底部深入到深层黏性土层中，隔断坑内外水利联系，防止坑内降压对邻近地铁隧道产生不良影响。

地铁侧地下连续墙成槽前采用 ϕ850@600 三轴水泥土搅拌桩槽壁加固，增强成槽阶段的槽壁稳定性，以减小地下连续墙成槽施工期间对地铁区间隧道的影响，同时增强开挖阶段地铁地下连续墙的止水性能。

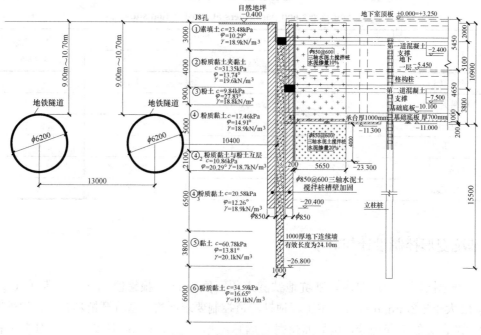

图 3 南侧围护结构剖面图

Fig. 3 Sectional view of support structure on the south side

为了增加基坑围护结构止水的可靠性，在地铁侧地下连续墙槽段间采用十字钢板刚性接头，同时可承受地下连续墙垂直接缝上的剪力，并使相邻地下连续墙槽段形成整体共同承担上部结构的竖向荷载，协调槽段的不均匀沉降。

2.2 水平支撑设计

本工程基坑设置两道临时混凝土支撑，采用传力较为直接的对撑角撑边桁架体系，同

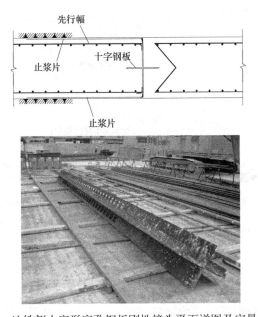

图 4　地铁侧十字形穿孔钢板刚性接头平面详图及实景照片

Fig. 4　Detail drawing and live picture of subway side cross punched steel plate

时加强垂直于地铁隧道走向的中部对撑，中部设置 4 道对撑垂直于地铁隧道，更有利于控制地铁侧的围护体变形。支撑平面布置图详见图 5，栈桥结合首道支撑南北方向对撑设置，混凝土泵车、运输车等施工设备可在栈桥上运作，栈桥还可作为施工材料的堆放场地，在加快基坑出土速度的同时，缩短基坑工程施工工期。

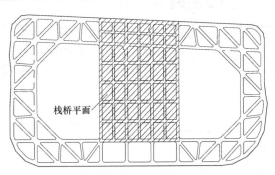

图 5　第一道支撑平面布置图

Fig. 5　Plan of the first strut system

2.3　地基加固

考虑基底范围④$_1$层土质较为软弱，为控制基坑开挖阶段围护体的水平位移，达到有效保护地铁区间隧道的目的，在坑内南北侧两条长边的跨中增加 ϕ850@600 三轴水泥土搅拌桩被动区加固，加固范围由地面至基底以下 4m，宽度约 5.65m，基底以上水泥掺量 10%，基底以下水泥掺量 20%，呈格栅分布。加固体与先期施工的地下连续墙或槽壁加固体之间采用压密注浆进行填充加固。

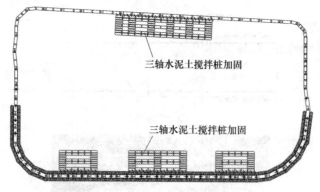

图 6　坑内被动区土体加固平面示意

Fig. 6　Plan of soil reinforcement at passive zone in the pit

3　实施与监测

本工程从基坑开挖至地下室结构浇筑完成仅用 6 个月时间。图 7 为基坑实施期间的实景照片。

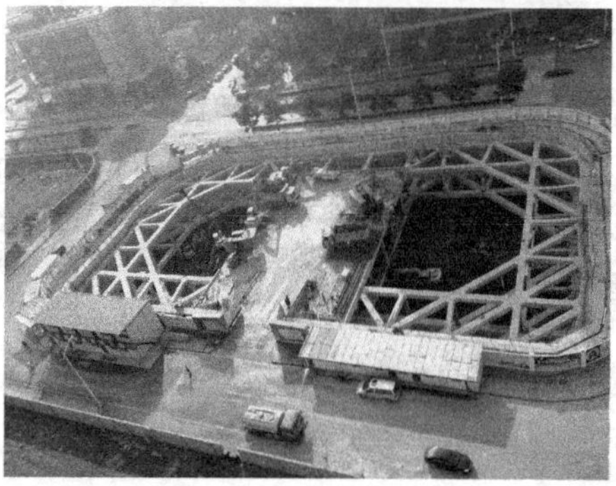

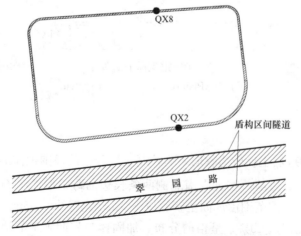

图 7　基坑实景照片

Fig. 7　Photograph of the pit

本工程采用信息化施工,对基坑本体、周边建(构)筑物及道路下的管线进行了监测。监测项目包括地下连续墙墙体水平位移监测、支撑轴力监测、地下水位监测、地铁 1 号线地铁隧道的位移监测等。

图 8 表示地下连续墙墙体水平位移监测点平面布置图,图 9 表示不同区域地下连续墙在各个工况下的侧向位移情况,CX2 为邻近地铁隧道的 1000mm 地下连续墙墙体水平位移监测点,CX8 为普遍侧 800mm 地下连续墙的墙体水平位移监测点。

QX8

QX2

盾构区间隧道

翠　园　路

图 8　地下连续墙墙体水平位移监测点平面布置

Fig. 8　Plan of diaphragm wall lateral displacements

根据监测数据显示，从基坑开挖施工第一道支撑到开挖至基底浇筑基础底板，地下连续墙的侧向变形变化量逐渐增大，基坑开挖至基底之后，基坑周边围护体变形基本稳定。底板浇筑完成后地下室结构施工期间，地下连续墙的侧向变形变化量逐渐趋于稳定。基坑南侧邻近地铁区域围护体的侧向位移最大约为 13.60mm。普遍区域围护体的侧向位移约为 20.0mm。从变形的整体情况来看，由于南侧采取了多种技术措施，如地下连续墙厚度加厚至 1000mm、基坑内被动区土体采取加固措施等，南侧邻近地铁隧道的地下连续墙侧向变形要比其余侧控制得更小。

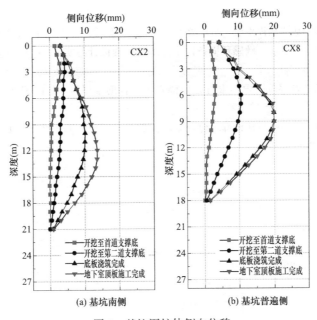

图 9　基坑围护体侧向位移

Fig. 9　Lateral displacement of the foundation pit enclosure

表 2 为地铁隧道监测点的累计变形情况，最大竖向变形发生在基坑开挖至基底时。地铁车站在基坑整个施工期间均未出现报警值，基坑开挖没有影响地铁车站的正常运营。

地铁隧道累计变形数据　　　　　　　　　　　　　　　　　　表 2

Accumulated deformation of metro tunnel　　　　　　　　Table 2

序号	监测内容	上行线累计变形范围	下行线累计变形范围
01	水平位移	$-1.5 \sim +4.5$mm	$-1.3 \sim +2.7$mm
02	拱顶沉降	$-4.6 \sim +0.9$mm	$-2.8 \sim +1.3$mm
03	道床沉降	$-2.7 \sim +2.1$mm	$-2.9 \sim +2.3$mm
04	净空收敛	$-3.7 \sim +3.9$mm	$-4.7 \sim +4.5$mm

4　结语

苏州恒丰银行办公楼项目为深基坑工程，地质条件较为复杂，周边环境保护要求高，南侧邻近地铁隧道，在确保基坑工程安全的同时如何确保周边环境条件的安全，尤其是南侧正在运营的地铁隧道是本工程基坑设计需重点考虑的关键问题。基坑支护结构设计时结合场地特点，采用"整体顺作"＋地下连续墙＋两道支撑的支护体系方案。为了减小基坑开挖对地铁隧道的影响，本工程采取了多项措施，南侧采用1000mm厚地下连续墙、基坑内被动区土体采取加固措施等。最终实施情况表明，基坑开挖引起的地铁隧道的变形值均在控制范围内。本项目作为苏州地铁隧道正式运行后施工的首个邻近地铁项目，工程设计是成功的，亦为类似工程提供借鉴。

参考文献

[1] 刘国彬，王卫东. 基坑工程手册 [M]. 2版. 北京：中国建筑工业出版社. 2009.

[2] 邸国恩，黄炳德，王卫东. 敏感环境条件下深基坑工程设计与实践 [C]. //全国基坑工程研讨会论文集，2010.

[3] 江苏苏州地质工程勘察院. 恒丰银行办公楼岩土工程勘察报告 [R]. 江苏：苏州地质工程勘察院，2011.

[4] 中华人民共和国住房和城乡建设部. 建筑基坑支护技术规程：JGJ 120—2012 [S]. 北京：中国建筑工业出版社，2012.

盾构下穿高铁 CFG 桩复合路基影响分析

李冲

（长安大学公路学院，陕西 西安 710064）

摘　要：以西安某盾构隧道近距离下穿既有高铁线为例，通过 Midas GTS NX 模拟整个盾构施工过程，分析了盾构下穿对高铁道床以及 CFG 桩复合路基的变形影响。结果表明：在盾构掘进过程中，高铁道床的横向和竖向变形均出现先增后减的趋势，在盾构隧道穿越后趋于稳定；由于群桩效应，中心桩上的负摩阻力要小于边桩和角桩的负摩阻力；施工顺序对道床变形分布有一定的影响，距离隧道中心线越近的区域，受到隧道施工扰动的影响越大，桩顶沉降量越大。

关键词：隧道；盾构；高铁道床；CFG 桩；沉降

Analysis on the Influence of Shield Passing Through CFG Pile Composite Subgrade of High Speed Railway

Li Chong

（School of Highway，Chang'an University，Xi'an Shaanxi 710064，China）

Abstract：Taking a shield tunnel passing through an existing high-speed railway line in Xi'an as an example，the influence of shield tunneling on the deformation of high-speed railway bed and CFG pile composite subgrade is analyzed through Midas GTS NX which simulates the whole shield construction process. The results show that the horizontal and vertical deformation of high railway bed increases first and then decreases in the process of shield tunneling，and it tends to be stable after the shield tunnel passes through；the negative friction resistance on the center pile is less than that on the side pile and corner pile which ascribes to the pile group effect；the construction sequence has a certain influence on the deformation distribution of the track bed，and the closer to the center line of tunnel，the tunnel construction is carried out greater influence of construction disturbance，the greater the settlement of pile top.

Keywords：Tunnel；Shield；High railway bed；CFG pile；Settlement

0　引言

随着我国轨道交通建设规模的不断扩大，新建地铁线路采用盾构近距离下穿既有高速铁路的工程越来越多，施工难度也逐年增加。隧道进行盾构下穿施工时，必然会扰动周边

作者简介：李冲（1997—），男，硕士研究生，E-mail：lichong@chd.edu.cn。

土层，导致周围土体发生位移，使得既有铁路路基和轨道产生较大的偏移和变形量，从而造成其纵横向不平顺，这不仅对铁路施工安全产生不利影响，还会影响既有线路的安全运营，进而引发较大的安全事故并造成较大的经济损失。因此，在盾构隧道开挖前，正确预测和掌握盾构隧道施工对邻近既有结构物造成的不利影响，对完善城市轨道交通设计和隧道现场施工指导存在重大意义。

目前，国内外许多学者对盾构下穿近接桩基影响进行了一系列研究，并取得了丰富的研究成果。任建喜等[1]对西安地铁线在具有湿陷性等特殊力学特性的土层中进行盾构施工分析，研究表明盾构机在黄土地层中掘进时，有很多因素会影响地表竖向位移，其中盾尾间隙大小影响最大，且地表沉降量随着距隧道轴线距离的增大而逐渐减小，处于隧道轴线上方时变形达到最大；另外，隧道开挖掘进会引起地层的位移，对于已有的结构，这种位移会降低其基础的承载力，同时引起附加的变形、差异沉降以及侧向位移[2-4]；刘厚全[5]等通过有限元软件对盾构隧道穿越群桩基础的动态施工过程进行数值模拟，分析了群桩基础在盾构开挖过程中剪力、轴力、弯矩以及桩侧摩阻力的变化规律；郭院成[6]等利用有限元软件，对盾构隧道动态施工中正上方桩基的承载性能进行了数值计算；此外，许有俊、王丽、王立峰[7-9]等也对地铁隧道近接桩基施工过程进行了深入地研究。

这些研究成果极大地促进了我国隧道建设技术的发展。然而，由于各地区土体特性存在较大的差异性，盾构隧道所处地层条件不同，情况也复杂多样，所引起的高铁道床以及CFG桩复合地基变形规律及沉降情况均不同。而且，目前盾构隧道施工过程对桩基影响的研究大多针对盾构隧道侧穿对既有桩基的影响，对于盾构隧道正下方穿越高速铁路CFG桩复合地基的研究还较少。鉴于上述情况，拟开展盾构隧道近距离下穿高铁路基以及CFG桩复合地基技术研究，完善该方面的理论，以期为相关设计与施工提供科学的参考。

1 工程概况

高铁沿线某区间站设有2台5线，含2条正线，2条到发线，1条联络线（图1）。正线及相邻2条到发线采用无砟轨道，道床板采用C50钢筋混凝土现浇而成，在道床下铺设有级配碎石以及水泥土垫层，以便隔水、防冻与改善基层和土基的工作条件。另外，该区间站在水泥土垫层下还设有褥垫层，采用CFG桩加固，以便形成CFG桩复合地基，从而充分发挥桩间土的承载能力[10]。CFG桩的桩径为0.6m，桩间距1.8m，桩长13m。站台范围内采用重型碾

图1 某区间站示意图

压，处理范围为CFG桩处理边界至既有线坡脚（左侧）或坡脚外2m（右侧）。

现某拟建地铁双线盾构隧道垂直直线下穿高速铁路路基，线路与铁路线交角约为93°，下穿段位于该区间站站场西侧。在该区间站内，盾构隧道埋深约18.4m，采用土压平衡式盾构，隧道拱顶与CFG桩复合地基竖向最小距离为3.4m，盾构直径6.0m，左线隧

道与右线中心相距 18m，盾壳厚 0.2m。

由地质勘察报告可知，工程区域地层从上到下依次是夯填土、粉质黏土、桩隧间土、新黄土、老黄土、粗砂（图2），其中夯填土位于铁路线两侧，盾构隧道则穿越新黄土地层，自稳能力较差，盾构施工对土地的扰动可能导致坍塌。另外，在区间盾构穿越过程中，桩端下方的土层开挖扰动对复合地基的稳定性影响较大，加之 CFG 桩身具有一定刚度，桩端下方持力土层开挖引起的桩端沉降极有可能通过桩体直接传递至地表[11]，因此需建立有限元模型进行分析研究。

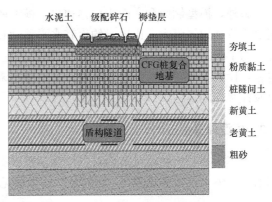

图2 某区间站剖面图

2 有限元模型

2.1 模型建立

采用有限元模拟软件建立的 Midas 模型如图3所示。该模型选取的模拟区域尺寸为 80m×65m×40m（长×宽×高），模型区域从地表的夯填土算起，从上至下共包含 6 层土，各土层的厚度依次为 3m、12m、5m、9m、4.5m、6.5m，其中还包含有排水沟、级配碎石、水泥土以及褥垫层等，各土层采用实体模拟，均满足摩尔-库仑破坏准则。混凝土结构材料采用弹性本构模型，运用弹塑性理论进行计算。

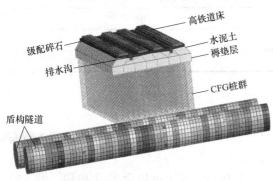

图3 有限元模型

盾构隧道采用圆形断面，尺寸取盾构机刀盘的直径 6m，开挖过程中采用混凝土装配式预制管片进行拼装，管片厚度为 0.3m，采用 3D 实体单元进行模拟[12]。盾构机外壳、注浆层通过析取 3D 实体单元得到，采用 2D 板单元模拟，均满足弹性变形特性，其中盾构机外壳取值为 2cm，采用盾尾注浆方式模拟。盾构隧道进行数值模拟时，施加的掘进压力为 200kN/m²，注浆压力为 150kN/m²，顶推力为 4500kN/m²。盾构掘进开挖过程中掘进压力、千斤顶推力将在盾构掘进面上产生作用，在围绕盾构的面上有注浆压力作用。CFG 桩基础则采用梁单元来模拟，截面为桩径 0.6m 的实心圆形。

另外，模型侧面和底面为位移边界，模型两侧的位移边界条件用于约束水平移动，模型底部位移边界为固定边界，约束其水平移动和垂直移动，模型上边界为地表，为自由边界。为了限制 CFG 桩基础发生转动还加设了旋转约束。为了更真实地模拟盾构隧道开挖过程，设置了改变属性的边界条件，即将隧道未开挖前的土体部分在开挖后分别变成管片以及注浆层的属性。

2.2 模型计算参数的确定

土体、路基填料以及结构材料计算参数根据实际勘察结果和过去的实际工程经验进行取值，具体土层参数见表 1，填料及结构参数见表 2。

土层参数表 表1

土层编号	材料	厚度(m)	弹性模量(MPa)	泊松比	重度(kN/m³)
①	夯填土	3	25.5	0.33	18.4
②	粉质黏土	12	15	0.35	17.5
③	桩隧间土	5	24.3	0.29	16.1
④	新黄土	9	56	0.33	20.2
⑤	老黄土	4.5	66	0.33	19.4
⑥	粗砂	6.5	38.4	0.31	19.8
⑦	褥垫层	2	30	0.31	18.8

路基填料及结构计算参数 表2

材料	弹性模量(MPa)	泊松比	重度(kN/m³)
C50 高铁道床	36000	0.2	23
CFG 桩	22000	0.2	23
管片	38000	0.2	25
注浆层	22000	0.25	20
钢材	250000	0.3	78
水泥土	12000	0.2	23
级配碎石	16000	0.3	20.8
排水沟	28000	0.2	23

2.3 盾构施工过程模拟

为尽量减小左、右线隧道开挖过程中的相互影响，先进行左线开挖模拟，再进行右线开挖模拟。

盾构左线施工也包含 27 个阶段（1～27），盾构右线施工也包含 27 个阶段（28～54），共 54 个施工步（图 4）。整个隧道施工过程可概括为三个阶段：阶段一，盾壳先行，将掘进压力施加于刀盘表面，每次推进 4m，将开挖区土体和管片预安装区土体挖出；阶段二，当盾构机掘进 4 环时，开始安装管片，此时将顶推力作用于相应部位；阶段三，在管片拼接好之后，将盾壳撤出，开始盾尾注浆，并将注浆压力施加在围绕盾构的面上，由于注浆后要有一定的时间凝固，故将注浆压力延后三个阶段施加。另外，在数值模拟时，需对初始阶段位移清零来消除影响，最后的数值模拟结果即为隧道开挖过程中产生的影响。

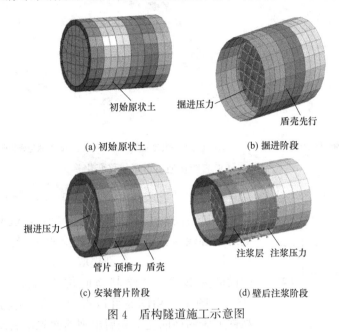

(a) 初始原状土   (b) 掘进阶段

(c) 安装管片阶段   (d) 壁后注浆阶段

图 4　盾构隧道施工示意图

3　数值计算结果分析

3.1　高铁道床位移分析

根据数值模拟结果，提取左线以及右线掘进完成时道床的位移云图以探究变形规律（图 5、图 6）。可以看出，隧道左线开挖完成时，道床的水平向变形相对较小，竖向沉降最大值为 4.56mm，由于盾构机刀盘顶推力未作用在 CFG 桩体上，道床未发生隆起。当盾构隧道双线贯通时，变形情况基本与左线相同，沉降最大值为 4.41mm。为进一步研究道床在盾构下穿过程中的变形规律，分别探究水平以及竖向位移规律。

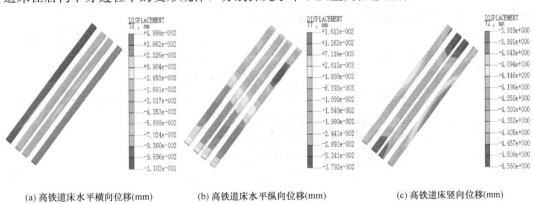

(a) 高铁道床水平横向位移(mm) (b) 高铁道床水平纵向位移(mm) (c) 高铁道床竖向位移(mm)

图 5　隧道左线贯通后道床位移变化

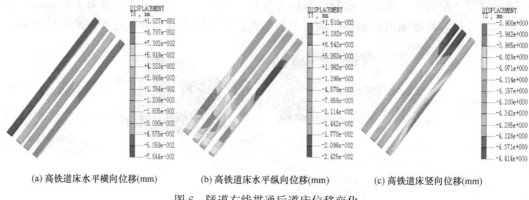

(a) 高铁道床水平横向位移(mm)　　(b) 高铁道床水平纵向位移(mm)　　(c) 高铁道床竖向位移(mm)

图 6　隧道右线贯通后道床位移变化

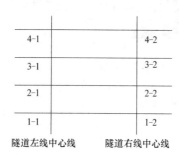

图 7　取点示意图

（1）高铁道床水平位移分析

在进行高铁道床水平位移分析时，选取左线以及右线隧道中心线与各道床中心线的交点为研究对象[13]，取点示意图如图 7 所示。分别提取这 8 个点在盾构掘进过程中的横向变形值，并绘制横向位移随开挖步的变化曲线（图 8、图 9）。由图 8 可以看出，在左线盾构掘进期间，高铁道床的横向变形先后出现两次先增后减的趋势，其中在左线盾构下穿高铁道床期间，道床横向变形出现最大值，在盾构穿越后横向变形值开始降低，这是因为在开挖过程中，由于盾构掘进压力的存在，隧道上方以及前方土体受到挤压作用变大，从而使其发生横向移动加剧，进而使得高铁道床及铁路路基产生横向位移增大。将点 1-1～点 4-2 横向变形最值汇总于表 3，可看出处于与右线相交点的横向变形值明显小于与左线相交点的横向变形。在右线盾构下穿高铁道床期间，其与左线盾构扰动规律大体相同，道床横向变形也出现了先增后减的趋势；同样，将点 1-1～点 4-2 横向变形最值汇总于表 3，可看出此时右线相交点的横向变形值大于与左线相交点，且左右相同点处变形差异明显，说明不同开挖顺序对道床横向变形分布有一定的影响。在右线盾构下穿高铁道床到完全穿越时，横向变形不断增大，这是由于在正下方开挖时，两侧土体由于侧向应力释放而产生较大的侧向变形，从而影响道床产生较大的弯曲变形。

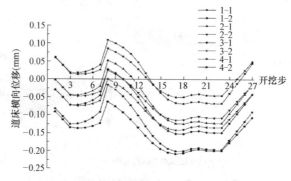

图 8　左线掘进时道床横向位移变化规律

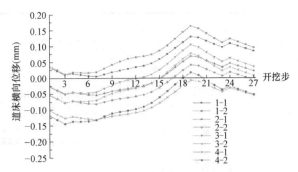

图 9　右线掘进时道床横向位移变化规律

特征点横向变形值　　　　　　　　表 3

	1-1	1-2	2-1	2-2	3-1	3-2	4-1	4-2
左线	0.109	0.085	0.125	0.115	0.152	0.142	0.201	0.208
右线	0.129	0.162	0.068	0.104	0.077	0.078	0.131	0.137

（2）高铁道床竖向位移分析

在进行道床竖向沉降分析时，依然选取左线以及右线隧道中心线与各道床中心线的交点为研究对象。分别提取这 8 个点在盾构掘进过程中的竖向沉降值，并绘制沉降变形随开挖步的变化曲线，如图 10 所示。可以看出，在左线盾构掘进期间，道床沉降量随着开挖步的推进呈现出典型的沉降槽变化规律，即沉降量先增后减。在盾构左线及右线穿越道床正下方时，沉降量达到最大，随着盾构不断掘进，沉降量开始减小，最后趋于稳定。这是由于隧道开挖至道床正下方时，道床受盾构施工影响进一步加大，周围土层受扰动程度加大，受剪切破坏的重塑土再固

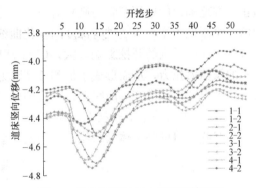

图 10　盾构掘进过程中道床沉降变化

结，最终表现为沉降量急剧增大。另外，由第一次沉降峰值可以看出，$X-1$（$X=1$，2，3，4）在右线隧道开挖后，沉降量又开始逐渐增大，变化规律与左线相似，之后再次趋于稳定。对比两次峰值可知，左线下方区域的沉降量明显大于右线下方区域的沉降量，这说明施工顺序对道床沉降分布有一定的影响。

3.2　桩侧摩阻力分析

在进行 CFG 桩复合地基分析时，考虑到群桩效应的存在，根据 CFG 桩所处位置与隧道位置距离的远近关系，将整个 CFG 桩群分为 5 个不同的区域[14]。将距离左线隧道中线左侧 $\Delta x=0.5D\sim3.6D$（D 为隧道直径）附近区域定义为 Ⅰ 区域，将距离左线隧道中线 $\Delta x=0\sim0.5D$ 附近区域定义为 Ⅱ 区域，将距离左线隧道中线右侧 $\Delta x=0.5D\sim2.1D$ 附近区域定义为 Ⅲ 区域；同理，以右线隧道中线为基准线，分别定义 Ⅳ 区域（$\Delta x=0\sim0.5D$）和 Ⅴ 区域（$\Delta x=0\sim0.5D$），如图 11 所示。

整个 CFG 群桩基础承载能力受各 CFG 桩桩侧摩阻力大小的影响。在进行桩侧摩阻力

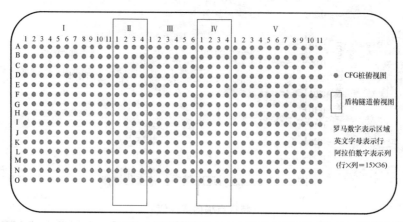

图 11 盾构隧道及 CFG 桩俯视图

分析时，由于 CFG 桩数量较多，在 5 个区域内共选取 10 根不同的 CFG 桩作为典型桩进行分析，以探究桩侧摩阻力的变化规律，选取的桩如表 4 所示。图 12 为盾构隧道双线贯通后桩侧摩阻力的分布规律。由云图可以看出，在桩顶附近出现了较大的桩侧负摩阻力，在桩端附近出现了较大的桩侧正摩阻力。此外，隧道两侧区域分布的桩侧摩阻力较大，隧道正上方范围内的桩侧摩阻力则相对较小。分别提取每根桩在盾构施工完成后的桩侧摩阻力值，绘制桩侧摩阻力随桩身深度的变化曲线图，如图 13 所示。大体来看，由于隧道施工过程中地层受到的开挖影响较大，CFG 桩周围土的沉降大于桩体的沉降，使得桩出现向下的摩擦力拉力，从而形成了桩侧负摩阻力。在 CFG 桩的上半段（约桩深 8m 处），桩侧负摩阻力随桩基深度逐渐减小，该范围内桩侧土体受挤压作用小，能提供的抗力减小，使得 CFG 桩受力处于不利状态。在 CFG 桩的下半段，桩侧正摩阻力随桩基深度逐渐增大，说明此时对桩侧土体的挤压逐渐增大，承载力主要依靠该范围内的桩侧土提供。

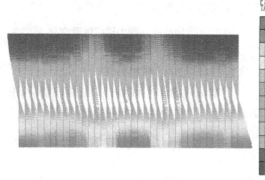

PILE FORCE TANGENT-X   kN/m
+1.657e+002
+1.401e+002
+1.145e+002
+8.896e+001
+6.339e+001
+3.782e+001
+1.226e+001
-1.331e+001
-3.888e+001
-6.445e+001
-9.002e+001
-1.156e+002
-1.412e+002

图 12 盾构隧道双线贯通时桩侧摩阻力分布

典型桩分布		表 4
区　　域	桩　　　号	
I	Ⅰ-A-1	Ⅰ-H-11
II	Ⅱ-A-2	Ⅱ-H-3
III	Ⅲ-B-4	Ⅲ-O-6
IV	Ⅳ-H-2	Ⅳ-O-1
V	Ⅴ-H-6	Ⅴ-O-1

另外，在典型桩中，桩Ⅲ-B-4 的桩侧摩阻力变化幅度最大，究其原因是该桩处于左右两线盾构掘进影响的交叉区域，说明此时隧道施工引发的扰动影响出现了叠加。对于距离隧道开挖线较远的角桩Ⅰ-A-1，由于群桩效应的存在，其负摩阻力要大于同样距离隧道开挖线较远的中间桩Ⅴ-H-6；在距离隧道开挖线较近的区域（如Ⅱ区域），边桩Ⅱ-A-2 的负摩阻力要大于中间桩Ⅱ-H-3，这主要是由于在 CFG 桩复合地基中中间桩桩土相对位移减少，使得自身的负摩阻力被削减，从而降低了负摩阻力。

3.3 CFG桩复合地基位移分析

如图 14 所示，该图为双线隧道开挖完成后 CFG 桩基础的位移变化规律。可以看出，盾构掘进完成后，CFG 桩基础最大水平横向位移值为 1.68mm，竖向最大沉降值为 3.12mm。在水平方向上，桩的变形主要发生在桩身，而桩两端的变形量相对较小。在竖向位移上，整体分布较均匀，桩端相对较大。为进一步探究 CFG 桩复合地基的沉降规律，分别提取每根典型桩在盾构掘进过程中的桩顶沉降值，绘制桩顶位移随开挖步的变化曲线图，如图 15 所示。在盾构隧道施工过程中，桩顶沉降表现出先增后减的趋势，并出现两次波峰，分别是左线以及右线盾构掘进至 CFG 桩基础正下方时，待盾构穿越 CFG 桩基础之后，沉降量开始减小，最后趋于稳定。并且，左线波峰沉降值大于右线波峰沉降值，与前述道床变形规律相对应。此外，不难看出桩 Ⅱ-H-3 的桩顶沉降最大，其次是桩 Ⅰ-H-11，桩 Ⅰ-A-1 的桩顶沉降量最小，这表明桩顶沉降量与距离隧道远近有关，距离隧道中心线距离越近的区域，受到隧道施工扰动的影响越大，桩顶沉降量越大。

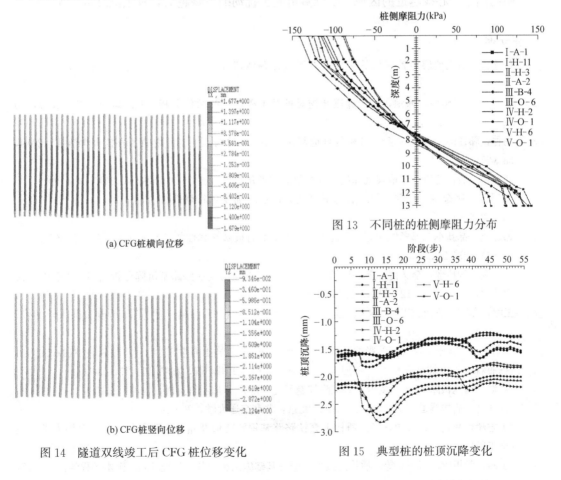

(a) CFG桩横向位移

(b) CFG桩竖向位移

图 14 隧道双线竣工后 CFG 桩位移变化

图 13 不同桩的桩侧摩阻力分布

图 15 典型桩的桩顶沉降变化

4 结论

（1）在盾构掘进过程中，高铁道床的横向变形先后出现两次先增后减的趋势，两次道床横向变形出现最大值分别在左线以及右线盾构下穿高铁道床期间，在盾构隧道穿越后横向变形趋于稳定，且相同左、右隧道中心线与道床相交点处变形差异明显；另外，道床竖向沉降量随着开挖步的推进呈现出典型的沉降槽变化规律，即沉降量先增后减。对比两次峰值可以看出，左线下方区域的沉降量明显大于右线下方区域的沉降量，这两者均说明施工顺序对道床变形分布有一定的影响。

（2）考虑到群桩效应的存在，根据 CFG 桩所处位置与隧道位置距离的远近关系，将整个 CFG 桩群分为 5 个不同的区域。处于左右两线盾构掘进影响交叉区域的桩，隧道施工引发的扰动影响会对其产生叠加作用。由于群桩效应的存在，CFG 桩复合地基中中间桩桩土相对位移减少，使得 CFG 群桩基础中作用于中心桩上的负摩阻力要小于边桩和角桩的负摩阻力。

（3）在盾构隧道施工过程中，桩顶沉降表现出先增后减的趋势，CFG 桩基础最大水平横向位移值为 1.68mm，竖向最大沉降值为 3.12mm；桩顶沉降量与距离隧道远近有关，距离隧道中心线越近的区域，受到隧道施工扰动的影响越大，桩顶沉降量越大。

参考文献

[1] 任建喜. 黄土地层地铁盾构施工地表变形规律预测研究 [J]. 铁道工程学报，2011，28（11）：93-97.

[2] 罗文林，刘赪炜，韩煊，等. 隧道开挖对桩基工程影响的数值分析 [J]. 岩土力学，2007，10（28）：403-407.

[3] 刘香，郭建圆. 盾构下穿 CFG 桩复合地基建筑物的沉降分析 [J]. 内蒙古科技大学学报，2019，38（2）：200-204.

[4] 郑淑芬. 盾构隧道施工地表沉降规律及控制措施研究 [D]. 长沙：中南大学，2010.

[5] 刘厚全，赖金星，汪珂，等. 盾构下穿既有群桩基础受力特性数值分析 [J]. 公路，2017，62（8）：298-304.

[6] 郭院成，邰新军，郭孝坤，等. 盾构下穿施工对既有桩基承载性能的影响研究 [J]. 公路，2017，62（3）：236-242.

[7] 许有俊，陶连金，李文博，等. 地铁双线盾构隧道下穿高速铁路路基沉降分析 [J]. 北京工业大学学报，2010，36（12）：1618-1623.

[8] 王丽，郑刚. 盾构施工对 3×3 群桩的沉降、变形及桩侧摩阻力的影响 [J]. 大连交通大学学报，2013，34（1）：64-70.

[9] 王立峰. 盾构施工对桩基的影响及桩基近邻度划分 [J]. 岩土力学，2014，35（S2）：319-324.

[10] 杨丽君. CFG 桩复合地基中褥垫层的作用研究 [J]. 四川建筑，2005（2）：50-53.

[11] 高健. 高速铁路 CFG 桩复合地基沉降控制研究 [D]. 广州：华南理工大学，2010.

[12] 徐冬健. 盾构隧道沉降数值模拟 [D]. 北京：北京交通大学，2009.

[13] 王志超，甘露，赖金星，等. 盾构下穿铁路路基钢轨变形及路基沉降分析 [J]. 深圳大学学报（理工版），2018，35（4）：389-397.

[14] 王闯，彭祖昭，苟超，等. 盾构近接下穿群桩基础施工影响分区研究 [J]. 土木工程学报，2017，50（S2）：174-181.

隧道纵穿破碎岩质区洞口滑坡加固效果数值模拟分析

史育峰，李子琦，李瑶，李炳龙

（长安大学公路学院，陕西 西安 710064）

摘 要：受工程地质、水文地质条件及人为因素等影响，隧道在穿越山体过程中极易发生洞口滑坡灾害，破坏隧道结构稳定性以及危及施工人员的安全。以青沙山左线隧道洞口滑坡为例通过案例统计分析、数值模拟和现场监测结合的手段研究了洞口滑坡的变形机制和加固效果分析。经过分析该隧道洞口滑坡属于隧道—滑坡平行体系，在进洞开挖后岩体受到扰动影响而导致坡体滑移变形，隧道结构主要受到滑坡推力而导致开裂等病害；数值分析结果显示施工扰动和持续降雨作用是可能导致坡体发生滑移的主要因素；监测数据表明在采取加固措施后滑坡坡体的变形位移速率大大减少，岩体的应力状态在不断调整逐渐趋向于稳定状态，基本达到预期的治理目的。

关键词：隧道洞口滑坡；抗滑桩；数值模拟；监测

Numerical Analysis on Reinforcement Effect of Tunnel Portal Longitudinally Traversing Landslide in Broken Rock Area

Shi Yufeng，Li Ziqi，Li Yao，Li Binglong

(School of Highway，Chang'an University，Xi'an Shaanxi 710064，China)

Abstract：Affected by engineering geology，hydrogeological conditions and human factors，tunnels are prone to landslides at the entrance or exit during crossing mountain，which will damage the structural stability of tunnels and endanger the safety of construction personnel. Taking the landslide at the entrance of Qingshashan left line tunnel as an example，this paper studies the deformation mechanism and reinforcement effect of landslide at the entrance by means of case statistical analysis，numerical simulation and field monitoring. It is shown that the landslide at the entrance of the tunnel belongs to the tunnel landslide parallel system，and the sliding surface intersects with the tunnel axis. The rock mass is disturbed，which results in the sliding deformation of the slope body after the excavation. Further，the tunnel structure appears crack because of the landslide thrust. The results indicate that construction disturbance and continuous rainfall are the main factors that may lead to slope sliding based on numerical analysis. The monitoring data show that the deformation and displacement rate of the landslide body is greatly reduced after the reinforcement measures，the stress state between the rock masses is constantly adjusted and gradually tends to a stable state，which basically achieves the expected treatment goal.

Keywords：Tunnel landslide；Anti-slide pile；Numerical simulation；Monitoring

0　引言

随着高速公路建设工作向多山丘的西部地区推进，不可避免会出现公路隧道穿越山体的情况，而在隧道进口开挖时会对洞口段山体造成扰动，破坏岩体的初始应力平衡状态，在持续降雨的作用下极易引发滑坡等地质灾害，影响隧道施工人员生命和后续运营环境的安全。

隧道穿越山体引发的洞口滑坡这一工程问题引起了众多学者的关注，目前取得了一定的研究成果。山田刚二等[1] 以隧道开挖对土体产生扰动从而引发的坡体滑动问题进行分析，对滑坡灾害原因进行了总结。毛坚强[2]、周德培[3] 等根据地质力学模型试验分析了滑坡灾害地段坡体变形与隧道变形之间的相互影响关系。陶志平等[4] 基于地质力学模型试验总结了坡体和隧道的变形特征，建立了 3 类隧道—滑坡体系的地质力学模型，得出隧道变形特征的影响因素主要在于隧道与滑面的相对位置关系。刘天翔[5] 等以某山区公路隧道为例，对隧道正交穿越滑坡体系的相互作用机制和加固措施分别采取理论计算和数值模拟的手段进行了分析，结果表明数值分析的方法更合适。王永刚[6] 等以阳坡里隧道为依托，分析了隧道纵向穿越滑坡体情况下二者的相互作用机制，并对其隧道开挖加固效应进行了分析研究，对后续类似的工程有借鉴意义。沈传新等[7] 以楼房山隧道为研究对象，对洞口滑坡治理措施进行数值模拟分析，但缺少现场监测数据的验证。N. Shimizu[8] 对隧道附近坡体进行了稳定性监测，并进行了滑坡稳定性评价，可为滑坡治理措施和滑坡预警提供依据。王国欣[9] 等通过对隧道滑坡的监控测量，分析了滑坡的产生过程和采取措施之后的效果，为隧道滑坡的治理与监控提供了依据。

以上研究对隧道洞口滑坡的变形机制和加固效果方面的研究手段较为单一，因此本文通过案例统计分析、数值模拟和现场监测结合的手段以青沙山左线隧道洞口滑坡为依托，对该隧道洞口滑坡的自然状态和应力渗流耦合作用下的力学变形机制进行了分析，以及对采取加固措施前后滑坡体的变形规律和稳定性分别进行了分析和有效性评价。

1　既有隧道—滑坡灾害统计分析

隧道与滑坡的相对位置不同，隧道的破坏方式与程度存在着明显的差异，对应的处理措施也截然不同，现对三种不同类型的隧道—滑坡体系[4] 进行统计分析，如表 1 所示。隧道—滑坡正交体系的洞口滑坡灾害占据大多数，而且造成的隧道破坏形式和程度也较为复杂，隧道四周受到滑坡推力的偏压作用和施工的扰动作用，一般采取刷方减重再配以抗滑桩等措施治理，而对于工程地质情况比较严重的滑坡采用埋入式抗滑桩或者抗滑桩群等方式来进行治理。而隧道—滑坡平行体系的隧道破坏形式较简单，主要是隧道拱顶受到滑坡推力的作用而产生沉降和四周受到施工扰动的作用，一般对洞口滑坡采取抗滑桩或者预应力锚索抗滑桩，滑坡范围内的围岩进行注浆加固的措施基本可以解决问题。隧道—滑坡斜交体系的滑坡问题介于两者之间，具体的治理措施应根据现场工程地质情况而定，无外乎在上述两种隧道—滑坡体系的治理措施之中选择。

表1

Statistical analysis of landslide accident and treatment measures at existing tunnel portal

Table 1

隧道名称	隧道—滑坡类型	洞口滑坡情况	处理措施
毛头马1号道[10]	正交	隧道进口段在较陡的主滑段,部分段为破碎岩层	坡体减重回填反压,设置埋入式抗滑桩和系统锚杆进行加固
中寨隧道[11]	正交	左洞出口段开挖过程中仰坡出现小规模坍塌,支护力度较弱,出现一定程度变形	左洞出口段进行回填反压,设置圆形埋入式抗滑桩,仰坡地表注浆加固
平中2号隧道[4]	正交	出口段拱顶和衬砌出现变形,且有小部分塌方	采取预应力锚索框架与预应力锚索抗滑桩
阳坡里隧道[6]	平行	隧道衬砌受到滑坡下推力发生蠕滑变形	滑坡体中上部布置微型钢管桩、中下部布置预应力锚索抗滑桩,洞口浅埋段进行超前注浆管棚
楼房山隧道[7]	平行	隧道洞口为碎石土滑坡,地震过程有滚石滑落	隧道进口段进行高压注浆,设置预应力锚索抗滑桩
常家山隧道[12]	平行	隧道出口段纵向穿越滑坡体,滑坡后缘为剥蚀陡坡	洞口两侧设置预应力锚索抗滑桩,隧道开挖时采取高压注浆
孙家崖隧道[12]	斜交	以45°斜交穿越大坪滑坡,洞口开挖过程中出现块石掉落现象	由于该滑坡滑面较深的特点,故采用抗滑桩群(两排抗滑桩)的方法
唐家塬隧道[13]	正交	进口段为斜坡边缘,地形较破碎,被一条冲沟切割且深4~5m	采取清方减载+抗滑桩进行支挡
秦安隧道[14]	正交	洞口的滑坡经多次活动剥蚀,导致滑坡体上冲沟发育且地貌被改造严重	施工时应采用抗滑桩等支挡结构来治理滑坡
西南山区某高速公路隧道[5]	正交	隧道正交切穿了老滑坡体的滑面,该老滑坡具多级滑动、地表分区等特征	对变形体进行清方减载、适当支挡、清方体弃于前缘反压的综合处治方案
松多隧道[15]	正交	洞口具有崩塌和危险岩体等不良地质灾害,边坡高陡稳定性差	采用地表注浆、隧道洞室注浆与锚索抗滑桩加固相结合的方式进行治理
土地垭隧道[16]	斜交	洞口滑坡受降雨影响易形成局部软弱面,使坡脚临空面发生微量挤出变形,斜坡上产生裂缝	采取抗滑桩或锚固桩嵌入滑动面以下,隧道或路基范围内采取桩径较小的锚固桩,洞身地表注浆加固
常家山左线隧道[12]	平行	滑坡后缘清晰,为基岩剥蚀陡坡带,基岩裸露,为一大型岩石滑坡	隧道洞门两侧设置预应力锚索抗滑桩,隧道顶部滑体内采用垂直钻孔高压注浆,滑体后缘山侧修建截水沟
洛塘南隧道[17]	平行	滑动方向与路线方向一致,滑坡属于大型碎石土滑坡且洞门裂隙发育	地表深孔压力注浆,滑坡体后缘布设预应力框架锚索,坡脚设置三排组合钢管抗滑桩
三公箐隧道[18]	斜交	坡体内存在多组陡立并倾向线路的构造裂面	设置预应力锚索框架

2 工程案例分析

2.1 工程概况

青沙山隧道从滑坡体坡脚处穿过，全长 3340m，海拔高度 3000m。隧址区内地形复杂，山坡陡峭，流水侵蚀严重，沟谷发育，呈"U"形。根据地质资料显示，该地区出露的地层从新到老依次为：第四系全新统黄土、亚砂土和洪积土、坡积碎石土，和寒武系较完整岩层。隧址发育有基岩裂隙水，因大气降水补给有限，裂隙连通性较差，富水性较差。滑坡位于左线隧道进口段的前缘地带，南北长约 300m，东西宽约 70m，该滑坡为古滑坡，属破碎岩质滑坡。滑坡区的地层岩性由上至下大致分为碎石土、凝灰质破碎砂岩，其破碎岩层的埋深厚度可达到 13m 左右，13m 以下深度基本为较完整岩层。洞口滑坡范围内存在宽度为 60m 断层破碎带，为非全新活动断裂。在进洞开挖一段时间后，隧道进口的仰坡出现坍塌迹象，截水沟处也出现多处挤压剪出裂缝，隧道内部的喷混层也出现了与洞轴相交的裂缝。

根据地质勘察报告和表 1 统计的案例分析，判断该情况属于隧道—滑坡平行体系，隧道位于滑面以下，隧道主要受到滑坡的推力作用和施工的扰动压力，导致混凝土层出现裂缝和仰坡坍塌的迹象，对后续施工进展影响较大。

2.2 滑坡稳定性分析

现选取滑坡 I-I 典型剖面（图 1），采用参数反演法确定 c、φ 值。根据《公路路基设计规范》JTG D30—2015 取自天然状态下的稳定系数为 1.05，考虑持续降雨影响时稳定系数取为 0.98，结合工程类比和文献 [15] 综合确定滑带土的参数取值见表 2。

滑动面抗剪强度取值　　　　　　　　　　　　　　　　　　表 2

Shear strength of sliding surface　　　　　　　　　　　　Table 2

位置	工况	滑体重度 γ(kN/m³)	滑带土黏聚力 c(kPa)	滑带土内摩擦角 φ (°)
左线进口滑坡	天然状态	22	11	19.8
	持续降雨状态	23.5	9	18

确定出滑带面的 c、φ 值后，现对滑坡体进行稳定性评价。根据文献 [23] 和《公路工程抗震规范》JTG B02—2013 对安全系数选用的相关要求，采用不平衡推力法[19,20] 对 I-I 截面滑坡稳定性进行计算，结果如表 3 所示。在正常情况下稳定系数为 1.10，但在持续降雨作用下，稳定系数分别降低至 0.98；而在隧道开挖之后稳定系数分别降低至 1.01，0.96。由结果可知，左线进口边坡在正常开挖后接近极限平衡状态，而在渗流作用下，稳定系数还会进一步降低从而引发工程滑坡，威胁隧道施工和运营安全，对此则必须采取相应的治理措施。

2.3 抗滑治理措施

抗滑桩设计推力是滑坡整治设计的重要依据。为了对滑坡采取有效的支挡措施，采用

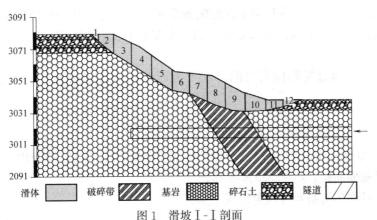

图 1 滑坡 I-I 剖面

Fig. 1 I-I section of landslide

传递系数法[21] 对 I-I 截面滑坡推力进行了计算，得到的剩余滑坡推力如表 4 所示。

稳定系数计算结果　　　　　　　　　　　　　　　表 3

Calculation results of stability factor　　　　　Table 3

位置	开挖情况	工况	稳定系数
左线进口滑坡	开挖前	正常	1.05
		降雨	0.98
	开挖后	正常	1.01
		降雨	0.96

滑坡推力计算结果　　　　　　　　　　　　　　　表 4

Calculation results of landslide thrust　　　　　Table 4

位置	工况	安全系数[22]	剩余滑坡推力(kN/m)
左线进口滑坡	天然状态	1.20	1573
	持续降雨状态	1.15	1610

　　当前滑坡的稳定性情况对隧道的开挖和后续运营有一定的安全隐患，为了避免损害更大，秉承简单有效少扰动的治理原则，在隧道洞口上部左右两侧设置 4 根预应力锚索抗滑桩进行支挡，抗滑桩设置在滑坡体位移最大的地方，使抗滑桩发挥出最大的效果。抗滑桩采用 C25 现浇钢筋混凝土，桩长 25m，横截面为 2.0m×3.0m，距桩中心间距为 6m。桩头各设置 4 孔倾角为 25°的预应力锚索，长度 36～38m，直径为 120mm，锚索的设计拉力为 800kN。

3　数值模拟分析

3.1　计算模型及参数

　　根据工程地质条件建立三维模型，宽度和高度均为 70m，纵向取 300m，隧道断面净高 5m，净宽 9m，模型建立如图 2 所示。各岩层材料根据实际工程地质均采用摩尔-库仑弹塑性计算模型，除抗滑桩采用梁单元和锚索采用线单元外，其余均使用实体单元模拟。锚杆和钢拱架的加固效应按照等效原则处理，分别折算到围岩和喷射混凝土里，计算方法[23]如下：

锚杆的作用是通过提高围岩之间的摩擦力而增强围岩自承力，主要考虑黏聚力的变化：

$$c = c_0 \left[1 + \frac{\lambda}{9.8} \frac{\tau A}{mn} \times 10^4 \right] \tag{1}$$

式中，c_0 为初始围岩黏聚力；τ 为锚杆的抗剪强度；A 为锚杆截面积；m，n 分别为锚杆之间的纵横向间距；λ 为经验系数取 2.5。

而钢拱架的作用可折算在喷射混凝土里：

$$E = E_0 + \frac{A_s E_s}{A_c} \tag{2}$$

式中，E_0 为初始喷射混凝土的弹性模量；A_s 为钢拱架横截面积；E_s 为钢拱架弹性模量；A_c 为喷射混凝土横截面积。

各材料参数选取　　　　　　　　　　　　　　表 5
Material parameters　　　　　　　　　　Table 5

材料名称	弹性模量 (GPa)	泊松比	重度 (kN/m³)	黏聚力 (MPa)	内摩擦角 (°)
碎石土	0.06	0.36	21	0.015	26
基岩	1.2	0.36	19	0.16	27
破碎带	0.05	0.3	23.5	0.06	15
喷射混凝土	21	0.2	22.5	4	52
抗滑桩	30	0.25	23.5	—	—
锚杆	200	0.3	60	—	—
锚索	196	0.28	78.5	—	—
I20b 钢拱架	200	0.3	60	—	—
折算喷射混凝土	26.28	0.2	22.5	—	—
围岩加固圈	2	0.3	21	0.28	30

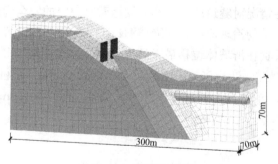

图 2　三维网格模型

Fig. 2　3D mesh model

3.2　加固前滑坡体数值模拟

如图 3 所示，在天然状态下坡体主要因为自重的作用而发生滑移变形，潜在的滑面位置基本和勘察资料一致。此时滑坡体还没有受到扰动，且具有一定的安全度，在断层破碎带的影响下最大位移处于滑坡体的下部，其变形区位移量为 0.023～0.028m，且由浅至深逐渐减少，总体来看变形量不太大，滑坡基本处于稳定状态。在持续降雨工况下（图 4），雨水顺坡而下可能形成溪流导致坡体局部出现较大的变形，部分雨水下渗至地表导致坡体重度增加，坡体稳定性骤然降低。最大变形区继续向坡体下部转移，变形量增加至 0.404m，发生滑坡灾害的可能性极大。

 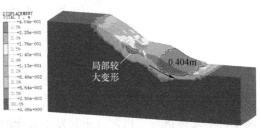

图 3　天然状态位移云图

Fig. 3　Displacement diagram in natural state

图 4　持续降雨作用位移云图

Fig. 4　Displacement diagram in continuous rainfall

　　图 5 显示了在隧道开挖后，因为施工扰动的影响会直接导致坡体的应力状态发生变化，尤其在隧道开挖至断层破碎带时对坡脚处的围岩产生卸载作用，从而导致岩体松动而发生变形，进而滑坡体位移急剧增大，最大位移量达到 0.327m，最大位移区从滑坡体下部转移至上部。在持续降雨工况下（图 6），在开挖扰动和雨水下渗的双重作用下，整个坡体滑移变形量都大大增加，最大位移达到 0.761m。这表明此时坡体的抗滑力急剧减小，在下部坡体牵引下导致整个滑坡体产生蠕变滑移，对施工的影响为作用在隧道衬砌上发生混凝土开裂，带来施工安全隐患。

　　图 7 中显示了隧道开挖后的衬砌竖向位移云图，明显看出隧道衬砌越接近滑动带位置竖向位移逐渐增大，在距离最近处由于受到下滑推力的作用，衬砌变形位移急剧增大，对该区段隧道安全影响较大，通过之后竖向位移又逐渐减小。因此实际施工中在原来设计的基础上又加强了该区段的支护，包括设置超前管棚支护、注浆锚杆和钢拱架等，而对于隧道内部已出现的混凝土层裂缝采取导管注浆的方法加固。经过该区段之后，衬砌变形位移量逐渐变小。

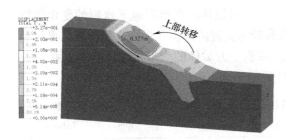 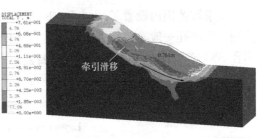

图 5　开挖之后位移云图

Fig. 5　Displacement diagram after excavation

图 6　开挖之后持续降雨作用的位移云图

Fig. 6　Displacement diagram after excavation in continuous rainfall

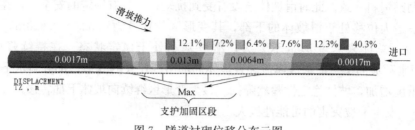

图 7 隧道衬砌位移分布云图

Fig. 7 Displacement diagram of tunnel lining

3.3 滑坡体加固效应分析

如图 8 所示，在采取治理措施后，在抗滑桩设置区域明显形成了锚固影响区，抗滑桩将上部的坡体进行支挡，防止其发生太大的变形位移，最大位移量已从滑坡体上部转移至下部，减小至 0.025m。在持续降雨天气作用下通过强度折减法进行边坡稳定性计算，稳定性系数为 1.17，滑坡体最大变形量也仅有 0.057m，基本满足支挡设计要求。

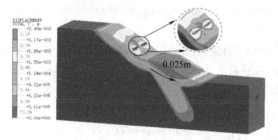

图 8 加固后的位移云图

Fig. 8 Displacement diagram
after reinforcement

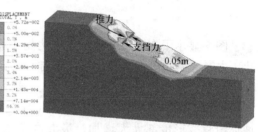

图 9 加固之后持续降雨作用的位移云图

Fig. 9 Displacement diagram after
reinforcement in continuous rainfall

4 工后治理监测

4.1 监测孔布置

在滑坡范围内设置了 SK1 和 SK2 位移监测孔，对坡体的变形和地下水位的变化进行监测。测斜孔一般布置在滑坡范围内敏感地段和较为关键的部位，根据现场勘测结果将观测孔 SK1 布置在左线隧道东侧，主要监测隧道东侧上方坡体的变形情况，将观测孔 SK2 布置在左线和右线隧道之间的滑坡平台上，主要监测隧道上方滑坡体的变形情况。

监测孔位置   表 6

Layout position of monitoring points   Table 6

孔号	SK1	SK2
测量深度(m)	42	42
监测滑动面(m)	未发现	9.5~11

4.2 监测数据分析

（1）SK1 监测孔

以布置好观测孔后第二天的监测值为初始值，在后续的 388d 内，总共观测 15 次。由图 10 可知，监测范围内不同深度的位移变化增长都比较符合规律，各个观测时间位移变化曲线并没有出现明显的突变点，表明滑坡体虽然受到隧道开挖的影响，但是并没有出现滑动面的迹象，只是部分深度范围内的岩层出现轻微的蠕变现象，总的来看各深度范围内的岩层位移变化较规律，SK1 监测孔没有发现明显的滑动带痕迹。

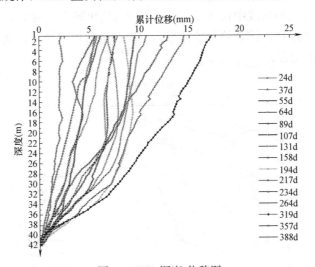

图 10　SK1 深度-位移图

Fig. 10　Depth-displacement diagram of SK1

监测孔位移图（图 11）显示该孔的平均位移量为 0.65mm，最大为 1.12mm，累计变化量为 0.83mm。变形过程分为两个阶段，其中以 194d 作为分界线，第 1 阶段变形量快

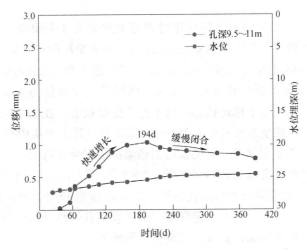

图 11　SK1 监测孔位移与水位高程图

Fig. 11　Displacement of monitoring hole and elevation of water level of SK1

速增大，最大变形速率仅为 0.006mm/d，属于小变形阶段；第 2 阶段变形量开始逐渐减小，岩层间隙慢慢趋于闭合状态，总体看来变形速率比较缓慢，说明在 194d 完成抗滑桩治理措施之后，岩层间产生的裂隙开始缓慢闭合，基本处于稳定状态。从监测水位曲线来看，SK1 孔监测范围内地下水位比较低，水位变化并不敏感，说明对滑坡体的影响不大。

（2）SK2 监测孔

SK2 监测孔位于左线隧道西侧上方，距离左线隧道中心约 8m。从图 12 中可以明显看到位移监测曲线有明显的突变点，可以判断滑动面位于突变点的深度范围[25]。在 64d之前，SK2 孔的位移没有明显的变形，而在 64d 之后，钻孔较浅深度处开始出现了蠕动变形。在后续的时间监测曲线中在 9.5～11m 范围内均出现明显的突变点，说明在此深度范围内岩层之间产生滑移，结合钻孔勘察报告资料和数值模拟结果，基本确定此处存在厚度为 1.5m 左右的滑动带。

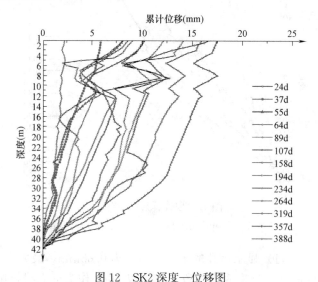

图 12　SK2 深度—位移图

Fig. 12　Depth-displacement diagram of SK2

监测孔位移图（图 13）显示位移变化过程可大致分为 3 个阶段：在 64d 之前，最大变形量为 0.65mm，最大变形速率为 0.028mm/d，为小变形阶段；64～158d 之间，位移量迅速增长，累计位移量达到 3.88mm，且最大变形速率为 0.062mm/d，为较大变形阶段；158d 之后，变形速率逐渐减缓且有波动，期间最大变形量为 4.18mm，平均变形速率为 0.0006mm/d，基本处于稳定状态，属于稳定变形状态。在监测期内，滑动带的累计位移量为 4.08mm，位移量最大时至 4.18mm，滑动带位移主要集中在 64～158d，之后变形速率减缓，基本处于稳定状态，说明预应力锚索的设置完成有效抑制了变形带位移量持续增长，使其岩层之间具有缓慢闭合的趋势。SK2 孔水位比较高，158d 之前的水位较低且有波动，158d 之后的水位随着监测孔位移量增大水位也开始上升，且有明显提高。总体来看，水位变化与监测孔位移有一定联系，但是监测孔位移开始逐渐趋于闭合稳定，说明水位受到变形带位移的影响，而水位对滑坡体影响不大。

从图 11 和图 13 看出，在此期间内监测孔位移都是起始阶段处于快速增长阶段，之后变形速率大大减少且有波动，最后趋于闭合稳定，说明滑坡体在设置治理措施之后，应力

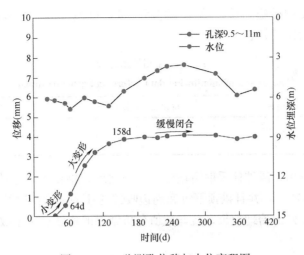

图 13　SK2 监测孔位移与水位高程图

Fig. 13　Displacement of monitoring hole and elevation of water level of SK2

状态和位移情况在不断调整逐渐趋向于稳定状态。综合监测数据来看，在滑坡范围内采取抗滑措施之后，SK1 孔处于基本稳定的状态，水位变化不大；而 SK2 孔在滑动面深度范围内存在变形，但是变形量不大且缓慢，且在 158d 之后趋于稳定状态。该孔处水位较高，且受到变形带的影响，但是并未给坡体带来不利影响。从结果分析来看，本次对于滑坡体采取的预应力锚索抗滑桩治理措施符合预期目标，治理比较成功。

4.3　隧道监测数据分析

隧道采取抗滑桩治理措施之后，为了对滑坡体的安全性和治理效果进行有效评价，对左线进口段 ZK30＋671 和采取了滑坡治理措施之后的 ZK30＋761 断面的拱顶下沉与周边围岩收敛进行数据监测。所测数据经统计分析如图 14、图 15 所示。

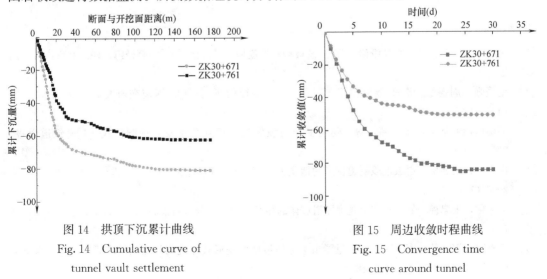

图 14　拱顶下沉累计曲线

Fig. 14　Cumulative curve of
tunnel vault settlement

图 15　周边收敛时程曲线

Fig. 15　Convergence time
curve around tunnel

如图 14 和 15 所示，隧道开挖之后，拱顶的累计沉降值和周边收敛变化幅度都比较大，但在及时采取支护措施之后，随着开挖面推进，拱顶下沉和周边收敛最终都趋于稳定。其治理效果前后比较如表 7 所示。

治理前后监测数据比较 表 7

Comparison of monitoring data before and after treatment Table 7

位置	治理情况	拱顶累计沉降值(mm)	周边收敛值(mm)
ZK30+671	治理前	81.36	84.20
ZK30+761	治理后	62.81	50.78

从表 5 中可以看出，滑坡体采取滑坡治理措施之后，拱顶下沉累计量降低了 22.8%，周边收敛降低了 39.70%，并且拱顶下沉和周边收敛的速率都有所减缓，这说明采取的滑坡治理措施取得了良好的治理效果，且与数值分析结果的边坡稳定系数是相对应符合的。

5 结论

（1）通过案例对比分析，表明青沙山左线隧道洞口滑坡属于隧道—滑坡平行体系，隧道在滑面以下，在进洞开挖后岩体受到扰动影响而导致坡体滑移变形，隧道主要受到滑坡推力而导致衬砌开裂等病害。对该类型的滑坡可采取注浆加固和设置抗滑桩等措施来稳定坡体，有效避免隧道开挖时产生滑坡灾害。

（2）通过数值模拟对隧道洞口滑坡在加固前后进行了边坡稳定分析，结果表明施工扰动和持续降雨作用是导致坡体发生滑移的主要因素，在采取抗滑桩和锚索之后可达到预期的治理效果。

（3）滑坡采取加固措施之后在坡体上设置深孔监测点对滑坡体的变形进行监测，结果显示在采取治理措施之后，滑坡体的变形位移速率大大减少，岩体的应力状态不断调整逐渐趋向于稳定。监测数据可对滑坡进行预测，为隧道顺利开挖提供可靠的依据。

参考文献

[1] 山田刚二，渡正亮，小岛澄治（日）. 滑坡和斜坡崩塌及其防治 [M]. 翻译组，译. 北京：科学出版社，1980.

[2] 毛坚强，周德培. 滑坡-隧道相互作用受力变形规律的研究 [J]. 西南交通大学学报，2002，37（4）：71-376.

[3] 周德培，毛坚强，张鲁新，等. 隧道变形与坡体灾害相互关系及其预测模式 [J]. 铁道学报，2002，24（1）：81-86.

[4] 陶志平，周德培. 滑坡地段隧道变形的地质力学模型及工程防治措施 [J]. 铁道工程学报，2006，2006（1）：61-66.

[5] 刘天翔，王忠福. 隧道正交穿越深厚滑坡体的相互影响分析与应对措施 [J]. 岩土力学，2018，39（1）：265-274+286.

[6] 王永刚，丁文其，唐学军. 阳坡里隧道纵穿滑坡体段变形破坏机制与加固效应研究 [J]. 岩土力学，2012，33（7）：2142-2148.

[7] 沈传新，吴红刚，余云燕. 隧道洞口滑坡加固方案数值模拟研究 [J]. 兰州交通大学学报，2012，31（1）57-60.

[8] N. Shimizu，S. Tayama，H. Hirano，et al. Monitoring the Ground Stability of Highway Tunnels Constructed ina Landslide Area Using a Web-based GPS Displacement Monitoring System [J]. Tunnelling and Underground Space Technology，2006（21）：266-271.

[9] 王国欣，谢雄耀，黄宏伟. 公路隧道洞口滑坡的机制分析及监控预报 [J]. 岩石力学与工程学报，2006，25（2）：268-274.

[10] 吴红刚，吴道勇，马惠民，等. 隧道-滑坡体系类型和隧道变形模式研究 [J]. 岩石力学与工程学报，2012，31（S2）：3632-3642.

[11] 张鹏元. 公路隧道洞口滑坡分析与综合治理 [J]. 中外公路，2018，38（1）：43-46.

[12] 马惠民，吴红刚. 隧道-滑坡体系的研究进展和展望 [J]. 地下空间与工程学报，2016，12（2）：522-530.

[13] 谷拴成，王兵强，王剑，等. 唐家源隧道穿越滑坡段的综合整治技术及评价 [J]. 铁道工程学报，2015，32（1）：93-98.

[14] 潘格林，王渭明，杜德持，等. 大断面隧道穿越古滑坡体施工技术优化研究 [J]. 铁道科学与工程学报，2018，15（5）：1247-1254.

[15] 邢军，董小波，贺晓宁. 隧道洞口滑坡工程地质问题与变形机理研究 [J]. 灾害学，2018，33（S1）：14-17+29.

[16] 王佳，舒东利. 土地垭隧道洞口滑坡成因及处治方案研究 [J]. 交通科技，2019（4）：77-80.

[17] 江峰，秦词峰. 武罐高速公路洛塘南隧道滑坡防治技术研究 [J]. 山西建筑，2011，37（25）：159-160.

[18] 刘宝奎，张玉芳，王荣，等. 预应力锚索框架用于高边坡加固的实测与分析 [J]. 铁道建筑，2006（1）：59-61.

[19] 张伟，焦玉勇，郭小红. 隧道洞口滑坡稳定性分析与防治措施 [J]. 岩土力学，2008，29（S1）：311-314.

[20] 刘小兵，彭立敏，王薇. 隧道洞口边仰坡的平衡稳定分析 [J]. 中国公路学报，2001（4）：81-85.

[21] 陈羽，王德富，肖文辉，等. 隧道洞口滑坡稳定性分析及治理研究 [J]. 中外公路，2016，36（2）：25-28.

[22] 李宁，郭双枫，姚显春. 再论岩质高边坡稳定性分析方法 [J]. 岩土力学，2018，39（2）：397-406+416.

[23] 李沿宗，高攀，邹翀，等. 木寨岭隧道变形分析及初期支护参数优化研究 [J]. 隧道建设，2011，31（3）：320-324+339.

[24] 中华人民共和国交通部. 公路路基设计规范：JTG D30—2004 [S]. 北京：人民交通出版社，2005.

[25] 阮波，李亮，刘宝琛，等. 许家洞滑坡治理工程监测分析 [J]. 岩石力学与工程学报，2005，24（8）：1445-1449.

[26] 李群善，马惠民. 平阿高速公路青沙山隧道进口端山体滑坡深部位移动态监测总报告 [R]. 西宁：青海省高等级公路建设管理局，2004.

基于 Midas GTS NX 的深基坑支护工程模型概化及参数选取研究

邵勇，李光诚，范然，张玉山，孔凡水

（湖北省城市地质工程院，湖北 武汉 430070）

摘　要： 从支护结构的概化（立柱约束、支撑杆件）和模型特性参数的选取对比（界面单元参数、土体刚度模量参数）等 4 个基坑支护工程建模较为重要的方面，建立了初始模型和模型 2～模型 5 共 5 个 Midas GTS NX 有限元分析模型。分别提取了 5 个模型分析结果中的地铁隧道变形、隧道上方岩土体沉降、支护结构变形、坡顶处位移、背后土体变形及坑底变形的最大绝对值，并与基坑监测报告和地铁运营监测报告中的监测数据进行了比较。同时，通过 CORREL 函数对模型分析结果与监测数据的相关度进行了分析，为有限元分析建模的简化方法提供了实例验证支撑。

关键词： Midas；模型；概化；参数

Research on Model Generalization and Parameter Selection of Deep Foundation Pit Support Engineering Based on Midas GTS NX

Shao Yong，Li Guangcheng，Fan Ran，Zhang Yushan，Kong Fanshui

（Hubei Institute of Urban Geological Engineering，Wuhan Hubei 430070，China）

Abstract： Five Midas GTS NX finite element analysis models of initial model and model 2 to model 5 are established from four important aspects of foundation pit support engineering modeling，including the generalization of support structure（column constraint，support member）and the selection and comparison of model characteristic parameters（interface element parameters，soil stiffness modulus parameters）. The maximum absolute values of the deformation of subway tunnel，the settlement of rock and soil above the tunnel，the deformation of supporting structure，the displacement at the top of slope，the deformation of soil behind the tunnel and the deformation at the bottom of the pit are extracted from the analysis results of five models，and compared with the monitoring data in the foundation pit monitoring report and the metro operation monitoring report. At the same time，the CORREL function is used to analyze the correlation between the model analysis results and the monitoring data，which provides an example verification support for the simplified method of finite element analysis modeling.

Keywords： Midas；Model；Generalization；Parameter

作者简介：邵勇（1989—），男，湖北武汉人，工学硕士，工程师，主要从事环境岩土、环境地质、环境污染防治工作。E-mail：654988610@qq. com。

基金项目：湖北省地质局科技项目（编号：KJ2019-35）。

0 引言

深基坑支护工程的有限元建模分析不能太复杂，如果建出来的模型节点数和方程数非常之多，不仅会造成计算效率非常低，甚至会导致模型分析出错。因此建模应遵循把握重点、简洁明了、思路清晰的原则，不能过分追求每一个局部的超精细化。在建模的过程中，应在"适度简化"的前提下，充分考虑周围的工况，并将基坑工程的实际情况如实地还原出来即可。为了切实了解使用 Midas GTS NX 进行深基坑支护工程建模过程中，模型概化程度以及参数选取对分析结果的影响，本文将通过建立 5 个不同概化程度的有限元模型，从支护结构的概化（立柱约束、支撑杆件）和模型特性参数的选取对比（界面单元参数、土体刚度模量参数）等 4 个基坑支护工程建模较为重要的方面进行研究探讨，为有限元分析建模的简化方法提供实例验证支撑。

1 初始模型建立

1.1 工程概况

本项目为武汉市内某房地产项目，工程分 A、B、C 三个地块分期建设，本文选取的是一期 C 地块。基坑平面总体呈三角形，西、南两边邻市政道路，东边在场地内部为折线形边，北边在场内部为一短边，基坑挖深为 12.70～15.70m。基坑西邻地铁 6 号线，基坑内边线距离地铁区间隧道最近 23.65m，区间隧道顶板埋深 18.0～21.0m；东邻地铁 4 号线，基坑内边线距离地铁区间隧道最近 16.26m，区间隧道顶板埋深 10.0～11.30m。基坑与轨道交通线的平面关系图如图 1 所示。

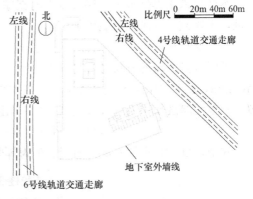

图 1 基坑与轨道交通线平面关系图

Fig. 1 Plane diagram of foundation
pit and rail transit line

1.2 本构模型的确定

能考虑软黏土硬化特征、能区分加荷和卸荷的区别且其刚度依赖于应力历史和应力路径的硬化类模型，如 MMC 模型或 HS 模型（即修正摩尔-库仑模型），能同时给出较为合理的墙体变形及墙后土体变形情况，适合于敏感环境下的基坑开挖数值分析[1]。对于敏感环境条件下的基坑数值分析，从满足工程需要和方便易用的角度出发，本项目选取 HS 模型。

1.3 地层剖分及初始土体模型参数选取

根据勘察报告给出的土层参数值，层号②₁ 和③ᵦ 的粉质黏土较为接近，合并为"粉质黏土一"。层号②₂、③和③ₐ 的粉质黏土较为接近，合并为"粉质黏土二"。地势相对平坦，各地层起伏不大，建模时采用平面分割实体的方式剖分地层。

王卫东等采用反分析法确定了敏感性最强的小应变参数，从而初步完整地获取了上海典型土层土体 HS-Small 模型（即修正摩尔-库伦模型）参数[2]。针对武汉地区天然老黏性土，司马军利用高压固结仪和 GCTS 动三轴仪进行了固结试验、三轴剪切试验和小幅值动三轴试验研究，分别获得了压缩指标、强度参数和小应变刚度[3]。结合以上研究基础和 GTS NX 理论手册的常规建议，确定了本研究的初始土层特性参数，见表1。

初始土层特性参数表
表1
Initial characteristic parameters of soil layer
Table 1

土层名称	泊松比	重度 (kN/m^3)	割线模量 E_{50}^{ref} (MPa)	切线模量 E_{oed}^{ref} (MPa)	卸载模量 E_{ur}^{ref} (MPa)	压缩模量 E_s (MPa)	c (kPa)	φ (°)	膨胀角 (°)	厚度 (m)
填土	0.28	18	10	10	30	10	10	10	0	4.5
淤泥质黏土	0.3	16.7	2.5	2.5	7.5	2.5	10.5	4.5	0	2
粉质黏土一	0.25	18.3	6.0	6.0	18	6.0	22	12	0	2
粉质黏土二	0.25	19	10	10	30	10	34	16	0	20
强风化泥岩	0.25	21	46.0	46.0	138	46.0	30	16	0	4
中风化泥岩	0.2	24	100	100	300	100	70	25	0	—

1.4 支护方案初始概化

本项目采用单排桩＋二层混凝土内支撑＋桩顶放坡支护，同时在内支撑节点处设置立柱桩，土体被动区采用喷混桩加固。

（1）支护桩

不同分段区域的桩长、桩径和桩间距差别不大，统一简化为直径1200mm，桩中心距1400mm，桩长24m，桩身强度C30，支护桩设计参数见表2。在程序中使用 2D 板单元模拟，板单元厚度使用刚度等效公式（1）确定为955mm。

$$等效刚度法:(D+d)h^3/12=\pi d^4/64 \tag{1}$$

式中，D 为桩间距；d 为桩径；h 为等效板单元厚度。

支护桩设计参数表
表2
Parameters of retaining pile
Table 2

支护分段	地面高程(m)	冠梁顶高程(m)	桩顶高程(m)	桩径(mm)	桩间距(mm)	桩长(m)
A-B	25.00	23.50	22.70	φ1000	1200	24.20
B-B1	25.00	23.50	22.70	φ1200	1400	27.70
B1-C	25.00	23.50	22.70	φ1200	1400	24.20
C-C1	25.00	23.50	22.70	φ1200	1400	30.20
C1-D	25.00	23.50	22.70	φ1200	1400	24.20
D-E	25.30	25.00	24.20	φ1200	1400	26.20
E-F	24.60	23.50	22.70	φ1200	1400	24.20
F-G	24.20	23.50	22.70	φ1000	1200	24.20
G-H	24.20	23.50	22.70	φ1200	1400	25.20
H-A	24.20	23.50	22.70	φ1000	1200	24.20

（2）桩顶放坡

放坡高度 1.20～2.00m，统一为 1.5m，坡率 1：1.2，坡面采用喷锚网护坡，挂厚 2mm 钢板网，喷混凝土 C20，厚 60～80mm。

（3）一、二层内支撑

设两道混凝土内支撑，均为十字对顶＋角撑形式，第一道内支撑支于冠梁，支撑混凝土强度 C30。第二道内支撑支于腰梁，混凝土强度为 C40，水平内支撑体系由冠梁、腰梁，支撑梁等组成，一、二层内支撑杆件尺寸见表 3、表 4。在程序中使用 1D 梁单元模拟支撑及围檩（冠梁、腰梁），其中两层内支撑统一简化为 C35 强度，截面 800mm×800mm。冠梁及腰梁统一简化为 C35 强度，截面 1000mm×1000mm。

一层撑杆件 表 3
First strut Table 3

部位名称	冠梁(mm)	冠梁(mm)	腰梁(mm)	对撑、角撑(mm)	角撑(mm)	连杆(mm)	栈桥梁(mm)	栈桥梁(mm)
编号	GL1	GL2	WL1	ZC1-1	ZC1-2	ZC1-3	ZQL	ZQL(a)
尺寸	1200×800	1400×800	1000×800	800×800	600×800	600×600	800×1000	800×1000

二层撑杆件 表 4
Second strut Table 4

部位名称	腰梁(mm)	对撑(mm)	对撑、角撑(mm)	角撑(mm)	连杆(mm)
编号	YL1(YL2)	ZC2-1	ZC2-2	ZC2-3	ZC2-4
尺寸	1100×900	1000×900	800×900	600×800	600×600

（4）立柱

竖向立柱桩设计支撑自重按 1/2 分担法确定，桩竖向承载力标准值＝支撑自重＋立柱自重＋偏心荷载。支撑桩径取 900mm，净长 15m。由于格构柱和立柱基础穿越多层土层，需要分别建立 1D 植入式梁单元和 1D 梁单元进行模拟，建立起来较为复杂，容易导致其与 3D 模型实体单元发生不耦和现象，且支撑结构的竖向位移不是重点的期望结果，因此在模型初始概化阶段暂不设置立柱梁单元，也不设置 TZ 方向的位移约束代替支撑立柱。

1.5 地铁隧道

隧道坡度变化很小，因此 6 号线隧道埋深统一为 22m（放坡底面距隧道轴心），管片外半径 3.1m，内半径 2.75m，厚度 0.35m，使用 C50 混凝土。4 号线隧道埋深统一为 12m（放坡底面距隧道轴心），管片外半径 3.0m，内半径 2.7m，厚度 0.3m，使用 C50 混凝土。

1.6 分析范围

在建模时，需确定合理的分析范围，取"有限区域"的范围进行分析即可。建模时，为了消除边界效应，需把基坑的影响区域包含进去，可根据规范条文确定基坑的影响区域[4]。参考《城市轨道交通工程监测技术规范》GB 50911—2013 中第 3.2.2 条（及条文说明）的详细规定。在本项目中，基坑的开挖深度取 13.5m，则充分考虑基坑的影响区，从基坑边界到模型边界的尺寸，不能小于 3 倍的 H，也即不能小于 40.5m。深度范围取 max [3 倍的基坑深度，2 倍的立柱深度]，确定深度方向取 50m 即可。

2 支护结构的概化及模型特性参数的选取

从支护结构的概化和模型特性参数的选取对比等 4 个方面，结合模型运算结果与实际监测结果的拟合情况，共建立了包括初始模型在内的 5 个模型，见表 5。

不同概化程度的模型（○表示选择，×表示不选择）　　　　　　表 5

Models with different generalizability（○for choice，×for no choice）　　Table 5

概化内容	增加立柱约束	调整界面单元模量参数	支撑单元属性参数细化	调整土体刚度模量参数
初始模型	×	×	×	×
模型 2	○	×	×	×
模型 3	○	○	×	×
模型 4	○	○	○	×
模型 5	○	○	○	○

2.1 支护结构的概化

本项目采用单排桩＋二层混凝土内支撑＋桩顶放坡支护，同时在内支撑节点处设置立柱桩，土体被动区采用喷混桩加固。

（1）初始概化基础上增加立柱约束

在初始概化模型中设置立柱约束，如图 2 所示，以此来分析其对模型变形协调的贡献作用及对模型分析结果的影响，主要为初始模型和模型 2 之间的对比。

（2）支撑单元属性参数细化

分别建立一、二层支撑单元，按表 3 和表 4 将初始模型中统一截面尺寸和强度的支撑体系细化为 ZC1-1～ZC1-3、ZC2-1～ZC2-4 七种不同强度和截面尺寸的支撑杆件，如图 3 所示。在维持其他模型单元网格及各项参数不变的情况下，再次运行计算，以此分析关于

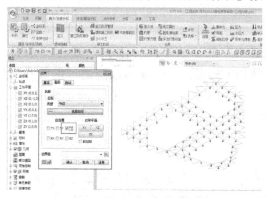

图 2　TZ 位移约束代替支撑立柱

Fig. 2　TZ displacement constraint instead of supporting column

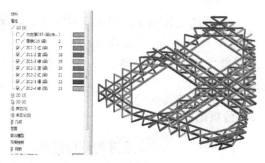

图 3　支撑单元的细化建模

Fig. 3　Detailed modeling of support unit

支撑体系的简化模拟是否可行和合理，主要为模型 3 和模型 4 之间的对比。

2.2 模型特性参数的选取

（1）调整界面单元模量参数

对于有限元分析，共节点则变形协调，但结构和土层之间实际存在相互错动，因此需要建立界面单元来模拟它们之间的接触关系[5]。利用预先生成的板桩（板单元），在开挖侧和背面土体两侧生成界面单元，界面单元在生成的同时，会在相应位置上自动分离连接的节点，并在其之间生成具有法向和切向刚度的单元，见图 4。由于界面材料（助手）（界面和桩－界面）自动按各地层生成的界面单元剪切刚度模量较大，将其按表 6 调整至合适的范围区间（1/1000～1/100 的法向刚度模量）后，分析其对模型结果的影响，主要为模型 2 和模型 3 之间的对比。

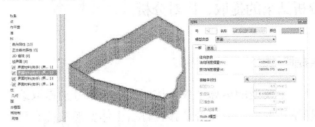

图 4　界面助手生成的界面单元

Fig. 4　Interface unit generated by interface assistant

调整界面单元模量参数 　　　　　　　　　　　　　　　　　　　　表 6

Adjust interface element modulus parameter 　　　　　　　　　Table 6

界面单元段	界面单元(填土段)(kN/m³)	界面单元(淤泥质黏土段)(kN/m³)	界面单元(粉质黏土一段)(kN/m³)	界面单元(粉质黏土二段)(kN/m³)
原始法向刚度模量	3432000	4189453	825000	2059200
原始剪切刚度模量	312000	380859	75000	187200
调整剪切刚度模量	34320	41894	8250	20592

（2）调整土体刚度模量参数

在 GTS NX 的基坑分析中，最常涉及的土体刚度模量有：弹性模量 E、三轴试验割线刚度 E_{50}^{ref}、主压密加载试验的切线刚度 E_{oed}^{ref}、卸载弹性模量 $E_{ur}^{ref[4]}$。在模拟基于一般施工阶段分析过程中开挖引起的加载和卸载时，使用卸载模量 E_{ur}^{ref} 能够更接近实际的岩土行为。实际工程中，大多勘察报告仅在物理力学性质表中提供 0.1～0.2MPa 压力区间的压缩模量，一般也不提供综合固结试验（压缩试验）成果 $e-p$ 曲线，因此需要查阅文献资料中类似项目和相关区域的工程项目信息，根据总结概括出的具有区域适用性的参数数据来取值[4]。基于此，按表 7 将初始土层特性参数表 1 中的 E_{ur}^{ref} 取值由原来的 3 倍 E_{50}^{ref} 提高到 7 倍 E_{50}^{ref}，保持原模型中其他参数不变，再次运行计算，以此分析判断是否存在设置了过小的卸载模量导致隆起过大抵消了部分沉降的情况发生，主要为模型 4 和模型 5 之间的对比。

调整土体刚度模量参数　　　　　　　　　　　　　　　　　　　　表 7
Adjustment of soil stiffness modulus parameters　　　　　　　Table 7

岩土分层	填土(kN/m³)	淤泥质黏土(kN/m³)	粉质黏土一(kN/m³)	粉质黏土二(kN/m³)
切线刚度	10000	2500	6000	10000
原始卸载模量	30000	7500	18000	30000
调整卸载模量	70000	17500	42000	70000

3 模型总览及分析结果的提取、比对分析

3.1 模型计算结果提取

将表 5 所列的共 5 个模型的运算结果，按照图 5 所示分别提取地铁隧道变形、隧道上方岩土体沉降、支护结构变形、坡顶处位移、背后土体变形及坑底变形的最大绝对值，并与基坑监测报告和地铁运营监测报告中的监测数据对应罗列于表 8 中。通过 CORREL 函数相关度分析，将模型计算结果与监测数据进行相关度分析，并按相关程度由低到高排列至表 9 中。CORREL 函数是 Excel 内置的一种统计函数，这个函数是用来统计单元格区域相关性的函数。CORREL 函数返回两个单元格区域的相关系数，使用相关系数确定两个属性之间的关系，相关系数越接近 1，它表示数组之间的正关性越显著。

3.2 模型概化及参数选取对计算结果的影响分析

（1）立柱约束

从表 8 中初始模型和模型 2 的数据对比可以看到，增加立柱约束后，支护结构水平位移最大值基本不变，但其发生位置由桩顶移动至桩身某处，且桩顶水平位移得到了有效控制，坡顶处的水平位移和沉降也因此有所降低。增加立柱约束后被动土压力的改变，使 4 号线左线及其上方土体沉降增加，并使其更趋近于监测值。总体来看，增加立柱约束后的计算结果与监测数据的相关度由 60% 上升到了 65%。因此，立柱作为与内支撑横梁、围护结构统一的整体[6]，在模型概化时如不设置立柱梁单元，其竖向约束是十分必要的，否则会出现如图 5 所示的支撑体系变形失衡，与实际情况严重不符，所以在模型概化时，保证支护体系重要部分的完整性是必需的。

（2）支撑单元属性参数细化

从表 8 中模型 3 和模型 4 的数据对比可以看到，支撑体系细化后，地铁隧道管片的水平和竖向变形值、隧道上方岩土体沉降值、支护结构水平位移值、桩顶位移值、背后土体水平位移及沉降值、坡顶处水平位移及沉降值和坑内土体隆起值均没有发生明显变化，且表 9 中两个模型的 CORREL 函数相关度均为 66%，因此可知 2.1 节（2）中关于支撑体系的简化模拟是可行和合理的，并不会造成岩土体、支护结构或者地铁隧道水平及竖向位

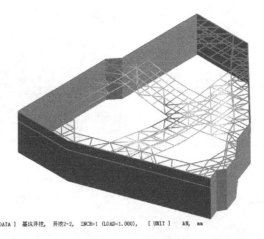

[DATA] 基坑开挖, 开挖2-2, INCR=1 (LOAD=1.000), [UNIT] kN, mm

图 5　不设竖向约束的支撑体系变形失衡

Fig. 5　Deformation unbalance of bracing system without vertical restraint

移值的显著变化。这样不仅可以简化模拟流程，减少出错率，还能提高建模效率，也充分体现了把握重点、简洁明了、思路清晰的建模原则。

不同概化程度及调整参数后的模型计算结果与监测数据一览（mm）　表 8

List of model calculation results and monitoring data with different generalizations and adjusted parameters（mm）

Table 8

结果类型	地铁隧道管片变形			隧道上方岩土体沉降	支护结构水平位移	桩顶水平位移	背后土体水平位移及沉降		背后土体（坡顶处）水平位移及沉降		坑内土体隆起
	线路	Max TX/TY	MaxTZ	MaxTZ	Max TX/TY	MaxTX	Max TX/TY	MaxTZ	Max TX/TY	MaxTZ	MaxTZ
监测结果	4 号线左线	1.08	1.09	7.15	—	6.70	—	—	6.40	5.63	—
	6 号线右线	1.05	1.10	7.51							
初始模型	4 号线左线	1.70	0.48	2.62	14.99	14.99	14.97	7.57	11.52	5.93	19.53
	6 号线右线	0.97	0.19	2.10							
模型 2	4 号线左线	1.99	0.79	3.36	15.02	10.62	14.99	7.09	8.58	4.09	20.20
	6 号线右线	1.02	0.19	2.33							
模型 3	4 号线左线	2.16	0.86	3.80	16.26	11.78	16.23	7.96	9.64	4.87	20.61
	6 号线右线	1.09	0.21	2.60							
模型 4	4 号线左线	2.12	0.84	3.70	16.25	11.64	16.22	8.00	10.04	4.97	20.60
	6 号线右线	1.09	0.21	2.60							
模型 5	4 号线左线	1.39	0.64	3.55	13.81	10.60	13.77	8.57	9.68	6.34	11.94
	6 号线右线	0.67	0.16	2.20							

（3）界面单元模量参数

从表 8 中模型 3 和模型 4 的数据对比可以看到，降低界面单元剪切刚度模量后，土体的变形和桩墙的变形协调差异化增大，导致地铁隧道、岩土体及支护结构的位移均发生了小幅增加，且与监测数据的 CORREL 函数相关度上升了 1 个百分点，因此合理的界面单元参数对消除岩土体与桩墙之间的被迫协调变形有一定的作用，更能准确反映相邻材料变

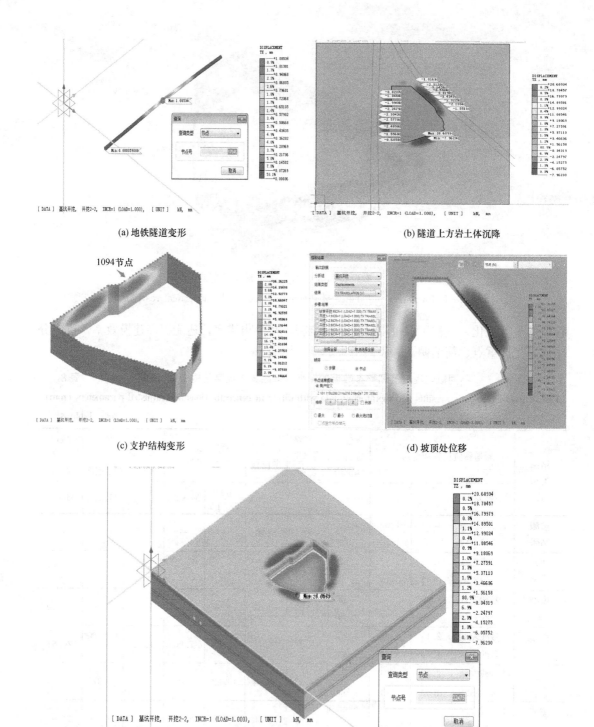

(a) 地铁隧道变形

(b) 隧道上方岩土体沉降

(c) 支护结构变形

(d) 坡顶处位移

(e) 背后土体及坑底变形

图 6　模型计算结果提取

Fig. 6　Extraction of model calculation results

形不一致所产生的相对错动。

（4）土体刚度模量参数

从表 8 中模型 4 和模型 5 的数据对比可以看到，增大土体卸载模量参数后的模型，坑内土体隆起最大值降低明显，虽然因此释放了坑周原有沉降，但只引起了背后土体沉降值略有增加，坡顶处最大沉降值有一定程度的增加。岩土体沉降幅度的变化，也相应引起了支护结构及背后土体水平向的位移变化。由图 7 可以看出，增大土体卸载模量后，背后土体的沉降范围略有缩小，导致地铁隧道进一步脱离沉降范围区，从而使地铁隧道的竖向变形值减小。总体来说，增大土体卸载模量参数后的模型 5 与模型 4 相比，其与监测数据的 CORREL 函数相关度上升了 3 个百分点，达到了 69%，因此本模型中 E_{ur}^{ref} 取经验高值更合理一些。

模型计算结果与监测数据相关度 表 9
Correlation between model calculation results and monitoring data Table 9

模型	比对数据(mm)									CORREL 函数相关度
监测	1.08	1.09	7.15	1.05	1.10	7.51	6.70	6.40	5.63	—
初始模型	1.70	0.48	2.62	0.97	0.19	2.10	14.99	11.52	5.93	60%
模型 2	1.99	0.79	3.36	1.02	0.19	2.33	10.62	8.58	4.09	65%
模型 3	2.16	0.86	3.80	1.09	0.21	2.60	11.78	9.64	4.87	66%
模型 4	2.12	0.84	3.70	1.09	0.21	2.60	11.64	10.04	4.97	66%
模型 5	1.39	0.64	3.55	0.67	0.16	2.20	10.60	9.68	6.34	69%

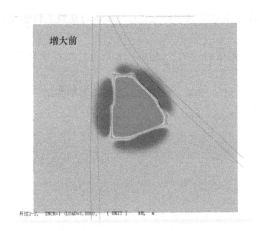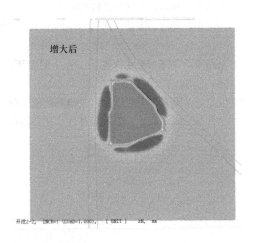

图 7　增大土体刚度模量后沉降范围的减小
Fig. 7　The settlement range decreases with the increase of soil stiffness modulus

4　结论

　　文章从立柱约束、支撑单元属性参数细化两个支护结构的概化方面，和模型界面单元参数、土体刚度模量参数两个特性参数的选取对比两个方面，结合模型运算结果与实际监测结果的拟合情况，共建立了包括初始模型在内的 5 个模型，通过对模型分析结果的提取、比对分析，得出以下结论：

　　（1）在模型概化时如不设置立柱梁单元，其竖向约束是十分必要的，保证支护体系重要部分的完整性是必需的。

（2）对支撑体系的简化模拟是可行的和合理的，并不会造成岩土体、支护结构或者地铁隧道水平及竖向位移值的显著变化。这样不仅可以简化模拟流程，减少出错率，还能提高建模效率，也充分体现了把握重点、简洁明了、思路清晰的建模原则。

（3）合理的界面单元参数对消除岩土体与桩墙之间的被迫协调变形有一定的作用，更能准确反映相邻材料变形不一致所产生的相对错动。

（4）对于在 GTS NX 的基坑分析中最常涉及的土体刚度模量，在区域统计数据结果较为缺乏时，需要反复调试模型确定参数。

（5）由于本项目仅考虑了 C 地块基坑施工的影响，没有将后施工的 B 地块基坑引起的二次水平位移抵消和竖向位移叠加效应考虑在内，导致模型分析结果中的地铁隧道竖向变形值偏小，支护结构及背后土体的水平位移值则偏大。总体来看，经过初始模型至最终模型 5 的不断优化，模型构建、参数选取、分析结果基本合理。

参考文献

[1] 徐中华，王卫东. 敏感环境下基坑数值分析中土体本构模型的选择 [J]. 岩土力学，2010，31（1）：258-264＋326.

[2] 王卫东，王浩然，徐中华. 上海地区基坑开挖数值分析中土体 HS-Small 模型参数的研究 [J]. 岩土力学，2013，34（6）：1766-1774.

[3] 司马军，马旭，潘健. 武汉老黏性土小应变硬化模型参数的试验研究 [J]. 水利与建筑工程学报，2018，16（3）：93-97＋112.

[4] 马路寒. GTS NX 在深基坑工程中的应用：从入门到精通 [M]. 北京：北京迈达斯技术有限公司，2018.

[5] 北京迈达斯技术有限公司. 三维基坑施工阶段分析 [M]. 北京：北京迈达斯技术有限公司，2018.

[6] 李凡月. 基于最小二乘的深基坑立柱竖向位移预测 [J]. 工程技术研究，2020，5（8）：255-256.

黄土地层盾构下穿高铁 CFG 桩基变形规律数值分析

李炳龙，李子琦，史育峰，李瑶，赵文财

（长安大学公路学院，陕西 西安 710064）

摘　要：以西安地铁盾构下穿高铁路基段为依托，采用有限元方法模拟盾构隧道施工过程，分析了盾构隧道施工时 CFG 桩基础及无砟轨道道床的变形规律。结果表明，双线盾构隧道的开挖，会引起地层产生位移，进而引起 CFG 桩和高速铁路道床产生竖向位移，当全线盾构隧道施工完成后道床的最大竖向位移为 3.60mm，CFG 桩的最大竖向位移为 4.23mm。

关键词：盾构隧道；CFG 桩基础；有限元方法（FEM）；竖向变形

Numerical analysis on deformation law of CFG pile foundation under high speed railway under shield in Loess Stratum

Li Binglong，Li Ziqi，Shi Yufeng，Li Yao，Zhao Wencai

（School of highway，Chang'an University，Xi'an shaanxi 710064）

Abstract：Relying on the Xi'an Metro shield passing through the high-speed railway foundation section，the finite element method is used to simulate the construction process of the shield tunnel，and the deformation law of the CFG pile foundation and ballastless track bed during the construction of the shield tunnel is analyzed. The results show that the excavation of a double-track shield tunnel will cause stratum displacement，which in turn will cause vertical displacement of CFG piles and high-speed railway track beds. When the full-line shield tunnel construction is completed，the maximum vertical displacement of the track bed will be 3.60 mm. The maximum vertical displacement of the pile is 4.23mm.

Keywords：Shield tunnel；CFG pile foundation；FEM；Deformability vertical

0 引言

伴随着城市轨道交通的迅猛发展，地下空间利用也得到了高速发展，高速铁路隧道及城市地铁隧道的数量及密度快速增加，各线路平面交叉、空间交叉的情况越来越多，城市地铁隧道与高速铁路线路空间交叉的情况也越来越多。盾构穿越[1-4] 高速铁路路基工程属于高风险工程，道床变形属特级风险源。因此，如何在盾构隧道施工前，分析研究开挖引起的路基顶面最大沉降值具有重要实际意义。

作者简介：李炳龙，硕士研究生，E-mail：lbijiayou@163.com。

盾构近距下穿及列车荷载作用下对于邻近既有结构都会产生影响，许多研究者也进行了大量该方面的研究[5-11]。徐干成等[12]以北京地铁 14 号线马家堡东路站—永定门外大街站盾构区间隧道为背景，对隧道施工中的特级风险源——区间下穿京津城际铁路段的施工过程进行了三维仿真数值模拟，结果表明，通过对下穿段一定范围内的土体进行注浆加固可以有效控制盾构隧道施工引起的既有铁路纵向和横向沉降及不均匀沉降，从而保证既有铁路安全运营不受影响。许有俊等[13]使用 FLAC3D 模拟了盾构穿越路基的全过程，考虑 CFG 桩复合地基等效、列车荷载、盾构隧道施工壁后同步注浆效果、注浆压力、掌子面土舱压力、施工错距、地下水的影响等因素对路基顶面横向沉降槽形态进行分析研究。邢烨炜等[14]以北京市地铁 14 号线穿越京津城际工程为例，通过使用有限元分析软件，重点分析和总结盾构穿越工程对京津城际带来的影响，并提出相应的既有铁路保护措施。张碧文等[15]以广州某地铁 9 号线下穿武广高铁为依托，结合国内新兴的 MJS 工法，对施工过程进行了全程三维数值模拟分析，结果表明 MJS 预加固可有效控制盾构施工引起的地层沉降。

因此，在已有研究的基础上，为了更好的研究盾构隧道下穿与既有结构之间的相互影响，本文在对盾构隧道下穿高铁路基进行研究的基础上，研究了盾构下穿路基 CFG 桩基础施工过程中，道床和 CFG 桩的变形规律。

1 工程概述

西安地铁某线路盾构下穿高铁路基，盾构隧道埋深约 18.415m，盾构直径 6m，管片 0.3m，盾壳 0.2m，左、右两线隧道中心距 19.26m，隧道距 CFG 桩底 3.235m，地铁中心线与铁路中心线交角约为 90°，采用直线下穿。高铁站站场区域采用 CFG 桩加固，桩径 0.4m，桩间距 1.8m，桩长 13m。站台范围内采用重型碾压，处理范围为 CFG 桩处理边界至既有线坡脚（左侧）或坡脚外 2m（右侧）。正线及相邻 2 条到发线采用无砟轨道，道床板采用 C40 钢筋混凝土现浇而成，宽度 2800mm，厚度 260mm。高速列车采用 CRH3 型列车，高速铁路采用无砟轨道技术。

根据岩土勘测结果，将土层性质及力学参数相似的土层进行合并，合并为 6 层，自上而下依次为：粉质黏土、中砂、黏质黄土、砾砂、黏质黄土、粗砂。

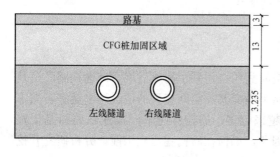

图 1　隧道断面图（m）

Fig. 1　Cross section of tunnel（m）

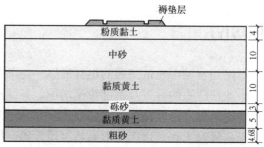

图 2　土层分布图（m）

Fig. 2　Soil layer distribution（m）

土层参数表
Parameters of soil layer

表 1
Table 1

材料	弹性模量（MPa）	泊松比	重度（kN/m³）	黏聚力（kPa）	内摩擦角（°）
粉质黏土	15	0.35	17.5	15	10
中砂	24.3	0.29	16.1	26	22
黏质黄土	28	0.31	18.6	21	17
砾砂	25.5	0.33	18.4	21	16.5
黏质黄土	30	0.31	18.8	23	19.5
粗砂	38.4	0.31	19.8	34	19

路基填料、CFG 桩及管片参数表
parameters of subgrade filler，CFG pile and segment

表 2
Table 2

材料	弹性模量（MPa）	泊松比	重度（kN/m³）
C50 高铁道床	36000	0.2	23
CFG 桩	22000	0.2	23
管片	38000	0.2	25
注浆	22000	0.25	20
钢材	250000	0.2	78
水泥土	12000	0.2	23
级配碎石	16000	0.3	20.8
排水沟	28000	0.2	23

2 建立有限元模型

2.1 模型参数

根据岩土勘察的结果，该模型将地层分为 6 块，自地表向下依次为粉质黏土、中砂、黏质黄土、砾砂、黏质黄土、粗砂。土体模型采用修正摩尔-库仑模型，盾构隧道的钢筋混凝土管片采用弹性本构模型，CFG 桩复合地基加固区范围也采用弹性本构模型，不考虑地下水的影响。具体参数如表 1、表 2 所示。

2.2 模型建立

模型上边界为路基表面，下边界为隧道底部以下 14m，横向 65m，沿隧道纵向 78m，道床板宽度 2.8m，高度为 0.26m，隧道半径取 3m，厚度取 0.3m，中间设置排水槽。

静力边界：模型两侧设置约束其水平移动的边界条件；模型底部设置约束其水平及垂直移动的边界条件；桩设置约束其旋转的边界条件。

动力边界：土层底部设置为黏性边界，以避免波在边界面处的反射；四周设置为自由边界，地表设置为自由面。

2.3 盾构施工过程模拟

模型在掘进方向上只取值 78m，由于左右线盾构存在安全距离，因此模拟盾构施工

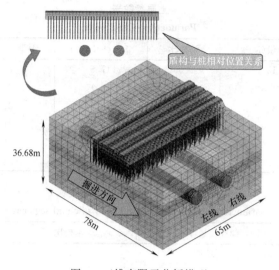

图 3 三维有限元分析模型

Fig. 3 Three dimensional finite element analysis model

顺序为先左线（39 个阶段），再模拟右线盾构施工（39 个阶段）。如图 4 所示，地铁盾构开挖模拟过程分为 3 个阶段。

第一阶段，盾壳先行，刀盘施加掘进压力，每环推进 2m，挖出开挖区及管片安装位置的土体；第二阶段推进 4 环后，施加顶推力将管片安装至相应部位；第三阶段当管片安装好后，盾壳开始抽出，并进行盾尾注浆，此时施加注浆压力，但是由于注浆凝固需要一段时间，所以将注浆压力延后 3 个阶段施加。在 GTSNX 软件进行模拟时，初始阶段进行位移清零，最终结果即为盾构施工过程产生的影响。由于分析模型较大，为达到精度要求，盾构隧道施工每次掘进距离取管片宽度 2m，双线隧道各分为 39 步，左右两线隧道先后施工，先进行左线隧道施工，待施工完成后再进行右线隧道施工。掘进压力为 0.2MPa，千斤顶推力为 4.5MPa，盾壳外压为 0.05MPa，管片外压为 1MPa。

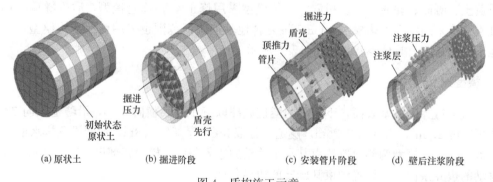

(a) 原状土 (b) 掘进阶段 (c) 安装管片阶段 (d) 壁后注浆阶段

图 4 盾构施工示意

Fig. 4 Schematic diagram of shield construction

2.4 列车动荷载模拟

梁波、蔡英[16] 用一个激振力函数模拟列车荷载，其中包括静荷载和一系列正弦函数叠加而成的动荷载。他们设定一个与高、中、低频相应的，反映不平顺、轨面波磨效应和附加动载的激振力来模拟轮轨间的相互作用力，即列车荷载。其表达式为：

$$F(t) = P_0 + P_1 \sin k_1 t + P_2 \sin k_2 t + P_3 \sin k_3 t$$

式中，P_0 为车轮静载；P_1、P_2、P_3 分别为对应不同情况的某一典型值的振动荷载。

令列车簧下质量为 M_0，则相应的振动荷载幅值为：

$$P_i = M_0 a_i k_i^2$$

式中，a_i 为相应于不同情况下的某一典型矢高；k_i 为对应车速下相应不同条件下不平顺振动波长下的圆频率，计算式为：

$$k_i = 2\pi \frac{v}{L_i}$$

式中，v 为列车的运行速度；L_i 为相应不同情况下的典型波长。

本文采用式（1）的函数表达式模拟列车动荷载。簧下质量取为 $M_0 = 750\text{kg}$，单边静轮重 $P_0 = 80\text{kN}$；$L_1 = 10\text{m}$，$a_1 = 3.5\text{mm}$；$L_2 = 2\text{m}$，$a_2 = 0.4\text{mm}$；$L_3 = 0.5\text{m}$，$a_3 = 0.08\text{mm}$；CRH3 列车长度为 200.67m，图 5 为高速列车以 310km/h（83.34m/s）运行时，产生的竖向轮轨作用力时程曲线。

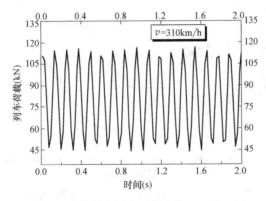

图 5　竖向轮轨作用力时程曲线（310km/h）

Fig. 5　time history curve of vertical wheel rail force（310km/h）

2.5　模拟计算结果

双线盾构隧道的开挖，会引起地层产生位移，进而引起 CFG 桩和高速铁路道床产生竖向位移，根据有限元模型的分析结果，得到了在左线开挖完成后的土层、CFG 桩、道床竖向位移云图，以及双线全部开挖完成后的土层、CFG 桩、道床竖向位移云图。

由图 6、图 7 的土层竖向位移云图可知，左线盾构隧道开挖过程中，会造成土体损失，隧道四周土体会向隧道移动，从而引起相邻土体也随之移动，当右线盾构隧道开挖时，会使得土体产生更大的位移，同时影响范围也会增大。并且可以观察到在双线盾构隧道均施工完成后，由于两次盾构隧道开挖产生的土体位移互相叠加，并且隧道周围土体的沉降对称分布，隧道下部出现隆起，而沉降发生在隧道正上方土体范围。由图 8 的盾构开挖引起的道床竖向位移图可知，在左线施工完成后，伴随着盾构距离的增大，沿着盾构的

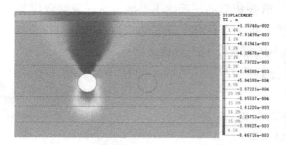

图 6　左线开挖完成后土层竖向位移云图

Fig. 6　Vertical displacement nephogram
of soil layer after excavation of left line

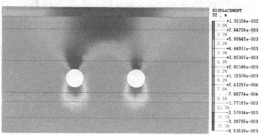

图 7　全线开挖完成后土层竖向位移云图

Fig. 7　Vertical displacement nephogram
of soil layer after excavation of the whole line

前进方向道床竖向位移逐渐增大；在双线均施工完成后，道床竖向位移随盾构前进方向先增大后减小，沿道床中心线对称分布。仅左线盾构隧道施工引起道床的最大竖向位移为2.87mm。当全线盾构隧道施工完成后道床的最大竖向位移为3.60mm。

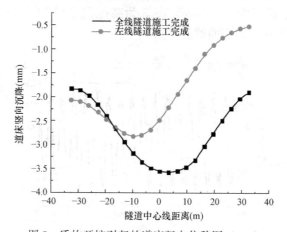

图 8　盾构开挖引起的道床竖向位移图（mm）

Fig. 8　Vertical displacement of track bed caused by shield excavation（mm）

由图 9、图 10 的 CFG 桩竖向位移云图可知，盾构隧道施工对高铁路基下的 CFG 桩

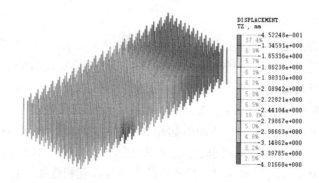

图 9　左线开挖完成后 CFG 桩竖向位移云图

Fig. 9　Vertical displacement nephogram of CFG pile after excavation of left track

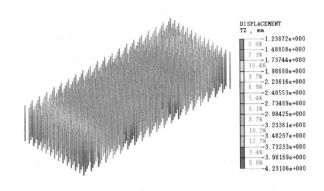

图 10　双线开挖完成后 CFG 桩竖向位移云图

Fig. 10　Vertical displacement nephogram of CFG pile after double track excavation

也会产生影响，使其发生竖向位移，在左线开挖完成后 CFG 桩竖向最大位移为 4.02mm，当全线施工完成后，CFG 桩的最大竖向位移为 4.23mm，同时可以看出在隧道拱顶上方桩的沉降随桩的深度增加逐渐增加，较大位移仅发生在隧道拱顶上方 CFG 桩桩底极小的区域。

　　为更加深入的分析盾构掘进过程中 CFG 桩体竖向位移的变化情况，取桩 1、桩 2 为研究对象，如图 11 所示。

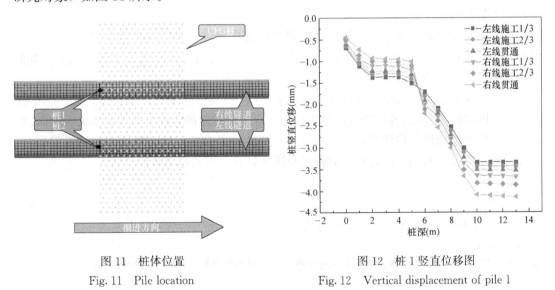

图 11　桩体位置

Fig. 11　Pile location

图 12　桩 1 竖直位移图

Fig. 12　Vertical displacement of pile 1

　　图 12 反应的是在盾构过程进行到左线 1/3、左线 2/3、左线贯通、右线 1/3、右线 2/3、右线贯通时桩 1 不同埋深竖向位移变化。可以看出在隧道开挖过程中，桩 1 的竖向位移随深度逐渐增大，越靠近隧道，其竖向位移越大。图 13 反应的是在盾构过程进行到左线 1/3、左线 2/3、左线贯通、右线 1/3、右线 2/3、右线贯通时桩 2 不同埋深处竖向位移变化。可以看出在隧道掘进过程中，桩 2 的竖向位移逐渐增大；并且随着桩埋深的增大，桩 2 的竖向位移也逐渐增大。

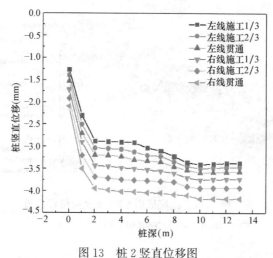

图 13　桩 2 竖直位移图

Fig. 13　Vertical displacement of pile 2

3　结语

（1）双线隧道盾构施工对地表产生的位移会叠加，但先行隧道盾构掘进引起的地表沉降要大于后行隧道引起的地表沉降。

（2）本文中计算得出了盾构隧道开挖对高铁道床沉降，求得最大沉降值为 3.60mm，综合考虑下穿高铁工程案例及西安地区盾构施工沉降控制水平，下穿高铁轨道沉降控制标准按 10mm 控制，符合要求。

（3）本文通过有限元分析软件建立了"岩土-隧道-高铁路基"三维模型，使用梁单元模拟了 CFG 桩，求得的各沉降量控制均符合国家规范规定的允许沉降值；本文中 CFG 桩及高铁道床采用弹性本构模型，土体采用修正摩尔-库仑假定，计算数据与实测数据相近，从而说明以上假定对该地区盾构隧道施工与设计具有一定的参考价值。

参考文献

［1］刘厚全，赖金星，汪珂，等. 盾构下穿既有群桩基础受力特性数值分析［J］. 公路，2017（8）：298-304.

［2］钟宇健，徐硕硕，陆钰铨，等. 盾构近接塔式高层建筑物变形及其受力特性数值分析［J］. 公路，2019，64（3）：297-303.

［3］赖金星，秦海洋，樊浩博，等. 地铁盾构施工对大雁塔影响的数值分析［J］. 公路，2017，62（6）：338-344.

［4］周佳媚. 泥炭质地层盾构掘进地表及建筑物沉降研究［J］. 现代隧道技术，2015，52（3）：160-167.

［5］璩继立，葛修润. 软土地区盾构隧道施工沉降槽的特征分析［J］. 工业建筑，2005（1）：42-46.

［6］王志超，甘露，赖金星，等. 盾构下穿铁路路基钢轨变形及路基沉降分析［J］. 深圳大学学报（理工版），2018，35（4）：389-397.

［7］任锐，钟宇健，徐硕硕，等. 盾构近接楼顶加高塔式高层建筑物安全影响数值分析［J］. 公路，

2018，63（12）：318-324.

[8]　徐冬健. 盾构隧道沉降数值模拟 [D]. 北京：北京交通大学，2009.

[9]　胡军，杨小平，刘庭金. 盾构下穿施工对既有隧道影响的数值模拟分析 [J]. 铁道建筑，2012
　　　（10）：50-54.

[10]　李建林. 地铁盾构下穿高速铁路变形及受力影响研究 [D]. 北京：北京交通大学，2015.

[11]　陈大川，胡建平，董胜华. 盾构施工对邻近浅基础框架结构影响的研究 [J]. 铁道科学与工程学
　　　报，2017（3）：134-141.

[12]　徐干成，李成学，王后裕，等. 地铁盾构隧道下穿京津城际高速铁路影响分析 [J]. 岩土力学，
　　　2009，30（S2）：269-272+276.

[13]　许有俊，陶连金，李文博，等. 地铁双线盾构隧道下穿高速铁路路基沉降分析 [J]. 北京工业大
　　　学学报，2010，36（12）：1618-1623.

[14]　邢烨炜. 北京地铁 14 号线盾构下穿京津城际铁路变形规律及动力响应分析 [D]. 北京：北京交
　　　通大学，2011.

[15]　张碧文. 浅埋盾构下穿高铁路基沉降分析及控制 [J]. 现代隧道技术，2013，50（2）：109-
　　　113+126.

[16]　梁波，蔡英. 不平顺条件下高速铁路路基的动力分析 [J]. 铁道学报，1999（2）：93-97.

三、其 他

强夯法处理黄土高填方地基的试验研究 *

张继文[1,2]，于永堂[1]，张龙[1]，赵文博[1]，连晨龙[1]，陈小三[1]

(1. 机械工业勘察设计研究院有限公司 陕西省特殊岩土性质与处理重点实验室，陕西 西安 710043；

2. 西安交通大学 人居环境与建筑工程学院，陕西 西安 710049)

摘 要： 强夯法因经济性好、施工速度快等特点，被广泛用于填方地基处理。为确定陕北某大面积黄土高填方地基的强夯处理施工参数，在工程现场的代表性区域内，开展 4 组不同施工参数组合下的强夯试验，通过现场载荷试验、静力触探试验和取原状土样进行室内土工试验，实测了强夯地基的压实度、湿陷性、承载力和有效加固深度，分析确定了施工工艺参数，相关成果可为大面积黄土高填方的强夯处理设计和施工提供参考。

关键词： 强夯法；黄土；高填方；地基处理

Treatment of Loess Deep Filled Ground by Dynamic Compaction

Zhang Jiwen[1,2]，Yu Yongtang[1]，Zhang Long[1]，Zhao Wenbo[1]，Lian Chenlong[1]，Chen Xiaosan[1]

(1. China Jikan Research Institute of Engineering Investigation and Design Co. , Ltd. , Shaanxi Key Laboratory for the Property and Treatment of Special Rock and Soil，Xi' an Shaanxi 710043；

2. School of Human Settlements and Civil Engineering，

Xi' an Jiaotong University，Xi' an Shaanxi 710049，China)

Abstract： Dynamic compaction is widely used in the treatment of filled ground for its good economy and fast construction speed. In order to determine the construction parameters of dynamic compaction for a large area of deep filled ground with loess in Northern Shaanxi，four groups of dynamic compaction tests under different combinations of construction parameters were carried out in the representative area of the project site. Through in-situ tests such as load test and static penetration test，and taking undisturbed soil samples for soil test，the compactness，collapsibility，bearing capacity and effective reinforcement depth of dynamic compaction were measured，and the construction parameters were determined. The results can provide reference for the design and construction of dynamic compaction treatment of large deep filled ground with loess.

Keywords： Dynamic compaction；Loess；Deep filled ground；Ground treatment

0 引言

强夯法因施工工艺简单、施工速度快、施工效果好、适用范围广等优点广泛应用于地

作者简介：张继文，教授级高级工程师，E-mail：zhangjw@jk. com. cn。

通讯作者：于永堂，高级工程师，E-mail：yuyongtang@126. com。

基金项目：国家自然科学基金项目（41790442）；陕西省重点研发计划项目（2020ZDLSF06-03）。

基加固处理[1]。在用强夯法处理高填方地基方面已有大量的工程实例[2-10]，但这些实例中多以土石混合料或碎石作为填料进行强夯处理，填料并不具有湿陷性，而将湿陷性黄土作为高填方填料进行强夯法地基处理的研究相对较少，缺少工程经验。近年来，我国西部黄土丘陵沟壑区为增加城镇化和工业项目建设用地，就地采用湿陷性黄土作为填料造地的工程越来越多，工程上对填筑体的处理要求为达到稳定、密实、均匀，并消除黄土填料的湿陷性，这为强夯法处理黄土高填方地基提出了新的要求。

在代表性地段进行强夯试验是检验强夯施工参数是否达到地基处理要求的有效手段[11-14]，为解决陕北某大面积黄土高填方地基的强夯施工技术参数问题，在正式施工前进行强夯试验，对强夯处理后的填方地基的承载力、压实度、湿陷性和有效加固深度等进行了现场测试，通过对比强夯前后的土体物理力学性质变化，评价了强夯法处理黄土高填方地基的施工效果，相关成果可为大面积黄土高填方地基的强夯施工及设计提供参考。

1 试验概况

1.1 地质条件

本工程地处陕北黄土丘陵沟壑地带，具有占地面积广，紧靠河流两岸，场地条件复杂，自然高差大、土方工程量大等特点。强夯试验场地位于河漫滩和Ⅰ级阶地上，回填土料主要为挖填线以上的第四系上更新统风积黄土、残积古土壤和第四系中更新统风积黄土、残积古土壤等。

1.2 试验参数

本次在工程现场的河漫滩和Ⅰ级阶地共选择 A、B、C 三块场地进行强夯试验。试验时，先对天然原地基进行强夯处理，然后在其上方进行填筑体强夯处理，分为 TA、TB1、TB2、TC 四个填土强夯试验区，其中 TB1 和 TB2 为位于 B 区上方的两个试夯区。本文因篇幅限制，这里仅介绍填筑体的强夯试验。当进行填筑体强夯处理时，土方每次摊铺完成后进行初步碾压，然后采用表 1 中强夯施工技术参数进行点夯，最后采用 1500kN·m 能级进行满夯，夯击数为 3 击，搭接 1/4 锤印。

填筑体强夯试验施工技术参数 表 1

试验场地	TA	TB1	TB2	TC
地貌单元	河漫滩	Ⅰ级阶地	Ⅰ级阶地	Ⅰ级阶地
夯点布置形式(m)	正方形	正方形	正方形	三角形
夯点尺寸(m)	3.0×3.0	3.0×3.0	4.0×4.0	5.0×2.5
夯击能(kN·m)	2000	6000	8000	4000
单点夯击数(击)	12	12	12	12
最后2击平均夯沉量(mm)	≤50	≤100	≤200	≤50
填土厚度(m)	4.5	8	10	6.5
试夯面积(m²)	30×30	40×40	40×40	30×30

1.3 检测内容与方法

本次对填筑体的检测内容主要包括物理力学性质指标（压实度、压缩模量和湿陷系数等）、承载力、加固影响深度及有效加固深度等。具体检测方法及测点布置情况如表 2 所示。

检测内容、方法及测点布置情况   表 2

检测内容	检测方法	测点布置
主要物理力学性质指标	常规土工试验	每个夯区夯点间中心位置钻孔取样 3 处,夯区外 1 处,取样间距 0.5m
地基承载力	平板载荷试验	在试夯区的夯间位置各进行 3 点承压板直径 $d=1.0$m 的平板载荷试验,共计 21 点
加固影响深度	静力触探、动力触探	单桥静力触探和动力触探在每个试夯区 3 个主夯点上及 3 个夯间点共进行了 6 组,在试夯坑外未夯的填土上进行了 2 组
有效加固深度	干密度试验	在每个区选两个主夯点取样 2 组,从主夯点向两个方向沿直线取样,取样点平面布置见图1,取样垂直间距均为 1.0m,实测土体干密度

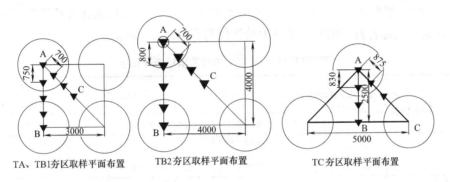

TA、TB1夯区取样平面布置　　　TB2夯区取样平面布置　　　TC夯区取样平面布置

▼ 取样点　○ 主夯点

图 1 干密度取样点布置示意图（mm）

2 试验结果与分析

2.1 主要物理力学性质指标

强夯前后各试验区填土地基的主要物理力学参数统计结果如表 3 所示,其中 TB2 区强夯前后的主要物理力学性质指标随深度的变化规律如图 2 所示。由图 2 和表 3 可知,强夯后的填土干密度有了较大提高,孔隙比明显减小,湿陷性已消除（湿陷系数小于0.015）,压缩模量有了较大提高,表明强夯法处理黄土高填方地基的加固效果明显。

2.2 地基承载力

各试夯区的平板载荷试验曲线如图 3 所示。由图可知,各试夯区 3 个平板载荷试验的 p-s 曲线均较为接近,表明相同强夯施工参数时,强夯地基承载性状具有较好的一致性。

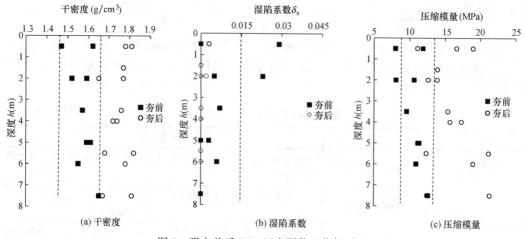

图 2　强夯前后 TB2 区主要物理指标对比

从试验曲线可以看出，各试验点在最大荷载 400kPa 压力作用下均未破坏，当荷载为 200kPa 时，各试验点的"s/d"（s 为沉降量，d 为承压板宽度）值介于 0.0034～0.0090，均小于 0.010。根据规范[15] 中关于载荷试验的相关规定，地基承载力特征值不超过 1/2 最大加载量，经综合判定的地基承载力特征值均不低于 200kPa。

强夯前后主要物理力学性质指标统计结果　　　　　　　　　　　　　表 3

试夯区	工况	样本数量	干密度 ρ_d (g/cm³)		孔隙比 e		湿陷系数 δ_s		压缩模量 $E_{s0.1-0.2}$ (MPa)	
			范围值	平均值	范围值	平均值	范围值	平均值	范围值	平均值
TA	夯前	15	1.46～1.70	1.57	0.589～0.855	0.718	0.001～0.031	0.011	6.59～13.24	10.12
	夯后	8	1.57～1.74	1.66	0.551～0.725	0.631	0.000～0.006	0.002	7.33～17.23	12.93
TB1	夯前	12	1.43～1.74	1.61	0.553～0.885	0.662	0.000～0.022	0.008	6.85～13.07	11.30
	夯后	14	1.48～1.80	1.77	0.500～0.828	0.526	0.000～0.020	0.006	8.20～15.40	12.73
TB2	夯前	9	1.47～1.65	1.57	0.635～0.839	0.716	0.000～0.029	0.008	8.00～12.58	10.45
	夯后	14	1.62～1.82	1.74	0.482～0.664	0.552	0.00～0.003	0.000	11.09～21.30	15.82
TC	夯前	8	1.47～1.60	1.53	0.688～0.840	0.764	0.005～0.027	0.015	7.38～12.08	9.93
	夯后	12	1.52～1.80	1.71	0.502～0.775	0.579	0.00～0.021	0.002	6.34～18.78	13.01

2.3　加固影响深度

各试验区强夯前后由单桥静力触探试验测得的比贯入阻力试验曲线如图 4 所示。

由图 4 可知，深度较浅时，夯后的比贯入阻力较夯前提高幅度不明显，但随深度增加，提高幅度明显增大，当超过一定深度后，提高幅度又开始减小，直至与夯前接近。TA 区（2000kN・m）、TB1 区（6000kN・m）、TB2 区（8000kN・m）和 TC 区（4000kN・m）夯击能下加固效果提升幅度最大深度分别在 1.5m、3.5m、4.0m、3.0m 附近。各试夯区强夯前后的比贯入阻力值统计结果如表 4 所示。表 4 中统计了比贯入阻力的最小值（min）、最大值（max）和平均值（avg），计算了夯后相对于夯前的平均比贯入阻力增大幅度。由表4可知，各试夯区的平均比贯入阻力在主夯点和夯间点均有大幅度提高，其中在主夯点处提高 32.6%～133.8%，在夯间点处提高了 22.1%～83.0%，主夯点的比贯入阻力提高幅度总体上大于夯间点。

各试夯区强夯前后由重型动力触探试验得出的动力触探击数试验曲线如图5所示。由图可知，强夯前后动力触探击数随深度的变化规律与静力触探比贯入阻力的变化相似。根据动力触探试验结果，TA 区（2000kN·m）、TB1 区（6000kN·m）、TB2 区（8000kN·m）和 TC 区（4000 kN·m）加固效果提升幅度最大的深度分别在 2.0m、3.0m、3.5m 和 2.5m 附近，对应的加固

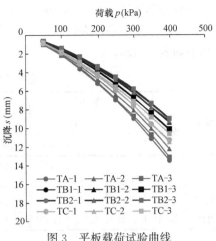

图3　平板载荷试验曲线

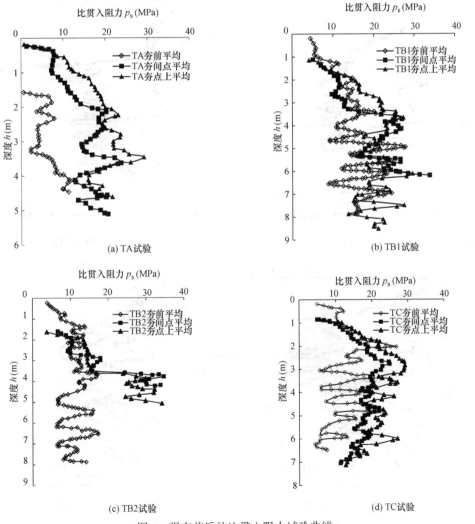

图4　强夯前后的比贯入阻力试验曲线

影响深度分别超过 4.3m、8.0m、10.0m 和 6.5m。表明各试验区的加固影响深度均超过了摊铺分层厚度。各试夯区强夯前后填筑体主夯点和夯间点的重型动力触探击数 $N_{63.5}$ 统计结果如表 5 所示。

强夯前后比贯入阻力统计结果 表 4

试夯区	分层厚度(m)	强夯前			主夯点				夯间点			
		值别(MPa)			值别(MPa)			平均增幅(%)	值别(MPa)			平均增幅(%)
		min	max	avg	min	max	avg		min	max	avg	
TA	4.5	0.57	16.56	7.87	0.33	35.53	18.40	133.8	0.16	32.20	14.40	83.0
TB1	8.0	0.40	29.29	13.82	0.41	35.03	18.32	32.6	0.66	34.59	16.88	22.1
TB2	10.0	0.12	26.18	11.14	0.48	35.14	18.09	62.4	1.09	37.67	15.14	35.9
TC	6.5	0.39	35.87	12.26	0.33	32.71	20.40	66.4	0.63	27.42	16.64	35.7

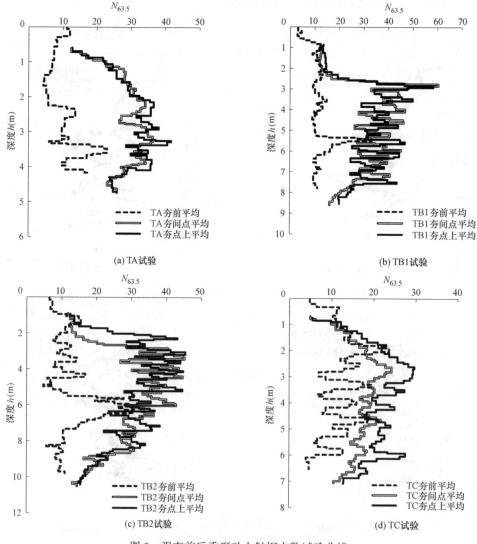

(a) TA试验　　　　　(b) TB1试验

(c) TB2试验　　　　　(d) TC试验

图 5　强夯前后重型动力触探击数试验曲线

由表 5 可知，各试验区的主夯点和夯间点的重型动力触探击数提高幅度均超过 50%，加固效果显著，其中，TA 区主夯点平均动力触探击数提高 61.6%，夯间点提高 63.2%；TB1 区主夯点平均动力触探击数提高 60.1%，夯间点提高 61.0%；TB2 区主夯点平均动力触探击数提高 54.8%，夯间点提高 55.8%；TC 区主夯点平均动力触探击数提高 62.1%，夯间点提高 64.1%。

强夯前后重型动力触探击数 $N_{63.5}$ 统计结果　　　　　　　　　　　　表 5

试夯区	分层深度(m)	夯前(击)			主夯点				夯间点			
		值别(击)			值别(击)			平均增幅(%)	值别(击)			平均增幅(%)
		min	max	avg	min	max	avg		min	max	avg	
TA	0.0~4.5	3.0	36.3	10.7	6.0	42.7	27.9	61.6	4.0	48.0	29.1	63.2
TB1	0.0~8.0	2.0	36.7	11.4	8.0	72.6	28.6	60.1	8.0	65.3	29.2	61.0
TB2	0.0~10.0	2.0	54	12.2	2.2	55.3	27.0	54.8	2.1	61.0	27.6	55.8
TC	0.0~6.5	2.0	23.6	10.3	3.0	57.0	27.2	62.1	9.0	62.0	28.7	64.1

2.4　有效加固深度

TA 区因土样运输过程受扰动，不予统计。TB1 区、TB2 区和 TC 区的压实系数等值曲线如图 6 所示。从图 6 可以看出，强夯地基在水平方向上存在不均匀性，夯点处压实度

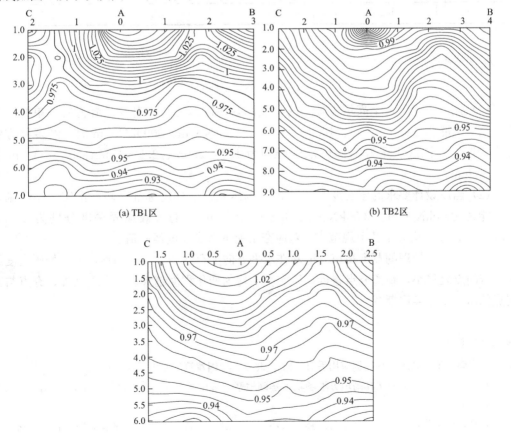

图 6　强夯后压实系数等值曲线

最大，从夯点向外逐渐减小，夯间点处最小，距离夯点越近，不均匀程度越大。随深度增加，夯点处与夯间点的压实度差异逐渐减小。在垂直方向上，压实系数自上而下呈逐渐减小趋势，距离夯面越近，减小速度越快，这与不同深度处夯击能量大小有关，深度越深，传递的夯击能量越小。

若以不同压实系数控制标准，将不同强夯施工参数下的有效夯实厚度与《湿陷性黄土地区建筑标准》GB 50025—2018[16] 中的经验值进行对比，对比结果如表6所示。由表6可知，当以压实度不小于95％为压实质量控制标准（轻型击实试验控制），夯击能为4000kN·m、6000kN·m 和 8000kN·m 时的有效加固深度分别为 4.8m、5.5m 和6.0m，均大于规范[16] 对应夯击能下夯实厚度经验值。根据表中压实系数控制指标，可以确定不同夯击能下的黄土填方有效夯实厚度。规范[16] 中的夯实厚度多用于黄土地区原地基处理，本试验得到的结果可为黄土填方场地的强夯设计提供参考。

强夯法夯实厚度的对比   表 6

单击夯击能 （kN·m）	规范[16]中夯实厚度 经验值（m）	实测有效夯实厚度（m）		
		压实系数>0.95	压实系数>0.94	压实系数>0.93
4000	2.5～3.0	4.8	5.5	5.8
6000	3.5～4.5	5.5	6.0	6.3
8000	4.5～5.0	6.0	7.5	8.5

3 结论

（1）强夯法处理黄土高填方地基时，加固效果随深度呈先升高后降低的"单峰"趋势，当夯击能为 2000kN·m、4000kN·m、6000kN·m、8000kN·m 时，经多种方法综合判断，加固效果最好的深度范围分别为 1.5～2.0m、2.5～3.0m、3.0～3.5m 和3.5～4.0m。

（2）当以设计要求的压实度不小于95％为压实质量控制标准（轻型击实试验控制），夯击能为 4000kN·m、6000kN·m 和 8000kN·m 时的有效加固深度分别为 4.8m、5.5m 和 6.0m，均大于黄土规范[16] 对应夯击能下夯实厚度经验值。

（3）强夯法处理的黄土高填方地基在水平方向上存在明显不均匀性，夯点处压实度最大，夯间点处最小，距离夯点越近，压实度不均匀变化程度越大。随深度增加，夯点与夯间点的压实度差异逐渐减小。

参考文献

[1] 叶书麟. 地基处理工程实例应用手册［M］. 北京：中国建筑工业出版社，1998.
[2] 肖乾，冯美果. 强夯法在高填方堆场轨道基础地基处理中的应用［J］. 港工技术，2015，52（5）：105-108.
[3] 孟芹，孙祺华，张翊波，梁友科. 强夯法用于巨粒混合土高填方路基的试验研究［J］. 公路交通技术，2015，（2）：1-4.
[4] 刘运涛，张学飞，丁月双. 强夯法在碎石土高填方边坡中的应用［J］. 施工技术，2012，41（11）：

57-59.

[5] 孔凡林，李成芳. 强夯法在山区块石抛填地基中的工程实践 [J]. 地下空间与工程学报，2010，6 (S2)：1703-1706.

[6] 王清洲，刘淑艳，马士宾，等. 山区高填方土石混填路基强夯方案优化研究 [J]. 武汉理工大学学报，2010，32 (13)：72-76.

[7] 周立新，黄晓波，邓长平. 强夯密实处理块碎石填料试验研究 [J]. 工程地质学报，2007，15 (6)：812-816.

[8] 何兆益，孙勇，赵川，等. 强夯法在万州五桥机场高填方工程中的应用 [J]. 重庆交通学院学报，2001，20 (2)：83-86.

[9] 许一相，刘晖洛. 强夯法在山地高填方地基处理中的应用研究 [J]. 建筑结构，2016，46 (S2)：528-530.

[10] 钟祖良，阮维，胡岱文，等. 强夯法在山区块石填土工程中的应用与效果分析 [J]. 工程勘察，2009，37 (9)：24-28.

[11] 朱彦鹏，师占宾，杨校辉. 强夯法处理山区机场高填方地基的试验 [J]. 兰州理工大学学报，2018，44 (5)：120-125.

[12] 强屹力. 高填方填筑体压实效果检测与分析 [J]. 施工技术，2018，47 (1)：92-96.

[13] 严稳平，王鸿运. 土石混合填方地基强夯试验研究 [J]. 施工技术，2015，44 (13)：47-50.

[14] 梅卫锋，杨志勇，黎浩. 强夯法处理碎石回填地基施工参数现场试验研究 [J]. 铁道科学与工程学报，2016，13 (8)：1543-1548.

[15] 中华人民共和国住房和城乡建设部. 建筑地基检测技术规范：JGJ 340—2015 [S]. 北京：中国建筑工业出版社，2015.

[16] 中华人民共和国住房和城乡建设部. 湿陷性黄土地区建筑标准：GB 50025—2018 [S]. 北京：中国建筑工业出版社，2019.

静钻根植桩荷载试验研究

陈洪雨[1]，舒佳明[1]，张日红[1]，周佳锦[2]，吴江斌[3]

（1. 宁波中淳高科股份有限公司，浙江 宁波 315000；

2. 浙江大学 滨海与城市岩土工程研究中心，浙江 杭州 310058；

3. 华东建筑设计研究院有限公司 上海地下空间与工程设计研究院，上海 200002）

摘　要：静钻根植桩是一种绿色、环保的新型桩基，是现代桩基技术的发展方向。为了对静钻根植桩这种新型复合桩基的荷载传递机理进行研究，在模型槽中进行了静钻根植桩的模型试验，通过埋设在竹节桩表面与水泥土中的应变片及桩底的土压力传感器对加载过程中桩身、桩端以及水泥土中的力进行了测量。也在现场进行试桩破坏性抗压静载试验及桩身内力测试，分析了静钻根植桩的竖向承载变形特性以及桩身轴力和侧摩阻力分布。试验结果表明：桩周与桩端水泥土在荷载传递过程中作用不同，桩端水泥土可以承担一部分端承力，采用规范公式计算静钻根植桩承载力有一定的安全储备。

关键词：静钻根植桩；水泥土；桩侧摩阻力；桩端阻力；荷载传递

Experimental Study on Load Bearing Capacity of JZGZ Pile

CHen Hongyu[1]，Shu Jiaming[1]，Zhang Rihong[1]，Zhou Jiajin[2]，Wu jiangbin[3]，

（1. Ningbo Zcone Hi-Tech Co. ，Ltd. ，Ningbo Zhejiang 315000，China；2. Research Center of Coastal and Urban Geotechnical Engineering Zhejiang University，Hangzhou Zhejiang 310058，China；

3. Underground Space & Engineering Design & Research Institute，East China Architecture Design & Research Institute Co. ，Ltd. ，Shanghai，China）

Abstract：The static drill rooted nodular pile is a new type of environment-friendly pile foundation，which is the development direction of pile foundation technology. For investigating the load transfer mechanism of the nodular pile，a model test of the pile was conducted in the model box. The axial force of the nodular pile and the mobilized base load were measured by the strain gauges attached on the pile shaft and the soil pressure sensors underneath the pile base respectively，while the stress in the cemented soil was measured with the help of the Polyvinylchloride（PVC）pile on which the strain gauges were attached. The axial force of the nodular pile was measured by the strain gauges attached on the pile shaft to analyze the distribution of the axial force and the skin friction along the shaft in association with engineering practice. The results showed that：the function of the cemented soil along the shaft is different from that of the cemented soil at the enlarged pile base；part of tip resistance is shared by the cemented soil at the enlarged pile base；and it is safe to use the standard formula to calculate the bearing capacity of the static drill rooted nodular pile.

Keywords：The static drill rooted method；Cemented soil；Shaft resistance；Toe resistance；Load transfer

0　引言

静钻根植桩是一种新型复合桩基，其运用静钻根植工法在预定桩位处用特定钻杆喷浆搅拌形成水泥土，待水泥土搅拌均匀钻杆移出钻孔后放入预制竹节桩形成复合桩基。这种复合桩基既可以避免预制桩在打入过程中的挤土效应，也不会出现钻孔灌注桩施工过程中大量泥浆排放的情况。

埋入式竹节桩在日本已经得到了广泛的应用，一些日本学者也对这种桩型的承载性能以及荷载传递机理进行了研究[1-5]，由于日本的地质情况不同于中国，而且日本描述土体性质所用参数也与中国不同，日本关于埋入式桩的研究对我国的应用与研究有一定的指导作用，但不能适用于我国软土地区。静钻根植桩在我国东南沿海软土地区已经有了初步应用，本文通过对某些工程中的试桩数据及模型试验结果进行收集与整理，对静钻根植桩承载力性能进行了研究[6]。

1　静钻根植桩技术简介

为解决现有预制桩施工中存在的挤土、穿透夹层有难度等缺点以及灌注桩施工中存在的泥浆排放等问题，提高软土地基中预制桩的抗压、抗拔、抗水平承载力，实现桩基施工无泥浆排放，结合钻孔灌注桩施工与预制桩的优点，研究开发了一种新型的预制桩沉桩施工技术——静钻根植桩工法。具体施工流程如图1所示[6]。

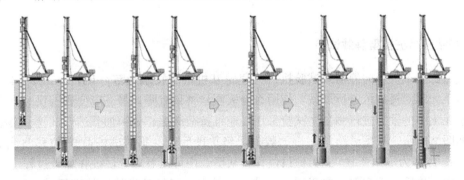

图1　静钻根植桩施工流程

Fig. 1　Construction process of static bored precast concrete pile

（1）钻机定位，钻头钻进；

（2）钻进并对钻孔进行修整和护壁；

（3）进入持力层至设计深度后打开扩大翼进行扩孔；

（4）注入桩端水泥浆并进行搅拌；

（5）边提升钻杆，边注入桩周水泥浆；

（6）利用自重将桩植入钻孔内，调整桩身垂直度，将桩植入桩端扩底部位。

静钻根植工法施工的主要步骤可以概括为钻孔、扩底、注浆和植桩4个部分，其施工工艺集成了预制桩、灌注桩、水泥土搅拌桩以及扩底桩的优点，通过采用先进施工管理装置使得施工全过程可视可控，施工质量得到了保证。

静钻根植工法桩基端部的扩底固化对发挥承载力是非常重要的，在施工过程中如何实现并确认设计所要求的扩大尺寸是确保承载力发挥的关键之一。静钻根植工法在施工过程中使用液压扩大系统，在钻杆中埋入液压回路进行桩基端部扩底作业。这样可以在地面上操作打开扩大机构，通过验算确认扩大部位的直径。进行扩底作业时，可以根据所在土层的强度指标分数次逐步加大扩底直径直至达到设计要求尺寸。

为确保静钻根植桩的端阻力能够充分得到发挥，确保桩端扩底部分的强度大于其周围及下部持力层土体自身的强度，保证预制桩身和扩大部分共同受力，减小刺入变形发生的可能性，减小桩基的沉降，需根据持力层土体的强度选择注入一定强度的水泥浆。一般注入水泥浆的水灰比为 0.6~0.9，注入量是整个扩底部分体积，通过与土的搅拌混合，可以在桩端扩底部形成具有一定强度的水泥土构造。为确保静钻根植桩基础的侧摩阻力和水平承载力的发挥，在钻孔提升钻杆时需注入桩周水泥浆。桩周水泥浆的水灰比为 1.0~1.5，水泥浆注入量为钻孔内土体有效体积的 30% 以上。

静钻根植桩的配桩形式结合荷载传递的规律，在作为抗压桩时，上部采用预应力高强混凝土管桩（PHC），提高桩身承载力，下部采用静钻根植先张法预应力混凝土竹节桩（PHDC），提高侧摩阻力以及与扩底部位的咬合力；在抗拔或承受水平力作用时，上节桩采用复合配筋先张法预应力混凝土管桩（PRHC），以提高桩身抗弯性能。通过扩底、注浆措施和桩型优化组合，静钻根植桩在工程实践中表现出了良好的承载性能。

2 静钻根植桩模型静载试验

2.1 静钻根植桩模型静载试验

模型试验单桩竖向静荷载试验执行《建筑基桩检测技术规范》JGJ 106—2014[7]。采用液压千斤顶对模型桩进行加载，使用百分表测量桩顶沉降，静态应变测试仪对桩身轴力以及水泥土中的轴力进行测量。试验采用慢速维持荷载法，分级加载进行试验。模型试验装置如图 2 所示，根据试验所测得的数据，经整理后所绘制的试桩荷载-位移曲线如图 3 所示，其中 Q 为桩顶荷载，s 为桩顶位移。从图 3 中可以看出，试桩在加载过程中，各级沉降稳定、连续、无突变，属于缓变型曲线；结合《建筑基桩检测技术规范》JGJ 106—2014 中第 4.4.2 条，该模型桩单桩极限承载力为 70kN。从图 4 中还可以看出，卸载后试桩的回弹量很小，这是因为模型根植桩为实心钢桩，在加载至破坏阶段时桩身几乎没有压缩量，而桩底砂土层回弹量也不大，所以卸载后回弹量很小。

2.2 静钻根植桩桩身轴力分析

静钻根植桩桩身轴力以及桩周水泥土中轴力由布置在桩身表面以及 PVC 管上的应变片测得，桩端阻力则由预埋在桩端土体处的土压力传感器进行测量。根植桩及桩周水泥土在各级荷载作用下的轴力分布曲线如图 4 和图 5 所示，其中 P 和 P_c 分别为根植桩及水泥土轴力，L 为试桩桩身深度。

从图 4 中可以看出，在各级荷载作用下，根植桩桩身轴力自桩身到桩端逐渐减小，这

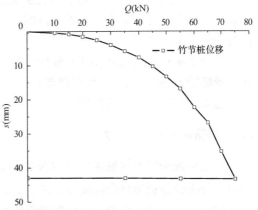

图 2　模型试验图

Fig. 2　Sketch of model test

图 3　试桩荷载位移曲线

Fig. 3　Load-displacement curve of test pile

是由于桩周土体为了阻止桩身下沉对桩体产生了向上的侧摩阻力；当桩顶加载 10kN 时，桩身下部轴力为零，随着荷载的增加，桩侧摩阻力得到进一步的发挥，同时，管桩的轴力也在增加，桩身下部逐渐产生轴力，桩端阻力也开始发挥，并且端阻所占比例也逐渐增大；静钻根植桩在不同荷载作用下的桩身轴力曲线与传统桩基的桩身轴力曲线基本一致。

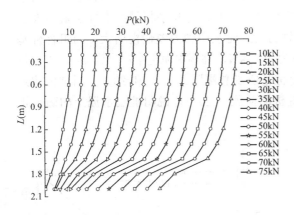

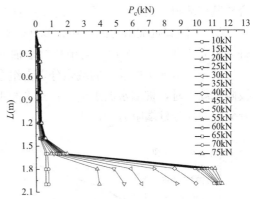

图 4　各级荷载作用下根植桩桩身轴力曲线

Fig. 4　Axial force of nodular pile under different loads

图 5　各级荷载作用下桩周水泥土轴力曲线

Fig. 5　Axial force of cemented soil under different loads

从图 5 中可以看出，桩侧水泥土中轴力沿着试桩桩身基本保持不变，且随着桩顶荷载的增加桩周水泥土中轴力增量较小，说明桩周水泥土起着传递荷载的过渡层作用，不直接分担荷载，所以对桩侧水泥土的强度要求不高。

从图 5 中还可以看出，在距离桩顶 1.4～1.6m 处，桩周水泥土中轴力突然增大。而模型桩桩端扩大头高度为 0.33m，深度 1.6m 处模型桩周围水泥土仍为桩侧水泥土，在桩顶荷载为 70kN 时，1.6m 深处水泥土中轴力为 1.84kN，应力为 0.28MPa，小于

0.71MPa。虽然本试验中桩侧水泥土强度达到要求，由于桩侧水泥土强度远小于桩端水泥土强度，而在靠近桩端水泥土处的桩侧水泥土中应力会突然增大，在实际工程中需要特别注意增强该部分水泥土的强度。图5中桩端水泥土中轴力明显比桩周水泥土中轴力要大，在加载到70kN时，桩端水泥土轴力为11.6kN，此时水泥土中应力为1.46MPa，而竹节桩桩身桩端力为40.2kN，所以桩端水泥土承担了整个复合桩桩端阻力的22.4%，桩端水泥土起着承担桩端阻力的作用。

2.3 静钻根植桩桩端阻力

模型桩桩端阻力与桩端位移曲线如图6所示，其中P_t为桩端阻力，s_2为桩端位移。图中3条曲线分别为组合桩基总桩端阻力，竹节桩以及桩端水泥土承担桩端阻力与桩端位移之间的关系，其中组合桩基总的端阻为竹节桩与桩端水泥土承担端阻之和。从图6中可以看出，在桩端位移较小时，竹节桩中桩端轴力和桩端水泥土中轴力随着桩端位移的增加而增大；当桩端位移超过7.5mm时，竹节桩桩端轴力继续随着桩端位移的增加而增大，而桩端水泥土中轴力基本保持不变。这很可能是因为竹节桩与桩端水泥土的弹性模量不同，随着桩端阻力的增加，竹节桩与桩端水泥土中应力也随之增加，而桩端水泥土中应变比竹节桩应变要大，桩端处水泥土与竹节桩之间产生了相对位移，所以在桩端位移超过7.5mm时，随着桩端位移的增加，桩端水泥土中轴力基本保持稳定。

图7为竹节桩桩端及桩端水泥土承担桩端阻力随着组合桩总的桩端阻力的变化曲线，其中P_{pt}和P_{ct}分别为竹节桩及桩端水泥土中承担的桩端阻力。从图7中可以看出，当组合桩基桩端阻力较小时，竹节桩桩端与桩端水泥土中的轴力几乎相同；当桩端阻力大于18kN时，随着桩端阻力的增加竹节桩桩端轴力与水泥土中轴力差慢慢增大，当组合桩基桩端阻力达到56.7kN时，竹节桩桩端轴力为45.1kN，桩端水泥土中轴力为11.6kN，竹节桩及桩端水泥土所承担的端阻分别占组合桩基所受总端阻的80%和20%。当试桩达到极限承载力时，桩端水泥土仍然占组合桩基桩端荷载的20%，说明桩端水泥土的确承担着分担一部分桩端阻力的作用[14]。

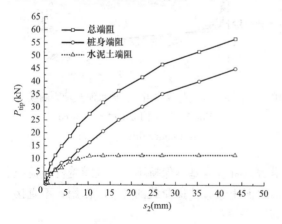

图6　试桩桩端阻力—桩端位移曲线图

Fig. 6　Pile tip displacement versus mobilized base load

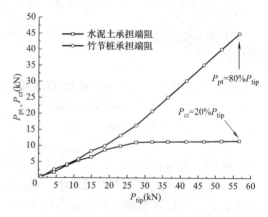

图7　试桩桩端阻力分配曲线

Fig. 7　Proportion of mobilized base load

3 静钻根植桩现场试桩静载试验

3.1 现场试桩概况

试桩在同一场地进行了 1 组共 3 根桩载荷试验，3 根桩（编号为 S1-1、S1-2、S1-3）用于竖向抗压静载试验。场地土层相关参数见表 1。试桩范围内土层分布及特点如图 8 所示，平面布置见图 9。

对于 3 根试桩，其桩长 55m，钻孔直径 750mm，预制桩采用预应力高强混凝土管桩（PHC）和静钻根植先张法预应力混凝土竹节桩（PHDC）组合形式。上部 PHC 管桩直径 600mm（PHC600 型），包含 3 节，分别长 15m、15m 和 10m；下部 PHDC 竹节桩竹节直径 650mm，桩身直径 500mm（PHDC650-500 型），仅 1 节，长 15m。采用扩底加固，扩底直径 1200mm，高度 2750mm。预制桩桩身混凝土强度均为 C80。根据施工记录，桩周水泥浆的水灰比为 1.0，注入量为桩身体积的 30%；桩端扩底水泥浆水灰比为 0.6，注入量为扩底部分体积的 100%；桩周和桩端扩大头水泥掺量分别为 9.0% 和 59.8%。

<table>
<tr><td colspan="7">土层参数表</td><td>表 1</td></tr>
<tr><td colspan="7">Soil layer parameter</td><td>Table 1</td></tr>
<tr><td rowspan="2">土层名称</td><td>γ
(kN/m³)</td><td>c
(kPa)</td><td>φ
(°)</td><td>E_s
(MPa)</td><td>$q_{sik,s}(q_{pk,s})$
(kPa)</td><td>P_s
(MPa)</td></tr>
<tr><td></td><td></td><td></td><td></td><td></td><td></td></tr>
<tr><td>②砂质粉土</td><td>18.9</td><td>5</td><td>32.0</td><td>10</td><td>15</td><td>2.75</td></tr>
<tr><td>③淤泥质粉质黏土</td><td>17.6</td><td>12</td><td>17.5</td><td>3.3</td><td>15</td><td>0.46</td></tr>
<tr><td>④淤泥质黏土</td><td>16.7</td><td>10</td><td>11.5</td><td>2.0</td><td>25</td><td>0.61</td></tr>
<tr><td>⑤₁粉质黏土</td><td>18.2</td><td>15</td><td>19.5</td><td>4.3</td><td>40</td><td>1.04</td></tr>
<tr><td>⑤₃粉质黏土</td><td>18.2</td><td>16</td><td>21.0</td><td>5.0</td><td>55</td><td>1.63</td></tr>
<tr><td>⑤₄粉质黏土</td><td>19.7</td><td>40</td><td>20.0</td><td>7.2</td><td>65</td><td>2.13</td></tr>
<tr><td>⑦黏质粉土</td><td>19.3</td><td>6</td><td>31.5</td><td>10.5</td><td>65</td><td>4.28</td></tr>
<tr><td>⑧₁粉质黏土</td><td>18.4</td><td>19</td><td>20.5</td><td>5.5</td><td>60</td><td>2.01</td></tr>
<tr><td>⑧₂砂质粉土和粉质黏土互层</td><td>18.7</td><td>12</td><td>26.5</td><td>9.0</td><td>80(3500)</td><td>7.04</td></tr>
<tr><td>⑨粉砂</td><td>19.0</td><td>3</td><td>35.0</td><td>12.8</td><td>110(8500)</td><td>15.21</td></tr>
</table>

3.2 现场试验结果及分析

（1）荷载-沉降曲线

图 10 为抗压试验桩顶处的荷载-沉降（Q-s）曲线，由图可见，试桩 S1-1、S1-2 的 Q-s 曲线出现明显陡降，而试桩 S1-3 加载至 8000kN 时，累积沉降 24.0mm，沉降稳定，未进入破坏状态，但桩头发生倾斜而不适宜继续加载。

参考《静钻根植桩基础技术规程》DB33/T 1134—2017[8]，计算静钻根植桩的承载力。其中侧摩阻力按预制桩外径计算，端阻力采用扩底部位截面积计算，并考虑折减。现场载荷试验 S1 组桩和 S2 组桩的承载力均满足规范要求，分别较《静钻根植桩基础技术规程》DB33/T 1134—2017 的估算值提高约 27% 和 48%。试桩测试结果表明，采用目前的承载力计算方法有一定的安全储备。

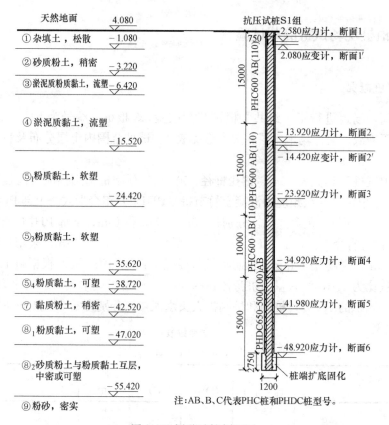

图 8　土层及试桩剖面图

Fig. 8　Profile of soil layers and test pile

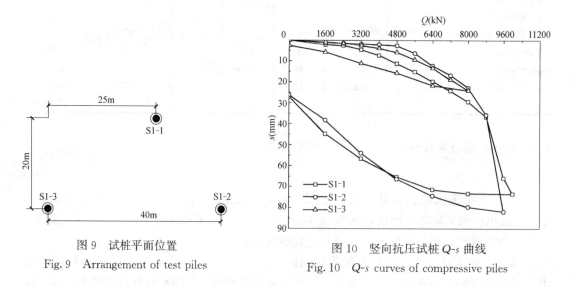

图 9　试桩平面位置

Fig. 9　Arrangement of test piles

图 10　竖向抗压试桩 Q-s 曲线

Fig. 10　Q-s curves of compressive piles

　　取极限荷载的 50% 作为设计荷载，各试桩在最大荷载、极限荷载和设计荷载下桩顶变形见表 2。其中极限荷载按照《建筑基桩检测技术规范》JGJ 106—2014 中第 4.4.2 条确定。对于陡降型 Q-s 曲线，取陡降点对应的荷载为极限荷载，对于未出现陡降的 Q-s

曲线，极限荷载大于最大荷载。试桩 S1-1、S1-2、S1-3 的最大荷载分别为 10000kN、9600kN、8000kN，试桩 S1-1、S1-2 的极限荷载均为 8800kN，试桩 S1-3 的极限荷载大于 8000kN，平均值 8500kN。加载至最大值，试桩 S1-1、S1-2、S2-1 的 Q-s 曲线出现陡变，桩顶变形较大；在极限荷载下，试桩 S1-1、S1-2 桩顶沉降均小于 40mm。

土层参数表   表 2

Soil layer parameter   Table 2

试桩	最大加载 （kN）	最大变形 （mm）	极限荷载 （kN）	极限状态变形 （mm）	工作荷载 （kN）	工作状态变形 （mm）
S1-1	10000	73.5	8800	36.7	4400	9.3
S1-2	9600	81.9	8800	35.7	4400	2.3
S1-3	8000	24.0	>8000	—	4000	3.9

（2）静钻根植桩桩身轴力

由于静钻根植桩桩周水泥土厚度较薄，且强度较弱，其所受的轴力和预制桩轴力相比很小，故可以忽略不计。3 根试桩在各级荷载作用下的桩身轴力可以由预制桩身截面处的钢筋应力计测得的频率值计算得到。由于扩大头水泥土强度较高，且该部分预制桩使用 PHDC 竹节桩，其凸起部分可增强桩身与扩底固化体的粘结效果，使得预制桩与扩底水泥土整体受力，故桩端轴力需考虑扩大头水泥土的轴力。3 根试桩在各级荷载作用下桩身轴力 N 分布曲线如图 11 所示。由于最底部测试断面 8 位于桩端以上 2.0m 位置处，基本位于扩大头的顶部（图 8）。因此，由该断面测得的桩身轴力可以近似反映整个扩大头的承载能力。在极限荷载下，桩端扩大头水泥土轴力可达 318～400kN，桩端水泥土承担了静钻根植桩桩端阻力的 15.2%～19.5%。由于桩周和桩端水泥土的形态和性质存在差异，

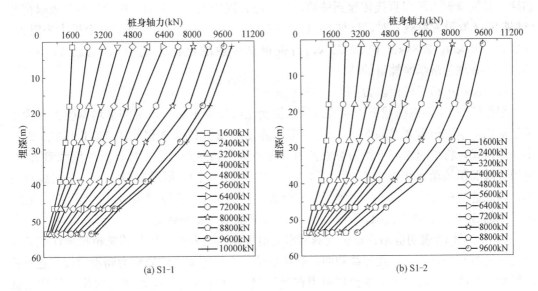

图 11 试桩 S1 桩身轴力分布曲线（一）

Fig. 11 Axial force distribution on S1（one）

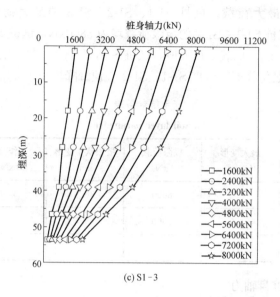

(c) S1-3

图 11　试桩 S1 桩身轴力分布曲线（二）

Fig. 11　Axial force distribution on S1（two）

其对根植桩承载性能的影响也不同。桩周水泥土具有荷载传递作用，将预制芯桩荷载以侧摩阻力的形式传递给桩周土；而桩端水泥土强度较高且采取扩大头形式，需要承担部分桩端荷载。

总体上，位于同一场地的 3 根试桩轴力分布曲线规律基本一致，所承受的竖向荷载克服了桩侧摩阻力向下传递。与超长钻孔灌注桩需要在一定荷载水平下才能将荷载传到桩端不同[9]，由于静钻根植桩的预制芯桩具有较高的刚度并对桩端进行了扩底加固，在加载初期，其桩身轴力可以直接传递到桩端，这与超长嵌岩桩[10]类似。桩顶加载至极限荷载（试桩 S1-3 取最大荷载）时，试桩 S1-1、S1-2、S1-3 总桩端阻力（近似整个扩大头阻力）分别为 2067kN、2339kN 和 2053kN，占桩顶总荷载的比例分别为 23.5%、26.6% 和 25.7%，表现为端承摩擦桩的特性。

（3）静钻根植桩桩侧阻力

根据试桩 S1 各级荷载下桩身轴力沿桩长变化可计算出相应段桩侧平均摩阻力。为了便于对比，本次试验桩侧摩阻力分析参考《静钻根植桩技术规程》DB33/T 1134—2017 中计算模式，将桩周水泥土作为对原桩周部位的土体加强来考虑。故计算桩侧摩阻力时，桩周接触面积按植入桩的侧面积计算，结果如图 12、图 13 所示。S1-1、S1-2 加载至破坏，因此这两根桩的侧摩阻力得到了较充分发挥，大部分土层侧摩阻力都达到了极限值。虽然试桩 S1-3 未加载至极限，但上部土层的性能也基本充分调动。

图 12、图 13 表明静钻根植桩桩侧摩阻力沿桩身变化发挥规律与传统超长灌注桩的自上而下逐渐发挥有差异。在加载初期，静钻根植桩桩长范围内侧摩阻力同步增长，随着荷载增加，上部（30m 以上）桩侧摩阻力在达到极限值后出现不同程度的软化（软化系数 0.80~0.92），之后趋于稳定，而下部（30m 以下）桩侧摩阻力则不断增大最后也大致趋于稳定[13]。

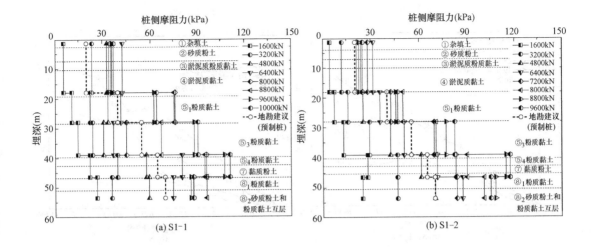

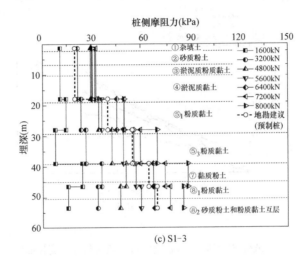

图 12　试桩 S1 桩侧摩阻力分布曲线

Fig. 12　Shaft resistance distribution on S1

对于破坏性试桩 S1-1 和 S1-2，桩端附近土层（46.50～53.5m）的侧摩阻力均在极限荷载 8800kN 后出现一定程度的减弱。这可能主要受桩端扩大头的影响，改变了该部分桩侧摩阻力的发挥性状。从图 10 的 Q-s 曲线可知，荷载水平大于极限荷载后，桩端沉降也将急剧增大，扩大头附近将出现临空面和松动区而使得桩端附近土体出现应力松弛，导致附近桩侧摩阻力降低。这种情况与扩底桩底部附近侧摩阻力发展规律相似[11]。

总体上试桩侧摩阻力发挥了较高的水平，S1 中各土层的极限侧摩阻力实测值均大于勘察报告建议值（表 3），是建议值的 1.5～1.8 倍，平均 1.6 倍。上部土层（30m 以上的②、③、④、⑤₁ 土层）极限侧摩阻力接近上海市《地基基础设计规范》DGJ 08-11—2010[12] 推荐的预制桩极限侧摩阻力标准值的上限，下部土层（30m 以下⑤₃、⑤₄、⑦、⑧₁、⑧₂ 土层）侧摩阻力发挥更高，较规范上限值提高 14%～28%。

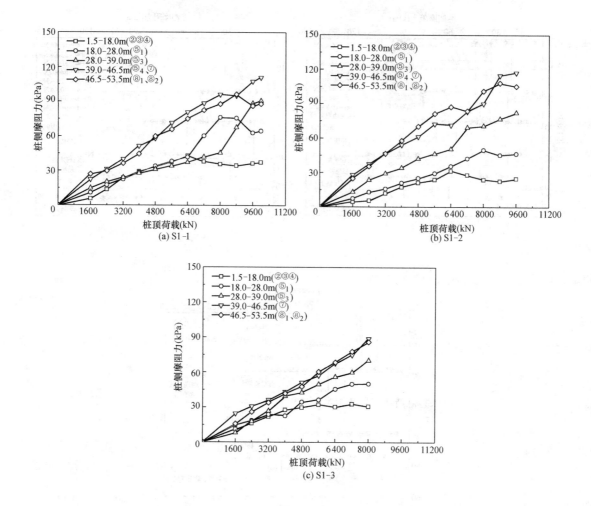

图 13　试桩 S1 不同埋深处侧摩阻力随荷载等级变化曲线

Fig. 13　Shaft resistance versus applied load at different depth

（4）静钻根植桩桩端阻力

试桩 S1 桩端土层均为⑧$_2$层砂质粉土和粉质黏土互层。在加载开始时试桩的桩端阻力（近似代表整个扩大头的承载能力）就开始发挥，并随桩顶荷载增加呈非线性增长趋势，见图 14。

表 4 为试桩极限桩端阻力实测值与地勘推荐值的对比。受桩端扩大头的影响，试桩 S1 扩大头桩端极限端阻力平均值约 1900kPa，是钻孔灌注桩地勘推荐值的 1.27 倍，是预制桩地勘推荐值的 0.54 倍，略高于浙江省《静钻根植桩基础技术规程》DB33/T 1134—2017 建议的桩端阻力折减系数 0.50。

静钻根植桩的扩大头设置，提高了桩端承载力的发挥。以试桩 S1-1 为例，假设非扩大头和扩大头形式在极限荷载条件下桩侧摩阻力发挥相等，且非扩大头形式按《静钻根植桩基础技术规程》DB33/T 1134—2017 折减系数取 0.6。在极限荷载条件下，非扩大头的总端阻力预估仅为 928kN，约占相应总荷载的比例则由 23.5% 降低到 12.1%。

极限端阻力实测值与推荐值对比

表 3

Comparison of measured and recommended values of the ultimate unit shaft resistance

Table 3

土层序号	极限值(kPa)				地勘建议(kPa)	规范值[12](kPa)
	S1-1	S1-2	S1-3	平均	预制桩	预制桩
②～④	43	31	33	35.7	20	15～40
⑤₁	76	50	50	58.7	40	45～65
⑤₃	91	82	70	81.0	55	50～70
⑤₄	111	117	—	114.0	65	80～100
⑦	111	117	89	114.0	65	70～100
⑧₁、⑧₂	96	108	86	102.0	70	55～80

注：下部土层极限平均值仅取 S1-1 和 S1-2 的平均值。

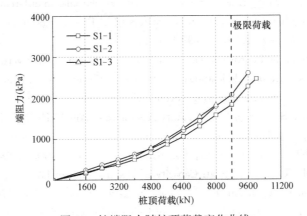

图 14　桩端阻力随桩顶荷载变化曲线

Fig. 14　Curves of pile toe resistance versus applied load

极限端阻力实测值与推荐值对比

表 4

Comparison of measured and recommended values of the ultimate unit toe resistance

Table 4

试桩	总端阻力(kN)	极限端阻力(kPa)	地勘推荐值(kPa)	
			预制桩	钻孔灌注桩
S1-1	2067	1828		
S1-2	2339	2068	3500	1500
S1-3	2053	1815		

4　结论

静钻根植桩通过模型试验与现场试验，对其在荷载传递过程中预制桩及桩周水泥土及桩端水泥土所起的作用进行了研究，根据结果进行分析可以得到以下结论：

（1）桩周水泥土与桩端水泥土在静钻根植桩荷载传递机理中所起的作用不同，桩侧水泥土起着传递荷载的过渡层的作用，而桩端水泥土需要承担一部分桩端荷载。

（2）模型试验在加载过程中，靠近桩端水泥土处的桩侧水泥土中应力会突然增大，在实际工程中需对该区域的水泥土强度进行增强。

（3）模型试验中水泥土与桩周土之间的极限侧摩阻力要比现场试验中所测得水泥土与桩周土的极限侧摩阻力大，说明在现场搅拌水泥土时提高搅拌均匀性可以提高桩侧摩阻力。

（4）静钻根植桩桩身轴力可以直接传递到桩端，表现为端承摩擦桩的特性。静钻根植桩的扩大头设置，提高了桩端承载力的发挥，在极限荷载条件下，桩端（扩大头）承载力占总荷载的 23.5%～26.6%。

参考文献

[1] Horiguchi T，Karkee M B．Load tests on bored PHC nodular piles in different ground conditions and the bearing capacity based on simple soil parameters [J]．Proceedings of Technical Report of Japanese Architectural Society，1995，1：89-94 (in Japanese)．

[2] Karkee M B，Horiguchi T，Kishida H．Limit state formulation for the vertical resistance of bored PHC nodular piles based on field load test results [C] // Eleventh Asian Regional Conference on Soil Mechanics and Geotechnical Engineering．Seoul，Korea，1999：237-240．

[3] Karkee M B，Kanai S，Horiguchi T．Quality Assurance in Bored PHC Nodular Piles Through Control of Design Capacity Based on Loading Test Data [C] // Proceedings of the 7th International Conference and Exhibition，Piling and Deep Foundations．Vienna，Austria，1998，1 (24)：1-9．

[4] Borda O，Uno M，Towhata I．Shaft Capacity of Nodular Piles in Loose Sand．Proceedings of the 49th National Conference，Japanese Geotechnical Society，2007，2：1175-1176 (in Japanese)．

[5] Honda T，Hirai Y，Sato E．Uplift capacity of belled and multi-belled piles in dense sand [J]．Soils and Foundations，2011，51 (3)：483-496．

[6] 张日红．新型预制桩产品与工法 [C] // 中国混凝土与水泥制品协会预制桩分会暨学术交流会论文集．浙江，2012：12-20．

[7] 中华人民共和国住房和城乡建设部．建筑基桩检测技术规范：JGJ 106—2014 [S]．北京：中国建筑工业出版社，2015．

[8] 浙江省住房和城乡建设厅．静钻根植桩基础技术规程：DB33/T 1134—2017 [S]．北京：中国计划出版社，2017．

[9] 王卫东，李永辉，吴江斌．上海中心大厦大直径超长灌注桩现场试验研究 [J]．岩土工程学报，2011，33 (12)：1817-1826．

[10] 王卫东，吴江斌，聂书博．武汉中心大厦超长软岩嵌岩桩承载特性试验研究 [J]．建筑结构学报，2016，37 (6)：196-203．

[11] 胡庆红，谢新宇．深长大直径扩底灌注桩承载性能试验研究 [J]．建筑结构学报，2009，30 (4)：151-157．

[12] 上海市城乡建设和交通委员会．地基基础设计规范：DGJ 08-11—2010 [S]．上海：上海市建筑建材业市场管理总站，2010．

[13] 王卫东，凌造，吴江斌，等．上海地区静钻根植桩承载特性现场试验研究 [J]．建筑结构学报，2019，40 (2)：238-245．

[14] 周佳锦，龚晓南，王奎华，等．静钻根植竹节桩荷载传递机理模型试验 [J]．浙江大学学报（工学版），2015，49 (3)：531-537．

某工程碎石填土地基超高能级强夯加固试验

孙盼，刘海涛，王泽希

（中南勘察设计院集团有限公司，湖北 武汉 430071）

摘　要：某市拟建的自动化新能源汽车生产厂，部分厂房采用高精度机器人生产线，厂房对变形控制要求十分严格。而场地为削峰填谷整平形成，工程地质条件复杂。为了检验工艺的可行性指导地基处理工程的大面积实施，对场区的碎石填土地基分区进行 8000～15000kN·m 能级的试夯试验，通过群夯试验获得了强夯施工参数，通过平板载荷试验和浸水平板载荷试验获得强夯后地基承载力；受到碎石的影响，常规的检测方法难以准确检测到加固效果，因此采用超重型动力触探、瑞利波和井间声波 CT 三种方式联合检测，经分析与研究得出如下结论：（1）强夯后地基承载力特征值为 275～400 kPa，满足设计要求。（2）强夯处理后地基土均匀性好，密实度提高，8000～15000kN·m 能级有效加固深度为 9.0～11.1m，可为全场地基处理提供依据。瑞利波和井间声波 CT 测试均能准确地反映碎石填土的性质。（3）通过对检测得到的强夯有效加固深度反推，得到场地片岩碎石填土地基的梅纳公式修正系数为 0.29～0.32。

关键词：平板载荷试验；井间声波 CT；联合检测；有效加固深度

Experiment on the Rock Filling Soil Foundation by Using Super High Energy Level Dynamic Consolidation

Sun Pan，Liu Haitao，Wang Zexi

（Central Southern Geotechnical Design Institute Co.，Ltd.，Wuhan Hubei 430071，China）

Abstract：To proceed partition testing by using 8000～15000kN·m energy level dynamic condition，on the rock filling soil foundation for a automated car factory. Obtained construction parameters of dynamic compaction by group of point tamping test. Obtained the bearing capacity of the foundation after dynamic consolidation；Affected by the filling rocks，It is hard to detect the reinforcement effect by conventional detection methods，Therefore，combined detection is adopted with ultra heavy dynamic sounding，Rayleigh wave，and interwell acoustic wave CT three ways. Through analysis and research came to the following conclusions. 1. The bearing capacity of the foundation is 275～400kPa after dynamic consolidation，meet the design requirements. 2. The foundation becomes even and compacted after dynamic compaction，the effective depth of reinforcement is 9.0～11.5m，Provide evidence for ground treatment of the entire site. The Rayleigh wave，and interwell acoustic wave CT test can accurately reflect the nature of the rock filling soil foundation. 3. Via backstepping the effective depth of reinforcement，Obtained the the revised coefficient of Menard formulation is 0.29～0.32 on the rock filling foundation.

Keywords：Load test；Interwell acoustic wave CT；The joint detection；The effective depth of reinforcement

0 引言

强夯法又称动力固结法，是反复将夯锤提到高处使其自由落下，给地基以冲击和振动能量，将地基土夯实，从而提高地基承载力，降低其压缩性，改善地基性能[1]。强夯法可快速有效地加固地基，具有经济性好、绿色、节能等优点，在地基处理中得到了广泛应用。目前，胡瑞庚等[2] 对不同成分的填土进行高能级强夯试验，通过多种检测方法对比强夯前后地基承载力、密度的变化，提出考虑土类别的高能级强夯有效加固深度计算公式和修正系数取值表。刘远等[3] 对井间声波 CT 方法在地下孤石探测中的应用展开研究，通过 ART 法的反演结论与钻孔信息对比，指出井间声波 CT 技术可较好地探明地下地质体的信息。朱亚军等[4] 围绕强夯地基处理效果的多道瞬态瑞利波检测开展研究，通过建立瑞利波相速度与夯实地基的物理力学参数的关系式，反演得到整个场地的物理力学参数等值线图，克服了传统方法只能进行有限点抽检的缺点。孙涤等[5] 对抛石填海地基高能级强夯工程试夯试验开展研究，采用多种方法对地基处理效果进行检测和探讨，得出了有益的结论。强夯的有效加固深度受水、地基土性质、夯击能级的影响而不同。

本文以某市政府扶持重点建设工程为背景，针对拟采用的超高能级强夯进行试验、检测以确定其设计和施工参数，为该地基处理工程的大面积实施提供依据。本文在厂区的开山片岩碎石填土地基上分别进行了 $8000 \sim 15000 \mathrm{kN \cdot m}$ 超高能级强夯试验获得了相应的施工参数；通过浅层平板载荷试验检验加固后的地基承载力；并通过夯前、夯后动力触探和瑞利波测试，对比加固前后填土的密实度；并对动力触探、瑞利波测试和井间声波 CT 测试得到的强夯有效加固深度对比分析，得出不同能级的有效加固深度，结合梅纳公式提出该场地的有效加固深度计算修正系数 α 建议值，为超高能级强夯在该工程中的实施提供依据。为该地区的地基处理工程提供有益的借鉴。

1 工程地质概况

某工程为一自动化新能源汽车生产厂区，流水线采用机器人作业，工艺设备对基础的沉降变形控制要求十分严格。要求处理后 f_{ak} 不小于 200kPa 沉降满足规范[5] 要求。场地原为丘陵沟谷相间地貌，经削峰填谷整平形成，填料厚度 $0 \sim 50 \mathrm{m}$，碎石含量约 60%，一般粒径 $2 \sim 15 \mathrm{cm}$，地层主要由开山片岩碎石填土层、第四系粉质黏土层和中元古界火山喷发式沉积变质岩系片岩组成。根据原位测试结合地区经验等确定填土技术参数为 $f_{ak} = 150 \mathrm{kPa}$，$E_0 = 8 \mathrm{MPa}$。场地土层情况见表 1。

场地土层分布情况表

表 1

层号	土层名称	厚度(m)	平均厚度(m)
①	素填土	$0 \sim 50$	25
②	粉质黏土	$0 \sim 9$	4.5
③₁	强风化片岩	$0 \sim 5$	2.5
③₂	中风化片岩	—	—

2 强夯试夯试验

2.1 试验布置

据勘察报告，填土成分为开山片岩混山表土，回填方式为抛填，回填时间约4年。填土呈松散—稍密状态，压缩性高，尚未完成自重固结，是厂房基础的持力层，设计要求处理后地基承载力 $f_{ak} \geq 200kPa$；地基处理考虑采用分级强夯地基处理方案。强夯试验分为 8000kN·m、10000kN·m、12000kN·m 和 15000kN·m 能级4个区。初定的施工参数如表2所示，采用直径2.5m的圆形夯锤，5遍成夯，第1、2遍为主夯，第3遍为加密夯，最后用 2000～3000kN·m 满夯两遍。

高能级强夯试夯施工参数 表2

试验区	一区	二区	三区	四区
能级(kN·m)	8000	10000	12000	15000
试验区面积(m×m)	30×30	32×32	35×35	35×35
第1、2遍夯点间距(m×m)	9×9	10×10	11×11	11×11
锤重(t)	52	55	70	75
落距(m)	15.5	18.5	17.5	20
加密点夯能级(kN·m)	3000	4000	6000	8000
锤重(t)	25	25	30	52
落距(m)	12	16	20	15.5

2.2 试验结果

4个试夯区试验结果较为接近，以 12000kN·m 能级为例，由图1可见，累计夯沉量与单击夯沉量曲线均为缓变型，无明显拐点，夯沉量第一击最大，随着夯击数增加夯沉量逐渐减小。夯击过程监测显示，由于土体未完成固结，颗粒间土体黏聚力低，每一击后夯坑侧壁均出现一定范围土体塌落至坑内，因此夯沉量在夯击过程中均匀减小，夯坑呈"漏斗形"逐渐增大，达到一定击数时趋于稳定。夯击过程呈现颗粒位移、击碎、孔隙压密的动力固结特点。夯击过程各能级夯坑周边均未出现隆起现象，周围土体出现裂隙，裂隙宽

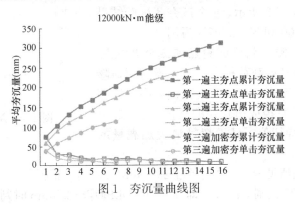

图1 夯沉量曲线图

度一般 2～10cm，可见原土体结构松散，孔隙较发育，夯击能量利用率较高。试夯试验布置及结果如表 3 所示，最佳击数为 5～7 击，最大夯沉量达 3.34m。各能级夯沉量依次为 2.35m、2.85m、3.13m、3.34m，能级间夯沉量增量依次为 0.50m、0.28m、0.21m，随着强夯能级的增加，夯沉量增加减缓，也从侧面反映了强夯加固深度增加减缓。

试夯试验结果表 表 3

试夯区	能级(kN·m)	试夯点数	夯击数	末两击夯沉量(mm)	累计夯沉量(m)	收锤标准
一区	8000	16	12	150	2.35	7
	8000	9	12	150	2.09	7
	3000	24	5	50	0.49	5
二区	10000	16	12	20 0	2.85	5
	10000	9	12	200	2.41	5
	4000	24	5	50	0.82	5
三区	12000	16	12	200	3.13	5
	12000	9	12	200	2.49	5
	6000	24	5	100	1.13	7
四区	15000	16	16	200	3.34	5
	15000	9	14	200	3.06	5
	8000	24	8	100	1.86	5

3 强夯试夯加固效果检测

通过浅层平板载荷试验检验加固后的地基承载力，夯前、夯后分别进行动力触探和瑞利波测试检验高能级强夯有效加固深度和地基均匀性，通过井间 CT 检测强夯有效加固深度及密实度。

3.1 浅层平板载荷试验

夯后在 4 个试验区进行平板载荷试验和浸水平板载荷试验，试验点均位于夯间。选用面积为 2.0m² 的方形承压板，最大加载量为 800kPa。浸水载荷试验加载至 400kPa 时开始加水，保持水深 30cm 直至加载至 800kPa，稳定后停止加水、卸载。试验所得 P-s 曲线如图 2 所示，4 个试夯区试验结果较为接近，因此以 10000kN·m 能级为例。

各试夯区载荷、浸水载荷试验点加载至 800kPa 时地基土均未出现破坏，载荷板周围土体没有明显隆起，P-s 曲线均呈缓变型，没有明显比例界限，取相对沉降量 s 与承压板直径或边长 b 的比值 $s/b=0.01$ 时对应值为承载力特征值，且不超过最大加载量的一半[8]。

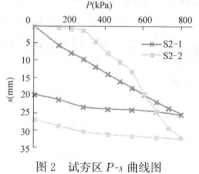

图 2 试夯区 P-s 曲线图

地基承载力特征值见表 4，总变形量 20～46mm 以内。根据附加湿陷量与承压板边长的比值 $\Delta F_s/b \geqslant 0.023$ 判别湿陷性，即 ΔF_s (200kPa)≥32.5mm 时判别为湿陷性土。

平板载荷试验成果表

表 4

试验点	s_{800kPa}(mm)	f_{ak}(kPa)	E_0(MPa)	ΔF_s(mm)
S1-1	21.96	400	56.6	—
S1-2	45.69	295	24.2	9.85
S2-1	25.21	400	34.1	—
S2-2	31.95	400	52.6	0.77
S3-1	37.65	298	24.8	—
S3-2	41.29	297	25.2	8.16
S4-1	28.11	370	30.5	—
S4-2	19.65	400	52.6	5.12

注：f_{ak}为地基承载力特征值。S*-1为平板载荷试验点，S*-2为浸水平板载荷试验点。

试夯区经过 8000～15000kN·m 能级强夯后，地基承载力特征值为 297～400kPa，均满足设计要求。试夯区在 200kPa 压力下的附加沉降量均小于限值，强夯后地基无湿陷性。S1-1、S2-2 和 S4-2 承载力及变形模量较高，分析原因为回填时填土中块石含量较高，加固后土体密实度高。S3 区域夯后承载力均低于其他区域，而沉降量均大于其他区域，分析原因为填土中黏性土含量相对其他区域较高，夯击密实效果相对较差。填土中碎石与黏性土各成分的含量对加固过程能量的传递与密实作用影响较大，碎石含量高时密实度与强度较高，黏性土含量高时密实度与强度较低。浸水载荷试验显示 S1 区域浸水后承载力显著降低，而其余区域无降低现象，原因为试验非同一位置，总体填土中碎石含量约60%，浸水后填土中黏性土强度有所降低而碎石降低甚微，总体呈现承载力降低甚微。浸水后土体承载力受填土构成影响较大，土中碎石吸水性较弱，浸水后承载力降低甚微，黏性土吸水性强，浸水后强度降低显著，加固后土体承载力随着黏性土含量增加（即碎石含量降低）降低，浸水后承载力降低较为显著，沉降有所增加。

3.2 动力触探试验

4 个试夯区进行了超重型动力触探测试，对比填土夯前、夯后土体均匀性、密实度情况，并确定各高能级强夯的有效加固深度。

如图 3 所示，试夯区夯前土体深度上均匀性差，填土中粗、细颗粒分布不均匀。4 个试夯区夯前平均击数依次为 10.4 击、5.6 击、4.3 击、12.1 击。强夯后在试验深度范围内，修正后的平均击数依次提高为 17.6 击、13.4 击、18.1 击、14.8 击。地基土密实度由稍密—中密提高为密实，且沿深度方向均匀性较好，强夯后整体加固效果明显。在碎石填土中强夯主要有将碎石击碎和土颗粒重新排列两种作用，动探曲线对比也说明了这一问题。各试夯区有效加固深度为 9m、9.5m、10m、10.5m，随着强夯能级的增加有效加固深度依次增加，但增加变缓。

3.3 瑞利波测试

夯前和夯后分别进行瑞利波测试，对比检验强夯加固效果。测试方法采用多道瞬态瑞利波法，布置 3 条测线/区，未强夯区 2 条测线，共 14 条测线，检测深度约 22m。各能级夯前、夯后瑞利波速对比如图 4、表 5 所示。

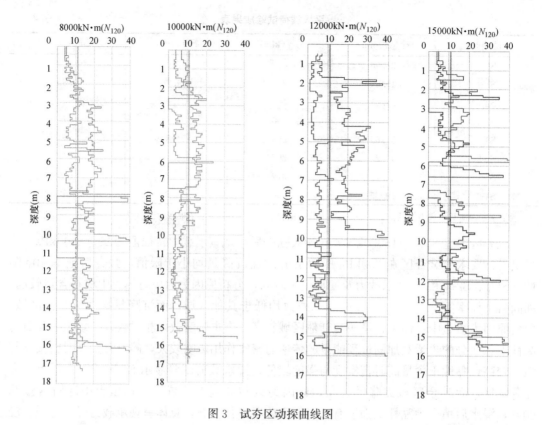

图 3　试夯区动探曲线图

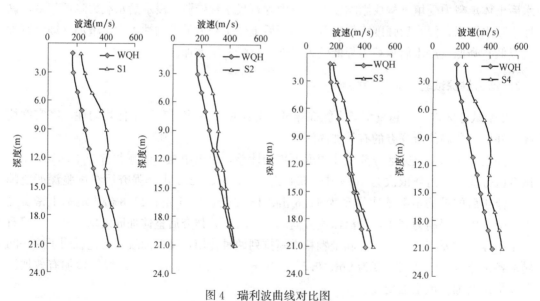

图 4　瑞利波曲线对比图

由图 4 可见夯后地基土瑞利波速呈现"之"字形，较强夯前提高明显，取波速拐点为强夯有效加固深度，取 4m 深度处瑞利波速评价地基处理效果[8]。经样本统计分析，相关系数 $r = 0.85$，瑞利波速 v_r 与承载力的经验公式为 $f_{ak} = 2.777 v_r^{0.769}$。通过统计分析可知夯后地基土瑞利波速浅层提高 45%~92%，平均提高 64%，夯后地基承载力提高显著，浅层地基承载力夯前177kPa，夯后提高到238～298kPa。通过经验公式求得的地基承载力与根据规范[8]确定的地基承载力较为吻合。

瑞利波试验成果表 表5

	未强夯	一区	二区	三区	四区
$h_{有效}$(m)	—	9.0	10.0	10.5	11.5
$v_{平均}$(m/s)	285	378	327	328	378
$f_{ak(平均)}$(kPa)	250	313	279	279	313
v_{4m}(m/s)	185	269	310	281	355
$f_{ak(4m)}$(kPa)	177	238	267	247	298
$f_{ak(规范)}$(kPa)	185	263	288	273	324

3.4 井间声波 CT 测试

井间声波 CT 测试是基于声波在介质中传播的差异，通过层析成像技术来查明研究区域地质信息的一种方法。受到碎石的干扰，常规的检测难以得到理想的结果，为了探明强夯的有效加固深度及地基土的密实度，在面波测线附近布置井间声波 CT 剖面。每试验区布置 1 个 CT 剖面（2 个钻孔），共 4 个剖面，井间距 3.0m，井深 28～41m。测试完成后得出 4 条声波波速剖面成果图，如图 5 所示，依次为 1～4 区测试结果。

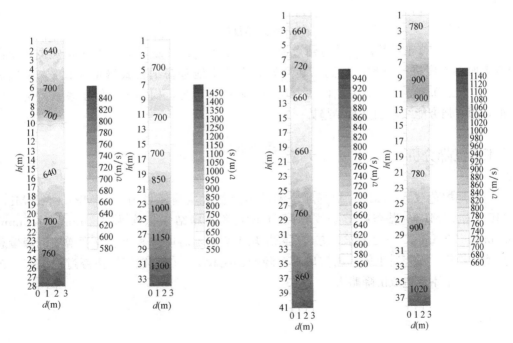

图 5 井间声波 CT 剖面图

声波速度等值线图显示，各试验区在深度 9m、10m、11m、11.5m 以内速度值差异不大，呈缓慢增长趋势，而以下波速度呈较快降低趋势，可据此判断强夯有效加固深度。有效加固深度范围内地基较均匀，最小波速为 600m/s，最大 900m/s，相对强夯未影响到

区域提高了 $16\%\sim22\%$。色谱中强夯有效加固深度范围内局部波速偏高，分析可能为碎石相对集中造成的；浅部波速偏低，分析为满夯施工质量不佳造成的。

4 有效加固深度计算的修正系数

前文中检测得到的强夯有效加固深度汇总如表 6 所示。通过超重型动力触探、瑞利波和井间声波 CT 测试得到的不同强夯能级有效加固深度基本一致，随着强夯能级的增加，有效加固深度增加，但增加变缓。

有效加固深度检测结果汇总表 　　表 6

有效加固深度 (m)	一区 8000(kN·m)	二区 10000(kN·m)	三区 12000(kN·m)	四区 15000(kN·m)
动探	9.0	9.5	10.0	10.5
瑞利波	9.0	10.0	10.5	11.5
井间 CT	9.0	10.0	11.0	11.5
均值	9.0	9.8	10.5	11.1
规范值	9.0～9.5	9.5～10	10～11	—

梅纳公式是应用较为普遍且经过大量实践检验的一种有效加固深度计算方法，其表达式为：

$$h = \alpha \sqrt{MH}$$

式中，α 为修正系数；M 为夯锤重量（t）；H 为夯锤落距（m）。根据前文测试得出的有效加固深度进行反推，得到场地片岩碎石填土地基梅纳公式修正系数 α，依次为 0.32、0.31、0.30、0.29，取均值约为 0.31。从结果可见，梅纳公式修正系数 α 为一变化值，随着强夯能级增加呈减小趋势。

5 工后沉降分析

车间地坪荷载为 50kPa，根据原位测试确定各区压缩模量为 70.7MPa、42.6MPa、31MPa、38.1MPa，强夯有效加固深度范围沉降计算结果依次为 6.4mm、11.5mm、16.9mm、14.6mm，满足要求。夯后沉降量均不大，随着能级和土层厚度增加沉降量总体呈增大趋势。强夯后土体的密实度对沉降的影响较大，较高能级因主夯过程中夯坑较深、满夯质量不佳造成沉降略大。

6 结论

（1）通过现场试验与分析，得到场地片岩碎石填土的强夯施工参数，4 个试夯区经 8000～15000kN·m 能级强夯后地基承载力特征值为 275～400kPa，满足设计要求。填土中随着黏性土含量增大加固后密实度与强度逐渐降低，填土中黏性土吸水性较强，浸水后强度降低显著，沉降有所增大。

（2）通过超重型动力触探、瑞利波测试和井间声波 CT 测试三种方式联合检测可知，强夯处理后地基土均匀性好，密实度提高，8000～15000kN·m 能级有效加固深度为 9.0～11.1m，可为全场地基处理提供依据。瑞利波和井间声波 CT 测试均能准确地反映碎石填土的性质。

（3）通过对检测得到的 8000～15000kN·m 能级强夯有效加固深度反推，得到场地片岩碎石填土地基的梅纳公式修正系数为 0.29～0.32。

参考文献

[1] 胡瑞庚，时伟，等. 深厚回填土地基高能级强夯有效加固深度计算方法及影响因素研究 [J]. 工程勘察，2018（3）：35-40.

[2] 刘远、孙进忠，等. 强夯地基处理效果的多道瞬态瑞利波检测 [J]. 地球物理学进展，2014，29（6）：2910-2916.

[3] 朱亚军，龙昌东等. 井间电磁波 CT 技术在地下孤石探测中的应用 [J]. 工程地球物理学报，2015，12（6）：721-725.

[4] 孙涤，胡瑞庚，等. 抛石填海地基高能级强夯工程试夯试验研究 [J]. 青岛理工大学学报，2016，37（4）：21-27.

[5] 中华人民共和国住房和城乡建设部. 建筑地基基础设计规范：GB 50007—2011 [S]. 北京：中国建筑工业出版社，2012.

[6] 王铁宏，水伟厚，等. 对高能级强夯技术发展的全面与辩证思考 [J]. 建筑结构，2009，39（11）：86-89.

[7] 水伟厚，王铁宏，等. 高能级强夯地基土载荷试验研究 [J]. 岩土工程学报，2007，29（7）：1090-1093.

[8] 中华人民共和国住房和城乡建设部. 建筑地基处理技术规范：JGJ 79—2012 [S]. 北京：中国建筑工业出版社，2013.

[9] 逯海，水伟厚. 强夯法有效加固深度影响因素的理论分析 [J]. 石河子大学学报，2001，22（4）：345-348.

十三聚铝对广西某膨胀土处理的试验研究

刘亮
（中南建筑设计院股份有限公司，湖北 武汉 430071）

摘　要：将羟基铝溶液与膨胀土进行混合交联，研究碱化度和铝土比对胶结样自由膨胀率和抗剪强度指标的影响并探讨胶结土自由膨胀率和抗剪强度指标的变化机理。试验结果表明：在羟基铝的合成中，碱化度是影响 $[Al_{13}]^{7+}$ 相对含量的主要因素；$[Al_{13}]^{7+}$ 是改变胶结土自由膨胀率的主要铝形态，它与黏土矿物晶层的亲和力较大，很难被其他阳离子置换出来；胶结土样的自由膨胀率随铝土比的增大而先快速减小然后基本不发生变化，表明了胶结土中黏土矿物对 $[Al_{13}]^{7+}$ 的吸附达到了饱和；改性后膨胀土的抗剪强度指标变化较为明显。
关键词：羟基铝；膨胀土；自由膨胀率；抗剪强度指标；碱化度；铝土比

Experimental Research on the Influence of the Hydroxy-aluminum $[Al_{13}]^{7+}$ over Free Swell of Expansive Soil

Liu Liang
(Central South Architectural Design Institute Co., Ltd. (CSADI), Wuhan Hubei 430071, China)

Abstract: The cross-linking tests are designed by mixing the hydroxy-aluminum solution and expansive soil, then the influence of the molar ratio of OH^- to Al^{3+} and ratio of total aluminum to expensive soil on free swell and shear strength parameters is further investigated. Meanwhile, the changing mechanism of free swell and shear strength parameters of the cemented soil is discussed. From the results of the tests it is found out that the molar ratio of OH^- to Al^{3+} is the critical factor affecting the relative content of $[Al_{13}]^{7+}$, and that the main aluminum species that change the free swell of the cemented soil is Al_{13} which is difficult to be substituted because of the stronger affinity with the crystal layer of the clay mineral. With the uniform increase of ratio of total aluminum to expensive soil, the free swell of the cemented soil samples is rapidly decreased and then basically does not change, indicating that the adsorption from Al_{13} to the clay mineral of the cemented soil reaches saturation. And the shear strength parameters of the cemented soil had significantly been changed as well.
Keywords: Hydroxy-aluminum; Expansive soil; Free swell; Shear strength parameters; Molar ratio of OH^- to Al^{3+}; Ratio of total aluminum to expensive soil

0　引言

膨胀土是一种颗粒高度分散、吸水膨胀失水收缩且具有特殊工程性质的高塑性黏性土。膨胀土的主要特征是：（1）黏粒（<2μm）含量超过 30%；（2）其黏土矿物中伊利石和蒙脱石类强亲水性矿物占主导地位；（3）其强度和体积变化均和含水量密切相关[1]；（4）属于塑限高于 40% 的超固结高液性黏土。膨胀土的这些危害会造成大量的经济损失，据不完全统计，我国由于膨胀土地基导致的受灾建筑面积达 1000 万 m² 以上，每年造成的经济损失约为 10 亿美元[2]。

十三聚铝 $[Al_{13}]^{7+}$ 被认为是良好的黏土矿物插层剂[3,4]。黏土矿物改性可追溯至 20 世纪 50 年代中期，Barrer 和 Macleod[5] 将季铵阳离子引入蒙脱石层间合成了柱撑蒙脱石。1972 年 Kidder[6] 将 $Al_2(SO_4)_3$ 和 NaOH 溶液依次滴入蒙脱石悬液中，使蒙脱石的膨胀性大大降低。而真正意义上的羟基铝柱撑黏土是 Brindley 在 1977[7] 年使用羟基铝聚合物与蒙脱土交联合成的，交联后的蒙脱土具有较好的热稳定性。随后有很多学者也进行了羟基铝柱撑黏土矿物的相关性质研究，并得出了相应的结论：膨胀性黏土矿物与 $[Al_{13}]^{7+}$ 交联后能形成稳定的晶层间距[8]，并且其物理性质如晶层膨胀性、阳离子交换容量和比表面积等发生巨大变化[9-11]。

本文通过对经十三聚铝 $[Al_{13}]^{7+}$ 溶液处治前后广西某膨胀土的自由膨胀率、抗剪强度指标等物理力学性质的分析研究，揭示了膨胀土中黏土矿物晶层对羟基铝离子的吸附机制以及胶结土自由膨胀率的变化机理，同时为后期羟基铝-膨胀土的其他膨胀性质以及力学性质的宏微观研究提供理论基础。

1 十三聚铝 $[Al_{13}]^{7+}$

$[Al_{13}]^{7+}$ 是羟基铝形态中的一种低聚物，其化学式为 $[AlO_4 Al_{12}(OH)_{24} (H_2O)_{12}]^{7+}$。图 1（a）为 $[Al_{13}]^{7+}$ 的 CPK（Corey-Pauling-Koltun）模型，绿色、红色和粉色球体分别表示氢原子、氧原子和铝原子，从图中可以看出，$[Al_{13}]^{7+}$ 是由 13 个铝原子（Al）和 4 个 $\mu4$-O、12 个 $\mu2$-OH[a]、12 个 $\mu2$-OH[b] 以及 12 个 ηOH₂ 组成[1]。如图 1（b）所示，$[Al_{13}]^{7+}$ 是由 1 个中心铝氧四面体（AlO_4）和 12 个铝氧八面体（AlO_6）

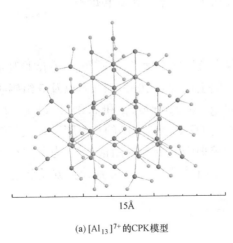

15Å

(a) $[Al_{13}]^{7+}$ 的 CPK 模型

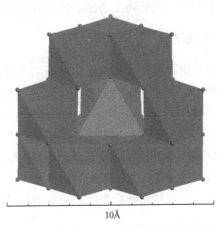

10Å

(b) $[Al_{13}]^{7+}$ 的多面体模型

图 1 $[Al_{13}]^{7+}$ 的分子结构模型

组成的四面体（Td）对称体。

在黏土矿物柱撑或交联体系中，羟基铝是非常理想的柱撑剂或交联剂，这是因为羟基铝溶液中含有大量阳离子聚合体，能吸附在带负电的黏土晶体表面，其中 $[Al_{13}]^{7+}$ 因其尺寸和带电量而成为最常用的羟基铝交联剂。事实上，纯 $[Al_{13}]^{7+}$ 溶液是很难制备的，本试验采用高 $[Al_{13}]^{7+}$ 含量的羟基铝溶液作为交联剂。

羟基铝溶液中十三聚铝 $[Al_{13}]^{7+}$ 含量的影响因素一般包括总铝浓度、碱化度（羟基离子与铝离子的摩尔比）、合成反应温度和碱滴入速率等，其中碱化度 $\leqslant 2.5$ 时，$[Al_{13}]^{7+}$ 的含量随碱化度的增大而增加。本文主要研究羟基铝溶液碱化度和羟基铝溶液与膨胀土配比（以下简称为铝土比，mmol/g）对胶结土自由膨胀率和抗剪强度指标的影响。

2 十三聚铝 $[Al_{13}]^{7+}$ 对胶结土的影响规律

本文选用广西南宁某快速环道的膨胀土作为处理对象，膨胀土的阳离子交换容量（CEC）和比表面积（SSA）分别为 137.59mmol/kg 和 141.84m²/g，自由膨胀率为 54.0%，其一般物理性质如表 1 所示。胶结试验前膨胀土经碾细、过 0.5mm 筛以及烘干处理，试验中所用化学试剂均为分析纯，试样制备所用水为蒸馏水。

试验膨胀土的基本性质（%） 表 1

蒙脱石	界限含水量		塑性指数	颗粒组成		
	液限	塑限		0.005~0.074	0.002~0.005	<0.002
10.2	53.74	32.20	21.54	33.7	16.3	50.0

2.1 胶结样制备

将 300g 膨胀土置于 2000mL 的玻璃烧杯中，根据预先设定的铝土比，将一定体积经核磁共振检测后的 200mmol/L 的羟基铝溶液缓慢倒入烧杯中，剧烈搅拌 10min 后在室温下老化 2 周。随后将上清液取出，并将胶结土样风干、碾细、过筛和烘干。

2.2 胶结试验

为了探寻碱化度和铝土比对胶结土自由膨胀率及抗剪强度指标的影响，本试验制备了 5 组碱化度分别为 0.5、1.0、1.5、2.0 和 2.5（铝土比为 0.20mmol/g）以及 5 组铝土比分别为 0.10mmol/g、0.14mmol/g、0.18mmol/g、0.22mmol/g 和 0.26mmol/g（碱化度为 2.0）的胶结样。根据《公路土工试验规程》JTG E40—2007 的自由膨胀率及三轴剪切试验具体步骤对各胶结土样进行自由膨胀率和抗剪强度指标的测量[12]。为了减小试验的人为测量误差，每组胶结样分为三份，每份再做平行测量，并分别计算方差和变异系数。对于方差和变异系数较大的样组，其自由膨胀率须重新测量。

2.3 试验结果与分析

（1）碱化度对自由膨胀率的影响

自由膨胀率随羟基铝碱化度的变化规律如图 2 所示，随着碱化度由 0～2.24 变化，$[Al_{13}]^{7+}$ 的含量逐渐增大，聚集在具有负电荷晶层表面的 $[Al_{13}]^{7+}$ 也逐渐增多，导致矿物晶层间与晶层外平衡溶液中相对应离子的渗透压差变小，扩散双电层变薄，相邻双电层间的斥力变弱[19]，因而进入晶层的水分子层数变少，矿物的晶层扩张程度变小，从而导致自由膨胀率减小，此时胶结土的自由膨胀率由 54% 降低至 31%。当继续增加羟基铝溶液的碱化度，$[Al_{13}]^{7+}$ 的含量增加缓慢，且 $[Al_{13}]^{7+}$ 向其他铝聚合物转化的速率加快，矿物晶层表面聚集的 $[Al_{13}]^{7+}$ 数量减少，胶结土的自由膨胀率出现缓慢增大的趋势。

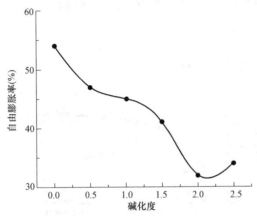

图 2　自由膨胀率与羟基铝碱化度的变化关系（铝土比为 0.20mmol/g）

（2）铝土比对自由膨胀率的影响

带负电荷的黏土矿物晶层表面会吸附阳离子，其电荷分布决定了吸附阳离子的数量和分布。本文将阳离子的吸附数量达到了电荷分布的上限称为吸附饱和，吸附饱和与黏土矿物晶层表面的电荷密度相关。当阳离子的吸附未达到饱和时，电解质溶液或可溶盐溶液中的阳离子数量增加会促进阳离子的吸附，而阳离子的吸附达到饱和后，晶层表面吸附的阳离子数量基本不发生变化。

铝土比对自由膨胀率的影响取决于 $[Al_{13}]^{7+}$ 的数量、黏土矿物的类型和含量以及矿物晶层表面的电荷密度等，$[Al_{13}]^{7+}$ 插入黏土矿物晶层间会减小相邻晶层间的斥力，从而减小自由膨胀率。如图 3 所示，当铝土比从 0 增大至 0.18mmol/g 时，被吸附在晶层表面的 $[Al_{13}]^{7+}$ 的数量越来越多，膨胀土的自由膨胀率快速减小至 32%，而向膨胀土中继续加入羟基铝溶液，自由膨胀率的变化甚微，表明当铝土比达到 0.18mmol/g 时膨胀土中的黏土矿物晶层表面达到了吸附饱和。

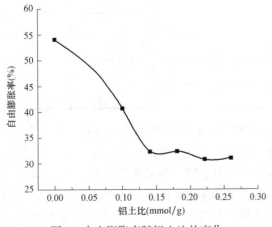

图 3　自由膨胀率随铝土比的变化
规律（碱化度为 2.0）

（3）胶结土抗剪强度特性

试验膨胀土和不同铝土比的胶结土通过不固结不排水三轴剪切试验获得土体抗

剪强度指标，试样均为重塑土样，试样制备及剪切试验规程按照《土工试验方法标准》GB/T 50123—2019进行。

图4为试验膨胀土和胶结土的不固结不排水三轴剪切试验的应力应变曲线，从图中可以看出，随着铝土比增大，胶结土样出现应变软化，当铝土比增加至0.26mmol/g时，胶结土样应变软化最为明显。表2为试验膨胀土和胶结土的不固结不排水剪切试验的强度指标结果，从表中可以看出，改良后的土样的黏聚力和内摩擦角均有较大的变化。随着铝土比增大到0.18mmol/g，黏聚力从155.4kPa增大至327.7kPa，黏聚力升高了一倍多，随着铝土比继续增大，土样的黏聚力开始下降；而内摩擦角在0.10mmol/g处有轻微增大，然后随铝土比的增加而先减小后增加。

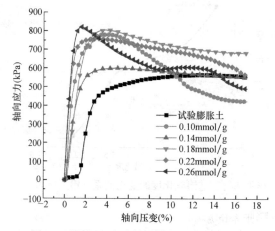

图4　不同铝土比胶结试样的应力应变曲线

试验膨胀土改良前后的抗剪强度指标　　　　　　　　　　　　　　　　　　表2

试样	含水量(%)	干密度(g/cm³)	抗剪强度指标	
			c_{uu}(kPa)	φ_{uu}(°)
试验膨胀土	14.6	1.63	155.4	20.8
胶结土(铝土比0.10)	14.6	1.62	251.6	13.2
胶结土(铝土比0.14)	14.5	1.62	280.8	12.9
胶结土(铝土比0.18)	14.6	1.62	327.7	9.5
胶结土(铝土比0.22)	14.6	1.63	307.9	9.1
胶结土(铝土比0.26)	14.6	1.62	218.4	26.9

铝土比-抗剪强度指标的关系说明了：①羟基铝溶液中铝形态进入颗粒后与带负电颗粒产生了团聚、包被等物理化学反应，改变了土体的粒径级配，从而影响了土体的黏聚力和内摩擦角；②膨胀土体的带电颗粒的吸附能力具有上限，当羟基铝阳离子的含量增大到一定时，土颗粒与粒子进行物理化学吸附和离子交换等的活性部位几乎被完全占据；③铝土比继续增加时，未被吸附的羟基铝阳离子仍留在孔隙间，但其与土颗粒的结合力较弱，可随孔隙液流动，土样在饱和氯化钠溶液中浸泡后这部分羟基铝离子可以被钠离子置换出来。

3 结论

本文通过研究羟基铝溶液中 $[Al_{13}]^{7+}$ 相对含量的影响因素以及不同碱化度和铝土比的胶结土样的自由膨胀率和抗剪强度指标的变化规律，得出以下结论：

（1）$[Al_{13}]^{7+}$ 相对含量随碱化度的增加而先增大后减小，而自由膨胀率随碱化度的增加而先减小后增大，表明了羟基铝溶液对改变膨胀土的自由膨胀率有显著的效果，并且影响胶结土自由膨胀率的主要铝形态为 $[Al_{13}]^{7+}$。

（2）当胶结土样的铝土比从 0 增大至 0.26mmol/g 时，其自由膨胀率先快速减小然后基本不发生变化，胶结土中的黏土矿物在铝土比为 0.18mmol/g 处对 $[Al_{13}]^{7+}$ 的吸附达到饱和。

（3）胶结土的三轴剪切试验结果表明，改良后的土样由塑性破坏变为脆性破坏，最大黏聚力相比试验膨胀土提升了一倍多，强度变化较为明显。

参考文献

[1] 缪林昌，仲晓晨，殷宗泽. 膨胀土的强度与含水量的关系 [J]. 岩土力学，1999（2）：71-75.

[2] 高国瑞. 近代土质学 [M]. 北京：科学出版社，2013.

[3] ZHU R L，WANG T，GE F，el al. Intercalation of both CTMAB and Al_{13} into montmorillonite [J]. Journal of Colloid and Interface Science，2009，335：77-83.

[4] LAHAV N，SHANI U，SHABTAI J. Cross-linked smectites. 1. Synthesis and properties of hydroxy-aluminum-montmorillonite. Clays and Clay Minerals 26，107-115，doi：10.1346/ccmn.1978.0260205（1978）.

[5] BARNHISEL R，RICH C. Gibbsite formation from aluminum-interlayers in montmorillonite [J]. Soil Sci. Soc. Am，1963，27：632-635.

[6] JOBSTMANN H，SINGH B. Cadmium sorption by hydroxy-aluminum interlayered montmorillonite [J]. Water，Air，& Soil Pollution，2001，131：203-215.

[7] BRINDLEY G W，SEMPELS R E. Preparation and properties of some hydroxy-aluminum beidellites [J]. Clay Min，1977，12：229-237.

[8] 查甫生，杜延军，刘松玉，等. 自由膨胀比指标评价改良膨胀土的膨胀性 [J]. 岩土工程学报，2008，30（10）：1502-1509.

[9] PRAKASH K，SRIDHARAN A. Free swell ratio and clay mineralogy of fine-grained soils [J]. Geotechnical Testing Journal，2004，27（2）：220-225.

[10] 郭爱国，孔令伟，陈建斌. 自由膨胀率试验的影响因素. 岩土力学，2006，27（11）：1949-1953.

[11] J G. On the crystal structures of some basic aluminum salts [J]. Acta chem. Scand，1960，14（3）：771-773.

[12] 交通部公路运输科学研究院. 公路土工试验规程：JTG E40—2007 [S]. 北京：人民交通出版社，2007.

天津滨海新区浅部地基土对地铁盾构区间主体结构腐蚀性规律浅析

唐海明[1]，李平[2]

（1. 天津市勘察设计院集团有限公司，天津　300191；

2. 大连科技学院，辽宁 大连　116052）

摘　要：通过收集天津滨海新区 268 组地基土中易溶盐室内试验数据，根据 268 组试验数据，分析了滨海新区埋深 35.0m 以上地基土中硫酸根离子、氯离子、平均含盐量、pH 随深度的分布规律，同时分析了地基土对盾构主体结构的腐蚀性，然后结合轨道交通中盾构区间主体结构的埋深和位置，提出了在地下水位下应取土样进行易溶盐分析试验，提供了地下轨道交通盾构区间主体结构防腐的措施和建议。

关键词：地基土；易溶盐；盾构区间；pH 值

Analysis of the Corrosive Effect of the Foundation Soil in Binhai New Area of Tianjin on the Construction Materials of Rail Transit

Tang Haiming[1]，Li Ping[2]

（1. Tianjin survey Design Institute Group Co. ，Ltd. ，Tianjin 300191；

2. Dalian University of science and technology，Dalian Liaoning 116052）

Abstract：Based on 268 groups of laboratory test data of soluble salt in foundation soil in Binhai New Area of Tianjin，the distribution law of ion content，salt content and pH with depth in shallow foundation soil with buried depth of 35.0m in Binhai New Area is analyzed，and the corrosiveness of foundation soil to building materials is analyzed. Then，combined with the buried depth and location of shield interval in rail transit，the ground is proposed It is necessary to take soil samples for soluble salt analysis and determine the corrosiveness of the foundation soil to the building materials under the water level. The measures and suggestions for the anti-corrosion of the shield section of underground rail transit are given.

Keywords：Foundation soil；Soluble salt；Shield interval；pH Value

0　引言

　　天津滨海新区轨道交通 B1 线盾构区间主体结构主要位于埋深 18.0～30.0m 段，而天津滨海新区地下水水位一般位于埋深 1.0～2.0m 之间，B1 线隧道区间管片全部位于地下水位以下，盾构管片一边接触地下水，一边暴露在空气中，管片和管片连接处存在缝隙，这些缝隙对盾构结构的完整性及防水产生不利影响，尤其在滨海软土地区，轨道交通的后期运营可能产生新的裂隙，盾构管片在有氧的环境下，管片周围的土体和地下水对管片的腐蚀性就不同于在缺氧环境下的腐蚀性。因此，根据国家规范[1]，笔者认为在盾构区间结构体一定范围内仅取地下水进行腐蚀性判定是不够的，还有必要取地基土对盾构区间的腐蚀性进行判定。

斯蔼等[2] 对天津滨海新区埋深 60.0m 以上的 3 个钻孔中地基土样的含盐量及腐蚀性进行了初步分析；唐海明等[4] 对天津滨海新区地下潜水、承压水对建筑材料的腐蚀性进行了初步分析探索；由于人们对滨海新区地基土的腐蚀性认识存在不足，主要是滨海新区埋深 30.0m 以上浅层地基土易溶盐试验数据相对较少；本次收集了滨海新区埋深 35.0m 以上 268 组地基土易溶盐试验结果（地基土收集点位置详见图 1），这些数据分布在滨海新区大部分区域，基本上反映滨海新区地基土的实际情况；根据试验结果，对天津滨海新区埋深 35.0m 以上地基土中部分离子含量较高，建筑材料腐蚀性影响较大的氯离子、硫酸根离子等进行了分析和探索，同时也对地基土中平均含盐量和 pH 的规律进行了初步分析。

1 天津滨海新区浅部地基土情况简介

天津滨海新区埋深 35.0m 以上地基土按成因年代可分为以下几个大层，埋深约 17.50m 以上主要由人工填土层（Q_{ml}）、新近冲积层（$Q_4^{3N}al$）黏性土、全新统第 I 海相浅海相沉积层（Q_4^2m）淤泥质土、粉质黏土层组成，其中淤泥质土的底板埋深一般在 15.00m 左右，埋深 17.50m 到埋深 35.0m 段主要由全新统第 II 陆相沼泽相沉积层（Q_4^1h）黏性土层、全新统第 II 陆相河床—河漫滩相沉积层（Q_4^1al）黏性土、粉土层，上更新统第五组陆相冲积层上更新统第五组陆相冲积层（Q_3^eal）黏性土、粉土层、上更新统第 II 海相滨海—潮汐带相沉积层（Q_3^dmc）粉砂层组成。

图 1　地基土收集点位置示意图

Fig. 1　Sketch map of location of foundation soil collection points

2 天津滨海新区浅部地基土离子含量情况简介

（1）埋深 35.0m 以上地基土中氯离子含量分析及腐蚀性判定

根据收集 268 组土易溶盐数据分析，268 组易溶盐分析数据中氯离子含量大于 5000mg/kg 占到样本总数的 41%，按照国家标准[1]，当氯离子含量大于 5000mg/kg 时对钢筋混凝土中的钢筋具有强腐蚀，因此，天津滨海新区浅部地基土对钢筋具有强腐蚀性占总样本数的 41%；氯离子含量一般在 500~5000mg/kg 之间时对钢筋混凝土中的钢筋具有中等腐蚀性，占总样本数的 54%；氯离子含量小于 500mg/kg 时对钢筋混凝土中的钢筋具有弱或微腐蚀性，占总样本数的 5%。

另外，从易溶盐取样深度分析，一般位于埋深 15.0m 以上地基土中氯离子含量一般大于 500mg/kg，对钢筋具有中等—强腐蚀性，埋深 15.0~35.0m 段地基土中氯离子含量一般小于 500mg/kg，对钢筋具有微—弱腐蚀性，埋深 35.0m 以上天津滨海新区地基土具体腐蚀性情况及土中氯离子含量占样本总数百分比见表 1，氯离子含量随深度变化图见图 2。由于滨海新区盐田区域埋深 11.0m 以上氯离子含量明显比其他地点数值大，因此单独绘制盐田区域氯离子含量随深度变化图见图 3。

土中氯离子含量占样本总数百分比及腐蚀性判定表　　　　　表 1

Determination of chloride ion content and corrosiveness in soil　　　Table 1

介质类型	土中氯离子含量(mg/kg) B	所占样本比例 总样本数(%)	对钢筋腐蚀性
地基土	<250	1	微腐蚀
	250~500	4	弱腐蚀
	500~5000	54	中等腐蚀
	>5000	41	强腐蚀

（2）土中硫酸根离子含量及腐蚀性分析

将收集的 268 组易溶盐数据依据国家标准[1]，按有干湿交替和无干湿交替两种情况下对地基土中硫酸根离子含量进行分析，分析情况如下：

按有干湿交替（Ⅱ类）情况条件下，268 组土易溶盐分析试验中硫酸根离子含量小于 450mg/kg，对混凝土结构有微腐蚀性，占总样本数 45.9%；硫酸根离子含量在 450~2250mg/kg，对混凝土结构有弱腐蚀性，占总样本数 46.6%；硫酸根离子含量大于 2250mg/kg，对混凝土结构有中等—强腐蚀性，占总样本数的 7.5%。在无干湿交替情况下，268 组土易溶盐分析试验中硫酸根离子含量小于 585mg/kg，对混凝土结构有微腐蚀性，占总样本数 59.3%；硫酸根离子含量在 585~2925mg/kg，对混凝土结构有弱腐蚀性，占总样本数 33.6%；硫酸根离子含量大于 2925mg/kg，对混凝土结构有中等—强腐蚀性，占总样本数 7.1%，具体情况详见表 2。

根据易溶盐取样深度分析，其中埋深 15.0m 以上硫酸根离子含量范围变化较大，一般在 108.18~2341.46mg/kg 之间变化，但在盐田区域总体含量较高，硫酸根离子含量在 3936.93~9966.23mg/kg 之间变化；整个滨海新区埋深 15.00~35.0m 段地基土中硫酸根离子浓度范围变化较小，硫酸根离子含量范围一般在 112.51~876.32mg/kg 之间变化，滨海新区硫酸根离子含量随深度变化见图 4，由于滨海新区盐田区域埋深 11.0m 以上硫酸

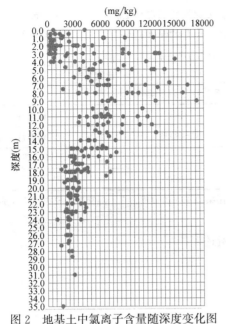

图 2　地基土中氯离子含量随深度变化图

Fig. 2　Variation of chloride ion content
with depth in foundation soil

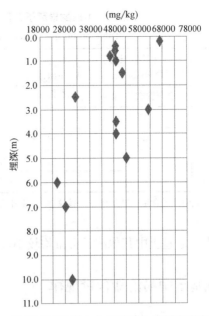

图 3　盐田区域地基土中氯离子含量随深度变化图

Fig. 3　Variation of chloride content with
depth in foundation soil of Yantian area

根离子含量明显比其他地点数值大，为便于画图，单独绘制盐田区域硫酸根离子含量随深度变化图见图 5。

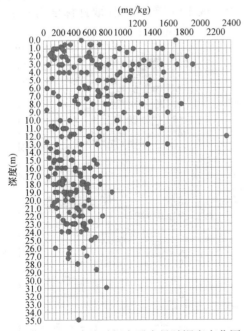

图 4　地基土中硫酸根离子含量随深度变化图

Fig. 4　Variation of concentration of
sulfate ion in foundation soil with depth

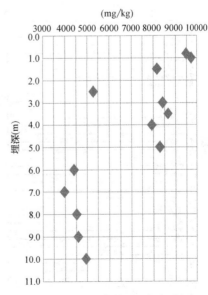

图 5　盐田区域地基土中硫酸根
离子含量随深度变化图

Fig. 5　Variation of sulfate ion content
with depth in foundation soil of Yantian area

介质类型	土中硫酸根离子含量(mg/kg) 有干湿交替（Ⅱ类）	所占样本比例总样本数(%)	对混凝土结构腐蚀性	土中硫酸根离子含量（mg/kg）无干湿交替（Ⅱ类）	所占样本比例总样本数(%)	对混凝土结构腐蚀性
地基土	<450	45.9	微腐蚀	<585	59.3	微腐蚀
	450~2250	46.6	弱腐蚀	585~2925	33.6	弱腐蚀
	2250~4500	1.9	中等腐蚀	2925~5850	3.4	中等腐蚀
	>4500	5.6	强腐蚀	>5850	3.7	强腐蚀

注：表中离子含量中判定数据是按文献［1］中有干湿交替作用乘以 1.5 的数值，无干湿交替中再乘以 1.3 的数值。

由于地基土中其他离子含量均较小，在此不再赘述。

3　地基土中易溶盐含量规律

根据国家标准[1] 盐渍土的定义，岩土中易溶盐含量大于 0.3%，并具有溶陷、盐胀、腐蚀等工程特性时，应判定为盐渍岩土，因此，对本次 268 组易溶盐资料分析，天津滨海新区盐渍土属于氯盐渍土和亚氯盐渍土，易溶盐数据中平均含盐量在 0.3%～1% 之间为 169 组数据，占总样本的 63%；平均含盐量在 1%～5% 之间为 88 组数据，占总样本的 33%；平均含盐量在 5%～8% 之间的仅为 1 组数据；平均含盐量大于 8% 为 10 组数据，占总样本的 4%，根据 10 组易溶盐数据情况分析，该 10 组数据土样取样深度为 0.2～

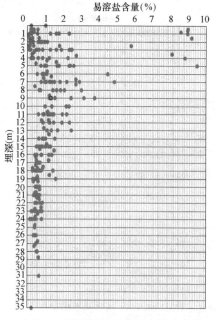

图 6　地基土中易溶盐含量随深度的变化关系图

Fig. 6　Relationship between soluble salt content and depth in foundation soil

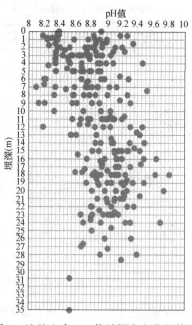

图 7　地基土中 pH 值随深度变化规律图

Fig. 7　Variation Law of pH with depth in foundation soil

5.0m，数据点取样位置位于现有的晒盐场地区域。因此，由于人类的晒盐活动导致平均含盐量比较高，具体数据分析结果见表3，易溶盐含量随深度变化关系详见图6。

地基土中易溶盐平均含盐量占样本总数百分比 表3

Percentage of average salt content of soluble salt in total samples in foundation soil Table 3

盐渍土名称	平均含盐量(%)	占样本百分比(%)	备注
弱盐渍土	0.3~1.0	63	169组
中盐渍土	1.0~5.0	33	88组
强盐渍土	5.0~8.0	0	1组
超盐渍土	>8.0	4	10组,位于盐田区域

4 天津滨海新区浅部地基土中pH值规律分析

通过对268组地基土易溶盐试验数据分析，埋深35.0m以上地基土的pH值的范围值主要在8.1~9.8之间，均属于弱碱性，地基土的pH值随深度变化规律见图7；通过与天津滨海新区地下水（潜水和承压水）pH值分析对比，天津滨海新区地基土中的pH值一般高于地下水中测得的pH值。

5 地基土对盾构区间主体结构的腐蚀性影响考虑

天津滨海新区轨道交通B1线盾构区间结构主要位于埋深18.0~30.0m段，该段已经大于埋深15.0m，超过了天津滨海新区淤泥质土的下限深度，根据分析，天津滨海新区埋深15.0~35.0m段地基土中氯离子含量一般小于500mg/kg，对钢筋具有微—弱腐蚀性，埋深15.00~35.0m段地基土中硫酸根离子对混凝土结构具有微腐蚀性为主。

由于天津滨海地区地下水、土对建筑材料腐蚀性具有分层的规律，因此判定盾构区间的腐蚀性时需要采取结构范围的地基土进行腐蚀性判定，地铁设计和施工时需要考虑地铁盾构主体结构范围的地基土的腐蚀性，埋深15.0m以上地基土对钢筋按中等—强腐蚀性进行考虑，埋深15.0m以下地基土对钢筋按微—弱腐蚀性进行考虑；埋深15.0m以上地基土对混凝土结构按微—弱腐蚀性为主进行考虑，埋深15.0~35.0m段地基土对混凝土按微腐蚀性为主进行考虑；对于一般位于埋深15.0m以下的地基土对盾构主体结构管片的腐蚀性，对钢筋的腐蚀性按微—弱进行考虑，对混凝土的腐蚀性均按微等级进行考虑；根据地铁盾构隧道结构的造价随埋深增加而增加，隧道结构尽量浅埋，但要综合考虑土质情况和水土腐蚀性对盾构隧道的影响，建议天津滨海新区地铁隧道顶部埋深不小于15.0m，尽量减少水土对盾构结构的腐蚀。另外，盾构结构防腐措施可以采用在混凝土中添加阻锈剂防止对钢筋的腐蚀性，在接触土体的结构部位涂抹环氧树脂等减少腐蚀性的措施和方法，还可采用提高混凝土的强度等级，预留一定的保护层厚度等。

6 结语

（1）天津滨海新区埋深15.00m以上地基土中氯离子含量一般大于500mg/kg，对钢筋具有中等—强腐蚀性为主；埋深 15.0～35.0m 段地基土中氯离子含量一般小于 500mg/kg，对钢筋具有微—弱腐蚀性为主；天津滨海新区盐田区域地基土中埋深 11.0m 以上氯离子含量一般在 24815～67000.5mg/kg 之间，对钢筋具有强腐蚀性。

（2）天津滨海新区埋深 15.0m 以上硫酸根离子含量变化较大，一般在 108.18～2341.46mg/kg 之间变化，埋深 15.0m 以上地基土对混凝土结构具有微—弱腐蚀为主；天津滨海新区盐田处地基土中埋深 11.0m 以上硫酸根离子含量在 3936.93～9966.23mg/kg 之间，对混凝土结构具有中—强腐蚀性；埋深 15.00～35.0m 段地基土中硫酸根离子浓度变化较小，硫酸根离子含量一般在 112.51～876.32mg/kg 之间，埋深 15.0～35.0m 段地基土对混凝土结构具有微—弱腐蚀性为主。

（3）天津滨海新区埋深 35.0m 以上的地基土属于氯盐渍土，盐渍土中平均含盐量在 0.3％～5％之间，以弱盐渍土—中盐渍土为主，局部在盐田区域属超盐渍土。

（4）天津滨海新区地基土的 pH 范围值主要在 8.1～9.8 之间，地基土中的 pH 值一般高于地下水的 pH 值。

参考文献

[1] 中华人民共和国住房和城乡建设部. 岩土工程勘察规范：GB 50021—2001（2009 年版）[S]. 北京：中国建筑工业出版社，2009.

[2] 斯蔼，杜关记，李晓华. 滨海新区土壤盐碱化垂向分布特征及其对工程建设的影响 [J]. 工程勘察，2011，39（12）：33-35＋41.

[3] 中铁第六勘察设计院集团有限公司，天津大学. 天津滨海新区轨道交通工程混凝土结构耐久性研究 [R]. 2018.

[4] 唐海明，李平虎，吴海燕. 天津滨海新区地下水、土腐蚀性规律初步分析与探索 [J]. 中国港湾建设，2018，38（2）：20-23.

[5] 张鹏，咸永珍，赵铁军. 沿海地区混凝土结构的钢筋锈蚀与防护 [J]. 海岸工程，2005（2）：78-84.

基于 P-BIM 系统的钢筋翻样软件设计与实现

汪立冬

（上海市基础工程集团有限公司，上海 200433）

摘　要：本文以 P-BIM 云平台为依托，结合项目上具体钢筋翻样经验，设计并开发了一种钢筋翻样软件平台。可以系统自动分析各种钢筋类型的数据，计算出所需钢筋的种类与数量，得出对应钢筋的切割方法与数量的信息，并通过优化算法对余料进行二次利用。本文的研究可以提高工作效率，具有一定的意义。

关键词：P-BIM；钢筋翻样；数据分析；二次利用

Design and Implementation of Reinforcement Turning Software Based on P-BIM System

Wang Lidong

(Shanghai Foundation Engineering Group Co., Ltd., Shanghai 200433, China)

Abstract: Based on the p-bim cloud platform and the experience of concrete steel bar sample turning, a software platform for steel bar sample turning is designed and developed. The data of various types of reinforcement can be analyzed automatically, the types and quantities of required reinforcement can be calculated, the cutting method and quantity information of corresponding reinforcement can be obtained, and the surplus material can be used twice by optimization algorithm. The research of this paper can improve the work efficiency and has certain significance.

Keywords: P-BIM; Reinforcement reversal; Data analysis; Syclic utilization

0　研究背景

随着绿色施工、环保资源节约成为当前建筑业的主题，钢筋的利用率和余料的计算被提上了一个新高度。提高钢筋余料的利用率，不仅能降本增效，也能节约资源，符合现在绿色土木的需求。而不少企业都是通过人工手动翻样来解决钢筋翻样和余料计算的问题。

P-BIM 的实施是依靠 BIM 应用软件为基础的，在一般的 BIM 软件中，对钢筋翻样的数据只能是手动输入每项数据，而不能对 P-BIM 流程中的数据进行对接。其主要问题如下：

（1）手动钢筋翻样需要钢翻人员对数据进行手动计算分析，效率低下；

（2）钢筋翻样软件中无法对余料进行计算利用，无法对钢筋如何切断进行显示；

（3）无法与整个 P-BIM 联盟的数据进行对接，导致数据无法与上下游对接。

因此，本文以 P-BIM 平台为依托，结合项目上钢筋翻样的经验，从钢筋的分类出发，结合钻孔灌注桩和地下连续墙的项目，从计算、余料以及断料上对钢筋翻样进行设计与开发。

1 研究内容

本文依据项目上钢筋翻样的经验，加上实际模拟，模拟出了钢筋翻样的数据，并能统计出各种钢筋类型的数量，且对余料和定长钢筋如何截断进行了研究，最终完成了钢筋翻样设计软件的开发。主要内容如下：

（1）设计数据同步的开发，对接上游的数据，打通与 P-BIM 联盟的连接

重点研究：自动识别 P-BIM 中的数据，并将项目数据对接到钢筋翻样平台，减少部分数据的录入，并符合 P-BIM 联盟的数据要求。

（2）钢筋余料的设计、计算与统计

重点研究：对各种不同类型的钢筋进行分类计算，并计算出所需钢筋的各种信息。同时，根据不同的钢筋类型，自动计算对应类型的余料信息，在此基础上，会根据需要的钢筋长度，对定长的钢筋进行切割，显示出钢筋切割之后的数据。最后，对余料进行统计规划，加以利用。

2 软件主要功能点

钢筋翻样软件是根据实际工程展开，主要分为三个阶段：数据对接阶段、翻样计算阶段和余料分析阶段。具体功能点如下。

2.1 数据对接阶段主要功能

（1）P-BIM 数据接口功能

本系统可实现与 P-BIM 云平台无缝对接，通过数据接口功能一方面可快速导入钢筋翻样所需的数据，包括钻孔灌注桩的桩信息、桩对应的钢筋信息以及地下连续墙信息、地下连续墙对应的钢筋信息。能够快速获取 P-BIM 云平台的数据，另一方面也可将对接产生的数据打包成 MDB 数据包上传回云平台。

（2）数据优化功能

导入的设计数据通过系统转换后，可根据对应的类型，将数据进行分类，根据不同的桩或者地下连续墙类型，展示出 P-BIM 云平台中的数据。将云平台中不需要的数据进行剔除，保留本系统中所需的数据，如图 1 所示。

2.2 翻样计算阶段

（1）设计信息分类

在设计信息阶段，将数据的基本信息进行补全，并根据 P-BIM 云平台中的信息，添加对应的桩或地下连续墙以及对应的钢筋信息，计算出所需钢筋类型的种类和数量。如图 2 所示。

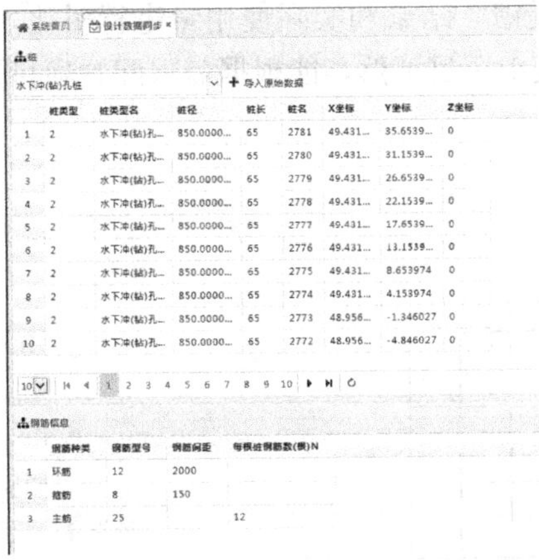

图1 设计数据优化功能

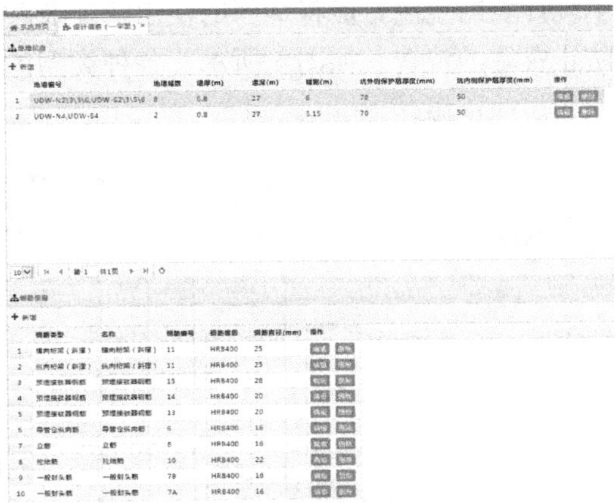

图2 设计信息分类功能

（2）钢筋信息计算功能

根据设计信息阶段填写的数据，将每种钢筋类型的数据进行计算，不同的类型套用不同的算法，计算出所需桩或者地下连续墙所需的钢筋信息，包括每种钢筋类型的重量、数量以及对应的单根钢筋长度。并将所有的钢筋重量组合成桩或者地下连续墙所需钢筋的总重量，如图3所示。

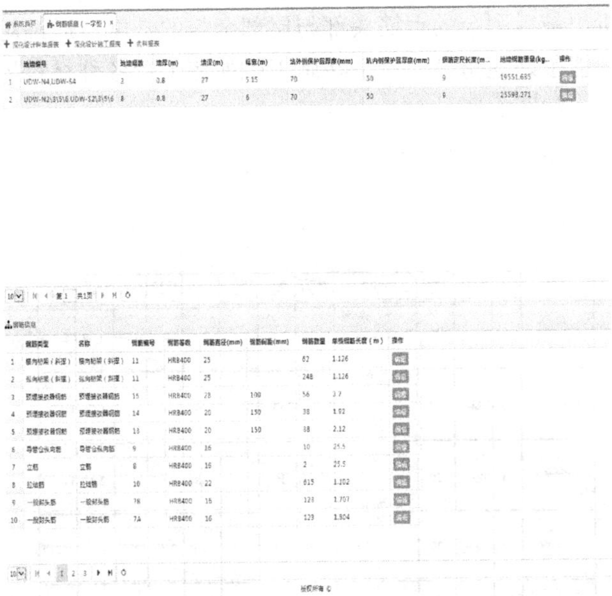

图3 钢筋信息计算功能

2.3 余料分析阶段

（1）深化设计料单

钢筋翻样计算完成之后，将对翻样结束的数据进行分析与统计。将钢筋的各项数据在报表中进行显示与计算，使整个钢筋翻样的设计阶段流程在报表中反映出来。随着设计料单统计表的生成，能将钢筋的使用情况及时与项目上反馈，结果和实际使用量进行对比，防止资源的浪费。如图 4 所示，各种类型的钢筋在报表中一目了然，能根据需求配置项目上所需的资源。

设计料单统计表

钢筋类型	钢筋等级	钢筋直径(mm)	钢筋简图	钢筋间距(mm)	钢筋数量	单根钢筋长(m)	总长度(m)	每m主筋质量(kg)	钢筋质量(kg)
非加密区水平筋（普通）	HRB400	16	——	200	144	5.60	806.40	1.58	1274.112
一般封头筋	HRB400	16	]		123	1.80	221.89	1.58	350.589
一般封头筋	HRB400	16	]		123	1.71	209.96	1.58	331.738
拉结筋	HRB400	22	200] 702		615	1.10	677.73	2.99	2026.413
立筋	HRB400	16	——		2	25.50	51.00	1.58	80.58

图 4　设计料单统计表

（2）施工料单

在设计料单的基础上，还需要对钢筋信息进行进一步的分析，明确地计算出在不同的桩型或地下连续墙上，所需要接驳器的数量，焊接头的数量，并且对于定长的钢筋，该如何进行切割，且分析出最后剩余的钢筋头部与尾部余料的长度。通过对桩或者地下连续墙中钢筋信息的分析，能很好地指导项目上在施工中如何配置各种材料的种类与数量，达到资源利用率的最大化。如图 5 所示。

施工料单统计表

钢筋类型	钢筋编号	钢筋等级	钢筋直径(mm)	钢筋简图	母螺地墙接驳器数量	钢筋间距(mm)	焊接接头数量	钢筋数量	钢筋长度(m)	总长度(m)	每m主筋质量(kg)	钢筋质量(kg)
导管仓纵向筋	9	HRB400	16	——	2			10	9/9/7.5	255.00	1.58	402.9
预埋接驳器钢筋	13	HRB400	20	700 720 700		150		38	2.12	80.56	2.47	198.983
预埋接驳器钢筋	14	HRB400	20	700 520 700		150		38	1.92	72.96	2.47	180.211
预埋接驳器钢筋	15	HRB400	28	700 3000		100		56	3.70	207.20	4.84	1002.848
纵向桁架（斜筋）	11	HRB400	25	0.1 926.3 1				248	1.13	279.25	3.86	1077.897

图 5　施工料单统计表

（3）余料报表

在施工料单中，对钢筋的各类信息进行了分析与统计，在除去项目中所需的钢筋类型后，剩余了不少的余料，主要是在对定长的钢筋进行切割后剩余的头部和尾部。在项目中，对于余料的利用率比较低，但是在本系统中，可以对余料进行重新利用。如图 6、图

7 所示，我们将前面分析之后的余料，根据钢筋直径与等级进行计算，将同类型的钢筋进行接长，然后根据对应的数量替换前面的定长钢筋，用以余料的最大化利用。

图 6　余料统计表

图 7　余料利用的详细下料

3　实际项目应用

本系统应用于公司的某个工程，该工程土建结构主体是一个地下雨水泵房，基坑开挖深度 14.2m，属于一级基坑。基坑围护形式采用地下连续墙形式，墙深 27m。

利用钢筋翻样系统将不同钢筋种类以及钢筋数据录入系统，通过计算，得出钢筋质量为 25598.271kg，如图 8 所示。

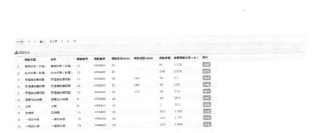

图 8　实际工程钢筋用量

而同等条件下，手动翻样的总钢筋用量为 25649kg，总质量相差 50.729kg，即为总质量的 1.98‰。精度满足现场实际情况。

4　总结与创新点

基于 P-BIM 系统的钢筋翻样软件的设计与实现，解决了项目中对于钢筋翻样效率低下的问题，且翻样的精度满足现场实际情况，操作简单、速度快，值得推广与应用。具体创新点如下：

（1）可与 P-BIM 上下游数据进行对接，也可单独进行钢筋翻样，实用性强。

（2）设计料单与施工料单能为项目现场进行参考，提高各种材料的采购效率，且对钢筋的切割有着指导意义。

（3）能对余料进行更好的二次利用，提高资源的利用率，为企业的降本增效提供技术上的支持。

参考文献

[1] 国家发展改革委，建设部. 建设项目经济评价方法与参数 [M]. 3 版. 北京：中国计划出版社，2006.

[2] 李沙，崔均锋，黄伟笑，等. 钢筋集中加工模式在建筑工程中的应用 [J]. 建筑施工，2019 (12)：2260-2262+2265.

[3] 余芳强，曹强，高尚，等. 基于 BIM 的钢筋深化设计与智能加工技术研究 [J]. 上海建设科技，2017 (1)：32-35.

[4] 黄强. 论 BIM [M]. 北京：中国建筑工业出版社，2016.

[5] 胡勇，邸克孟，冯锐. 基于 BIM 技术的钢筋智能化加工技术研究 [J]. 土木建筑工程信息技术. 2020. 12 (3)：44-49.

[6] 王辉，明磊，田府洪，等. BIM 云管理系统开发在钢筋集约化加工中的应用 [J]. 施工技术，2019 (4)：73-75.